好习惯
成就女孩一生

连山 编著

中国华侨出版社

图书在版编目（CIP）数据

好习惯成就女孩一生/连山编著. —北京：中国华侨出版社, 2014.5 （2021.5重印）
ISBN 978-7-5113-4590-5

Ⅰ.①好… Ⅱ.①连… Ⅲ.①女性—习惯性—能力培养—少儿读物 Ⅳ.①B842.6-49

中国版本图书馆CIP数据核字（2014）第092491号

好习惯成就女孩一生

编　　著：连　山
出 版 人：方　鸣
责任编辑：姜薇薇
封面设计：李艾红
文字编辑：郝秀花
美术编辑：宇　枫
经　　销：新华书店
开　　本：890毫米×1230毫米　　1/16　　印张：22.5　　字数：681千字
印　　刷：北京德富泰印务有限公司
版　　次：2014年7月第1版　2021年5月第4次印刷
书　　号：ISBN 978-7-5113-4590-5
定　　价：59.80元

中国华侨出版社　　北京市朝阳区静安里26号通成达大厦三层　　邮编：100028
法律顾问：陈鹰律师事务所
发 行 部：（010）88866079　　传　真：（010）88877396
网　　址：www.oveaschin.com
E－mail：oveaschin@sina.com

如发现印装质量问题，影响阅读，请与印刷厂联系调换。

前　言

　　女孩总希望自己更美丽、活得更快乐、能取得更大的成就，希望自己比别人更幸福、更美满，而要实现这些愿望，条件是多方面的，其中养成良好的习惯，则是必不可少的成功要素之一。

　　美国的励志大师奥格·曼狄诺说："成功与失败的最大分界，来自不同的习惯，好习惯是开启成功的钥匙，坏习惯则是一扇向失败敞开的门。"习惯的力量是巨大的，它经年累月地影响着人们的生活态度、思维方法和行为模式，会在不知不觉中影响人的品德、暴露出人的本性、左右人的成败。一个人若能理解习惯对自己的重大意义，并能驾驭习惯，就能改变自己的生活方式，主宰自己的命运。

　　一个女孩即使没有特别好的天赋，但如果她拥有良好的习惯，就一定能获得巨大收益。这正如古希腊哲学家亚里士多德所说："人的行为总是一再重复。因此，卓越不是单一的举动，而是习惯。"正所谓小习惯成就大未来。成功并不完全取决于是否拥有超人的智慧，而貌似不起眼的良好习惯往往能决定胜负。

　　良好的习惯是能帮女孩打开成功大门的钥匙。好习惯决定着女孩在公众心目中的良好形象，是女孩在现代生活的各个领域中获得成功的必要前提，能使女孩更加游刃有余地游走于生活的各个领域。许多杰出的女性，事业有成的女性，她们事业有所作为，并取得了非凡的业绩。问及原因，无不包括诸如珍惜时间、对人宽容、节俭、自信、乐观等这些良好习惯。因此，女孩也要注意养成这些良好的习惯，如要告别虚荣，绝不攀比，要培养与众不同的气质；你要有招牌式的美丽笑容、要保持适度自信；你要发现自己的优点，还要给自己适当的奖励；你要学会说"不"，勇敢面对生活中的未知；要有购物计划，控制消费，不奢侈浪费……女孩从每一个细节做起，把幸福变成习惯，才能从容书写美丽人生！

　　而不良习惯则是女孩人生的绊脚石。每个人在日常生活中都有各种各样的习惯，如果单从表面来看，它是一件小事，不引人注意，但是日积月累，这些不良习惯就会成为失败的导火索。拿破仑·希尔说："习惯能够成就一个人，也能够摧毁一个人。"诸如：自卑、嫉妒、懒散、依赖、小气，等等，这些不良习惯并没有贴上标签，也存在程度差异，但它们不知不觉地依附于人性当中，从而影响了她们的思想、情绪和行为，

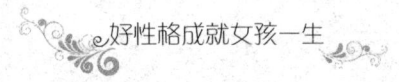

让很多女孩成为失败的座上宾，让她们与成功的距离越来越远。

英国诗人德莱顿说："首先我们养出了习惯，随后习惯养出了我们。"习惯，将伴随女孩们的一生，无论学习还是生活，做人或者处世。它以一种无比顽强的姿态干预着女孩生活中的一举一动，从而主宰人生。习惯是人生的终身伴侣，它可以是最好的帮手，也可能成为最大的负担；它可以推着女孩们前进，也可能拖累她们，直到失败。因此，要驾驭人生，首先要认识习惯、驾驭习惯，只有做习惯的主人，才能让好习惯带女孩们走向成功。

为了让女孩们及早养成优良的习惯，更快地接近成功，我们推出了这本《好习惯成就女孩一生》。本书语言流畅、案例生动，它从生活、学习、健康等不同角度出发，详细阐述了设定目标、立即行动、勤奋努力、敢于冒险、专注认真、积极向上、独立自主、注重形象、勤于思考、惜时如金、自制自律、乐于助人、勤俭节约等良好习惯的培养，从而让女孩们掌握养成良好习惯的方法和技巧，积极地开拓进取，自如地排除人生旅途中的各种艰难困苦，赢得幸福美好的人生。

任何一种习惯都不是天生的，都是可以改变的，只要女孩付出耐心，并学习书中切实可行的方法，那么，成功和幸福离你就不远了。

目 录

第一章

设定目标

——点亮女孩人生成功的灯塔

有了目标才是一个真正清醒的人

目标选择在我们的人生规划中，是最基础、最首要的内容。人有了目标，人生就会变得有意义，我们该做什么、不该做什么、为什么要那样做、是为了什么而做、该怎样做，有了目标，一切事情都会显得很透明，有了目标，便有了人生奋斗的方向。目标对于人生有巨大的导向作用，成功在刚开始的时候或许只是源于一种选择，选择了怎样的目标，就会有怎样的人生。为什么很多人没有获得成功？要么是他们没有明确的人生目标，要么就是他们将自己的目标定得过高，没有实现的可能，要么就是没有去积极实现目标。

有一群美国的天之骄子即将从哈佛大学毕业，他们的智力、学历、环境条件都相差无几，并且都对未来充满信心。在临行之际，学校对他们的人生目标进行了一次调查。

25年的跟踪调查发现，3%的人，25年来不曾更改过自己的人生目标，他们始终朝着一个方向不懈地努力。25年后，他们成了社会各界的顶尖人物，他们中不乏白手起家者、行业领袖、社会精英。

10%的人，大多生活在社会的中上层。他们的共同特点是，那些短期目标不断达到，生活质量稳步上升。他们成为各行各业不可缺少的专业人才，如医生、律师、工程师、高级主管，等等。

87%的人，生活在社会的中下层。他们的生活都过得很不如意，常常失业，靠社会救济，并且常常在抱怨他人、抱怨社会。

西班牙哲学家塞涅卡说："有些人活着没有任何目标，他们在世间，就像河中的水草，他们不是行走，而是随波逐流。"

如果女孩没有目标，就犹如生活在睡梦中，浑浑噩噩、茫然度日；而有了目标才是一个真正清醒的人，才知道自己活着为了什么，未来才充满幸福。

一个在生命中没有目标的人，很容易受到一些微不足道的诸如忧虑、恐惧、烦恼和自怜等情绪的困扰。所有这些情绪都是软弱的表现，都将导致无法回避的过错、失败、

2

不幸和失落。在现在的社会中，软弱者是不可能保护自己的。

女孩们应该在心中树立一个目标，然后着手去实现它。她应该把这一目标作为自己思想的中心。一个目标可能是一种精神理想，也可能是一种世俗的追求，这取决于她的本性。但无论是哪一种目标，她都应将自己思想的力量全部集中于她为自己设定的目标上面。她应把自己的目标当作至高无上的任务，应该全身心地为它的实现而奋斗，而不允许她的思想因为一些短暂的幻想、渴望和想象而迷路。

美国成功学大师拿破仑·希尔博士研究总结了数百位世界级成功人物的成功经验后，提炼出了 17 条成功原则，其中之一就是：要成功，必须有明确的目标。

也许女孩们以前不知道自己每天忙忙碌碌地学习是为了什么，也许你不清楚将来自己会成为一个怎样的人，那么从现在开始，你就必须结束这种不清醒的状态，为自己制定一个明确的目标，只有这样才不会让你的行动像一盘散沙，四处碰壁，迷失方向。

处在最美好的人生起步阶段，女孩们如果起步起得好，以后的路就可以省许多力气；反之，有可能一蹶不振，轻者也得浪费时间走弯路。

所以，每个女孩都应该努力根据自己的特长来设计自己、量力而行。根据自己的环境、条件、才能、素质、兴趣等，确定进攻方向。不要埋怨环境与条件，应努力寻找有利条件；不能坐等机会，要自己创造机会；拿出成果来，获得社会的承认。要想当一名杰出的女性就一定要重视目标的价值，赢在人生的起跑线上。

用正确的目标打开理想之门

目标可以决定人生的成败，但并不是说，有了目标就一定能够成功。如果女孩们选择了错误的目标，就会南辕北辙，甚至误导自己，走向歧途。

李斯年轻的时候，在楚国的郡府中做文法小吏，怀才不遇。他一个人住在郡吏的宿舍里，上厕所时常常遇见老鼠偷吃粪便中的残物，每当有人或是狗走近，老鼠们惊恐不安，纷纷逃窜，他就觉得可怜，更觉得悲哀。有一天，他有事去政府的粮仓，看见仓中的老鼠个个肥大，住在屋檐之下，饱食终日，也不受人和狗的惊扰，悠游自在，与厕所中的老鼠有着天壤之别。李斯是聪慧敏感的人，就在这一瞬间，他受到了极大的震撼，忍不住高声感叹道："人之贤明与不肖，如同鼠在仓中与厕中，取决于置身不同的地位而已。"

他当即确立目标，追求富贵，不择手段，最终被赵高腰斩。在去刑场的路上，李斯含着热泪对他的儿子感叹道："我再想和你同上蔡东门牵黄犬逐狡兔还能得到吗？"

"咸阳市中叹黄犬，何如月下倾金？"一旦目标错误，最终的结果往往是碌碌一生，甚至连身家性命都不保。

那么，如何才能真正成功呢？答案只有一个，就是始终走在正确的道路上。

你知道石匠是怎么敲开一块大石头的吗？他所拥有的工具只不过是一个小铁锤和一个小凿子，可是这块大石头却很硬。

他先对石头仔细端详一番，最后决定在他认为石质最软的地方凿下了第一锤，但是没有敲下一块碎片，甚至连一丝凿痕都没有。接着他又仔细地观察了石头，决定仍然在原来的地方下锤，就这样他一下一下地敲，100下、200下、300下，大石头上依然没出现任何裂痕。可是石匠没有懈怠，继续举起锤子重重地敲下去，路过的人看他如此卖力不见成效却还继续硬干，不免窃窃私语，甚至有些人还笑他傻。石匠并未理会，他知道虽然自己所做的还没看到成效，不过那并非表示没有进展。不知道是敲到第500下还是第700下，或者是第1000下，终于看到了成效，那不是只敲下一块碎片，而是整块大石头一下裂成了两瓣。

坚持目标的心就犹如那把小铁锤，而那个落锤点就是目标。目标可以吸引你的注意，引导你努力的方向，如果你能够始终走在正确的道路上，并持之以恒，就一定能看到胜利的曙光。那么，女孩们要如何制定一个正确而可行的目标呢？

第一，让你的目标与正确的价值观相吻合。许多人之所以走偏了路，归根结底就是没有弄清楚目标的正确含义。所以在制定目标的时候，先要知道自己最重要的人生价值在哪里，不要把自己崇高的人生目标定位在世俗的金钱、权力上，而应从更高的精神追求出发，去实现自己的理想，规划自己的未来。如果女孩仍然感到迷惑，那么就请你回顾一下历史，环顾一下你的周围，看看你能从那些曾经名垂史册、为国家人民鞠躬尽瘁的伟人，或者正活跃在各行各业的杰出人物的身上学习到什么。

第二，你的目标应该是明确的。有些人也有自己奋斗的目标，但是他的目标是模糊的、泛泛的、不具体的，因而也是难以把握的，这样的目标同没有差不多。

比如，一个女孩在青少年时期确定了要做一个艺术家的目标，这样的目标就不是很明确。因为艺术的门类很多，究竟要做哪一个学科的艺术家，确定目标的人并不是很清楚，因而也就难以把握。目标不明确，行动起来也就有很大的盲目性，就有可能浪费时间和耽误前程。

生活中有不少女孩，有些甚至是相当出色的女孩，就是由于确立的目标不明确、不具体而最终一事无成。

第三，目标应该是专一的。确定的目标要专一，而不能经常变换。确立目标之前需要做深入细致的思考，要权衡各种利弊，考虑各种内外因素，从众多可供选择的目标中确立一个。女孩在某一个时期或一生中一般只能确立一个主要目标，目标过多会使人无所适从，应接不暇，忙于应付。生活中有一些女孩之所以没有什么成就，原因之一就是经常确立目标，经常变换目标，所谓"常立志"者就是这样。

第四，目标应该是实际的。一个女孩确立奋斗的目标时，一定要根据自己的实际情况来定，要能够发挥自己的长处。如果目标不切实际，与自己的条件相去甚远，那就很可能达不到。为一个不可能达到的目标花费精力，同浪费生命没有什么两样。

第五，目标应该是富有挑战性的。一个真正的目标必定充满挑战性，正因为它具有挑战性，又是由你自己所选择的，所以你一定会积极地完成它。

当女孩列出自己想成为的人、想做的事及想拥有的东西，又在每一项中圈出你认为最重要、最具挑战性的事情后，再尝试找找其他重要的答案。你可能会需要用不同颜色的笔在每一项中标示出两三件对你而言重要的事情。

最后，对准你的目标，毫不动摇，全力以赴。只有这样才能逐渐扩大自己成功的可能性，甚至会成就一番意想不到的事业。

目标是女孩行动的催化剂

生活中最可怕的事情莫过于像大海里漂浮的小船，不知道要去哪里，风往东吹，它便往东走，风往西吹，它便往西走，永远都在摇摆。你长大了想干什么？这是所有的女孩在青少年阶段都会遇到的一个关于人生目标的问题。"不想当将军的士兵不是好士兵"，同样，不想当杰出的人的女孩不是好少年。所以，女孩一定要向前看，不要停滞，更不要失望，否则后果很严重。我们能做的和应该做的就是让目标不断地激励自己的行动，日积月累产生化学效果。

1984年，在东京国际马拉松邀请赛中，名不见经传的日本选手山田本一出人意料地夺得了世界冠军。当记者问他凭什么取得如此惊人的成绩时，他说：凭智慧战胜对手。

当时许多人都认为这个偶然跑到前面的矮个子选手是在故弄玄虚。马拉松赛是比拼体力和耐力的运动，只要身体素质好又有耐力就有望夺冠，爆发力和速度都在其次，而说用智慧取胜确实有点勉强。

两年后，意大利国际马拉松邀请赛在意大利北部城市米兰举行，山田本一代表日本参加比赛。这一次，他又获得了世界冠军。记者又请他谈谈经验。

山田本一不善言谈，回答的仍是上次那句话：用智慧战胜对手。这回记者在报纸上没再挖苦他，但对他所谓的智慧迷惑不解。

10年后，这个谜终于被解开了，他在自传中说：每次比赛之前，我都要乘车把比赛的线路仔细地看一遍，并把沿途比较醒目的标志画下来，比如第一个标志是银行，第二个标志是一棵大树，第三个标志是一座红房子……这样一直画到赛程的终点。比赛开始后，我就以百米的速度奋力地向第一个目标冲去，等到达第一个目标后，我又以同样的速度向第二个目标冲去。

故事很简单，它所蕴含的道理是每个女孩都能领悟的。其实，人生就像跑步，当你为自己设定了一个长远的目标后，不要被路途的遥远而吓倒，你可以运用你的智慧，把你的目标分割成若干个小目标，用一个个小目标激励自己，用一个个小胜利鼓舞自己，这样你的奋斗之旅才会充满力量。

梦想成真只属于那些永不放弃的人，搁置梦想就等于丧失了获得行动的能量。实现梦想不是省略过程，而是在同样的时间里，产生出更多的行动的能量。要想让你的行动在有限的时间内以几倍的速度增长，就必须学会用目标来激励自己。下面就是快速实现梦想的8步战略。

第1步：编织梦想，写下你的心愿。

这些心愿包括你想拥有的、你想做的、你想成为的、你想撒播的。现在请坐下来，拿一张纸和一支笔，动手写下你的心愿。要记住，一动笔就不要停下来，写10~15分钟。你在写的时候，不必管那些目标该用什么方式去实现，就是尽量写，不要受限制。另外你写得越简明越好，这样才能立即写出来。这些目标可能有关你的学习、家庭、情绪、交友、健康、生活等，别将自己框住，涵盖越广越好，你要掌握住每一件与你有关的事，因为要达到目标的第一步，就是要知道它是什么结果。

第2步：下定决心要成功。

世界上没有任何力量能像信念这样有如此巨大的影响。人类的历史，可以说是信念的历史。哥白尼、哥伦布、爱迪生和爱因斯坦等人，他们的信念不但改变了自己，也改变了历史，改变了世界。每一位有志的女孩，若想改变自己，都先从拥抱信念开始吧；如果想效法伟人，那就效法他们成功的信念吧！

第3步：每天审视这些目标，充分体验当它们实现时的快乐。

当你制定出了所要追求的目标，同时也给这些目标找到了必须实现的充分理由后，事实上要实现目标的整个行动便已开始，你的资源锁定系统会按照你的目标及理由，主动地寻找能使目标实现的各种资源。要确保所制定的目标能够实现，你必须预先调整自己的神经系统，确信这些目标能带给你快乐，也就是说你一天至少得两次审视这些目标，充分体验当它们实现时的快乐。

在做这些事时你得完全运用上视、听、触等感官，让自己完全沉醉在目标实现的美梦里。

第4步：认真计划每一天。

你要做什么？你要如何开始这一天？你要得到什么结果呢？希望女孩从起床开始，一直到上床休息，全天都有妥当的计划。别忘了，你所有的结果与行动都来自于内心的构想，因此就照你所期望的方式，好好计划你的每一天吧！

第5步：为自己创造一个完美的环境。

如果你对自己所盼望的生活没有清楚的概念，又怎能实现它呢？如果你不知道自己理想的环境是什么，又怎能创造出它呢？记住，头脑要有清楚而明确的信号，才能引导你到自己想要去的地方。

第6步：立即让自己行动起来。

当女孩把目标写下来之后，随之最重要的一步就是立即让自己行动起来，向着目标实现的方向拿出具体的行动，可别一拖再拖。

制定目标或许还不算太难，贯彻到底就不是一件容易的事了。相信很多人都有过这样的经验，刚定好目标时颇有磨刀霍霍的干劲，可是过了两个星期后就没劲了，实现目标的自信早已逃之夭夭。所以当你拟定一项目标后，先把它写在纸上或日程记事本上使目标具体化，然后持续 3 个星期，让它慢慢地成为习惯，最终你的目标一定会实现。

第 7 步：每天晚上睡前作自我回顾与检讨，衡量进度，看看自己哪一步已实现，哪一步是完成一半，哪一步还没有做，然后积极修正。

第 8 步：坚持到底，永不放弃。

制定一张"人生目标计划单"

目标是什么？如果你在大海里航行，它就是指引航向的灯塔；如果你在黑夜里跋涉，它就是你心中那束温暖的阳光。有明确的目标在，女孩才不会彷徨、踌躇，才不会上演南辕北辙的悲剧。

古人说："千里之行，始于足下。"为了实现最终的目标，女孩们还要有将大目标分割成许许多多相互之间有关联的小目标的能力。这一点，我们可以从跆拳道的升级方法中得到启示。

跆拳道将整个拳法、腿法从易到难分成白、黄、绿、蓝、棕、红、黑等七段，而每一段里又分成不同的分段。初学者从最简单的白段学起，过一段时间当通过该段的考试后，就可以升段。因为每个分阶段的目标都比较容易达到，学员们就容易坚持学下去。因此在美国等西方国家，跆拳道能够进入主流社会并广受欢迎，成为大人小孩都喜欢的一种运动。俗话说："一口吃不成胖子。"任何一个目标都是无法一步达成的，如果分成小的目标，行动起来就会更有动力和行动方向，同时当达到这些小目标的时候，也会进一步增强自信心。当一个个小目标实现了，实现大目标就比较容易了。

假如女孩对实现理想的道路感到没有自信，不妨把它分解成一个一个的小目标，并从现在就开始为之迈出第一步。通往理想的道路虽然很长，但是如果你将理想分解落实成几个阶段，那么理想对你而言就不再是天方夜谭了。你可以制定一份"人生目标计划单"，在上面写下你的长期目标、中期目标和短期目标，然后将目标具体到每一天，这样就可以让看似难以达到的目标具体成为一个个行动。

首先，长期目标需高远。高尔基曾经说过："一个人追求的目标越高，他的才能就发展得越快，对社会就越有益。"如果你的长期目标只是建立在现实可能性的基础上，而不是出于对未来的憧憬，那么，你的目标就是短浅的，与其说是谨慎不如说是害怕失败。其实，你的潜能远在你的想象力之外。"心有多大，世界就有多大"，你的眼界越宽广，你的潜能就会得到更大的发挥。正如高尔基所言："目标愈高远，人的进步愈大。"也许你的目标永远也不会实现，但是，一个高远的目标可以激励你，使你焕发出更多、更高的能量，可以促使你到达你梦寐以求的高度。

其次，中期目标要合理。中期目标从时间上来说一般为 3~5 年，它相对长期目标要具体一些。制定中期目标的目的是为了更好地逐步实现长期目标，因此，中期目标通常要与长期目标保持一致的。与长期目标不同的是，中期目标应该是现实合理的，是在三五年内就可以并且能够实现的目标，也就是说，在制定中期目标的时候，女孩们要在

考虑现实因素的同时，做到具体可行。中期目标一定不能太笼统，否则就像空中楼阁一样，看似绚丽，其实只是昙花一现。因此目标必须具体。比如你想学好某一门外语，那么你就制定一个具体的目标，每天背30个单词，写一篇外语日记，看一份外文报纸，听一个外文节目。由于你定的目标很具体，并能按部就班地去做，目标就容易达到。

最后，短期目标要具体。短期目标必须清楚、明确、现实、可行，而不是幻想，短期目标对我们来说是必须有意义的，同时能与自我价值和长期目标一致。短期目标通常是指时间在1~2年内的目标，是中期目标和长期目标的具体化、现实化和可操作化，是最清楚的目标。

此外，为了确保短期目标的实现，女孩们还应该将目标细化到每一天。时常问问自己：现在在人生之中算是一个什么样的时期，是不是符合发展目标；每天都在做什么，得到的是不是现在最想要的或是最应该得到的；明天应该做什么，下一步应该做什么，要为达到目标准备些什么……

在追求目标的道路上：不抛弃，不放弃

在追求目标的过程中，为什么有的人放弃了，而有的人却成功了呢？

在20世纪70年代，拳王阿里与另一位拳坛猛将弗雷泽的一场比赛中，当比赛已经进行到了第14个回合，阿里已经精疲力竭，濒临崩溃，这时候，如果一片羽毛落在他的身上也能让他轰然倒地。但阿里竭力坚持着，保持坚毅的表情和誓不低头的气势。最后，弗雷泽放弃了。当裁判宣布阿里获胜后，他才眼前一黑，双腿无力地跪倒在地。弗雷泽看着倒地的阿里后悔不已。

面对同一个目标，不抛弃、不放弃的信念让阿里保住了拳王的称号，而放弃让弗雷泽遗憾终生，与拳王之梦失之交臂。选择放弃，就是选择失败；选择坚持，就会赢得成功。

如果女孩有了目标之后，坚持而不放弃，那么你将拥有完全不一样的人生。有的人实现了自己的目标，有了美好的生活；有的人则仍然在为生计奔波。要成为前一种人，女孩现在就要坚持，不管遇到的是困难挫折还是诱惑，都要学会时时地激励自己，向着目标前行不动摇。女孩可以采取下面的方法。

1.把目标写出来贴在显眼的地方

为了不轻易放弃目标，一定要把它写出来。如果再把它贴在显眼的地方，将会更加有效。只是认为"目标已经在我脑子里了"是不行的。如果不写下来，过一段时间，目标就会在不知不觉间被淡忘。

如果你想上某个大学的某个专业，你可以写"我是××大学××专业的学生××"，把字写得大大的然后贴在书桌前。这会激励你向着自己的目标，持续不断地作出具体的努力，即便累了、倦了，也不会轻言放弃。把你的目标贴在小册子上、笔记本上、

书桌前或者卫生间的镜子上等显眼的地方。开始的时候你可能会觉得不好意思，但这会让你更加坚定执着地朝着既定的目标前进。

2. 定期检查目标的实施

仅仅把目标写下来是不够的，还要随时检查一下自己的目标。购物的时候，即便你事先写好了购物单，如果不随时拿出来确认，也经常会忘记购买自己该买的东西。因为你在商场转的时候，会被其他东西或广告吸引住眼球，而随时掏出购物单来看一看就不会发生这种事情了。倘若女孩十分热切地希望实现目标，就应该把目标记下来以便随时检查。把每天必须要做的重要事情记在小本子上，也可以记在手机里。

3. 实现目标时给自己一些称赞和奖励

所有的动物都追求快感和奖励，回避不愉快的经历。因此在训练动物的时候，常常用饲料做奖励。这个原理同样适用于人。大人教孩子跟别人打招呼，最常用的方法就是在孩子跟别人打招呼时对孩子笑一笑，并且抚摸孩子的头，称赞孩子几句。

我们大部分的行为都是在奖励中学会的，但是从别人那里得到的外部奖励是有限的。因此，要想掌控自我，就要学会自我奖励。

如果成功地完成了计划，可以在周末给自己买一张喜欢的 CD，或者是买一些课外读物来看，这些都是自我奖励的方法。还可以对着镜子自我表扬："啊，你成功了。真了不起！"

4. 未能实现目标时给自己一些惩罚

为什么我们讨厌做作业还要强迫自己做？为什么我们为了不迟到而吃尽苦头？还有，当红色信号灯亮起的时候，为什么驾车人都要停车？道理很简单，因为如果不那样做，将会有更痛苦的事情等待着我们。简而言之，就是要受罚。

改掉坏习惯和不好的行为，最常用的办法就是处罚。受谁的处罚？当然通常的情况都是接受别人的惩罚。但成功人士往往会确立目标，制定规则，当自己违反规则时通过自我惩罚来约束自我。这是和普通人不同的。即使自己的行为与目标南辕北辙，普通人也不会为难自己。女孩们真想有一个有意义的人生吗？真心想的话就应该制定一套自我惩罚的措施，在偏离正确的人生方向时给自己一些惩罚。例如你订了计划每天早上起来慢跑半个小时，但如果不能坚持，就要给自己一些惩罚。对准一个目标，毫不动摇，豁出命来全力以赴。即使遇到困难与挫折，也要给自己加油，再坚持一下，就能取得胜利。只有这样才能逐渐扩大自己成功的可能性，甚至实现意想不到的目标。

切勿盲目自大

每个人都会有自己的闪光点和骄傲，但不可将这份骄傲无限放大，脱离实际。盲目自大的人不清楚自己的优点和缺点，他们企图掩饰自己的缺点，而夸大自己的优点。这样的人不但得不到人们的欢迎，还会被人们所厌弃。

希望女孩们能够从下面这个寓言故事中体会出一点道理。

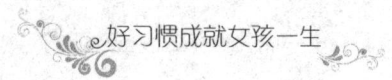

旋花高傲地挺起它那粗壮的躯体，笔直地伸向高空。碧绿的叶片是那样的宽厚密实，阳光映照在上头，熠熠生辉，令人羡慕不已。旋花陶醉于自己的美貌，不禁骄傲起来。它觉得跟周围这些粗俗丑陋的植物为伍，简直是降低身份，有损斯文，难以忍受。

它看到身边那棵老态龙钟的千年老树，觉得特别不顺眼，特别是深秋季节，当老树把它那枯黄的树叶洒满一地的时候，旋花更是厌恶倍增。

"你听着，老家伙！"有一天旋花不礼貌地对老树吼道，"你为什么总是挨在我的身旁，你也不睁开眼睛看看自己丑陋的样子！讨厌的老头，请识相一点，赶快离我远点！我一看到你就恶心！"

老树装作耳背没有听见，默默地忍受着旋花无礼的指责，只管想着自己的心事。不甘寂寞的旋花对此无可奈何，只得把矛头转向附近的刺李。年轻的刺李长得非常茂密，简直就像一堵密不透风的围墙。

"喂，你叫什么名字？你那些讨厌的尖刺让人望而生厌，一想到它我心里就不舒服。你太不自觉了，难道没有想到别人看到你那浑身是刺的怪模样，心里是多么的憎恶和难受吗？"

年轻气盛的刺李本想顶它几句，但一看到旋花那蛮不讲理的傲慢样子，觉得与这种不懂礼节的家伙斗嘴，只能是白费口舌。于是，它不吭不响，既不愿听，更不想去搭理。

老蜥蜴正趴在温暖的泥地上晒太阳，对旋花那种高傲自大、目中无人、老子天下第一的傲慢样子，它实在是看不下去也听不下去了，忍不住用责备的口气数落了几句："狂妄的旋花啊，看来你是一个地地道道的大笨蛋！你怎么不好好想一想，要不是爬缠在老树的枝干上，你能长得这么壮，爬得这么高吗？如果没有了刺李带刺的篱墙，你这个可怜虫早就让那些过路的人踩死了！"

故事在讲旋花，实际上是比喻有些人自己取得了一点点成功，就洋洋自得，认为自己有多么的优秀、多么的了不起，进而目空一切、不可一世。殊不知，大多数人都是普通人，没有超自然的能力，有的只是奋发向上的拼搏劲头和坚持不懈的毅力，少不了的还有父母的培养、老师的教育和朋友的帮助。缺少了这些，谁都不可能有安逸舒适的生活，不可能有坐在明亮的教室读书学习的机会，不可能有一次又一次的进步和荣誉。

有一条涓细的小溪，细小的流水是由山上融化的雪水和天上所下的丝丝雨水汇聚而成的。

一场大雨过后，溪水暴涨，细小的溪流一下子就变成了滔滔的洪水。小溪高兴得忘乎所以，心中滋长了骄傲的情绪，很想把自己升格为一条滔滔的大河。

于是，小溪借助雨水的威力，使劲地冲刷两边的堤岸。它卷走泥土，冲塌石块，尽力拓宽自己的河床。

令小溪感到遗憾的是，那可恶的风很快就驱散了带雨的乌云，明亮的太阳又高悬在蓝天中了。雨过天晴，溪水骤减，不仅无力再拓宽河床了，而且那小小的溪流也被自己所冲积的泥石挡住了。

如果小溪再不吸取教训、努力改变现状的话，往日那活泼跳动的小溪恐怕只能成为一汪不能够流动的臭水了。

女孩们就像那一条小溪，能力有限却能够涓涓流动不停息。如果有一天，借助外界的力量我们变得强大了，这时，正确的做法是再次审视自己的能力与成功事件的关系，是否真的是自己的力量促使了事情的成功，有没有外界力量的介入，等等。而不能像小溪一样盲目地想将自己升为更为宽阔的大河。如果没有正确认识自己的能力，当外力不复存在时，恐怕也要被"泥石"挡住了。而这"泥石"不是别的，正是女孩们内心滋长起来的那一份狂妄和自大。

盲目自大的人往往过高地估计个人的能力，失去自知之明。心高气傲的人，有的自视过高，总爱抬高自己贬低别人，把别人看得一无是处，总认为自己比别人强很多；有的固执己见、唯我独尊，总是将自己的观点强加于人，在明知别人正确时，也不愿意改变自己的态度或接受别人的观点。自大的人一般很少关心别人，与他人关系疏远。他们经常从自己的利益出发，不太顾及别人。不求于人时，对人缺少热情，似乎人人都应为他服务，结果落得门庭冷落。还有的自大者过渡防卫，有明显的嫉妒心，这种人有很强的自尊心，当别人取得一些成绩时，其妒忌之心油然而生，极力去打击别人、排斥别人。当别人失败时，幸灾乐祸，不向别人提供任何有益的信息。同时，在别人成功时，这种人常用"酸葡萄心理"来维持自己的心理平衡。

盲目自大的人认为自己是"天之骄子"，什么都懂，什么都会，应得到优待，而实际上这样的人不易被社会所接纳，而造成这一障碍的就是他们不切合实际的想法和眼高手低的做法。

了解了盲目自大的诸多害处，女孩们可以认真思考一下，自己有没有这种不良的心理倾向，如果有，一定要努力克服。

凡事预则立，不预则废

伟大的目标是铸成伟大成就的前提。

成功的道路是目标铺成的，设计人生的第一步，无疑应是为自己找一个明确的目标。

美国一位潜能大师有一句名言："成功等于目标，其他的一切都是这句话的注解。"

美国汽车大王亨利·福特世界闻名，他的成功始于什么呢？答案是远大的目标。

他的目标就是为大众制造汽车，让人们享受快乐的时光。目标确定以后，福特先生就开始了他事业的毕生追求。

1947年6月6日，亨利·福特先生离开了他为之奋斗、追求了大半生的汽车事业。美国各大报纸纷纷发表讣告和文章，表示对他的深切悼念。其中美国《纽约时报》写道：……当他来到人世时，这个世界还是马车的时代。当他离开人世时，这个世界已经成了汽车世界。他为"大众"造车，大众既是机械师亨利·福特的受益人，也偶然成为使他受益

的人。

要想做生活、工作的主人，做时代的强者，就必须设定明确的目标，做到未雨绸缪、有的放矢。

因此，目标是人们行动的方向盘，目标是一种目的，一个可以实现的梦想，没有目标，人们就像行尸走肉，不会去努力，他们也不知道为什么要去努力，一错再错，错过了机会，错过了运气，错过了发展，可悲啊！有目标，人们就会勇往直前，告别漂泊的日子，重新改写着他们的命运。

美国汽车巨头福特曾经特别欣赏一个年轻人的才能，他想帮助年轻人实现自己的梦想。可年轻人的梦想却把福特吓了一大跳，他一生最大的愿望就是赚到1000亿美元——超过福特财产的100倍！

福特问他："你有了那么多钱以后做什么？"

年轻人迟疑了一下说："老实说，我只觉得那才能称得上是成功，至于做什么我也不大清楚。"

福特说："一个人果真拥有那么多钱，将会威胁整个世界，我看你还是先别考虑这件事吧。"

之后长达5年的时间里，福特拒绝见这个年轻人，直到有一天年轻人告诉福特他想创办一所大学，他已经有了10万美元，还缺少10万美元。福特这时才开始帮助他，他们再也没有提起过1000亿美元的事。

经过8年的努力，年轻人成功了，他就是著名的伊利诺伊大学的创始人本·伊利诺伊。

只有向自己提出伟大的目标后，才能有了主心骨的感觉，那你才会全力以赴；反之，只拿着一个模棱两可的概念，那你的行动还会一盘散沙，四处碰壁，迷失方向。所以，要想当一名杰出的女孩一定要重视目标的价值，在生命的开端给自己一个好的开场白。

目标，进取的动力

美国第四大个人电脑生产商迈克尔·戴尔，29岁便成为富豪，但他既不是靠继承巨额遗产，也不是靠中彩，而是很早就有播下希望种子的结果。

戴尔少年时期就勤奋好学，他在十来岁就开始了赚钱生涯——倒卖邮票。戴尔用赚来的2000美元买了一台电脑，然后把电脑拆开，仔细研究它的构造及运作，并多次安装成功。

中学时，戴尔找到了一份为报商征集新订户的工作。他推想，新婚的人最有可能成为订户，于是雇用别人为他抄录新近结婚的人的姓名和通信地址。他将这些资料输入电脑，向每一对新婚夫妻发出一封有私人签名的信，承诺赠阅报纸两周，一次就赚了1.8万美元。这样下来，他买了一辆德国宝马。汽车推销员看到这个17岁的年轻人竟然用现金付账，惊愕得直吐舌头。

到了大学期间，迈克尔·戴尔经常听到同学们想买电脑的言谈，但由于售价太高，许多人买不起。戴尔于是想："经销商的经营成本并不高，为什么要让他们赚那么厚的利润？为什么不由制造商直接卖给用户呢？"戴尔知道，万国商用机器公司规定，经销商每月必须提取一定数额的个人电脑，而多数经销商都无法把货全部卖掉。他也知道，如果存货积压太多，经销商的损失会很大。于是，他按成本价购得经销商的存货，然后在宿舍里加装配件，改进性能。这些经过改良的电脑十分受欢迎。戴尔见到市场的需求量巨大，于是在当地刊登广告，以零售价的八五折推出他那些改装过的电脑。不久，许多商业机构、医疗诊所和律师事务所都成了他的顾客。

后来，在父母的允许下，戴尔拿出全部积蓄创办了戴尔电脑公司，当时他才 19 岁。如今的戴尔电脑公司可谓享誉全球，而戴尔的个人财产早已过了百亿美元。

戴尔是杰出少年的楷模！

最伟大的成就在最初的时候只是一个梦想。也许，你现在的环境并不很好，但你只要有梦想并为之而奋斗，那么，你的环境就会改变，梦想就会实现。

有一位名叫莱特的主教与他的朋友一起吃饭。席间，主教认为耶稣很快会再度降临，原因是一切事物的本质都被发现，所有可能的发明都已实现。他的朋友不同意，他认为未来的 50 年中会有许多意想不到的发明，比如人类会飞上天。

莱特主教生气地说："胡说八道！只有天使可以飞。"

这位主教有两个儿子，就是日后有名的莱特兄弟。他们与父亲完全不同，梦想有一天能飞上天空，后来他们果然把父亲认为"不可能"的事变成了现实。

成功者只看到他想要的目标，并不在乎自己是否具备足够的能力去达到。当他真正想要达到那个目标时，便会引导自己通过学习而获得足够的能力，然后通过所有的障碍，成功地达到了目标。

不要再将能量耗损在无聊的事情上，要用心地、认真地去凝聚注意力于你真正想要的目标之上，然后用力一击。马上行动，通过不断地努力工作，就能达到成功者的目标。

许多人内心充满了激情和理想，然而一旦面对平凡的生活和琐碎的工作，却变得无可奈何了。他们常常聚在一起高谈阔论，然而一旦面对具体问题，就会不知所措。

一般人之所以不成功，正是因为他们永远将注意力放在事情的消极方面，于是眼中见到的只有困难、挫折、不可能，等等。种种的阻碍横亘在他们的意识中。并非他们不能成功，而是他们将注意力锁定在自己所不想要的东西之上。

有了理想，心中也就有了阳光，心灵世界一片光明，女孩的人生也就不同凡响！

适合自己的就是最棒的

现实世界中，大多数人总发现自己在犹豫之中。怎样做才能不虚度一生？怎样才能知道自己是否选择了合适的职业或恰当的目标呢？

威特勒教授的研究结果和经历证实，与其让双亲、老师、朋友或经济学家为我们制订长远规划，还不如自己来了解一下我们自己。

查斯特·菲尔德爵士说："无论别人的推心置腹显得多么明智和多么美好，从事物本身的性质来讲，人们自己应当是自己最好的知己。"找寻真实的你，不是一朝一夕的工作，而是你整个人生的一件工作。找寻真实的你，是自我充实的一件伟大的冒险。如何找寻真实的自我？你必须记住，真实的你，包含着善与恶。善的本质包括自尊、自信、自立、勇气；恶的本质包括失意、孤僻、愤恨、自卑。找寻真实的你，就必须了解你那邪恶的一面对你的影响。恶的本质创造了一个渺小的自我，善的本质创造一个伟大的自我，而你就是一个渺小自我与伟大自我的混合物。渺小自我的消极感经常存在，它们就像红灯，叫你把善良的本质挡在白线之内，加入它们的阵营；伟大的自我是绿灯，叫你勇往直前，以心智的能力追求你的目标，不让自己的消极感作祟。

你必须了解自己永远无法达到完美的境界，但只要你每天尽力去做，将能使你获得极大的快乐。每天都是一个新的太阳，每天都有一个新的机会，你要不断地寻找真实的你，从而获得充实的人生，发挥你的灵性。

查斯特·菲尔德爵士指出：人生实在是奇妙，不管我们是怎么认定自己，哪怕那种认定是不好的或有害的，最终我们的人生必然会跟着那种认定走。

客观地认识你自己当然是困难的，然而作为一个想做一番事业的人，对自己先要有个正确的认识，难道不应当是一个起码的要求吗？

很多人的成功，首先得益于他们充分了解自己，认识到了自己的长处，根据自己的特长来进行定位。如果不充分了解自己的长处，只凭自己一时的兴趣和想法，那么定位就很不准确，有很大的盲目性。

歌德一度没能充分了解自己的长处，树立了当画家的错误志向，害得他浪费了10多年的光阴，为此他非常后悔。

美国女影星霍利·亨特一度竭力避免被定位为短小精悍的女人，结果走了一段弯路。后来幸亏在经纪人的引导下，她重新根据自己身材娇小、个性鲜明、演技极富弹性的特点进行了正确的定位，出演《钢琴课》等影片，一举夺得戛纳电影节的"金棕榈"奖和奥斯卡大奖。

鲁迅、郭沫若原来都是学医的。作为医生，他们并不出类拔萃，后来改为文学创作，成了文坛巨人。如果他们坚持学医，那就可能埋没自己的才能。

俄国戏剧家斯坦尼斯拉夫斯基在排练一场话剧的时候，女主角突然因故不能演出。他实在找不到人，只好叫他的大姐来担任这个角色。他的大姐以前只是干些服装准备之类的事，现在突然演主角，由于自卑、羞怯，排练时演得很差，这引起了斯坦尼斯拉夫斯基的不满和鄙视。

一次，他突然停止排练，说："如果女主角演得还是这样差劲，就不要再往下排了！"这时，全场寂然，屈辱的大姐久久没说话。突然，她抬起头来，一扫过去的自卑、羞怯、拘谨，演得非常自信、真实。

斯坦尼斯拉夫斯基用"一个偶然发现的天才"为题记叙了这件事，他说："从今以后，我们有了一个新的大艺术家……"

不难揣测，有些天才之所以被埋没，是因为连他自己也没认清自己，更不用说给自己定一个合适的目标；而天才的一鸣惊人则是因为他重新找回了自己，大胆地表现了真实的自我，那目标的制定以及突破也就顺其自然了。看来，认识自己、制定适合自己的目标真的不可忽视。女孩更应该早早地发现自己，从小就培养自己的才能，在目标中优化自己，向杰出的行列迈进！

女孩不仅要善于观察世界，善于观察事物，也要善于观察自己，了解自己。从自身出发制定目标，坚信"适合自己的就是最棒的"。

确立目标应考虑的因素

目标犹如一个人征程的指向灯，没有目标的人生就像随风飘曳的一叶孤舟。只有心存目标，才会顺利到达希望的彼岸。所以，每个人心中都应该设定一个适合自己的目标，但是目标的设定并不是信手拈来，确立目标应从以下几方面进行考虑。

第一因素：了解自己想做什么。

若按愿望关系分类，则可将人分为：

（1）确切知道自己在生活中想做什么并且也去做的人。

（2）不知道也不想知道自己想做什么的人。他们害怕自己有理想。他们说："我实际想要的东西，从来没得到过。所以我干脆也不去想了。"他们宁愿想别人也想的东西和不会给他们带来任何冒险的东西。这些人实际上并不知道他们想要做什么。还不等一个愿望出现在他们的意识中，就已被他们扼杀在摇篮里："我能做到吗？我有资格做吗？别人将会怎么说呢？如果我不能胜任它，结果会怎样呢？"如果说这些人也想做些什么的话，那也只是别人想做的而不是他们自己想做的。

（3）还有一类是看起来非常清楚自己想做什么的人，而实际上他们对此却一无所知。他们与上面提到的两类人的区别只在于：他们非常重视给别人留下一种印象，好像他们知道自己想做什么。这使得他们比较自信，看起来也比别人略高一等。

（4）最后一类就是什么都知道的人……至少他们对什么都了解得比较清楚。

第二因素：了解自己能做什么。

有一批人，他们根本不知道自己能做什么。这正如那些不知道自己想做什么的人一样。

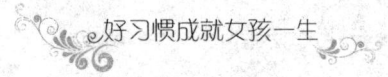

这种人可划分为3类：

（1）过低估计自己的人。

（2）无限高估自己的人。

（3）当然，也有一些人，他们能正确估计自己，能得到他们想要得到的东西。他们属于为数很少的一部分，他们很懂得知足。

正如你所知道的那样，这么多的人过低估计自己，而且又不尝试做些事情去发挥自己忽略的能力，这绝非偶然。他们早就认识到，安于现状是件很惬意的事情。他们的行为准则是折中的。他们追求平均，而且不想全部发挥出他们的实际能力。

1974年的夏天，在英国黑潭市，教师收集了学生的有关意见。他们得出的结论是：孩子们具有潜在的超常能力。这些超常的能力又能怎样呢？教师必须承认：他们压制了它们，在教学上一味地搞平均主义，一味地折中，直至大多数具有天赋的学生也渐渐适应了。学生们深信：只有我得了高分才会得到承认，而当我致力于我的兴趣爱好并继续发展时，我就得不到承认。他们从来不知道自己能做什么。

其结果是：你渐渐地习惯于低估自己和自己的实际能力。

有一些学生说：他们唯一的目标是要成为一名"博士"或"获得一个受人尊重的头衔"。至于今后干什么，他们一点概念都没有。可以确切地说，这种对头衔的盲目崇拜将影响他们的余生。他们评价自己的标准是自己在别人眼中的价值，而不是根据他们的实际能力去评判。

每个人都有多种才能，这些才能可分为最佳、较佳、一般才能3种。成才者，通常是最佳才能或较佳才能与成才目标一致发展的结果。就人才而言，成才有3种类型：再现型、发现型、创造型。再现型人才善于积累知识；发现型人才驾驭知识的能力强，并时常有所发现；创造型人才具有敏锐的洞察力和丰富的想象力，一些重大发明和突破，往往产生于他们手中。但"发现自己"并非易事，自己属于哪一种人才类型，哪一种才能是自己的最佳发展才能，往往需要经过反复实践才能发现。

第三因素：将目标和能力、现实相结合。

这是因为，只有将我们实现目标的多种情况都考虑在范围之内，我们的目标才能得以实现。

我们所有的目标的终点是我们自己。我们应该了解：我们今天需要什么，我们今天能做什么。不是别人需要什么或者别人能做什么，或者我们自己期盼着明天是什么。有人认为，仅凭这点就能算幸福，那可真是太少了。但现实却是：要想获得享受，我们必须动用我们所拥有的一切。大多数人都心存不满，其原因只有一个：他们至今都不懂，如何从自己的生活现实出发，去做得更好。

杰出的女孩的行动一定是量力而行却又全力以赴！

第四因素：适应社会需要。

任何人才的成功，都是顺应历史潮流，按照时代方向努力奋斗的结果。人才具有鲜明的时代特征。现代社会需要各个领域、各种类型、各个层次的人才。如果哪一个领域、哪一种类型、哪一个层次出现空白，那就是社会需要为你提供成才的机会。这个社会需要弄潮儿而不是隐者，如果你偏偏喜欢做隐者，那恐怕连温饱都成问题，所以，只有自己的目标与社会需要相一致，才可能成长起来。

女孩确立目标不仅要从自身发出，更要识大局，从整个社会的需要出发，这才能真正成为时代的弄潮儿！

以一位名人为榜样，激发远大理想

以名人为榜样，其中蕴含的力量是无穷的。它能向你展示什么是可能的，为你提供极有价值的动机、力量和希望的源泉。

不少女孩常常会因为读了一篇令其感动不已的文章而想长大了当作家；因听了某人的英雄事迹而有了自己的理想，有的想当解放军，有的想当飞行员、当明星、当运动员……当你产生这些朦胧的想法时，不要轻易否定，要激励自己积极向上的雄心壮志。随着年龄的增长，根据自己不同优势的显现，再把自己逐渐引向适当的方向，树立远大理想。

名人，通常指的是在某领域为社会、为人类做出贡献的人。在人类历史上，涌现出许多对社会生产力、社会文明起着巨大推动作用的政治家、思想家、科学家、文学家、艺术家，尽管这些名人的生活背景不同，性格特点各异，他们的成功也不乏客观条件，但起决定作用的是主观因素，这就是他们都具有崇高的志向、坚定的信念、拼搏的精神、顽强的毅力……他们辉煌的业绩，不仅赢得当代人的敬重，鼓舞人们建功立业，强国富民，还受到后世的敬仰，激励后来人发扬传统精神，把历史推向前进！要当名人就需学名人，事实上，许多人就是在效法名人中成为名人的。

著名影星阿诺德·施瓦辛格少年时在健美杂志上发现了自己的榜样——里格·帕克。在健美界，里格是当时最强壮的人，阿诺德梦想着自己也能拥有像里格那样发达的肌肉。阿诺德尽可能地学习里格的所有东西，包括他的训练手段、饮食和生活方式。阿诺德知道里格的事情越多，模仿的也就越多，也就越认识到自己也能像里格那样成为健美明星。最终，他成功了！

名人，如路标，如灯塔，如指南针，时刻给我们力量、希望。

张海迪、海伦·凯勒身残志坚，陈景润、华罗庚刻苦自学，居里夫人投身事业，贝多芬、奥斯特洛夫斯基与命运抗争……这些名人的事例，使女孩深受感动和鼓舞。

然而，又有许多女孩心中缺少理想，心中失去了阳光，心灵世界一片黑暗，表现出厌世的消极态度。

曾经有一个苦闷的高中一年级的孩子在给报纸写的一篇稿子中说："从小我就拼命做老师和家长眼中的好孩子——听话、用功读书。但是上了中学以后，我就不愿做父母、老师眼中的'好孩子'了，因为那无非是个木偶，我想成为真正的自己。如今，我已经上高中了，可是人越大越茫然，不知道生活的目标，我不懂我到底为了什么而学习。"她

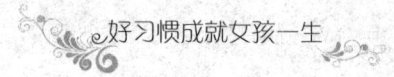

又说："毛泽东青少年时期便'身无分文，心忧天下'，周恩来 12 岁立下'为中华之崛起而读书'的雄心壮志，我太需要一份动力了，一份为了自己的目标而抛弃一切、静心苦读的动力。"

那么，女孩们如何以名人为榜样呢？

（1）平时可以多读名人传记，这些撼人心灵的故事、成长的历程，具有良好的启发和鼓舞作用，有助于我们激发出积极向上的精神，树立自己的人生目标。

（2）我们还可以建立一个自己的"榜样资料库"。首先选择一个或多个能够真正激发你的名人。也许他们的梦想和你自己的梦想极其相似，也许他们遇到的障碍也是你最惧怕和担心出现的。尽可能多地学习他们怎样在艰难状况下保持前进的步伐，以及他们是怎样战胜艰难险阻才实现梦想的。找一些这些人的照片，把它们挂在你常常静静地自我反省的地方。

（3）经常摘抄、背诵名人名言，为自己鼓劲。

第二章

立即行动

——让女孩的人生不留遗憾

不要幻想，要现实

"明天是周六，我想去书店买书！"

"这个周末，我们去敬老院吧！"

"妈妈，咱们家的花园长出杂草了，明天我帮你一起除草吧！"

和很多人一样，有些女孩总是计划得好好的，可是最终完成的却没有几件，最后还要找出各种各样的理由来为自己解释。

"临时有事，太忙了！"

"我忘了！下次吧！"

于是，自然地，女孩又重复着口头演说，而最终毫无行动。因为在内心深处，她从来没有意识到行动的重要性，所以她总是不愿意去行动。

人有两种能力，思维能力和行动能力，很多人总是达不到自己的目标，往往不是因为思维能力，而是因为行动能力。

在偏远地区有两个人，其中一个贫穷，一个富裕。

有一天，穷人对富人说："我想到南海去，您看怎么样？"

富人说："你凭借什么去呢？"

穷人说："我有一个水瓶、一个饭钵就足够了。"

富人说："我多年来就想租条船沿着长江而下，现在还没做到呢，你凭什么去？"

第二年，穷人从南海归来，把去过南海的事告诉富人，富人深感惭愧。

这个故事说明了一个很简单的道理：说一尺不如行一寸。

俄国著名剧作家克雷洛夫说："现实是此岸，理想是彼岸，中间隔着湍急的河流，行动则是架在河上的桥梁。"

只有行动才会产生结果。行动是成功的保证。任何伟大的目标、伟大的计划，最终必然落实到行动上。拿破仑说："想得好是聪明，计划得好更聪明，做得好是最聪明又最好。"

所以，不要只是憧憬，不要只是计划，对于要做的事情，就应该积极地行动起来，行动才能使一切成为可能。

杰米是个很普通的年轻人，20多岁，有太太和小孩，收入并不多。

他们全家住在一间小公寓里，夫妇两人都渴望有一套自己的新房子。他们希望有较大的活动空间、比较干净的环境、小孩有地方玩，同时也增添一份产业。

买房子的确很难，必须有钱支付分期付款的首付款才行。有一天，当他签发下个月的房租支票时，突然很不耐烦，因为房租跟新房子每月的分期付款差不多。

杰米跟太太说："下个礼拜我们去买一套新房子，你看怎样？"

"你怎么突然想到开这个玩笑，我们哪有能力？可能连首付款都付不起！"他的太太非常怀疑他的话。

但是他已经下定决心："跟我们一样想买一套新房子的夫妇大约有几十万，其中只有一半能如愿以偿，一定是什么事情才使他们打消这个念头。我们一定要想办法买一套房子。虽然我现在还不知道怎么凑钱，可是一定要想办法。"

下个礼拜他们真的找到一套两人都喜欢的房子，朴素大方又实用，首付款是1200美元。他知道无法从银行借到这笔钱，因为这样会妨害他的信用，使他无法获得一项关于销售款项的抵押借款。

可是皇天不负有心人，他突然有了一个灵感，为什么不直接找包销商谈，向他借私款呢？他真的这么去做了。包销商起先很冷淡，由于杰米一再坚持，他终于同意了。他同意杰米把1200美元的借款按月偿还100美元，利息另外计算。

现在他要做的是，每个月凑出100美元。夫妇两个想尽办法，一个月可以省下25美元，还有75美元要另外设法筹措。

这时杰米又想到另一个点子。第二天早上他直接跟老板解释这件事，他的老板也很高兴他要买房子了。杰米说："T先生（就是老板），你看，为了买房子，我每个月要多赚75元才行。我知道，当你认为我值得加薪时一定会加，可是我现在很想多赚一点钱。公司的某些事情可能在周末做更好，你能不能答应我在周末加班呢？有没有这个可能呢？"

老板对于他的诚恳和雄心非常感动，真的找出许多事情让他在周末工作10小时。杰米和他的家人也欢欢喜喜地搬进了新房子。

显然，杰米能买到新房子，是他坚持行动的结果，行动让他的想法有了实现的机会。

当列车呼啸而过时，女孩们一定觉得很壮观，但倘若没有行动的车轮，它又如何飞驰？生命也是如此，想让生命的列车启动，唯有行动！而行动无疑成了生命乐章中最动听的音符。

立即行动，积累成功的资本

现实是此岸，理想是彼岸，中间隔着湍急的河流，行动则是架在河上的桥梁。只有行动才出现结果，行动创造了成功。任何一个伟大的计划和目标，都要靠行动来实现。

成功的人士肯定懂得这样的格言："我们要明白一点：拖延、迟缓无异于死亡。"

"整个事件成功的秘诀在于，"阿莫斯·劳伦斯说过，"我们形成了立即行动的好习惯，因此才会站在时代潮流的前列；而另一些人的习惯是一直拖沓，直到时代超越了他们，结果他们就被甩到后面去了。"

对一位成功者而言，拖延也许是最具破坏性，也是最危险的恶习，它使你丧失了主动的进取心。一旦开始遇事拖拉，你就很容易再次拖延，直到它们变成一种根深蒂固的恶习。可悲的是，拖延的恶习也有累积性，唯一的解决良方，很明显的，正是行动。当女孩真的放手去做时你会惊讶地发现，你正迅速改变自身的状况。正如英国首相及小说家本杰明·狄斯雷利所说：行动未必总能带来幸福，但没有行动却一定没有幸福。

成功者从来不拖延，也不会等到"有朝一日"再去行动，而是今天就动手去干。他们忙忙碌碌尽其所能干了一天之后，第二天又接着去干，不断地努力、失败，直至成功。

第二次世界大战时，肯尼斯在日军登陆马尼拉时被俘，随后被送往一处集中营。肯尼斯看到室友的枕头下有一本书叫《人性的优点》，他爱不释手，便问道："可以借我看吗？"

那本书给肯尼斯极大的鼓舞和启示。他渴望拥有那本书，但是书的主人却不愿割爱。"借我抄！"他说。室友爽快地答应了。

肯尼斯成功的秘诀就是立刻去做。他开始逐字逐页誊录，由于书随时会被索回，他夜以继日地抄录。

抄完最后一页，仅仅过了1个小时之后，他的室友就被带到另外一处集中营了。被俘的3年期间，肯尼斯一直带着那份手稿，一读再读。就是那本书一直鼓舞他，给了他很多的勇气，他决心按照书上所讲的那样去行动，用行动来实现自己的梦想。他说："我必须立即去行动，否则行动就会长翅膀飞走。"

可见，立即行动是改变女孩一生的关键！

卡耐基的著作里收录了一篇哈巴德写的短文：

在一切有关古巴的事情中，有一个人最让我忘不了。当美西战争爆发后，美国总统麦金莱必须立即跟西班牙反抗军首领加西亚取得联系。但加西亚在古巴丛林的山里，没有人知道确切的地点，所以无法写信或打电话给他。

"怎么办呢？"总统说。

"有一个名叫罗文的人，有办法找到加西亚，也只有他才找得到加西亚。"有人对总统说。

　　他们把罗文找来，交给他一封写给加西亚的信。罗文拿了信，把它装进一个油质袋子里，封好，吊在胸口，划着一艘小船，4天以后的一个夜里，在古巴上岸，消失在丛林中，接着在3个星期之后，从古巴岛的那一边出来，徒步走过一个危险重重的国家，把那封信交给加西亚。

　　这里要强调的重点是：

　　麦金莱总统把一封写给加西亚的信交给罗文，而罗文接过信之后，并没有提出任何疑问：怎样去？为什么要找他？是否能找到他？给我什么报酬？

　　——没有问题，没有条件，更没有抱怨，只有行动，积极、坚决的行动！

　　女孩们都应该了解有名的"马太效应"故事。

　　主人公是一个贵族，他要到远方去。临行前，他把仆人们召集起来，按着各人的才干，分给他们银子。

　　后来，这个贵族回国了，就把仆人叫到身边，问他们："你们是怎样使用那些银子的？"

　　第一个仆人说："主人，你交给我3000两银子，我马上去投资做生意，很快又赚回了3000两。"

　　贵族听了很高兴，赞赏地说："好，善良的仆人，你既然在赚钱的事上对我很忠诚，又这样有才能，我要把许多事派给你管理。"

　　第二个仆人说："主人，你交给我2000两银子，我已用它赚了1000两。"

　　主人也很高兴，赞赏这个仆人说："我可以把一些事交给你管理。"

　　第三个仆人来到主人面前，打开包得整整齐齐的手绢说："尊敬的主人，看哪，您的1000两银子还在这里。我把它埋在地里，听说您回来，我就把它掘了出来。"

　　主人的脸色一下子沉了下来，说："你这个懒惰的仆人，你浪费了我的钱！"

　　于是要回他这1000两银子，给了那个有6000两银子的仆人。

　　第三个仆人不善于行动，也就是成功资本的最大浪费。那么马上行动吧，现在就开始行动，行动会使女孩走向成功。

　　失败者总会愤愤不平地说"人家如何如何凭运气"，"赶上了好光景、好地方"。他们从不采取行动，总是等待着"有一天"他们会走运。他们把成功看作降临在"幸运儿"头上的偶然事情。失败者认为成功者的命运是一帆风顺，而自己的命运则全是倒霉。所以，既然幸运女神不肯照顾，他们除了怨天尤人外，还能做什么呢？

　　女孩们千万不能有这种思想！记住，当你有了梦想，有了创意时，就立即去行动，趁早去积累你成功的资本！

　　成功开始于思考，成功要有明确的目标，这都没有错，但这只相当于给你的赛车加满了油，弄清了前进的方向和线路，要抵达目的地，还得把车开动起来，并保持足够的动力才行。

比别人先行一步

鬼谷子说："作战的方法贵在控制别人，而不是被人控制。"控制别人就把握了成功，被人控制就抛弃了成功。控制别人，贵在抢占先机。抢先一步容易控制别人，落后一步容易被人控制。项羽也说："先发制人，后发受制于人。"要想创大业建大功，就要抢占先机而不落于众人之后；就要使人追随我而不是我去追随人。

《兵经百篇·先》中说："用兵作战要使自己先发制人，必须掌握作战的先声、先手、先机、先天。先声，即在声势上首先压倒敌人；先手，就是交战时抢先下手；先机，即把握作战的先行良机；先天，不用争夺而制止了争夺，不用争战而制止了战争，胸中早有了不战而屈人之兵的韬略。先发制人最重要，而在先发制人的各种手段中，又以先天最为重要。"

什么事都比别人先行一步就能取胜。要想永远领先，就要处处争先，永远争先。

先人一手，先人一着，而不停留在这一手、这一着上，即使他人奋起直追，而你又大步向前，始终保持着原来的距离，你将永远领先。

女孩们，别总以为其他人比自己学习好是先天的，因为学习好的同学总会比别人先行一步，这就是学习好与差的原因所在。

有一个6岁的小男孩，一天在外面玩耍时，发现了一个鸟巢被风从树上吹掉在地，从里面滚出了一个嗷嗷待哺的小麻雀。小男孩决定把它带回家喂养。

当他托着鸟巢走到家门口的时候，他突然想起妈妈不允许他在家里养小动物。于是，他轻轻地把小麻雀放在门口，急忙走进屋去请求妈妈。在他的哀求下妈妈终于破例答应了。

小男孩兴奋地跑到门口，不料小麻雀已经不见了，他看见一只黑猫正在意犹未尽地舔着嘴巴。小男孩为此伤心了很久，但他从此也记住了一个教训：只要是自己认定的事情，绝不可优柔寡断。这个小男孩长大后成就了一番事业，他就是华裔电脑名人——王安博士。

总是步别人后尘的人是成不了大器的。如此一来，成功永远属于别人，自己得到的只是残羹冷炙。聪明的人不随大流，目光独到，在别人还没"睡醒"之前就已经行动了。

在某一领域的领袖几乎都是起步比较早的人，他们不一定比别人做得好，但是，因为起步早，他们有更多的机会调整错误。

早起的鸟儿有虫吃。卓越的成功者在做每一件事时都要比别人早一步，都要比别人更迅速地掌握未来的动态、资讯和走向。

女孩们，要想早有成就，那就赶快动手吧！

莫害怕，莫后悔

每个人将来要面临各种艰难的挑战，"不害怕"是心灵的起点，是为自己设下的最坚韧的防护，在现实生活中，也许女孩被碰得头破血流，或拼打得体无完肤，但只要你不害怕碰壁，不害怕失败，不害怕孤独，不害怕被人误解，并勇敢去闯，就一定能得到生活的回报。另外，世界上没有后悔药可卖，无论我们获得了什么，都是我们自己的决定与行动换来的结果。即使我们跌倒了，爬起来依旧是好汉。

一个叫路易斯·蒙坦特的人曾上过卡耐基的课，他非常敬佩卡耐基所讲的，他曾经忧伤得不想继续活下去，后来，他说："忧伤使我浪费了 10 年大好光阴。这 10 年应该是生命力最强的时候——18 岁到 28 岁。我现在体会到失去了这 10 年宝贵的光阴不能怪罪任何人，完全是我自己的错。"

那时所有的事都令他担心：工作、健康、家庭及自卑。他羞于见人，因为怕跟熟人打招呼，不惜绕道而行；若在街上遇到朋友，他也假装没有看见，因为他怕别人不屑理他。

他恐惧与陌生人会面，在两周内连连失去 3 个工作机会，只因为他没有勇气告诉这 3 位老板他有胜任的能力。

几年前的某一天，他在一个下午克服了他的忧虑——后来也很少再烦恼过。事情是这样的，他说："那天下午，我坐在一个人的办公室里，那个人所遭遇的问题比我麻烦得多，而他却是我所认识的人中最开心的人。1929 年，他发了财，不久又一贫如洗。1933年，他又发了一笔财，可是又没保住。1939 年，他东山再起，却同样没法保住财产。他经历了破产，并被债主、仇家追得无处容身。这些打击足以令人崩溃，甚至想不开而自杀，但是他却举重若轻。"

蒙坦特说："当时我坐在他的办公室里，我真羡慕他，希望自己也能像他一样。

"我们谈话的当儿，他丢过来一封他当天早上收到的信，并说：'看看这封信。'

"迈克说：'让我来告诉你一个小秘密。下次你再有什么烦心的事，拿起纸笔，坐下来把你忧虑的细节通通写下来。然后把这张纸放在你书桌抽屉的最下层。几个礼拜后，你再去看它。你看的时候，如果还是觉得很烦，就再把它放回抽屉，过两个礼拜再看。它在抽屉里很安全，没有什么不妥。但同时，却可能有很多事影响到你所忧虑的事。我发现，只要有足够的耐心，那些想干扰我的烦恼，后来都会自动一一瓦解。'

"他的忠告给我留下深刻的印象。我采纳迈克的做法也有好几年了，结果是，我真的很少再为什么事烦心过。"

人世间本没有如此多的让人害怕、恐惧的事情，只是大部分人不敢去尝试，他们害怕失败，但这种不战而败的结局会令别人看不起自己。与其"前怕狼，后怕虎"，不如放手干一场，不能成就别人那就成全自己。

女孩们更应该抛弃一切顾虑，把所想的大胆地实践出来，许多成功的人并不在于他敢想，而在于他敢为，要想成功，没有其他的路可走，只有去行动！

做好准备

准备之于成功，如同基石之于大厦。因此，准备是成功的基础，只有准备充分了，成功才会降临。当女孩们一点点地积累，一粒粒地积聚，一步步地走，我们就有了量变到质变的飞跃。人生是一个庞大的生命旅程，如果你能提前——做好准备，那么你的每一段路走起来就会坚定自如、泰然自若了。著名节目主持人朱军在出版《时刻准备着》时，他说："我觉得这么多年来，我的状态始终是'时刻准备着'，而机遇都是在积极准备中光顾的。"

美国著名电台主持人莎莉·拉菲尔在自己的职业生涯中遭遇了 18 次辞退，她的主持风格曾被人贬得一文不值。

最早的时候，她想到美国大陆无线电台工作，但是，电台负责人认为她是个女性，不能吸引听众，想都没想地拒绝了她。

她来到波多黎各，希望自己有个好运气。她不懂西班牙语，为了熟练掌握语言，她花了 3 年时间。但是在波多黎各的日子里，她最重要的一次采访，仅仅是一家通讯社委托她到多米尼亚共和国去采访暴乱，连差旅费都是自己付的。

在以后的几年，莎莉·拉菲尔不停地工作，不停地被辞退，有些电台甚至指责她根本不懂得什么是主持。

1981 年，莎莉·拉菲尔来到了纽约的一家电台，但是很快被告知：她跟不上这个时代，为此，她失业了一年多。

有一次，她向一位国家广播公司的职员推销她的清谈节目策划，得到了对方的肯定。但是，那个人后来离开了广播公司，她不得不向另外一位职员推销她的策划，这位职员却不感兴趣。别人虽然同意雇用她，但不同意搞清谈节目，而是让她做一个政治节目主持人。

莎莉·拉菲尔对政治一窍不通，但是她不想失去这份工作，于是开始恶补政治……1982 年夏天，她的以政治为内容的节目开播了，她有着娴熟的主持技巧和平易近人的风格，她甚至让观众打进电话讨论国家的政治活动，包括总统大选。这在美国电台史上是史无前例的。

莎莉·拉菲尔几乎一夜成名，她的节目成为全美国最受欢迎的政治节目。她现在是美国一家自办电台节目主持人，曾经两度获得全美主持人大奖。每天有 800 万观众收看她主持的节目。在美国传媒界，她就是一座金矿，无论到哪家电视台、电台，她都会带去巨额的利润。莎莉·拉菲尔说："我平均每 1.5 年就被人辞退一次，有些时候，我认为这辈子完了。但我相信，上帝只掌握了我的一半，我越努力，我手中掌握的一半就越庞大，终于有一天，我赢了上帝。"

当你有所准备的时候，面对挑战，你才能保持绝对的冷静。做好了准备，一切危险、困难、挫折，也就会被你摆平。有了准备，我们就不再彷徨。"书到用时方恨少"，平常若不充实学问，临时抱佛脚是来不及的。

人生之路漫长而又充满了未知，女孩们应该"时刻准备着"。为了美好的将来，储备对付一切难题的能量，准备一副冷静平和挑战困难的心态。就像莫里尼奥所说的："当准备的习惯成为你身体的部分，它就会永远在那里，并帮助你取得令人惊讶的胜利。"

俗话说：有备无患。女孩们做事应该未雨绸缪、居安思危。

夯实每一个脚印

没有谁的成功能从天而降，行动，是梦想成真的桥梁。我们从牙牙学语到长大成人的过程当中，人生的道路布满荆棘与瓦砾，但是女孩为了完成你的人生，必须尽力去做，夯实每一个脚印。

1816年，小林肯刚满7岁的时候。因为生活贫困，付不起房租，林肯全家人被赶出住宅，开始了流浪日子。流浪的日子过了两年，母亲因家庭的沉重负担病倒了，不久就去世了，艰难的生活雪上加霜。但是，沉重的生活并没有使小林肯气馁，他仍然保持着积极的态度，夯实每一个脚印，并成长为积极进取的青年。

1831年，青年林肯尝试着经商，希望通过自己的努力为自己和家人创造一个比较好的生活环境。可是，他失败了，并且债务缠身。1832年，林肯失业了，这显然使他很伤心，但他下决心要当政治家，所以他想攻读法学院，可是因为没钱，他没法开始求学生涯。他参加了州议员的竞选，糟糕的是，他竞选失败了。在一年里遭受了二三次打击，这对他来说无疑是痛苦的。但失败并没有击垮他那积极进取、积极行动的人生态度。1833年，林肯再次借钱经商，但因为经营方面的问题，很快就又破产了。后来他用了17年的时间才把债还清。

1834年，贫困潦倒的他坚持积极地再次竞选州议员，他积极的行动终于给他带来了成功，这一次，他当选了。

1835年，林肯订了婚。但离结婚还差几个月的时候，未婚妻不幸去世。这对他精神上的打击实在太大了，他心力交瘁，数月卧床不起。1836年，他得了神经衰弱症。

1838年，林肯觉得自己的身体状况好转了。他马上积极行动起来，决定竞选州议会议长，可他失败了。1843年，他又参加竞选美国国会议员，但这次仍然没有成功。

林肯虽然一次次尝试，但一次次地遭受失败：企业倒闭、爱人去世、竞选受挫。林肯一次又一次地失败了，但他还是不断地积极行动。正是这一些积极的行动，使他越战越勇，最终走向了成功。

1846年，他又一次竞选国会议员，最后终于当选。两年任期过去了，他决定要争取连任。他认为自己作为国会议员，表现是出色的，相信选民会继续选举他。但很遗憾，1848年，他落选了。

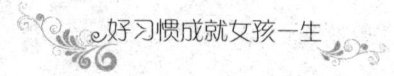

因为这次竞选，他赔了一大笔钱。但是林肯没有放弃，他也没有说："要是失败会怎样？"1849年，他又积极地自荐州土地局长一职，但州政府把他的申请退了回来，上面指出："做本州的土地官员要求有卓越的才能和超常的智力，你的申请未能满足这些要求。"1854年他竞选参议员，落选。

林肯失败了，但林肯始终没有服输。他始终都是那么斗志昂扬，始终都是积极地行动，积极地前进、前进、前进！1856年他竞选美国副总统提名，得票不到100张。1858年，他再度竞选参议员，再次落败。

林肯尝试了13次，可只成功了3次。但他始终都没有屈服，始终在做自己生活的主宰，不管是成功还是失败，他始终都在不断夯实每个脚印。1860年他一举当选美国总统，成为美国历史上一任伟大的总统。

林肯值得每位女孩去学习，不管失败多少次，他始终坚持走自己的路，夯实着每个脚印，不偷懒，当然成功也就非他莫属了。

每个成功的人都知道：思想和行动同等重要，如果你每天都在想着做什么，而不去付诸实践，那只是空想，只能流于平庸。只有积极地行动，夯实每一个脚印，成功才会离女孩越来越近。

临渊羡鱼，不如退而结网

每个人都有自己美好的理想，有的人为了实现它，孜孜以求，不懈地努力着、奋斗着，而有的人则仅仅停留于口头上，或常常沉浸在一些不切实际的幻想中，不能付诸切实的行动。当遇到后一种情况的时候，人们常常会劝勉他说："临渊羡鱼，不如退而结网！"做事要努力追求，不能总是停留在口头上，重要的是采取实际行动。唐代学者颜师古解释这一典故时说："言当自求之。""自求"，就是要靠自己努力追求，付诸行动。他告诫人们，不要做口头革命家，而应当努力将伟大的目标化为实实在在的行动。这一典故还告诉人们，一切伟大的目标、伟大的思想，都是从微不足道的开始起步的。中国春秋时期的大思想家老子说："天下难事必做于易，天下大事必做于细。"意思是说，规划宏伟的目标，还得从最不起眼的小事做起，谋划难做的事，也得从最容易的事做起。

下面我们来看看一位女青年的自述：

"好多朋友跟我说，自考好难！于是，本想参加学习的我一直被这个思想包袱拖累，徘徊在自考门外。直到2005年下半年，我准备报考高级会计师，从财政局获知需有大专文凭才能报考，这当头一棒，使我马上就想到了自考。

"2005年底，我报读了电子培训中心的南京大学汉语言文学专业的独立办班，怀着巨大的压力与不自信的心情跨进了自考的大门。

"老师讲课经验丰富，引经据典，把本来很枯燥的内容形象化，课堂上同学们的兴致很高，气氛活跃。我仿佛又回到了当年的学校，又找到了6年前的温馨感觉，对汉语言文学的学习也提高了兴趣，同时也充满了自信。

"自考最主要的难题是时间紧，但我认为'时间就像海绵里的水，只要愿挤总是会有的'。参加自考以后，我取消了每天下班后的一切娱乐活动，重新拿起书本，搬起厚厚的词典，认真学习。看了一篇篇优秀文学作品，每天温故而知新，我真正感觉到了学习的乐趣。夜深人静时有我看书做题的身影，清晨醒来随手拿起特意放在床头的书读一段，这一天都会感觉清新自然。而且，通过自考我认识了很多好朋友。我们经常一起学习、互相讨论，不亦乐乎！一分耕耘一分收获，通过努力，我的4次考试都获得了很好的成绩，很快我的大专文凭就到手了，而且这种过程也不像别人所说的很难。

"'临渊羡鱼，不如退而结网！'我觉得这句话说得太对了，心动不如行动，行动了才有希望！"

女孩们，羡慕别人只是些虚荣的心理，何不自己去争取呢？上帝对每个人都是公平的，每个人身上都有可以成功的素质，就看你争取不争取！所以，要想成功，你立即去实践吧！

女孩们，别年复一年虚度青春了，给自己下个任务吧！

1. 激发好胜心

我们似乎都有惰性，不愿意自己去学习新的东西；或者是没有胆量，没有学习新知识的意识。但是，我们也有一个最有利的条件，就是有很强的好胜心。只要能激起好胜心，并加以激励，我们就会"铤而走险"去学习新知识。一旦我们尝到了"甜头"，认识了自己的能力，我们就不但敢于而且也愿意去做了。

2. 培养执行计划的习惯

每一个女孩每天都会有许多新的构想，而每一天都会有成千上万个女孩会把自己辛苦得来的新构想取消或埋葬掉，因为她们不敢执行。

当发生这种情况时，我们应该清楚一点：无论我们的想法有多好，理想如何远大，除非真正身体力行，否则永远没有收获。

3. 尝试未做过的事情

有这样一句话，似乎是很多女孩的常用语："这个老师没教过，我不会做。"把这句话挂在嘴边是不行的。不会的就更应该学，而且要激励自己去学习新知识，而不是被动地等待别人来教。

4. 独立完成各种任务

对于应该是自己完成的所有活动，你都要自己去做。尤其是写作文和解应用题，应先自己思考领会并尝试完成，这样我们就充分运用了自己的综合能力。然后请父母评价，并指出正确的做法。最后再让我们重新开始。这样我们的自学能力会得到很好的训练。

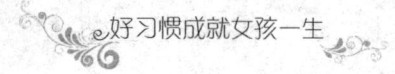

许下一个愿望，用行动去实现

有一个很落魄的青年人，每隔三两天就到教堂祈祷，而他的祷告词几乎每次都相同。

第一次，他来到教堂跪在圣坛前，虔诚地低语："上帝啊，请念在我多年敬畏您的份上，让我中一次彩票吧！"

几天后，他又垂头丧气地回到教堂，同样跪着祈祷："上帝啊，为何不让我中彩呢？请您让我中一次彩票吧！"又过了几天，他再次去教堂，同样重复他的祈祷。如此周而复始，不间断地祈求着，直到最后一次，他跪着说："我的上帝，为何您听不到我的祈求？让我中彩票吧！只要一次就够了……"就在这时，圣坛上突然发出了一个洪亮的声音："我一直在垂听你的祷告，可是，最起码你也应该先去买一张彩票吧！"

这个故事告诉我们：一旦有了梦想，就必须用行动去实现梦想。如果有梦想而没有努力，有愿望而不能拿出力量来实现愿望，这是不足以成事的。只有下定决心，历经学习、奋斗、成长这些不断的行动，才有资格摘下成功的甜美果实。

而大多数的人，在开始时都拥有很远大的梦想，只是他们从未采取行动去实现这些梦想，缺乏决心与实际行动的梦想于是开始萎缩，种种消极与不可能的思想衍生，甚至于就此不敢再存任何梦想，过着随遇而安、乐天知命的平庸生活。

这也是为何成功者总是占少数的原因。

英国前首相本杰明·狄斯雷利曾指出，虽然行动不一定能带来令人满意的结果，但不采取行动就绝无满意的结果可言。

因此，如果女孩想取得成功，就必须先从行动开始。一个人的行为影响他的态度，行动能带来回馈和成就感，也能带来喜悦。

天下最可悲的一句话就是："我当时真应该那么做，但我却没有那么做。"一个好创意胎死腹中，真的会叫人叹息不已，永远不能忘怀。如果真的彻底施行，当然就有可能带来无限的满足。

女孩们，你现在已经有一个好愿望、想到一个好创意了吗？如果有，马上行动。

将一个愿望真正地落实到行动上，应遵循以下原则：

（1）做好各种准备工作，考察愿望是否切实可行。

（2）制定每年、每月、每日的行动步骤表，按计划去做。

（3）安排好行动计划的轻重缓急、先后次序。

（4）行动方案应明晰化、细致化，这样落实起来才能到位，才能更有效率。

告别拖延和惰性，把握今天

生活中，女孩们都会有这样一些经历：早上闹钟响了，想起床又告诉自己"再睡几分钟吧"，结果有可能会迟到；想给亲友、同学打个电话，等到几小时、几天之后才打；这个月需完成的学习任务要到下个月才写；衣服堆得有味了才洗……

拖延使女孩无数美好的梦想、计划变成幻想，使女孩丢失了"今天"。

成功学创始人拿破仑·希尔说："生活如同一盘棋，你的对手是时间，假如你行动前犹豫不决，或拖延行动，你将因时间过长而痛失这盘棋，你的对手是不容许你犹豫不决的！"拖延是行动的死敌，也是成功的死敌。拖延令我们永远生活在"明天"的等待之中，拖延的恶性循环使我们养成懒惰的习性、犹豫矛盾的心态，这样就成为一个永远只知抱怨叹息的落伍者、失败者、潦倒者。拖延是这样的可恶，然而却又这样的普遍，原因在哪里？

自信不足、心态消极、目标不明确、计划不具体、策略方法不够多、知识不足、过于追求十全十美，这些都是原因。

其实拖延就是纵容惰性，也就是给了惰性机会，如果形成习惯，它会很容易消磨人的意志，使你对自己越来越失去信心，怀疑自己的毅力，怀疑自己的目标，甚至会使自己的性格变得犹豫不决，养成一种办事拖拉的作风。

一日有一日的理想和决断。昨日有昨日的事，今日有今日的事，明日有明日的事。今日的理想，今日的决断，今日就要去做，一定不要拖延到明日，因为明日还有新的理想与新的决断。

杰出人士为了打败"拖延"这个敌人，往往会给自己制定一张严密而又紧凑的工作计划表，然后像尊重生命一样坚决地去执行它。

人们问富兰克林："你怎么能做那么多的事呢？""您看看我的时间表就知道了。"他的作息时间表是什么样子呢？

5点起床，规划一天事务，并自问："我这一天要做些什么事？"

上午8点至11点，下午2点至5点，工作。

中午12点至1点，阅读，吃午饭。

晚6点至9点，用晚饭、谈话、娱乐、考查一天的工作，并自问："我今天做了什么事？"

此外，由于种种原因，杰出人士也可能会被迫拖延自己想要做的工作，对于这种导致拖延的外在阻力，他们也有一套对付的方法。

维克多·雨果是19世纪法国著名作家。有一回，他为了创作一部新作品，便紧张地投入到工作中。可是，外面不断有人来邀他去赴宴，出于礼节，他不得不去，为此浪费了好多时间。最后，他想出了一个绝妙的办法，把自己的头发剪去一半，又把胡子剪掉，再把剪子扔到窗外。这样，他就不好出去会客，而不得不留在家里。于是他专心致志地埋头创作，把又一部巨著奉献给了人们。

惰性是人的一种劣根性，为了做成某件事，必须与它抗争，超越这种劣根性的钳制。但是这种抗衡和超越不容易心甘情愿，一开始总要由一些外力来强制，进而才能逐渐内化为恒定的精神和行为习惯。如果想战胜它，勤奋是唯一的方法。对于人来说，勤奋不

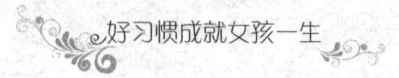

仅是创造财富的根本手段，而且是防止被舒适软化、涣散精神的"防护堤"。

女孩如何克服拖延、摆脱惰性呢？美国著名组织管理专家、效率大师斯蒂妮·卡尔帕女士曾提出 17 种有效的方法。女孩们不妨一试：

（1）承认拖延。

（2）接受挑战。

（3）列出所有的借口和拖延的后果。

（4）纠正自己，避免去说"等到……"、"暂时"这类的话。

（5）把制定期限视为一种生活方式。

（6）分而治之、积少成多，逐步完成。

（7）保持整洁有序。

（8）不要过分准备。

（9）要果断坚决。

（10）定出优先顺序以利于制订计划。

（11）留意自己的精力周期，将冗长乏味的事情安排在你精力水平处于巅峰的时间段里去完成。

（12）把你的计划和做法告诉别人，尽力完成承诺。

（13）果断迈出第一步。

（14）一次只处理一个问题。

（15）不要三心二意。

（16）每完成一样任务或方案，就奖赏一下自己。

（17）不能做完的事不要开始，开始了就一定要做完。

分解大目标，循序渐进

1968 年，罗伯·舒乐博士立志在加州用玻璃建造一座水晶大教堂，他向著名的设计师菲力普·强生表达了自己的构想：

"我要的不是一座普通的教堂，我要在人间建造一座伊甸园。"

强生问他的预算，舒乐博士坚定而坦率地说："我现在一分钱也没有，所以 100 万美元与 400 万美元的预算对我来说没有区别，重要的是，这座教堂本身要具有足够的魅力来吸引人们捐款。"

教堂最终的预算为 700 万美元。700 万美元对当时的舒乐博士来说是一个不仅超出了能力范围也超出了理解范围的数字。

当天夜里，舒乐博士拿出 1 页白纸，在最上面写上"700 万美元"，然后又写下了 10 行字：

1. 寻找 1 笔 700 万美元的捐款。

2. 寻找 7 笔 100 万美元的捐款。

3. 寻找 14 笔 50 万美元的捐款。

4. 寻找 28 笔 25 万美元的捐款。

5. 寻找 70 笔 10 万美元的捐款。

6. 寻找 100 笔 7 万美元的捐款。

7. 寻找 140 笔 5 万美元的捐款。

8. 寻找 280 笔 2.5 万美元的捐款。

9. 寻找 700 笔 1 万美元的捐款。

10. 卖掉 1 万扇窗户，每扇 700 美元。

60 天后，舒乐博士用水晶大教堂奇特而美妙的模型打动了富商约翰·可林，他捐出了第一笔 100 万美元。

第 65 天，一位倾听了舒乐博士演讲的农民夫妻，捐出第一笔 10000 美元。

90 天时，一位被舒乐博士孜孜以求精神所感动的陌生人，在生日的当天寄给舒乐博士一张 100 万美元的银行本票。

8 个月后，一名捐款者对舒乐博士说："如果你的诚意和努力能筹到 600 万美元，剩下的 100 万美元由我来支付。"

第二年，舒乐博士以每扇 500 美元的价格请求美国人订购水晶大教堂的窗户，付款办法为每月 50 美元，10 个月分期付清。6 个月内，1 万多扇窗户全部售出。

1980 年 9 月，历时 12 年，可容纳 1 万多人的水晶大教堂竣工，这成为世界建筑史上的奇迹和经典，也成为世界各地前往加州的人必去瞻仰的胜景。

水晶大教堂最终造价为 2000 万美元，全部是舒乐博士一点一滴筹集而来的。

由此可见，许多困难乍一看起来像梦一般遥不可及，然而我们本着从零开始、点点滴滴去实现的决心，有效地将问题分解成许多板块，这将大大提升我们去攻克难关的信心和效率。

女孩们要想获得成功，首先就要选择好人生的奋斗目标——你最终想要到达的地方，然后设计好路线——第一站要到达什么地方，用多少时间；第二站要到达什么地方，用多少时间。设计好你的路线后，你只需一步一步向终点前进，终有一天你能到达终点，得到你想要的东西。

要成功就必须把大目标分解成几个阶段，然后再去分阶段实现大目标。

分解大目标时，需注意以下几点：

（1）目标必须合理。

（2）目标必须具体。

（3）目标必须限时完成。

（4）把目标写下来，更容易成功。

（5）大目标必须分解到今天，分解到现在。

（6）要有明确的最高目标和最低目标。

马上行动

有一位名叫西尔维亚的美国女孩，她的父亲是波士顿有名的整形外科医生，母亲在一家声誉很高的大学担任教授。她的家庭对她有很大的帮助和支持，她完全有机会实现自己的理想。她从念中学的时候起，就一直梦寐以求地想当电视节目的主持人。她觉得自己具有这方面的才干，因为每当她和别人相处时，即便是生人也都愿意亲近她并和她长谈。她知道怎样从人家嘴里"掏出心里话"。她的朋友们称她是他们的"亲密的随身精神医生"。她自己常说："只要有人愿给我一次上电视的机会，我相信我一定能成功。"

但是，她为达到这个理想而做了些什么呢？她什么也没做。她在等待奇迹出现，希望一下子就当上电视节目的主持人。

谁也不会请一个毫无经验的人去担任电视节目主持人。而且，节目的主管也没有兴趣跑到外面去搜寻天才，都是别人去找他们。

而另一个名叫辛迪的女孩却靠着扎实的行动实现了自己的理想，成了著名的电视节目主持人。辛迪没有可靠的经济来源，她白天去做工，晚上在大学的舞台艺术系上夜校。毕业之后，她开始谋职，跑遍了洛杉矶每一个广播电台和电视台。但是，每个地方的经理对她的答复都差不多："不是已经有几年经验的人，我们不会雇用的。"

但是她并未退缩。她一连几个月仔细阅读广播电视方面的杂志，最后终于看到一则招聘广告：北达科他州有一家很小的电视台招聘一名预报天气的女孩子。

辛迪在那里工作了两年，后来在洛杉矶的电视台找到了一个工作。又过了5年，她终于得到提升，成为她梦想已久的节目主持人。

西尔维亚那种失败者的思路和辛迪的成功者的观点正好背道而驰。分歧点就在于，西尔维亚一直是在幻想，坐等机会，期望时来运转。而辛迪则是采取行动步步实现理想。首先，她充实了自己；然后，在北达科他州受到了训练；接着，在洛杉矶积累了比较多的经验；最后，她实现了理想。

成功的最大敌人，是凡事等待明天。

在所谓的风平浪静的生活中，女孩也许经常说这样的话："我要等等看，情况会好转的。"对于有些人来讲，这似乎已经成为他们习以为常的一种生活方式。他们总是明日复明日，因而总是碌碌无为。

你遇见过那种喜欢说"假若……我已经……"的人吗？这些人总是喋喋不休地大谈特谈他以前错过了什么样的成功机会，或者正在"打算"将来干什么样的事业。总是谈论自己"可能已经办成什么事情"的人，只是空谈家。"实干家"是这么说的："假如说我的成功是在一夜之间得来的，那么，这一夜乃是无比漫长的历程。"

成功总是青睐意志坚定、精力充沛、行动迅速的人。这种人不但善于作出决定，而且善于执行决定。当面对问题的时候，他会全面考虑自己所面对的情况，果断地作出选择。他不是仅仅制订工作计划，还能够执行工作计划。他不但作出决定，还能够将决定贯彻到底。

如果你瞻前顾后，如果你习惯于犹豫不决，而不知道自己真正需要什么，那么你将永远不可能成功。这些不是一个成功者的品质。一个成功者不会是一个完人，会有各种各样的缺点，但是他却明白自己的思想。他知道自己需要什么，并且努力追求。他会犯错误，会遇到挫折，但他总是迅速地站起来，继续前行。

一张地图，不论它多么详细，比例尺有多么精密，绝不能够带它的主人在地面上移动一寸。一本羊皮纸的法禅，不论它有多公正，绝不能够预防罪行。一个卷轴，绝不会赚一分钱或制造一个赚钱的字。行动，才是滋润成功的食物和水。

女孩们，赶快行动吧，不要拖延，也不要恐惧什么。拖延，是恐惧的产物。现在，要感谢这个从勇敢的心胸里挖掘出来的秘诀。现在我们知道，要想克服恐惧，就必须时常毫不犹豫地起而行动，心里的烦躁才会一扫而尽，现在我们知道，行动会使恐惧心理减缓，遇到情况时不慌不忙。

从现在开始，一定要记住萤火虫的教训。因为它只在行动的时候放出光。试着将自己变成一只萤火虫，即使在太阳底下，也能看见你的光。让别人像花蝴蝶那样修饰他的翅膀，依靠花的施与而过活吧。要奋斗，要成功，就要做萤火虫，用自己行动的光芒照亮前程。

不要逃避今天的责任而等到明天去做，因为，明天是永远不会来临的。现在就采取行动吧，即使你的行动不会使你马上得到成功，但是，动而失败总比坐以待毙好。即使成功可能不是行动所摘下来的那个果子，但是，没有行动，任何果子都会在枝上烂掉。

现在就采取行动。现在要采取行动。现在必须采取行动。女孩们要一遍又一遍，每一小时、每一天，都要重复这句话，一直等到这句话成为像你自己呼吸的次数一样多；而跟在它后面的行动，要像你眨眼睛那种本能一样迅速。任何时刻，当你感到推拖苟且的恶习正悄悄地向你靠近，或甚至当此恶习已迅速缠上你，使你动弹不得之际，你都需要用这句话提醒自己。

总有很多事需要完成，如果你正受到怠惰的钳制，那么不妨就从碰见的任何一件事着手。这是件什么事，并不重要，重要的是，你突破了无所事事的恶习。从另一个角度来说，如果你想规避某项杂务，那么你就应该从这项杂务着手，立即进行。否则，事情还是会不断地困扰你，使你觉得烦琐无趣而不愿动手。

当你养成"现在就动手做"的习惯，那么你就将掌握个人主动进取的精义。

诗人约翰·弥尔顿曾说："只是站立等待的人也能有所得。"这句话也许相当诚恳而值得深思。但是，生命中真正的财富往往属于那些能以积极行动寻求的人。成功不会由挂着皇家徽章的铜管乐队伴随着行军而来，它往往属于长期艰苦努力工作的人。

采取主动，就能创造自己的机会。缜密思虑下策划的行动，是没有任何东西可以取代的。

你可以用尽各种方法，告诉全世界，你有多么优秀，但是你必须通过行动。要让别人知道你的成就，你应该先付诸行动，让人由行动中认清你的成就。

不要等待"时来运转"，也不要由于等不到而觉得恼火和委屈，要从小事做起，要用

行动争取胜利。

记住，立即行动！

立即行动——可以应用在人生每一个阶段的各个方面，帮助女孩做自己应该做却不想做的事情，对不愉快的工作不再拖延，抓住稍纵即逝的宝贵时机，实现梦想。

❧ 用行动成就梦想 ❧

牛津大学的教授克拉克从小有一个梦想，就是希望自己能像他心目中的那些英雄那样改变世界，服务于全人类。不过，要实现他的目标，就需要接受最好的教育，他知道只有在美国才能接受他需要的教育。

无奈的是，他身无分文，没办法支付路费，而到美国足有10000公里的距离。而且，他根本不知要上什么学校，也不知道会被什么学校招收。

但克拉克还是出发了。他必须踏上征途。他徒步从他的家乡尼亚萨兰的村庄向北穿过东非荒原到达开罗，在那儿他可以乘船到美国，开始他的大学教育。他一心只想着一定要踏上那片可以帮助他把握自己命运的土地，其他的一切都可以置之度外。

在崎岖的非洲大地上，艰难跋涉了整整五天以后，克拉克仅仅前进了25英里。食物吃光了，水也快喝完了，而且他身无分文。要想继续完成后面的几千英里的路程似乎是不可能的，但克拉克清楚地知道回头就是放弃，就是重新回到贫穷和无知。

他对自己发誓：不到美国誓不罢休，除非自己死了。他继续前行。

有时他与陌生人同行，但更多的时候则是孤独地步行。大多数夜晚他都是过着大地为床、星空为被的生活。他依靠野果和其他可吃的植物维持生命。艰苦的旅途生活使他变得又瘦又弱。

由于疲惫不堪和心灰意懒，克拉克几欲放弃。他曾想："回家也许会比继续这似乎愚蠢的旅途和冒险更好一些。"

他并未回家，而是翻开了他的两本书，读着那熟悉的语句，他又恢复了对自己和目标的信心，继续前行。要到美国去，克拉克必须具有护照和签证，但要得到护照他必须向美国政府提供确切的出生日期证明，更糟糕的是要拿到签证，他还需要证明他拥有支付他往返美国的费用。

克拉克只好再次拿起纸笔给他童年时起就曾教过他的传教士们写了封求助信，结果传教士们通过政府渠道帮助他很快拿到了护照。然而，克拉克还是缺少领取签证所必须拥有的那些航空费用。

克拉克并不灰心，而是继续向开罗前进，他相信自己一定能通过某种途径得到自己需要的这笔钱。

几个月过去了，他勇敢的旅途事迹也渐渐地广为人知。关于他的传说已经在非洲大陆和华盛顿佛农山区广为流传开来。斯卡吉特峡谷学院的学生们在当地市民的帮助下，寄给克拉克640美元，用以支付他来美国的费用。当他得知这些人的慷慨帮助后，克拉克疲惫愈地跪在地上，满怀喜悦和感激。

1960 年 12 月，经过两年多的行程，克拉克终于来到了斯卡吉特峡谷学院。手持自己宝贵的两本书，他骄傲地跨进了学院高耸的大门。

一个人要实现自己的梦想，最重要的是要具备以下两个条件：勇气和行动。最初所拥有的只是梦想，以及毫无根据的自信而已。但是，所有的一切就从这里出发。拥有梦想，并且付出行动，你就可能成功，因为梦想在起步的那一刻，就已经开始生根发芽。

梦想是所有成就的出发点，很多人之所以失败，就在于他们从来都没有踏出他们的第一步。其实，人生是一个旅程，而非目的地。旅程的快乐和到达目的地的快乐一样，其中的关键是，透过现实的伟大目标，按照希望和理想的方向努力前进。所以，梦想指的是伟大和令人鼓舞的目标。

当我们开始梦想时，就会对心灵深处产生作用，这时候从心底就会引发反作用，从而产生外在的复杂效应，这种作用当然是无限大的。所以当人的梦想在心灵深处起作用时，就可以把不可能变为可能。梦想可以靠着心底的作用，使事情的结局如己所愿，运势被打开。

大思想带来大成就，小思想带来小成就。纵观古今中外，大成就、大影响力的历史人物都是拥有大思想、大格局的人。小思想是大成就的障碍，是大成就的真正破坏者。

很多人都因为小思想而受苦。他们害怕，如果他们的思想太大、梦想太大、目标太大，如果实现不了，他们就会成为失败者。所以，为了不成为失败者，他们把目标定得很低。但事实是，如果你瞄准星星，你最起码也能打中电线杆，如果你瞄准电线杆，你可能会打在地上。打在电线杆上总比打在地上要好。

有伟大梦想的人，即使是铜墙铁壁也不能阻碍其前进的脚步。有了梦想才有希望，才能激发潜能。树立希望后，人的思想和情感会变得坚定不移。梦想具有鼓舞人心的力量，它鼓励人们完成自己的事业；它又是才能的增补剂，可增长人们的才干，使一切美梦成真。

梦想能使人产生一种力量，这种力量是一种最奇妙的力量，也是存在于宇宙中最不可抗拒的力量。人因梦想而伟大，没有梦想的人生是最枯燥乏味的。

不要把工作留到明天做

一个周末的晚上，有一家四口走进沃尔玛设在夏季旅游景点的一家商店。虽然这家商店就要关门了，可是店员凯丽还是把他们迎进店里，询问他们需要什么帮助。原来这家人刚刚来到镇上自己的夏季别墅，却发现没有水，他们急需买根水管。凯丽把他们领到卖管道的柜台，可是并没有他们需要的水管。这事要在其他商店里，况且是周末快要关门的时候，多数店员会说："对不起，我们这里没有您要的水管……您到其他商店问问吧，再见！"

但在沃尔玛不会这样，当时凯丽接连打了几个电话，帮助订购他们需要的水管。后

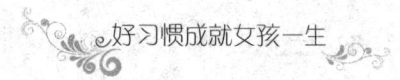

来凯丽在一家管道商那里找到所要的水管，她与另一个店员吉姆和客户一起到管道商那里，帮助挑选出合适的管子，然后送到这家人的别墅里，直到把水管安装好，看到水管里流出水才离开他们居住的别墅，这时已是午夜12点多。沃尔玛店员的热情服务，使得这家人在经过长途旅行后还可以舒适地享受一下。

这户人家感叹道："没有见过这样的店员！"

可以肯定的是，在以后的日子里，这家人绝对会成为沃尔玛忠实的顾客，并且通过他们给沃尔玛带去更多的顾客。

在沃尔玛，所有员工都严格遵守"日落原则"。在这个忙碌的地方，大家的工作相互关联，当天的事当天完成，即日落以前完成，是员工的做事准则。

拖延与等待会使你裹足不前，而生活是需要用双手去改造的，而不是一个等待者的呐喊能改变的。"永远不要把工作留到明天"，因为明天是永远没有尽头的。等待只能在明日复明日的盼望中老去，所以现在就行动吧！

明日复明日，明日何其多。我生待明日，万事成蹉跎。

拖延是生活中司空见惯的一种现象，对一位成功者而言，拖延是最具破坏性、也是最危险的恶习，因为它使人丧失了主动的进取心。一旦开始遇事拖拉，那么就很容易再次拖延，直到它们变成一种根深蒂固的恶习。而拖延的恶习，往往让人失去生命中所追求的东西，并使人的时间、精力和情感在无谓的浪费中而变得一文不值。拖延最终的受害者是我们自己。

不管做什么事情，总是喜欢拖延，没有到最后时刻，就不会去动手。为了一部好看的电视剧，或者难以割舍的网络游戏，或是同学之间一场可有可无的聚会，把原来计划要做的事搁下了。事后又懒得补上去，一天天过去该做的事仍堆在那里。结果要考试了，这才着急起来。原来漏了这么多的笔记，或者要参加某项比赛了，才发现自己还没准备好……拖延是一种坏习惯，对我们的危害极大，因此我们必须要克服这一恶习。

我们每个人都有着种种憧憬、理想和计划，如果我们能够将这一切迅速地加以执行，那么我们所取得的成就就会不可估量。然而，大多数人有了好的想法、计划后却不去执行，而是一味地拖延。

当你充满兴趣、热忱时，做事是一种喜悦；而当兴趣、热忱消失时，做事是一种痛苦。喜欢拖延的人往往意志薄弱，他们或者不敢面对现实，习惯于逃避困难，惧怕艰苦，缺乏约束自我的毅力；或者目标和想法太多，导致无从下手，缺乏应有的计划性和条理性；或者没有目标，甚至不知道应该确定什么样的目标。另外，认为条件不成熟、无法开始行动也是导致拖延的原因之一。

要知道，今天有今天的事，明天有明天的事。因此，我们不要像寒号鸟那样，在拖延中耗费时间和精力，因为你所耗费的时间和精力足以让你把今天的工作做好。人生稍纵即逝，犹如昙花一现，一定要珍惜时间，这样才能切实把握好每一次发展的机遇，把自己从拖延的泥潭中彻底拯救出来，使拖延的恶习得以改正。要记住：凡事要立即行动，行动才能成功。

第三章

勤奋努力

——这样的女孩离成功最近

天下没有免费的午餐

从前，老虎并不像现在这样威风，相反，它是所有动物中最弱小的一个。因为捕捉不到动物，常常是饥一顿，饱一顿。

狮王把所有的小动物都召集起来说："老虎是我们中的一员，我们不能眼睁睁地看着它饿肚子而不管不问。我建议，大家都伸出友谊之手，拉它一把，帮它渡过难关。"

于是，动物们都给老虎送去了好吃的东西，唯有猫什么东西也没有送。

狮王不高兴地对猫说："大家都为老虎送了东西，你怎么什么都不送呢？"

猫说："你们送给它的东西虽然很多，但总有一天会吃完的，我要送给它一件永远吃不完的礼物。"

狮王不屑地说："算了吧，你除能送几只老鼠外，还能送什么呢？"

猫回答说："以后你会看到的。"

几个月以后，狮王又来到老虎家。好家伙！老虎家里里外外到处都挂着好吃的东西。

狮王问："这些东西都是猫送的？"

"不，"老虎说，"它送的礼物要比这些东西贵重千万倍！"

狮王好奇地问："那究竟是什么东西？"

老虎说："它教我练壮了身体，又教我学会了捕食的本领。"

"噢！"狮王从头到尾把老虎打量了一番说，"难怪你那么崇拜它呢，连衣服也和它穿得一模一样！"

再多的好东西都比不上一身本领。女孩们要想在社会上立足，就要摆脱依赖他人的想法，不断提高自身的能力，练就一身谋生的好本领，这样才能为自己赢得尊严。事实上，只有当一个人能够自立的时候，才能为自己赢得尊严。一个在穷困中仍然能够保持自立精神，不依靠别人的施舍生活的人，最终必将获得人生的成功。

杰克7岁那年，他的父亲去世了，他还有一个两岁大的妹妹，母亲为了这个家整日操劳，但是赚的钱难以让这个家的每个人都能填饱肚子。看着母亲日渐憔悴的样子，杰克决定帮妈妈赚钱养家，因为他已经长大了，应该为这个家贡献一份自己的力量了。

一天，他帮助一位先生找到了丢失的笔记本，那位先生为了答谢他，给了他1美元。

杰克用这1美元买了3把鞋刷和1盒鞋油，还自己动手做了个木头箱子。带着这些工具，他来到了街上，每当他看见路人的皮鞋上全是灰尘的时候，就对他们说："先生，我想您的鞋需要擦油了，让我来为您效劳吧！"

他对所有的人都是那样有礼貌，语气是那么真诚，以至于每一个听他说话的人都愿意让这样一个懂礼貌的孩子为自己的鞋擦油。他们实在不愿意让一个可怜的孩子感到失望，他们知道这个孩子肯定是一个懂事的孩子，面对这么懂事的孩子，怎么忍心拒绝他呢？

就这样，第一天他就带回家50美分，他用这些钱买了一些食品。他知道，从此以后每个人都不需要再挨饿了，母亲也不用像以前那样操劳了，这是他能办到的。

当母亲看到他背着擦鞋箱带回来食品的时候，她流下了高兴的泪水，"你真的长大了，杰克。我不能赚足够的钱让你们过得更好，但是我现在相信我们将来可以过得更好。"妈妈说。

就这样，杰克白天工作，晚上去学校上课。他赚的钱不仅为自己交了学费，还足够维持母亲和小妹妹的生活了。他知道，"工作不分贵贱，只要是靠自己的劳动赚来的钱就是光荣的"。

女孩们如果凡事都想依靠别人，是永远无法赢得别人尊重的，而更重要的是自己也体会不到劳动的价值和快乐。只有自食其力才能够为自己赢得尊严，因此，女孩现在就要试着从点点滴滴的小事开始尝试着用自己的双手来创造劳动成果。相信这样的锻炼和经历，对于你将来更好地适应社会是大有益处的。

我认输，但是不会服输

每个人都难免会遭遇失败，失败其实并不可怕，但如果失败了你却毫无意识，甚至还自以为是，置身于人生陷阱中而不知，这才是一种人生的悲哀。

在面对可能出现的败局时，我们不能放之任之，因为这种败局只是一种可能，没有必然性，所以，在可能失败之前，我们必须先保证不失败，或者力求少失败。

孙子曰："昔之善战者，先为不可胜，以待敌之可胜。不可胜在己，可胜在敌。"这说的是从前会打仗的人，先要造成不会被敌人打败的条件，再等待可以战胜敌人的机会。

孙子的话揭示了这样一个道理：不会被敌人战胜，主动权操在自己手中；能不能战胜敌人，却在于敌人。纵观古代的许多战例，大凡军队出征之前，定当部署守土之兵；军队行进之时，必先安排断后之将；两军交战之后，均须防备对方晚上劫营。照此做去，两军对垒之时，有可胜之机则战而胜之，无取胜之便也不会被敌人所乘而致落败。

人生也是这个道理，你若想在政界脱颖而出，必须言不逾矩，行不忤法，否则授人以柄，

难免前功尽弃，到时候纵有高才奇志也是枉然。你若想在商界崭露头角，便不能过度负债或违法经营，否则或在商战之中落马，或在法纪面前翻车。即使做个靠薪水度日，凭手艺谋生的小百姓，也要洁身自好，不给人以可乘之机，以免惹下麻烦。学习上更是如此，如果你想遥遥领先，就必须善于掌握学习方法，不断地学习进取，以免被人迎头赶上。

"先为不败后求胜"，不仅是兵家保存自己、夺取胜利的谋略，同时也对人们求生存、图发展有着很好的指导意义。如果女孩想在学业上一帆风顺，便应经常寻找自己学习上容易出现失误的地方，并预加防范或及时补救，这样才能确保理想的实现。

但如果在经过一番辛勤的努力之后，成功仍然无望，此时你就该进行深刻的分析，看看是主观原因的影响还是客观条件的制约，并采取相应的对策摆脱困境。

"对症下药"与"另闯新路"，这是面对败局两种截然不同的思维方式，前者立足于解决战术上的问题，后者着眼于纠正战略上的错误，面对败局究竟应选择哪条路，这就全靠你的分析与判断了。

想和失败过过招吗？那就必须认清失败，然后积极地寻找出路。不妨按照以下3个步骤进行：

首先，超前思考，变不利为有利。大凡人们办事，一般都会碰到一些有利条件，也会遇见一些不利因素。此时，当事人便应超前思考，力争将不利因素转化为有利条件，为自己增添胜算。

例如《三国演义》里，诸葛亮与周瑜想火攻曹操水军，但冬季只有西北风而无东南风，深知天文知识的诸葛亮正是利用这一点麻痹曹操，他算定甲子日开始将刮三天东南大风。届时依计而行，结果火凭风势，风助火威，孙刘联军的一把大火便大破曹军于赤壁。

其次，稳步推进，积小胜为大胜。办事应循序渐进，不可急于求成，只有稳步推进，积小胜为大胜，成功才能有一个坚实的基础，才能避免倾覆之危险。

在曹、孙、刘三支力量的对比中，刘备虽处于劣势，但刘备在诸葛亮的辅佐下，先取荆州以为事业的起点，后取天府之国益州作为事业的根本，进而西攻孟获等，北掠陇西等战略要地，终于实力大增，在后来魏、蜀、吴三国鼎立之中，成为一支举足轻重的力量。

最后，精彩结尾，将理想变现实。千里行船，离码头虽仅一箭之遥，仍不算到达目的地；万言雄文，在结尾若有一句冗词，也称不上精彩文章。女孩们只有精神饱满、严肃认真地使事情精彩结尾，才算是真正将理想变为现实。

失败没什么，正确地、积极地看待失败，大方勇敢地过过招，做起事来并不难。

比别人多做一点

清朝某县有位姓王的青年，是个大户人家的子弟，从小就喜爱道术，听人说崂山上有很多得道的仙人，就前去学道。

王生登上一座道士庙，在清幽静寂的庙宇中，一位老道正在蒲团上打坐。只见这位老道满头白发垂挂到衣领处，精神清爽豪迈，气度不凡。王生连忙上前磕头行礼，并且和他交谈起来。交谈中，王生觉得老道讲的道理深奥奇妙，便一定要拜他为师。道士说："只怕你娇生惯养，性情懒惰，不能吃苦。"王生连忙说："我能吃苦。"老道便把他留在了庙中。第二天，王生在师父的吩咐下随众人上山砍柴。

这样过了一个多月，王生的手和脚都磨出了很厚的茧子，他忍受不了这种艰苦的生活，暗暗产生了回家的念头。

又过了一个月后，王生吃不消了，可是老道还不向他传授任何道术。他等不下去了，便去向老道告辞说："弟子从好几百里外的地方前来投拜您，我这一片苦心不指望学到什么长生不老的仙术，但您不能传些一般的技术给我吗？现在已经过去两三个月了，每天不过是早出晚归在山里砍柴，我在家里从来没吃过这样的苦。"老道听了大笑说："我开始就说你不能吃苦，现在果然如此，明天早上就送你走。"

王生听老道这样说，只好恳求说："弟子在这里辛苦劳作了这么多天，只要师父教我一些小技术也不枉我此行了。"老道问："你想学什么技术呢？"王生说："平时常见师父不论走到哪儿，墙壁都不能阻隔，如果能学到这个法术就满足了。"

老道笑着答应了他，并领他来到一面墙前，向他传授了秘诀，然后让他自己念完秘诀后，喊声"进去"，就可以去了。王生对着墙壁，不敢走过去。老道说："试试看。"王生只好慢慢走过去，到墙壁时被挡住了。老道指点说："要低头猛冲过去，不要犹豫。"当他照老道的话离开壁再猛向前冲到墙壁处，真的未受阻碍，睁眼已在墙外了。王生高兴极了，又穿墙而回，向老道致谢。老道告诫他说："回去以后，要好好修身养性，否则法术就不灵验了。"说完，就让他回去了。

王生回到家中自得不已，说自己可以穿越厚硬的墙壁而畅通无阻。他妻子不相信。于是，王生按照在老道处学的方法，离开墙壁数尺，低头猛冲过去，结果一头撞在墙壁上，立即扑倒在地。

生性懒惰，却还想得道成仙，这无疑是异想天开。懒惰不改，要想获得成功，必定会碰壁的。如果说王生的遭遇是一个懒惰者的遭遇，那么王生所得的教训就是所有懒惰者的教训了。

很多人想找一条通向成功的捷径，当众里寻他千百度之后，发现"勤"字是成大事的要诀之一。

天道酬勤。没有一个人的才华是与生俱来的，在成功的道路上，除了勤奋，是没有任何捷径可走的，在每个成功者的身上，都可以看到勤劳的好习惯。

鲁迅说得更清楚："其实即使天才，在生下来的时候第一声啼哭，也和平常的儿童一样，绝不会就是一首好诗。""哪里有天才，我是把别人喝咖啡的工夫用在工作上。"

笨鸟先飞，尚可领先，何况并非人人都是"笨鸟"。勤奋，使女孩如虎添翼，能飞又能闯。

任何事情，唯有不停前进方可有生命力。在这个竞争激烈的世界里，人才云集，竞争对手强大。快节奏的生活，高度的竞争又时刻令人体会到一种莫大的压力，潜移默化地催人上进。

成功的得来可不像老鹰抓小鸡那样容易，而是勤奋工作得来的。只有辛勤的劳动，才会有丰厚的人生回报。即使给你一座金山，你无所事事，也有一天会坐吃山空的。传说中的点石成金之术并不存在，而在劳动中获得财富才是最正确的途径。你想拥有金子，你的办法只有辛勤地耕耘。

人生是一个充满谜团的过程。在这个过程中，会有许许多多悲欢离合、喜怒哀乐，也会有许多意想不到却又似乎是上天特意考验我们的事情出现。在这些事情的考验下，有的人充实而成功地走完了这一过程，有的人却相反，在遗憾中随风逝去。

每一个女孩都希望自己能够走向成功，都想在成功中领略人生的激动，而成功又不是轻易予人的。

那些勤劳的人们总是很快就会投入到新的生活方式中去，并用自己勤劳的双手寻找、挖掘出生活中的幸福与快乐。女孩要享受成功的幸福，首先要付出你的辛劳汗水，只有这样，你才会收获耕耘的快乐。

女孩要锤炼一双勤劳的手

著名哲学家罗素指出："真正的幸福绝不会光顾那些精神麻木、四体不勤的人们，幸福只在辛勤的劳动和晶莹的汗水中。"勤劳，是中华民族引以为荣的传统美德。而如今，一些女孩"饭来张口，衣来伸手"，"贪图安逸"成为她们生活的主题。殊不知，将来害的还是自己。

有一位老农，临死的时候，把他的3个儿子召集到床前，对他们说："我很快就要离开你们了，希望你们能在我去世之后比现在过得更好。我担心将来你们会受苦。因此，在我们家的那块地里，我埋下了一坛金子，这是我一辈子积攒得来的。"老人去世后，他的儿子便在老人所说的土地上挖金子，令他们感到奇怪的是，他们翻遍了每一寸土地，却始终没有找到那坛金子。他们感到很失望。当时恰逢播种的季节，随着失落的心情，儿子们将那块地进行了耕种。

几个月过去了，收获的季节来临了，由于儿子们深翻了土地，因此获得了前所未有的大丰收。更令他们高兴的是：他们恍然明白了老人的用意。

俗语说：千金唾手得，一勤最难求。有勤劳的双手，才有美丽丰硕的人生。

比尔·盖茨曾说："懒惰、好逸恶劳乃是万恶之源，懒惰会吞噬一个人的心灵，就像灰尘可以使铁生锈一样，懒惰可以轻而易举地毁掉一个人，乃至一个民族。"

亚历山大征服波斯人之后，他亲眼目睹了这个民族的生活方式。亚历山大注意到，波斯人的生活十分腐朽，他们厌恶辛苦的劳动，却只想舒适地享受一切。亚历山大不禁感慨道："没有什么东西比懒惰和贪图享受更容易使一个民族奴颜婢膝的了；也没有什么比辛勤劳动的人们更高尚的了。"

对于任何人而言，懒惰都是一种堕落的、具有毁灭性的东西。懒惰、懈怠从来没有在世界历史上留下好名声，也永远不会留下好名声。懒惰是一种精神腐蚀剂，因为懒惰，人们不愿意爬过一个小山岗；因为懒惰，人们不愿意去战胜那些完全可以战胜的困难。

因此，那些生性懒惰的人不可能在社会生活中成为一个成功者，他们永远是失败者。成功只会光顾那些辛勤劳动的人们。懒惰是一种恶劣而卑鄙的精神重负，人们一旦背上了懒惰这个包袱，就只会整天怨天尤人、精神沮丧、无所事事，这种人将成为对社会的无用之人。

许多女孩在安逸的生活中忽略了懒惰的可怕性而变得愚昧无知，她们只会从享受中体味生活，却不懂得如何去营造生活、去创造生活。

勤劳和成功是相辅相成的，有很多人因为勤劳而成功，但却很少有因懒惰而成功的人。虽然勤劳并不一定能获得令人瞩目的巨大成功，但人们如果辛勤工作，却能够获得个人最大限度的成功。

成功的背后定有辛苦。远古人生火，要花很长的时间去摩擦木头或石头；要吃果实，就爬到很高的树上去摘。因此《圣经》中有两句话：

流泪撒种的，必欢呼收割。

那流着泪出去的，必要欢欢乐乐地带禾捆回来。

勤劳或懒惰不是天生的，很少有人一生下来就是辛勤的工作者，也很少有人是天生的懒虫，大多数人的勤劳或懒惰都是后天的，是习性所致。此外，孩童时期的家庭环境以及所受的教育，也都有很大的影响。

生活中，女孩要养成勤劳的习惯，应做到以下几点：

（1）自己的事自己做，比如洗衣服、刷鞋、收拾房间等。

（2）在学校里，多参加劳动；或走出校园，进行社会实践、公益活动。

机遇之花需要汗水来浇灌

有人说过，机遇是一位神奇的、充满灵性的，但是性格怪僻的天使。它对每一个人都是公平的，但绝不会无缘无故地降临。只有经过反复尝试，多方出击，才能寻觅到它。

在成功的道路上，有的人不喜欢尝试，不愿走崎岖的小道，遇到艰辛或绕道而行，或望而却步，他们也就常与机遇无缘。而另一些人，总是很有耐性，尝试着解决难题，不怕艰难险阻，结果恰恰是他们能抓住不可复得的机遇。

机遇不会白白地降临，只有用汗水去不懈地辛勤浇灌，才能使机遇的花朵为你绽放。

"天下没有免费的午餐"，"有付出才能有回报"。这些至理名言都是在告诉女孩们，想要抓住机遇，要想获得成功，就要勤奋地去努力、去付出。

勤奋进取不仅是一种精神，更是人们落在实处的行动。一生之机在于勤，这是中国

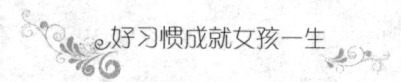

人的祖先遗训。人生态度千差万别，但概括起来不外乎3种：勤快，及时努力；随便，随遇而安；懒散，及时快活。第一种自然是值得肯定的人生态度。伟大诗人李白少年贪玩，是老婆婆"只要功夫深，铁棒磨成针"的教诲，促使他发奋苦读，学问大进。西晋时的刘琨、祖逖"闻鸡起舞"，这也是一种勤奋。《后出师表》中说的"鞠躬尽瘁，死而后已"更是概括了诸葛亮以勤自勉的人生。

勤奋是通往成功路上的助推剂，这是世界上的通用法则，没有古今中外之分。

很多人喜欢看NBA的夏洛特黄蜂队打球，但令人想不到的是，这个队的1号队员博格斯身高却仅有160厘米！

这样的身高，即使在东方人里面也算矮个子，更不要说是在两米身高都嫌矮的NBA球队了。

是博格斯机遇特别好吗？不是，小个子博格斯之所以能成为NBA的球员，完全归功于他自己的百倍努力。

据说博格斯不仅是现在NBA里最矮的球员，也是NBA有史以来创纪录的矮子。但这个矮子可不简单，他曾是NBA表现最杰出、失误最少的后卫之一，不仅控球一流，远投精准，甚至在巨人阵中带球上篮也毫无所惧。

博格斯是不是天生的篮球好手呢？当然不是，而是意志与苦练的结果。

博格斯从小就长得特别矮小，但却非常热爱篮球，几乎天天都和同伴在篮球场上打球，当时他就梦想有一天可以去打NBA，因为NBA的球员不只待遇高，也享有风光的社会评价，是所有爱打篮球的美国少年最向往的梦。

每次博格斯告诉他的同伴："我长大后要去打NBA。"

所有听到的人都忍不住哈哈大笑，甚至有人笑倒在地上，因为他们认定一个160厘米的矮子是绝没有可能打NBA的。

他们的嘲笑并没有阻断博格斯的志向。他用比一般人多几倍的时间练球，终于成为全能的篮球运动员，也成为最佳的控球后卫。他充分利用自己矮小的优势，行动灵活迅速，像一颗子弹一样，运球的重心最低，不会失误；个子小不引人注意，抢球常常得手。

现在博格斯成为有名的球星了，他说："从前听说我要进NBA而笑倒在地上的同伴，他们现在常炫耀地对人说：'我小时候是和黄蜂队的博格斯一起打球的。'"

博格斯虽然个子矮小，却凭着一股韧劲和勤奋的努力，实现了常人认为不可能的理想。女孩们，你们的身边也存在着许许多多机遇，也许你们现在存在这样或那样的不足，但你们绝不能轻易对自己说"我不行"。为了实现愿望、达到目标，就一定要努力，要付出辛苦和汗水。只有这样，机遇才不会从你们身边跑掉，你们才有可能获得最后的成功，就像博格斯一样。

女孩们都读过很多伟人的故事，都深深地了解所罗门在几千年前所说的那句话的含义："你见过工作勤奋的人吗？他应该与国王平起平坐。"孜孜不倦的富兰克林用他的一生对这句话做了最好的诠释，他曾经与5位国王平起平坐，曾经与两位国王共进晚餐。

那些善于利用机会的人在发现机会与把握机会的时候如同撒下了种子，终有一天，这些种子会生根、发芽、结果，给他们自己或是别人带来更多的机会。每一位一步一个脚印、踏踏实实工作的人其实正在离知识与幸福越来越近，可供他们选择的道路也越来越宽、越来越平坦、越来越容易往前走。这些道路其实向所有的人都是敞开的，无论是对头脑冷静、生活节俭、年富力强的机械师，还是对刻苦认真的学生；无论是对谨慎细致的公务员，还是对兢兢业业的公司职员。

懒惰的人总是抱怨自己没有机会，抱怨自己没有时间；而勤劳的人永远在孜孜不倦地工作着、努力着。有头脑的人能够从琐碎的小事中找到机会，而粗心大意的人却轻易地让机会从眼前飞走了。

无数的成功经验告诉女孩们：每一个新的时刻都能给人们带来许多未知的机遇，一个聪明的人，只要把握住这些"未知的机遇"，就能够在实现人生目标进程中取得成功。

那些能拼能赢者不会等待机遇的到来，而是寻找并抓住机遇、把握机遇、征服机遇，让机遇成为服务于他的奴仆。换句话说，任何机遇都可以是他们手中的"金钥匙"。

机遇喜欢那些愿意"多付出一点点"的人

我们说机遇对每个人都是公平的，但有时又感觉它好像"不怎么公平"，因为它总是对喜欢索取的人十分吝啬，你越想着索取，越是什么也得不到；而对乐于付出的人则十分慷慨，你付出越多，得到的也就越多。

女孩们如果多读一些名人传记，就会发现很多成功人士与他的同龄人相比，并没有多少出众之处，甚至会有这样那样的缺憾。然而他们能够从芸芸众生中脱颖而出，往往是因为他们比别人多付出了一点点，从而赢得了走向成功的人生机遇。

美国著名汽车制造公司——福特汽车公司，是以福特的名字命名的。当年福特大学毕业以后，到一家汽车公司应聘，和他同时去应聘的3个人学历都比他高。他想恐怕没有什么希望了，但仍想尝试一下。于是，他便敲门走进董事长的办公室。一进办公室，他发现地上有一张废纸，就弯腰把它捡了起来，顺手把它丢进了废纸篓里，然后走到董事长的办公桌前，说："我是来应聘的福特。"董事长对他说："很好，很好，福特先生，你已经被我们录用了。"福特感到意外，董事长说："前面3位的确学历比你高，而且仪表堂堂。但是他们的眼睛里只能看见大事，而看不见小事。而只能看见大事、忽略小事的人是不会成功的，所以我才录用你。"

福特就是因为比别人多付出一点点——弯腰捡起一张废纸，而得到了进汽车公司工作的机会。乐于付出的性格能够造就成功的人生。果然，后来福特干得相当出色，终于坐到了董事长的交椅上。

事情往往就是这样的，你愿意多付出一点点，机遇便会回报你更多。

英国一家旅店的一位员工也是因为"多付出一点点"而交了好运。

那天，天已经很晚了，麦克正独自值班。这时，走来一对老夫妇，他们显然已经很疲惫了，但是，旅店已经客满了。

老夫妇很失望，刚要转身离开，却被麦克叫住了。

"是这样的。实际上我自己的那一间宿舍还空着，因为我会在这里值夜班，如果你们不介意它比较小的话，可以在那里委屈一夜，那里还算干净，你们看怎么样？"

夫妇俩欣喜异常。

安排好他们的住宿，麦克又向他们详细介绍了附近的饭店、商场以及出租车站等的布局。

第二天一早，老夫妇要离开了，看到仍是麦克在值班台，很高兴地和他交谈，并将房费递给他。

麦克说因为自己的宿舍不算旅店的客房，不收钱，并祝他们旅途愉快。

一段时间以后，麦克收到一封信，是老先生寄来的，问他是否愿意来美国发展。麦克以为老先生在和他开玩笑，只是回信说了一些感谢的话，并询问老夫妇那次旅游的情况和近日身体状况。

没想到，后来有一个美国年轻人来找麦克，说请麦克到美国某大公司任职。原来这位年轻人就是那对老夫妇的儿子，而那个老先生就是这家大公司的老板。

看，成功就是这么简单，它只需你比别人"多付出一点点"。

"多付出一点点"的目的，并不是为了即时得到相应的回报。成功者在付出时从来没有想到回报，他们知道，"多付出一点点"能够升华个人的道德修养，强化自己的工作能力，养成精益求精的工作习惯，培养积极愉悦的成功心态。

如果女孩能在不渴求回报的情况下，以一种积极自觉的态度比别人"多付出一点点"，你就会得到一盏照亮你前程的机遇之灯，而不仅仅是一种一对一式的简单回报。

为自己创造更多的机遇

并不是所有的机遇都会主动找到女孩的头上，机遇有时害羞得像个小姑娘，有时神秘得像行踪不定的女巫，总不肯轻易露面，但人的生存是主动的，所以，机遇大多是被人创造出来的。许多人不仅善于抓住机遇，更善于创造机遇，他们总是在努力，总是在奋斗。开始时他们是在追寻机遇，而一旦他们自身的实力积累到一定程度时，机遇便会自动登门拜访。

而且，随着他们自身才能的不断提高，其所面临的发展机遇也会相应地有质和量的提高。可以说，没有他们这些主观的努力，就不会有这么多的良好机遇。从这个角度来说，机遇是那些有准备的人创造出来的，是对其努力的一种肯定和回报。

女孩们如果看了林肯的传记，了解了他幼年时代的境遇和他后来的成就，就可能对"没有机会只是弱者的托词"这句话感触更深了。

年幼的林肯住在一所极其简陋的茅舍里，既没有窗户，也没有地板。以我们今天的观点来看，他仿佛生活在荒郊野外，距离学校非常遥远，既没有报纸、书籍可以阅读，更缺乏生活上的一切必需品。就是在这种情况下，他一天要跑二三十里路，到简陋不堪的学校里去上课；为了自己的进修，要奔跑一二百里路，去借几册书籍，而晚上又靠着燃烧木柴发出的微弱火光阅读。林肯只受过一年的学校教育，但是他竟能在这样艰苦的环境中努力学习，最终成为美国历史上最伟大的总统，成了世界上最著名的典范人物。

林肯没有坐等机会降临到自己的头上，而是一直在努力地改善自身条件，坚持不懈地学习，尽全力地寻找机遇、发掘机遇。林肯的经历告诉我们"人生不会没有机遇"。无论女孩的先天条件处于怎样的弱势，无论你的家境怎样的贫寒，只要你自己不与弱者为伍，坚持与强者为邻，学习他们坚强的意志、顽强的精神和永不服输的斗志，即使机遇不来找你，你也会找到发展的机遇。

通观世界历史，我们会惊奇地发现：凡是在世界上做出一番大事业的人，往往不是那些幸运之神的宠儿，反而是那些"没有机会"的苦孩子。

例如，只有划水轮的福尔顿，只有陈旧的药水瓶与锡锅子的法拉第，只有极少工具的华特耐，用缝针机梭发明缝纫机的霍乌，用最简陋的仪器开创实验壮举的贝尔……物质的匮乏使他们看来已经"没有机会"了，可正是他们推动了世界文明的进步。

在人类的历史中，那些在困境中挣扎的人经过努力最后获得成功的故事总是那么震动人的心扉。这些故事讲述了人们怎样在黑暗中摸索，最终达到光明的境地；怎样久困于痛苦与贫困之中，不断摸爬滚打与奋斗，克服艰难险阻，取得最后胜利。它们讲述了那些人如何在普通的岗位上化平凡为伟大，以及那些仅具有一般天赋的人如何靠着坚强的意志，经过不断的努力而最终成就大业的故事。

"没有机会"永远是那些失败者的托词。当我们尝试着步入失败者的群体中对他们加以访问时，他们中的大多数人会告诉你他们之所以失败，是因为不能得到像别人一样的机会，没有人帮助他们，没有人欣赏他们。他们还会对你叹息，好的地位已经人满为患，好的机会已被他人挤占。总之，他们是毫无机会了。

但有探索精神的人却从不会为他们寻找托词。他们从不怨天尤人，他们只知道尽自己所能迈步向前。他们更不会等待别人的援助，他们自助；他们不等待机遇，而是自己制造机遇。

制造机遇需要对自己的行动目标心中有数，并做到胸有成竹，而且对于制造机遇的方式、技巧也要运用自如。接下来，需要的是一般常人难以匹敌的韧劲，一种不达目的绝不放手的劲头。但这种劲头并不是蛮干，而是向着明确的目标不断学习，不断改善自我。

我们来看一看下面的这个小故事，松下幸之助可以教会你应该怎样创造机遇。

松下电器创始人松下幸之助，起初家境贫寒，全靠他一人养家糊口。松下失业后，

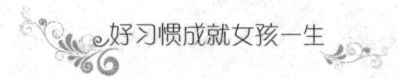

一家人的生活更无法支撑。一次，他去一家电器公司求职。身材瘦小的松下来到公司人事部，请求给他安排一个工作最差、工资最低的活干。

人事部主管见他个头瘦小，又衣着不整，不便直说，就随便找个理由说："现在不缺人，过一个月再来看看吧。"人家本来是推托，没想到一个月后松下真的来了。那位人事部主管又推托说现在有事，没时间接待他。过了几天，松下又来了。那位负责人有点不耐烦地说："你这种脏兮兮的样子，根本进不了我们公司。"松下回去后，借钱买了套新衣服，穿戴整齐又来了。

这位主管一看，觉得不好说什么了，又难为松下："我们是搞电器的，从你的材料看，你对电器方面的知识了解得太少，不能录用。"两个月以后，松下又来了，说："我已经下工夫学了不少电器方面的知识，您看哪个方面还有差距，我再一项一项来弥补。"这位人事部主管盯着松下看了半天，感慨地说："我干这项工作几十年了，头一次见到你这样来找工作的，真佩服你的这种耐心和韧劲。"就这样，松下终于打动了主管，如愿以偿地进了这家公司。他经过坚持不懈的努力，终于成为享誉全球的"企业经营之神"。

松下幸之助为了得到一份工作，一直在用自己的耐心和韧劲打拼。同时，他也一直在完善自己以达到职位要求的标准。

他不放过任何一个可能的机会，哪怕对方只是在敷衍他。脏衣服不能进公司，他就借钱买套新衣服；对方认为他对专业上的知识不了解，他竟然用了两个月的时间来学习。这一举动震动了那位主管，他终于得到了那个职位。同时，靠着松下幸之助的那股耐性与韧性，他的成就绝不仅仅是得到一个工作机会，这种探索的精神和辛勤的努力最终会推着他一步步走向成功。果然，他做到了。

比尔·盖茨说，等待机遇而至成为一种习惯，这真是一件危险的事。工作的热心与精力，就是在这种等待中被消磨殆尽的。对于那些不肯努力学习、工作而只会胡思乱想的人，机会是可望而不可即的。只有那些勤奋刻苦的人，不肯轻易放过任何机遇的人，才能看得见机遇。

机遇的降临往往是非常偶然的，机遇就暗藏在你的日常行事之中。不管你从事什么，其中都有机遇。

很多女孩存在的一大弊病是对待机遇总是眼界太高，欲望太奢。

我们希望上天能够眷顾自己，为我们提供又大又香甜的蛋糕，而且最好是我们能够独自享受它。有些人选择就读学校时，都想挤入升学率高的名校；希望自己在名校里会有更多的机遇，如出国留学的机遇、对外交往的机遇；希望通过学校的名气使自己考入理想的大学或找到高薪低风险的工作。但是，在作出选择之前，你是否明白自己的素质、能力与名校匹配吗？你不需要再继续努力了吗？是否已经懂得，那些看似光鲜夺目的机遇不只是名校提供给你的，更多的是需要你自己去创造的。

当一个人计划周详、考虑缜密，在多种有利因素的配合下，时机常常会来到你的身边。一个强者，总能创造出契机，并能借助机遇的双翼，搏击于学业与事业的长空。

人不仅要把握机会，更要创造机会。走向成功的人，绝不是一个逍遥自在、没有任何压力的观光客，而是一个积极投入、"执迷不悟"的参与者。善于制造机遇，并张开双臂迎来机遇的人，最有希望与成功为伍。积极创造机遇，也正是现代女孩必须具备的人生态度。

机遇是一种重要的社会资源。它的到来，条件往往十分苛刻，且相当稀缺难得。要获得它，需要极大的"投入"，才会有"产出"，需要高昂的代价和成本，这就是准备相当充足的实力、雄厚的才能功底。机遇相当重情谊，你对它倾心，它也会对你钟情，给你报答。但机遇绝不轻易光顾你的门庭，不愿意花费"投入"的人，也得不到它的偏爱与回报。

机遇绝非上帝的恩赐，它是创造主体主动争来的，是主动创造出来的。机遇是珍贵而稀缺的，又是极易消逝的。你对它怠慢、冷落、漫不经心，它也不会向你伸出热情的手臂。守株待兔的人，常与机遇无缘，主动出击的人，才易俘获机遇，这是普遍的生存法则。你若比一般人更主动、热情的话，机遇就会向你靠拢。

敢于创造机遇，才能把握成功。创造机遇需要一种韧劲、磨劲，需要耐心。当你确定明确的奋斗方向，有坚定的信念，并时时刻刻准备接纳机遇时，机遇女神可能真的离你不远了。

但创造机遇只有耐心和韧劲是不够的，它还需要一定的技巧。女孩们应该积极主动地出击，展示自己的优点和强项，创造成功的机遇。

机遇最喜欢爱拼善攻、有挑战性格的人。所以，在机遇面前，无疑需要敢于拼搏、锲而不舍的劲头，将自身的能量最大限度地发挥出来。只有勇于战胜那些看似难以克服的困难，才会使机遇发挥出极大的效能。有些人为艰难所折服，就会使已到手的机遇不能得到充分利用，而使自己功亏一篑，也使机遇付诸东流。

女孩正处于人生的花季年华，面临着许许多多的机遇。但如果你要更健康地发展，更快乐地成长，就要勇于创造机遇。请记住，人生路上灿烂的花朵，往往是靠自己争取创造的。

勤奋是天才的试金石

学习是一件快乐的事情，但如果没有勤奋作为基础，快乐就会变成空中楼阁。那些卓有成就的成功人士，无一不是勤奋之人。

童第周是我国著名的生物学家，他小时候，考试总是不及格，排名全班倒数第一，甚至面临退学或降级的危险，这使童第周非常苦恼。他认为自己绝不能就此认输，基础差没有关系，但只要勤奋努力，一定能跟上其他同学，甚至超越其他同学。

经过仔细分析，他认为必须比别人花更多的时间在学习上，才能弥补先天不足这个缺陷，做到"笨鸟先飞"，才能缓解面临的种种压力。从此以后，童第周抓紧一切时间学习，宿舍熄灯后，他就跑到校园昏暗的路灯下继续读书。经过不断的勤奋努力，毕业的时候，童第周的学习成绩已经是全班第一了。

无论是生物学家、文学家，还是艺术家，他们的成功都和"勤"有着不解之缘。他们并非一出生就拥有过人的天分，他们之所以有后来的成就，并被人们尊为天才，全是平时勤奋和持之以恒的结果。

天才之所以成功，是因为他们曾经比别人付出过更多的汗水。没有哪一个人不通过勤奋就能获得真正的成功。

如果你有天赋的话，勤奋会令你的天赋更出彩；如果你没有天赋，那么勤奋一样会为你带来成功。学习固然需要技巧、方法，但女孩们永远都不要忘记一点：天才的成功来源于勤奋，勤奋是天才的试金石。

揭示财富产生的秘密：勤劳

有哪个家长不希望自己的孩子长大成材？有哪个家长希望看到自己的孩子日后过着穷困潦倒的生活？为人父母，都对自己的孩子有着美好的憧憬，希望他们在社会上能够顶起一片自己的天地。父母的这些愿望，说到底就是希望孩子能够过上富足的生活，这"富足"，首先当然是钱财上的富裕，其次也是精神上的充实。

要想女孩将来有所成就，那么在她小的时候，父母就应该向她灌输一个道理：所有的成就都来源于勤劳，只有自己双手创造出来的财富才是真正有意义的财富。父母要向女孩揭示财富产生的秘密，那就是勤劳。

小克莱门斯的老师玛丽是一位虔诚的基督徒，每次上课之前，她都要领着孩子们进行祈祷。有一天，玛丽老师给孩子们讲解《圣经》，当讲到"祈祷，就会获得一切"的时候，小克莱门斯忍不住站了起来，他问道："如果我向上帝祈祷，他会给我想要的东西吗？""是的，孩子，只要你愿意虔诚地祈祷，你就会得到你想要的东西。"

小克莱门斯当时的梦想是得到一块很大很大的面包，因为他从来没吃过那样诱人的面包。而他的同桌，一个金头发的小姑娘每天都会带着这么一块诱人的面包来到学校。她常常问小克莱门斯要不要尝一口，小克莱门斯每次都坚定地摇头，但他的心是痛苦的。

放学的时候，小克莱门斯对小姑娘说："明天我也会有一块大面包。"回到家后，小克莱门斯关起门，无比虔诚地进行祈祷，他相信上帝已经看见了自己的表情，上帝一定会被自己的诚心感动！然而，第二天起床后，当他把手伸进书包的时候，除了一本破旧的课本，什么也没有发现。他决定每天晚上坚持祈祷，一定要等到面包降临。

后来，金头发的小姑娘笑着问小克莱门斯："你的面包呢？"

小克莱门斯已经无法继续自己的祈祷了。他告诉小姑娘，上帝也许根本就没有看见自己在进行多么虔诚的祈祷，因为，每天肯定有无数的孩子都进行着这样的祈祷，而上帝只有一个，他怎么会忙得过来？

听到朋友的坦白，小姑娘说出了一句影响他一生的话，这句话对任何祈祷者都适用：

"原来祈祷的人都是为了一块面包，但一块面包用几个硬币就可以买到，人们为什么要花费这么多的时间去祈祷，而不是去赚钱买面包呢？"

小克莱门斯决定不再祈祷，他理解了小姑娘的话中的含义——只有通过实际的工作，才能获得自己想要的东西，而祈祷永远只能让你停留在等待中。"我不要再为一件卑微的小东西祈祷了。"小克莱门斯开始了新的道路。

小克莱门斯长大成人，当他用"马克·吐温"发表作品的时候，他已经是勤奋而且多产的作家了。他再没有祈祷，因为在无数个艰难的日子中，他都记着：不要为卑微的东西祈祷！只有自己通过努力和辛勤的汗水换来的收获才是最真实的，也只有勤奋才是通向成功的必由之路。

小克莱门斯不是别人，他就是用自己的辛勤写作换来荣誉的马克·吐温。其实，不论是谁，经济学家、艺术家、科学家……所有成功人士，他们无一例外都是通过自己艰苦的劳动换来最终的荣誉。

女孩们要知道：勤奋，是创造美好未来的唯一途径。

朽木也有春天

著名心理学大师弗洛伊德曾经讲过一个非常经典的故事：

两家相邻的人家里，有两个一样大的孩子：杰克和马克。他们俩从小就在一起玩耍，关系很要好。但杰克是个非常聪明的孩子，无论什么东西都是一学就会，他也知道自己聪明，因此总是很骄傲。而马克呢，他的脑子天生似乎就没有杰克的好，虽然他在学习或者游戏上一直非常用功，但总是比不上马克，成绩更是连班上的前十名都进不去。比起骄傲的杰克，马克总是有一种自卑情绪。不过，马克的母亲并不为儿子难过，她总是鼓励马克："你要是总是用别人的成绩来衡量你自己，那你一辈子也不过是个'追随者'，成不了大事。奔跑的骏马总是在开始的时候呼啸在前，但最终却难以到达目的地，相反，往往是勤劳坚持的骆驼赢得了胜利。"

于是，在母亲的鼓励下，马克一直非常勤奋努力，尽管还是不如杰克，但他却一点儿都不懈怠。而杰克呢？由于他总以为自己是个聪明人，因此一辈子都是业绩平平，没能干成一件大事。可不如他的马克，却在各个方面充实着自己，一点一点地实现着自我超越，最终成就了一番事业。杰克对此愤愤不平，以至于最后抑郁而终。他的灵魂还是不安生，飞上天堂，来找上帝评理："我的聪明远远超过了马克，我应该比他更有成就、更伟大才对，为什么你却让他成为了人间的卓越者，而我却什么都没干成呢？"

上帝笑了笑说："可怜的杰克啊，你到死都没有明白我的本意：一开始我把人送到世间的时候，总要在他生命的'褡裢'里放上相同的东西。只不过，我把你的聪明放到了你'褡裢'的前面，让你可以一下子看到，但你却因为看到或者触摸到了自己的聪明而沾沾自喜，

不思进取，到最后贻误了终生。而马克的聪明我却放在了他生命'褡裢'的后面，他一点儿都看不到，这样他才能勤奋努力，昂着头拼命地向前方走去，一步一步向上迈进，终有所成啊！"

这个故事告诉女孩们：每个人只有不断超越自我，勤奋努力，才能真正成为一个聪明人。人生在世，每个人都有属于自己的禀性和天赋，每个人都有实现自己人生的切入点，关键是你是否努力，是否在原有的基础上迈步向前，自恃聪明和自鸣得意都不会长久，只有脚踏实地、勤奋辛劳地向前迈进，才能有所成就，不被他人的光环所湮没。

人们常说，业精于勤，荒于嬉。自身的劣势并不可怕，可怕的是缺少勤奋的精神。勤奋是一笔价值远远超过金子的财富，金子虽然珍贵，但金子是不会失而复得的。纵然你有黄金万两，但若一味挥霍，就会坐吃山空，总有穷困的一天，唯有勤劳才是永不枯竭的财源。

"合抱之木，生于毫末；九层之台，起于垒土；千里之行，始于足下。"人们常用老子的这句话来比喻事情的成功是脚踏实地一步一步地由小而大逐渐积累的。脚踏实地是我们每个人必备的素质，也是实现梦想、成就一番事业的关键因素，自以为是、自高自大是成功的最大敌人，而脚踏实地、勤奋努力则是成功的助推器。

任何财富都是依靠勤奋获得的，在这个世界上，没有一个人的财富是从天而降的。要想在与人生风浪的博击中完善自己、成就自己，享受成功的喜悦，赢得社会的尊敬，只能凭自己的双手去创造。勤奋努力，脚踏实地是为了自己，而不是为了别人，我们自己是勤奋的最大受益者。只有辛勤地劳动，才会有丰厚的人生回报。传说中的点石成金之术并不存在，而在劳动中获得财富才是最正确的途径。你想拥有金子，唯一的办法只有辛勤地耕耘。

勤奋刻苦是一所高贵的学校，所有想有所成就的人都必须进入其中，在那里学到有用的知识、独立的精神和坚忍不拔的习惯。其实，勤劳本身就是财富，如果你是一个勤劳、肯干、刻苦的人，就能像蜜蜂一样，采的花越多，酿的蜜也越多，你享受到的甜美也越多。

实干并且坚持下去是对勤奋刻苦的最好注解。也许100次的努力和辛勤的锤打都不会有什么明显的结果，但最后的一击石头终会裂开的。成功的那一刻，正是你前面不停地刻苦的结果。所以，勤奋是走向成功的坚实基础，它更像一个助推器，把女孩推向人生的辉煌。

蛋糕不会从天而降

古往今来，凡成就事业、对人类有所作为的人，无不是脚踏实地、艰苦登攀的结果。要想实现自己的梦想，唯有勤奋努力地去行动，如果你想喝水，就自己拿杯子去倒；如果你想吃蛋糕，就只能用双手去拿，祈祷是没有用的，上帝就是你自己。人生就是这样，你想坐到那个位置上，你只能靠自己的积极行动去争取，而不是空想。天上是不会掉蛋糕的。

无论多么平凡的小事，只要从头至尾彻底做成功，便是大事。假如你踏踏实实地做好每一件事，就绝不会空空洞洞地度过一生。

我们都是平凡人，只要抱着一颗平常心，踏实肯干，有水滴石穿的耐力，我们获得成功的机会肯定不会比那些禀赋优异的人少。

有一位老教授曾说起他的经历：

"在我多年的教学实践中，发现有许多在校时资质平凡的学生，他们的成绩大多在中等或中等偏下，没有特殊的天分，有的只是安分守己的诚实性格。这些孩子走上社会参加工作，不爱出风头，默默地奉献。他们平凡无奇，毕业分手后，老师同学都不太记得他们的名字和长相，但毕业后几年、十几年中，他们却带着成功的事业回来看老师，而那些原本看来会有美好前程的孩子，却一事无成。这是怎么回事？

"我常与同事一起琢磨，认为成功与在校成绩并没有什么必然的联系，但与踏实的性格密切相关。平凡的人比较务实，能自律，所以许多机会都落在这种人身上。平凡的人如果加上勤能补拙的特质，成功之门必定会向他大方地敞开。"

脚踏实地的人，能够控制自己心中的激情，避免设定高不可攀、不切实际的目标，也不会凭借侥幸去瞎碰，而是认认真真地走好每一步，踏踏实实地用好每一分钟，甘于从基础工作做起，在平凡中孕育和成就梦想。

李嘉诚说："不脚踏实地的人，是一定要当心的。假如一个年轻人不脚踏实地，我们使用他就会非常小心。你造一座大厦，如果地基打不好，上面再牢固，也是要倒塌的。"

不积跬步无以至千里，不积小流无以成江海。凡成就一份功业，都需要付出坚强的心力和耐性，你想坐收渔利，那只能是白日做梦。你想凭侥幸、靠运气夺取丰硕的果实，运气便永远不会光顾你。

天上不会掉馅饼，舒适的生活和优秀的成绩都不是天上掉下来的，只有脚踏实地地积极行动才能换来成功的果实。亲爱的女孩，一定要记住：只有埋头苦干的人，才能显出真正的聪明，成就一番事业。

勤奋造就大文豪

大文豪巴尔扎克小时候非常喜爱文学，但他的父亲却非要逼着他学习法律。他为此违抗了父亲的旨意，因此父子之间常为此发生冲突。

这一天，父亲再也按捺不住自己的火气，他质问巴尔扎克："我明明让你学习法律，你为什么要去学习文学呢？"

"爸爸，你知道，我对法律毫无兴趣。"巴尔扎克亲切地对父亲说。

"毫无兴趣？！"父亲愤怒得要跳起来了，"那你的兴趣是什么？是文学？搞文学谈何容易，我看你根本就不是搞文学的料！"

"那可不一定！"巴尔扎克摇了摇头说，"一个人的成功，往往都是取决于他的信心

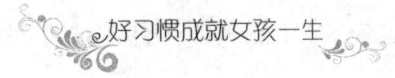

和努力的。"

"信心和努力？那好吧，从今天起，我给你两年期限，如果你搞不成，那就得乖乖去学习法律，你敢答应吗？"

"敢！"巴尔扎克斩钉截铁地回答。

从此以后，巴尔扎克就被父亲关在房子里，整日埋头写作。在这期间，他写了一个历史剧，由于阅历有限，对剧本的特点了解不够，并没有成功。但他没有丧失信心，而是更加坚信，只要有决心、肯努力，一定可以在文学的道路上取得成绩。

经过一段时间的写作实践，巴尔扎克感觉到自己的知识和经验都还很浅薄。于是，他开始拼命地阅读世界文学名著，并且广泛地接触社会和了解人生。一天天，他频繁地出入图书馆和书店，早出晚归，最晚的一次，他在图书馆里翻资料，边看边记，竟然忘记了时间。图书馆的人员都下班了，他却还在那里。结果，第二天早晨，图书馆的人员来上班了，他们发现巴尔扎克还在那里一边看一边记呢。为了读书，巴尔扎克真是到了废寝忘食的地步。

此后，在一部小说中需要一处打架斗殴的情节，巴尔扎克就到街上去寻觅观察。好不容易遇到了两个正在争执的青年人，他就故意从中煽风点火，试图让两个人打起来。但那两个人竟然看穿了他的诡计，合起伙来把他给轰走了。

一写起文章来，巴尔扎克就闭门谢客，甚至连家里人也进不了他的书房。一次，他甚至把屋门锁了，从窗户跳进屋里，然后再把窗户紧闭上。那些来访的人看见门上落了锁就自动回去了。

经过几年的艰苦努力，巴尔扎克终于出版了小说《朱安党人》，一下子就赢得了法国文学界的一致赞扬。这以后，他又陆续完成了《人间喜剧》等97部小说，确立了他在法国文学史和世界文学史上的显著地位。

没有人天生就是天才，那些所谓的名人、大家，都是从一点一滴开始，逐渐拼搏锻炼来的。有时候，我们往往看着某个人成功，唏嘘不已，以为他们有多么好的运气和天赋。实际上，没有几个人是真正有天赋的，运气也只给那些有准备的人。只有勤奋努力，脚踏实地的人，才能逐渐进步，取得成功。

俗语说"一勤天下无难事"，这道出了一个很深刻的道理：通向成功的路没有捷径，一切事业的成功，都需要勤奋作为基础条件，只要肯勤奋，成功大门便会敞开，等你走进去。

居里夫人在法国念书时，每天早晨总是第一个来到教室；每天晚上几乎都在图书室度过。图书室10点关门，回到自己的小屋后，她在煤油灯下继续读书，常常到夜里一两点钟。

德国著名音乐家——贝多芬，在他音乐生涯的最高峰时，突然因耳疾致双耳失聪，这对于一个音乐家来说是致命的打击。但他具有顽强的毅力、坚强的意志，终于做成了《英雄交响曲》、《命运交响曲》……他说过："卓越的人一大优点是，在不利与艰难的遭遇里百折不挠。"

马克思写《资本论》，辛勤劳动，艰苦奋斗了40年，阅读了数量惊人的书籍和刊物，其中做过笔记的就有 1500 种以上；我国历史巨著《史记》的作者司马迁，从 20 岁起就开始漫游生活，足迹遍及黄河、长江流域，汇集了大量的社会素材和历史素材，为《史记》的创作奠定了基础；德国伟大诗人、小说家和戏剧家歌德，前后花了 58 年的时间，搜集了大量的材料，写出了对世界文学和思想界产生很大影响的诗剧《浮士德》；我国年轻的数学家陈景润，在攀登数学高峰的道路上，翻阅了国内外的上千本有关资料，通宵达旦地看书学习，取得了震惊世界的成就……

无数的事实其实都是在向女孩们揭示同一个道理，那就是：任何成功的获得都要靠自己的努力，要踏踏实实、勤勤恳恳、兢兢业业、一步一个脚印。成功来自勤奋，成功在于勤奋。智慧不是自然的恩赐，而是勤奋的结果。只有握住勤奋的钥匙，才能打开知识宝库的大门。

被窝是青春的坟墓

有个人死后，去了阎王殿。到了那里，看到那里生活非常安逸，这个人心想："我活着的时候生活太辛苦了，现在我死了，终于可以享受了。每天除了吃饭睡觉，没有别的事情，也不用辛苦地劳动了，这样的生活实在是太好了！这里简直就是天堂！"

然后，他向负责的人问道："这里是地狱吗？我实在难以想象地狱居然是这样好！"负责人说："没错，这里就是地狱！在这里你什么都不用做，好好享受吧！过一段时间你就知道这里就是真正的地狱。"

这个人想："怎么会呢？这里天天山珍海味，想吃什么就吃什么；还有舒适的床铺，想睡多久，从没有人管。早知道这样，我就不活了，活着还不如死掉呢！"

于是他就整天吃了睡，睡了吃，快乐得像个神仙。可是时间长了，他开始觉得十分寂寞和空虚，于是他去找负责的人，说道："我每天除了吃饭就是睡觉，和猪有什么区别？我不想过这样的生活了，你还是给我找一份劳动吧！辛苦点我也愿意。"

负责人答道："这里从来就没有劳动，想要什么马上就能得到，只有劳动不能得到！"那个人没有办法，只好回去了，又过了一段时间，他实在无法忍受这样的生活，又去找那个负责人，说道："我不想在这里住了，这种生活实在是难以忍受，你还不如让我下地狱！"

负责人说："已经告诉过你了，这里本来就是地狱，你还以为这里是天堂呢？"

有劳有得，是一种享受；没有劳动，也没有获得，人生就毫无乐趣。每个人都渴望天堂般的生活，但如果天堂真的没有劳动，也没有获得，又有谁会愿意去呢？在社会上生存，用自己的勤劳换取生活的舒适，不正是一种享乐、一种幸福吗？

当女孩不情愿地从床上起来时，当你感到闹钟的声音异常刺耳仿佛在与你作对时，请记住：按照你的身体结构和人的本性你必须去从事社会活动，而睡眠却是对无理智的动物也是同样的。

从温暖的床铺中起来从事社会活动，走进学校学习知识，走上工作岗位参加劳动，或者为他人提供帮助和服务，这既是人作为一种高级动物、万物灵长的义务和责任，也是其高贵所在。不错，躺在被窝里让人感到舒适，但这种舒适是人的动物性所需要的，如果我们不充分发挥理性的力量约束自己，而顺从动物性的引导，我们就愧对人的称谓，失去了起码的做人资格，更别提创造更加美好的人生了。有一句流行的话说："被窝是青春的坟墓"，其中也包含了这层意思。

劳动不仅是生存的必需，而且还是一种乐趣。劳动可以让人体会到生活的意义和乐趣。

英国圣公会牧师、学者、著名作家伯顿指出："你千万要记住这一条——万万不可向懒惰和孤独、寂寞让步，你必须切实地遵循这一原则，无论何时何地也不要违背这一原则，只有遵循这一原则，你的身心才有寄托和依归，你才会得到幸福和快乐；违背了这一原则，你就会跌入万劫不复的深渊，这是必然的结果、绝对的律令。记住这一条：千万不可懒惰，万万不可精神抑郁。"

懒惰会让人失去斗志

在远古的时候，有两个朋友，相伴去遥远的地方寻找人生的幸福和快乐。一路上风餐露宿，在即将到达目的地的时候，他们遇到了一条风急浪高的大河，而河的彼岸就是幸福和快乐的天堂。关于如何渡过这条河，两个人产生了不同的意见。一个建议采伐附近的树木造一条木船渡过河去，另一个则认为无论哪种办法都不可能渡得了这条河，与其自寻烦恼和死路，不如等这条河流干了，再轻轻松松地走过去。

于是，建议造船的人每天砍伐树木，辛苦而积极地制造船只，并学习游泳；而另一个则每天躺下休息睡觉，然后到河边观察河水干了没有。直到有一天，已经造好船的人准备扬帆渡河的时候，另一个人还在讥笑他的愚蠢。

不过，造船的人并不生气，临走前只对他的朋友说了一句话："做每一件事不一定都得成功，但不去做则一定没有机会成功。要想成功，你一定要把懒惰的习惯扔得远远的。"

能想到河水流干了再过河，这确实是一个"伟大"的创意，可惜的是，这却仅仅是个注定永远失败的"伟大"创意而已。

这条大河终究没有干，而那位造船的人经过一番风浪最终到达了彼岸。这两人后来在这条河的两个岸边定居了下来，也都衍生了各自的子孙后代。渡过河的那一边叫幸福和快乐的沃土，生活着一群我们称为勤奋和勇敢的人；等河干的另一边叫失败和失落的原地，生活着一群我们称之为懒惰和懦弱的人。

富兰克林说："懒惰像生锈一样，比操劳更能消耗身体。经常用的钥匙，总是亮闪闪的。"当懒惰已经成为习惯，它就会像细菌一样，在女孩的生活中蔓延，使你的人生到处弥漫着懒散的气息。所以要想成功，就一定要远离懒惰的侵扰。

勤奋虽然辛苦，但最后得到的一定远远超出付出的；而懒惰的人，生活总是显得可怜、悲惨。

一滴汗水，一分收获，世上没有轻而易举就可以得到的才能，天才来源于勤奋。如果我们不能靠"勤"字来努力，如果我们吃不了勤奋之苦，我们又怎么能出人头地呢？只有流勤劳的汗，长出的树才会茁壮；只有吃勤劳的饭，才更香甜。

正像奥里森·马登所言："如果你有才能，勤奋可以锦上添花；如果你没有才能，勤奋可以弥补不足。"

一位成功人士曾经说过："我不知道有谁能够不经过勤奋工作而获得成功。"寓言中的守株待兔的人，曾经不费吹灰之力就得到一只兔子，但此后他就再也没有得到半只兔子。所以，不要指望不劳而获的成功。

哈佛流传着这样一句名言："只有比别人更早、更勤奋地努力，才能尝到成功的滋味。"

勤奋的道理每一个人都懂，却不是每一个人都能做到，而那些真正做到的人，就能获得成功。天下没有免费的午餐，个人奋发向上的辛勤实干是取得杰出成就必须付出的代价，好逸恶劳的懒惰品行与任何杰出成就都无缘，正是辛勤的双手和大脑使得人们富裕起来。事实上，任何事业的成功都只能通过辛勤的实干取得。没有辛勤的汗水，就不会有成功的喜悦与幸福。

青春是宝贵的，所以，女孩们应该从现在开始抓住宝贵的光阴，勤奋努力地去完成自己的心愿，这样才能最好地实现人生的价值。真正的幸福绝不会光顾精神萎靡、四体不勤的人，幸福只在辛勤的劳动和晶莹的汗水中。

用勤奋把时间留住

1845年10月31日，是德国著名有机化学家、诺贝尔奖金获得者阿道夫·冯·贝耶尔的10岁生日。前一天晚上，贝耶尔就高兴地盘算着：明天爸爸妈妈一定会带自己上街采购各种生日礼物，然后在家里热热闹闹地庆祝一番，或者带自己去痛痛快快地玩一玩。德国人对生日特别看重，小朋友们过生日总是这个样子的。谁知天一亮，父亲照例在早餐后就戴起老花镜伏案攻读，母亲则领着他到外婆家去消磨了一整天，直到黄昏才返回。

对父母亲这样的安排贝耶尔感到很奇怪，也有点儿不高兴，细心的母亲看出了这一点。在回家的路上，母亲边走边开导贝耶尔："我生你时，你爸爸已41岁，还是一个大老粗。现在他跟你一样，正在努力读书，明天还要参加考试。我不愿意因为你的生日，耽误他的学习时间。妈妈现在只能尽心尽力，使我们的家庭生活丰富多彩一些。你长大了，可要使我们这个世界更加多姿多彩啊！"

贝耶尔的母亲出身名门，是德国一位著名律师、历史学家的女儿，她见多识广，通情达理，既是贤妻又是良母。她在贝耶尔10岁生日时给贝耶尔的这番教诲，成了贝耶尔受用终身的座右铭。贝耶尔在1905年70岁时获取诺贝尔化学奖之后写的一部自传中回忆说："这是母亲送给我的10岁生日的最丰厚的礼品。"

贝耶尔的父亲约翰·佐柯白原先是普鲁士总参谋部的一位陆军中将，军阶虽高，科

学文化水平却不高。在军队服役时曾有一位牧师劝告过他，叫他退役后一定要学习，掌握一门科学技术，以便更好地立足于世界。他父亲认为牧师的话很有道理，自己又很热爱自然科学，所以50岁退役后便不顾别人笑话，拜师学习地质科学。小贝耶尔10岁时，他父亲已51岁，正是其苦心攻读地质科学、积极准备应考的第二个年头。父亲的好学上进、勤奋刻苦成为一种无形的力量，给贝耶尔的学习以有力的推动和深刻的影响。

父亲对贝耶尔既严格管教，又时时给予鼓励。1858年，年仅23岁的贝耶尔以出色的论文获得了柏林大学博士学位，父亲特意赶去参加了他的学位授予盛典，向他表示祝贺。因为贝耶尔是取得博士学位的人中年纪最小的一个，盛典结束时校长特别关心地问起他今后的去向。贝耶尔向在座的化学家们扫了一眼，耳边又响起了父亲那深沉的声音，于是从人群中请出了年轻有为的奥古斯特·贾古拉教授，对校长说："我要追随他！"父亲看到儿子接受了自己昔日的批评教育，脸上露出了满意的笑容。

贝耶尔年少得志却不自满。他牢记父母的教诲，学习父亲那好学不倦、珍惜时间的精神，几十年如一日地不断向科学高峰攀登，在研究有机染料和氢化芳香化合物方面做出了卓越的贡献，终于在1905年获得了诺贝尔化学奖。

伟人、名人视时间为生命，对时间无比珍惜，他们的成功是由于他们做出了超出常人的努力。时间对每个人都是平等的，谁有紧迫感，谁珍惜时间，谁勤奋，谁就可以得到时间老人的奖赏。

珍惜现在的时间，就要改掉拖沓的毛病，养成立即行动的习惯。那些懒惰的人最喜欢给自己找借口，他们最重要的特征之一就是拖沓，把今天的事情拖到明天，明天的事情又拖到后天，可能还要一直拖下去。这种错过太阳又错过星星的习惯，会消磨人的意志，使人怀疑自己的行为、毅力和目标。

漂亮的鸟儿，不要在天气变冷的时候才去筑巢，那会儿为时已晚，凛冽的寒风会在你还没有把巢筑好的时候就把你冻死；

勤劳的蜜蜂，不要在花朵凋谢的时候才去采蜜，那会儿为时已晚，花粉会飘落在地上，最终你将会因为没有食物而不能飞行；

灵巧的蜘蛛，不要在风雨来临的时候才去织网，那会儿为时已晚，风雨会把你辛勤的劳动成果撕破，你将因此而无处安身；

聪明的女孩，不要在考试的前夜抱怨时间过得太快，没来得及翻书就要进入考场。那会儿为时已晚，等待你的将是残酷无情的结果。

所以，女孩们要从现在开始，抓住身边的分分秒秒，养成珍惜时间的好习惯。

第四章

敢于冒险

——勇敢的女孩才能掌控未来

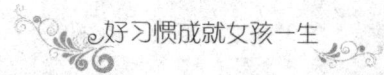

在惊涛骇浪中丰富人生

生活中的每一个角落都存在着风险的可能，除非我们永远扎根在原地不动，但那也不可能保证你一生的风平浪静。有很多人似乎都习惯于"躺在床上"过一辈子，因为他们从来不愿去冒险，不管是在生活中，还是在事业上。但是，当我们横穿马路的时候，实际上总是有着被车撞倒的危险；当我们在海里游泳的时候，也同样有着被卷入逆流或激浪的危险。尽管统计数字表明坐飞机比乘汽车要安全一些，但我们的每一次飞行仍然隐藏着冒险。毕竟我们必须依赖于飞机牢固的构造及其良好的性能；如果不是由自己驾驶的话，我们还必须寄希望于飞行员和整个机组。还有任何地方的旅行都潜藏着冒险，小到丢失自己的行李，大到作为人质，被劫持到世界的某个遥远角落。

自有文字记载以来，冒险总是和人类紧紧相连。虽然火山喷发时所产生的大量火山灰掩埋了整个村镇，虽然肆虐的洪水冲走了房屋和财产，但人们仍然愿意回去继续生活，重建家园。飓风、地震、台风、龙卷风、泥石流以及其他所有的自然灾害都无法阻止人类一次又一次勇敢地面对可能重现的危险。

有一句老话叫作"一个人不懂得悲伤，就不可能懂得欢乐"。同样，我们也可以说"没有冒险的生活是毫无意义的生活"。事实上，我们总是处在这样那样的冒险境地，因为我们别无选择。

我们在这个世界上生存，未来的世界是我们的，我们必须去开拓和探索，这是生存的使命！能在惊涛骇浪中生存下来的，他的人生一定不同凡响！

谁能用 80 美元环游世界？这在 99% 的人听来都觉得是不可能的，但是罗伯特做到了。罗伯特·克利斯朵夫是一位熟练的摄像师，在他年轻的时候，他像许多青年人一样，喜欢读科幻小说。当他读完儒勒·凡尔纳动人的科幻小说《80 天环游地球》后，他的想象力和内心潜在的勇气被激发了。

罗伯特告诉朋友："别人用 80 天环绕地球一周，现在我为什么不能用 80 美元环绕地球一周呢？我相信如果我有足够的勇气，任何地方我都可以到达。也就是说，如果我从我所处的地方出发，我就能到达我所想要到达的地方。

"我想，别的一些人能够在货轮上工作而得以横渡大西洋，再搭便车旅行全世界，我为什么就不能呢！"

朋友笑着说："你的想法太天真了！"

罗伯特没有理睬他们的嘲笑，而是从他的衣袋里拿出自来水笔，在一张便条上列了一个他所能想到的在旅途中将会遇到的困难表，并仔细地记下准备怎么着手解决每个困难的办法。

罗伯特没有拖延一分钟，他开始行动了。

他先和经营药物的查尔斯·菲兹公司签订了一份合同，保证为这家药物公司提供他所要旅行的国家的土壤样品。他又想办法获得了一张国际驾照和一套地图，条件是他提供关于中东道路情况的报告。他四处奔波，让朋友设法替他弄到了一份海员文件，并且获得了纽约公安部门开出的关于他无犯罪记录的证明。为了旅行，他想得很周全，甚至为自己准备了一个青年旅游招待所的会籍。

最后他又与一个货运航空公司达成协议，该公司同意他搭飞机越过大西洋，只要他答应拍摄照片供公司宣传之用。

只有26岁的罗伯特完成了上述计划，他在衣袋里装了80美元，便乘飞机和纽约市挥手告别，开始了他80美元周游世界的梦想。

在加拿大的纽芬兰岛甘德城，罗伯特吃了第一顿早餐。他不能用他可怜的80美元来付早餐费，那么他是怎样做的呢？他给厨房的炊事员照了相，大家都很高兴。

在爱尔兰的珊龙市，罗伯特花4.8美元买了4条美国纸烟。罗伯特深知，在许多国家里纸烟和纸币作为交易的媒介物是同样便利的。

从巴黎到了维也纳，精明的罗伯特送给司机一条纸烟作为他的酬资。从维也纳乘火车，越过阿尔卑斯山，到达瑞士，罗伯特又把4包纸烟送给列车员，作为他的酬谢。

在叙利亚首都大马士革，罗伯特热心地给当地的一位警察照了相，这位警察为此感到十分自豪，命令一辆公共汽车免费为他服务。伊拉克特快运输公司的经理和职员特别喜欢罗伯特为他们照的相。作为感谢，他们邀请罗伯特乘他们的船从伊拉克首都巴格达到达伊朗首都德黑兰。

在曼谷，罗伯特向一家极豪华的旅行社经理提供了一些他们急需的信息——一个特殊地区的详细情况和一套地图。他为此受到了像国王一样的招待。

最后，作为"飞行浪花"号轮船的一名水手，他从日本到了旧金山。

罗伯特·克利斯朵夫用84天周游了世界，并且他所有的旅资加起来只有80美元。

简直不可思议，80美元兑换成人民币估计还不够某些人一个月的生活费，怎么可能把世界环游一遍？就算不吃不喝，那也撑不下来，但是，罗伯特进行的是如此的顺利。难道罗伯特没有想到这一程会有很多可能的风险吗？他想到了，正因为他想到了所以他才会去冒险，用冒险来给自己的人生加点色加点味。

有些女孩整日躲在挡风挡雨的温室里，恐怕还不知道冒险的滋味吧！冒险可以培养

女孩的勇气、适应能力、解决问题的能力，而且还可以收获许多在温室里学不到的东西，冒险是女孩应该选择的活动！

如何培养冒险的能力呢？

自信心，是女孩子成长中特别重要的个性品质。自信心建立在女孩自我意识成熟的基础上，是自主精神的重要内容。自信心强的女孩，不指望依靠别人的帮助，总是会相信自己的力量，确信自己经过努力一定能够取得进步，有所作为。因此，自信心是一个女孩成长的必要条件。

科学研究表明，一个人要取得成就，除了发展较高的智力外，还要有良好的个性品质，其中最重要的就是独立精神和自信心。大多数在科学领域中有突出贡献的科学家，都具有强烈的自信心。有人问居里夫人："你认为成才的窍门在哪里？"居里夫人肯定地说："恒心和自信心，尤其是自信心。"

至于该如何建立信心，专家认为，要勇于尝试自己最害怕的事情，一旦有了一次成功的记录后，就能增强信心。

克服恐惧，站在最前面

在恐惧所威胁的地方，人是不可能实现任何有价值的成就的。有一位哲学家说过这样一句话："恐惧是意志的地牢，它跑进里面，躲藏起来，企图在里面隐居。恐惧带来迷信，而迷信是一把短剑，伪善者用它来刺杀灵魂。"

在卡耐基用来撰写成功学书籍的打字机前面悬挂着一个牌子，上面用大写字母写下了下面的一些字句："日复一日，我在各方面都将获得更大的成功。"

一名怀疑者在看到这个牌子之后，问卡耐基是否真的相信"那一套"。卡耐基回答说："我当然不相信。这个牌子'只不过'协助我脱离了我本来担任矿工的那个煤矿坑，并替我在这个世界里谋得一席之地，使我能够协助10万人力争上游，在他们思想中灌输与这个牌子内容相同的积极思想。所以，我何必相信它呢？"

现实生活中，女孩们要把自己逼向绝境，在没有选择的情况下去努力克服你行动的恐惧。

克服恐惧的一个重要方法就是绝不要让人打消你的积极性。女孩们总是会发现有一些人在劝阻你们不要去冒险，但你们仍然需要有勇气和胆量去实现自己的理想和目标。

很多人害怕成功，害怕成功带来的后果。他们会说："如果我爬上了高层，我就得对下属负起责任。"或者："人们也许会嫉妒我，怀恨在心，甚至在我的背后捅刀子。"或者"要是我如愿以偿地赚到了很多钱，可又必须缴纳更多的税款。"等等。

你可能从来没有想过有这样一些不怕冒险的人，他们像孩子一样，玩一种"占山为王"的游戏。当其中一个孩子成为"王者"的时候，别的孩子就想方设法赶他下台。然而当真的下台之后，失败者敢于再次冒险，重新把山头夺回来。

海军上将威廉·哈尔歇引用纳尔逊的一句话作为他的座右铭："舰长要将他的座舰驶

在敌舰旁边。"哈尔歇说道："军中有句术语'攻击是最好的防御'，这句话不仅可以使用在战场上，所有的问题，不管是个人的，国家的或战争的，不要想逃避，而要面对它，如此一来问题就会显得小多了。轻轻触摸它，它会刺痛你；大胆握住它，它的刺就碎掉了。"

世界上没有一件可以完全确定或保证的事。成功的人与失败的人，他们的区别并不在于能力或意见的好坏，而是在于相信判断、适当冒险与采取行动的勇气。

我们常常认为勇气仅指战场上、难船上或遭遇危机时的英雄事迹，其实在日常生活里，要想过得有效率，还是需要勇气的。

站在原地不动，裹足不前，时常使遭遇困难的人显得精神萎靡，感到束手无策掉在陷阱里，而且也会带来很多身体上的症状。

为此，马尔登建议："彻底研究状况，在心里想象你可能采取的各种行动方向，与每一种可能产生的后果。选择一种最可行的方向，然后放手去做。如果我们一直要等到完全确定之后才开始行动，一定成不了大事。每种行动都可能会有错误，每个决定也都可能行不通，但是我们千万不可因此而禁闭了我们所要追寻的目标。你必须有每天冒险遭遇错误、失败，甚至屈辱的勇气。走错一步永远胜于'原地不动'。你一向前走就可以矫正你的方向；若你抛了锚'站着不动'，自动导引系统是不会牵着你走的。"

如果我们有信心而且怀着勇气行动，那么我们成功的可能已经有了50%。

揭穿了有关雷电古老神话的富兰克林是一个勇敢的实践者和行动者。

1752年7月的一天，富兰克林在野外放风筝进行捕获雷电的试验。

他的风筝很特别，用杉树做骨架，用丝手帕做纸，扎成菱形的样子。

风筝的顶端安了一根尖尖的铁针，放风筝的麻绳末端拴着一把铁钥匙。当风筝飞上高空不久，突然大雨降临，电闪雷鸣。

富兰克林对全身被淋湿毫不在意，对可能被雷击也不畏惧，他全神贯注于他的手。

当头顶上闪电的瞬间，他感到自己的手麻辣辣的，他意识到这是天空的电流通过湿麻绳和铁钥匙导来的。

他高兴地大叫："电，捕捉到了，天啊，电捕捉到了！"

我们纵然有成功的欲望，但不敢冒险，怎么能够实现伟大的目标？

在不确定的环境里，人的冒险精神是最有创造价值的资源。

女孩们，如果你想做只金凤凰，那你就必须克服恐惧，敢于冒险！

把勇气保留到底

有人说，能登上金字塔顶峰的两种动物，一种是雄鹰，另一种是蜗牛。雄鹰的力量人们不会有什么怀疑，因为它有一双高飞的翅膀；而蜗牛的成功却是人们想都不敢想的。是什么让蜗牛有如此的壮举？——勇气，蜗牛凭着坚持的勇气朝着一个方向前进，最终

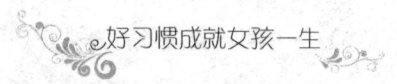

走向了成功。所以，每个人只要把心中那点勇气保留到底，任何人都会成功。

1983年，伯森·汉姆徒手攀壁，登上纽约的帝国大厦，在创造了吉尼斯纪录的同时，也赢得了"蜘蛛人"的称号。

美国"恐高症康复联席会"得知这一消息，致电"蜘蛛人"伯森·汉姆，打算聘请他担任康复协会的顾问。

伯森·汉姆接到聘书，打电话给联席会主席诺曼斯，要他查一查第1042号会员，这位会员很快被查了出来，他的名字正是伯森·汉姆。原来他们要聘请的这位"蜘蛛人"顾问，本身就是一位"恐高症患者"。

诺曼斯对此大为惊讶，一个站在一楼阳台上都心跳加快的人，竟然能徒手攀上400多米高的大楼，他决定亲自去拜访一下伯森·汉姆。

诺曼斯来到费城郊外的伯森住所，这儿正在举行一个庆祝会。十几名记者正围着一位老太太拍照采访。

原来伯森·汉姆94岁的曾祖母听说汉姆创造了吉尼斯纪录，特意从100千米外的慕拉斯堡罗徒步赶来，她想以这一行动为汉姆的纪录添彩。

谁知这一异想天开的做法，无意间竟创造了一个耄耋老人徒步百里的世界纪录。

《纽约时报》的一位记者问她，当你打算徒步而来的时候，你是否因年龄关系而动摇过？

老太太精神矍铄，说："小伙子，对我来说打算一口气跑100千米也许需要很大的勇气，但是走一步路只需要一点点勇气就足够了，只要你走一步，接着再走一步，然后一步再一步，100千米也就走完了。"

"恐高症康复联席会"主席诺曼斯站在一旁，一下明白了伯森·汉姆登上帝国大厦的奥秘，原来他保持着向上攀登一步的勇气。

人类的生命运动从本质上说是一次探险，如果不是鼓足勇气迎接风险的挑战，你就会处处陷入被动。保留勇气，可以让你做到别人所不敢做的事，得到别人所不能得到的收获。故步自封，只能流于平庸。

世上之事能否成功，全在你是否有勇气去做。想做，再多的困难也能克服；不想做，再简单的事也无法完成。

冒险意味着危险，但也意味着机会。

卡耐基说："冒险是一种奋斗，一种促使人生变得更加辉煌的奋斗。"

拿破仑还说："最重要的是：不论事情是成功还是失败，要敢于自始至终地去奋斗，去拼搏。"

一位著名的哲人曾说过："生命是一个奥秘，它的价值在于探索。因而生命的唯一养料就是冒险。"

大多数人都是平凡的，生活总是高低起伏。但是我们宁可留在温室使事情更糟，也不愿意为了让事情好转而勇敢冒险。如果我们的生活十年如一日，直到退休，靠着平时存下的积蓄过日子，那么我们可能会渐渐地因觉得自己越来越没有价值而感到消沉。

所以，不想你的人生平淡的话，那就拿出你的勇气做一次尝试。

女孩们有时候会以为只要我学习好、成绩高，不需要勇气，不需要冒险也能走好自己的路，可一旦离开学校，大部分人就会意识到，仅仅有大学文凭或好分数是远远不够的。在校园之外的现实世界里，有许多比好分数更为重要的东西。我们常常听到人们将这些东西称之为"魄力"、"勇气"、"毅力"、"胆识"、"精明"、"果决"、"才华横溢"等。不管怎么称呼，这都是比分数更能从根本上决定女孩未来的因素。

在我们每个人的性格当中，既有勇敢、聪明、泼辣的一面，也有畏惧、愚昧和胆怯的一面，过分的畏惧和自我怀疑是浪费我们才能的最大因素。在现实世界里，人们往往是依靠勇气而不是聪明去领先于其他人的。在每个人身上，本来具备着打破旧的生活格局而迎来新的生活格局的巨大潜能，可是它被现时的平庸的作为掩盖着，只有具备冒险意识，无所畏惧，勇于探索和实践，你的潜能才能发挥出来。完全地展示了自己的才能，实现了自己追求的人生，才能领略到人生最大的喜悦和欢愉。

女孩的才华，女孩的能力，只有通过冒险，通过克服一道道难关才能锻炼和展现出来。而安于现状不思进取的人、没有危机感的人、不愿参与竞争和拼搏的人，则首先由于其思想意识和懒散而平庸一生。

尝试"不可能"

成功者的字典里没有"不可能"这3个字，在他们眼里，越是不可能做成功的事，越可能成功。一位成功人士说："只要有无限的热情，几乎没有一样事情不可能成功。"

20世纪50年代，索尼公司创始人盛田昭夫和井深大就树立了打造全球性公司和全球强势大品牌的远大目标和宏大愿景。他们意识到，索尼要成长为真正的全球性公司和全球强势大品牌，实现真正的品牌全球化是必须全面突破的关键性难题。

但是，对于创立不久的索尼来说，尽管实现了产品创新和销售业绩上的突飞猛进，索尼还只能算是日本本土上的一个小小的暴发户。那么如何才能使索尼走向世界？有足够大的决心、足够多的勇气甚至不惜冒险是索尼品牌全球化战略必须迈出的第一步。

1953年盛田昭夫对荷兰皇家飞利浦电子公司进行了考察，已在世界范围内建立起广泛声誉和美誉的飞利浦竟然坐落在一个又偏又小的老式农庄里的眼前实景，给了盛田昭夫莫大的启发，使他信心倍增，更坚定了把索尼打造成全球强势大品牌的信念。他在给井深大的信中说："如果一个又小又偏的农庄都能建成一个大型、高科技、有全球声誉的公司，就像飞利浦那样，那么索尼在日本也能做得到。"

正是在这种冒险精神的鼓舞下，1953年索尼公司冲破重重险阻和困难，实现了一个名不见经传的日本小公司从贝尔实验室购买晶体管的关键技术的"神话"，在1955年成功推出全世界第一台晶体管收音机，1957年推出第一款便携式晶体管收音机，奠定了索

尼在世界消费电子行业的领先地位。

事实证明，"不可能"的事通常是暂时的。当遇到困难时，永远不要让"不可能"束缚自己的手脚，坚持下去也许"不可能"就会变成可能。

冒险与收获常常是结伴而行的。险中有夷，危中有利。要想有卓越的成果就要敢于冒险。许多成功人士不一定比你"会"做，重要的是他们比你"敢"做。

如果你没有冒险精神，只愿意四平八稳地走在平坦的大道上，那么，你就永远也成不了遨游蓝天的雄鹰，只能做一只在粪堆里扒食的小鸡。

一些人之所以一辈子平平庸庸，直到走到人生的尽头也没有享受到真正成功的快乐和幸福的滋味，就是因为他们安于现状，不敢冒险，不敢走前人没有走过的路。

事实上，当女孩具有一定的冒险精神时，你就不会满足于现状，而是敢于进取。这种冒险往往会给你丰厚的回报。

女孩正年轻，一方面要通过学习和实践不断增长智慧，另一方面还要永远保持冒险精神。"谨慎小心"并不是一种优秀的品质，裹足不前、安于现状，也只能在当今瞬息万变的社会中被淘汰出局。

有冒险的生活，才有多姿多彩的人生。

有些人喜欢用不可能来给自己找借口，他们总是还没有采取行动时就给自己判了死刑。女孩应该拿出点破釜沉舟的干劲，搬走"不可能"这座大山。恺撒曾以他自己的铁蹄证明了一点：凡是我恺撒要做的，就没有不可能做到的。

推开虚掩之门，勇往直前

成功就好比一扇虚掩的门，只要我们敢于冒险，勇敢去推，门内的东西就会让你大开眼界。人生如逆水行舟，不进则退。因此，不管前面的路途铺满荆棘还是狂风暴雨，只要勇往直前，就有到达彼岸的希望，不要因一时的困难就放弃，那是懦夫的表现，真正的成功者是勇者。

勇敢地推开虚掩之门，勇往直前，成功也就离你不远了。

在马林果战役的前夕，拿破仑坐在营帐里，凝视着面前摊开的一张意大利地图。他把四枚钉子按在地图上，一边挪动钉子，一边思考着。

过了一会儿，他自言自语地说："现在一切都好了，我要在这里抓住他！"

"抓住谁？"身旁的一个军官问道。

"墨拉期，奥地利的老狐狸，他要从热那亚回来，路过都灵，回攻亚历山大里亚。我要过河，在塞尔维亚平原迎着他，就在这儿打败他。"拿破仑的手指向马林果。

但是，马林果战役打响后，法军受到敌军强有力的抵抗，只剩招架之功，拿破仑精心筹措的胜利眼看就要成为泡影。

正在法军败退之际，拿破仑手下的将领德撒带着大队骑兵驰过田野，停在拿破仑站着的山坡附近。队伍中有一个小鼓手，他是德撒在巴黎街头收留的流浪儿，在埃及和奥国战役中一直在法军中作战。

当军队站住时，拿破仑朝小鼓手喊道："击退兵鼓。"

这个孩子却没有动。

"小流浪汉，击退兵鼓！"

孩子拿着鼓槌向前走了几步，朗声说道："啊，大人，我不知道怎么击退兵鼓，德撒从来没有教过我。但是我会敲进军鼓，是的，我可以敲进军鼓，敲得让死人都排起队来。我在金字塔敲过它，在泰泊河敲过它，在罗地桥又敲过它。啊，大人，在这里我可以也敲进军鼓么？"

拿破仑无可奈何地转向德撒："我们吃败仗了，现在可怎么办呢？"

"怎么办？打败他们！要赢得胜利还来得及。来，小鼓手，敲进军鼓，像在泰泊和罗地桥一样地敲吧！"

不一会儿，队伍跟着德撒的剑光，随着小鼓手猛烈的鼓声，向奥地利军队横扫而去，他们不惜流血牺牲，敌人被打得节节败退。德撒在敌人的第一排子弹中就倒下了，但是队伍并没有动摇。当炮火消散时，人们看到那个小流浪儿走在队伍的最前面，笔直地前进，仍旧敲着激昂的进军鼓。他越过死人和伤员，越过营垒和战壕。他的脚步从容不迫，鼓声振奋人心，他以自己勇往直前的精神开辟了胜利的道路。

勇往直前，这是成功人生的使命。勇气，是青年人具备影响力的开路先锋。倘若女孩做事瞻前顾后，前怕虎，后怕狼，即使你有过人的本领，也会因为缺少勇气而无法行动。没有行动自然就无法表现出你的才能，也就无法让别人看到你的价值所在，自然也就无影响力可言。

勇往直前，是一种潇洒，是一种境界。也许你此时正处于低谷，怕什么，你要明白，生活的路不会是一马平川，"一帆风顺"也只是祝福的话，要想成功，唯有勇往直前，即使是悬崖，也不要后悔，勇敢攀登下去，即使是遍体鳞伤，也要义无反顾、风雨兼程。

机遇偏爱有准备的人

天下没有免费的午餐，机遇总是偏爱那些有准备的人。说这句话并不表示机遇是有私心的，机遇的存在是客观的，它并不会因为人的善恶而改变，因此，一般说来机遇是平等的，机遇是普遍存在的，而如果有人早已做好了迎接机遇的准备，那机遇也就不会与之擦肩而过。机遇不会从天而降，需要自己去争取，去创造，如果你背着双手，一动不动，机遇也就落到地上。

1861年，门捷列夫担任圣彼得堡大学教授。在编写新的无机化学教科书的章节时，

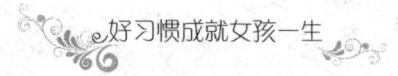

他遇到了难题，按照什么次序排列化学元素的位置呢？

为此，门捷列夫迈进了圣彼得堡大学的图书馆，在数不尽的卷帙中逐一整理以往人们研究化学元素分类的原始资料；他还把所有的元素名称、化合物的化学式和主要性质分类写在纸卡片上，每天皱着眉头地玩"牌"，夜以继日地思考着……

冬去春来，有一天，他又坐到桌前摆弄着"纸牌"，摆着，摆着，他像触电似的站了起来，然后迅速地抓起记事簿在上面写道："根据元素原子量及其化学性质的近似性试排元素表。"

就这样，门捷列夫于 1869 年 2 月底，发现了化学元素具有周期性变化的规律，为世界化学史留下了划时代的一笔。

门捷列夫在 63 个孤零零的元素中找到了联系和变化的规律，发现了影响深远的元素周期律。对此，很多人都会得出这样的结论：他的发现和发明，完全得益于偶然的机遇和灵感。

可是，"冰冻三尺，非一日之寒"。虽然科学发明、创造的成果似乎有时"得来全不费工夫"，但它却是"踏破铁鞋"的必然结果。

正如门捷列夫的回答："这个问题我大约考虑了 20 年，而你却认为坐着不动，5 个戈比一行，5 个戈比一行地写着，突然就行了！事情并不这样！"

如果有的人把门捷列夫发现元素周期律归结到偶然性因素上的话，那么，我们只能说，如果成功确实有什么偶然性的话，这种偶然的机会也只会垂青那些有准备的人。

有的人一味地把自己的不如意归结为"运气不好"，这只是给自己的疏懒找个借口。如果你在失败者的队伍中询问他们失败的原因，他们的大多数人将会说，他们之所以失败，是因为没有机遇，没有人帮助、提拔他们。他们会说，优秀的人太多了，高等的职位已被别人占据，一切好的机遇都已被别人捷足先登，所以他们毫无机遇了。

能够成功的人却不会如此推脱。他们默默地工作，他们不怨天尤人；他们稳扎稳打，他们不指望别人的帮助，他们依靠的是自己。

一般人等待机遇以至于成为一种习惯，这真是很可怕的事。工作的热情与精力，就在等待中逐渐消磨。那些不肯工作、学习而只会胡思乱想的人是根本看不到机遇的，只有那些勤恳而奋发向上的人，才有看见机遇的可能。

在平常的生活中，也许已经有许多机遇在等待着我们，或许机遇就在眼前，或许在你的问题当中，就隐藏着一个机遇，然而，你却一直忽略了它们。

女孩不妨从身边开始，找寻下一个成功的机遇，或是掌握住现在的机遇，把它做到最好。

一件事情的成功，需要天时、地利、人和，若能早做准备，做充分的准备，到时候一定会有"天助我也"的机遇来临。

女孩们都应该在平时做好准备，机遇不是上天无故的恩赐，而是给有准备之人的最美的礼物！

女孩们要做好的准备包括以下几个方面：

1. 创新意识

机遇是意外的、异常的，因而用常规方法解决机遇问题很困难，这就需要有创新意识，寻求新的对策和方法。

2. 判断力

在人们发现的机遇中，并不是每一个意外情况都有价值，都值得探索，都有成功的希望。这就需要准确判断，从各种机遇中抓住有希望的线索，抓住有价值、有潜在意义的线索。这一点对于确定是否进一步追究机遇所提供的线索有决定性意义。

3. 观察力

具有敏锐的观察力，才能及时捕捉到看起来微不足道的偶然事件。

头脑的准备，不仅是心理、意识的准备，而且还包括经验和知识的准备。因为处理机遇很难像一般事务那样有计划、有目的、有步骤，而主要是凭自身的经验、知识的积累进行决策，因此你必须有丰富的经验、渊博的知识内容与合理的知识结构，这样，在机遇出现时，才能触类旁通，引起注意，连续思考，作出判断。

现代社会竞争日趋激烈，一个有利机遇往往被几个人同时捕捉。在这种情况下，究竟谁能把捕捉到的机遇利用起来，这就要取决于实力的对比和竞争了。

因此，要取得随机决策的成功，机会和实力两个条件缺一不可。

"机遇只偏爱有准备的头脑"，这是一句早为人们所稔熟的名言，其中所包含着的朴素真理一次次为实践所证实。

女孩们要想牢牢抓住机遇，就为机遇的来临做好准备吧。

充实自我，迎接挑战

有位哲人说："每一天都会有一个机遇，每天都会有一个对某个人有用的机遇，每一天都会有一个前所未有的、绝不会再来的机遇。"

著名剧作家萧伯纳曾说过一句非常有哲理的话："人们总是把自己的现状归咎于机遇，我不相信机遇。出人头地的人，都是主动寻找自己所追求的机遇，如果找不到，他们就去创造机遇。"在现实生活中，我们经常会听到一些人埋怨自己运气不好，他们怨天尤人，怪罪父母没有给自己创造好条件，责备社会没有给自己提供好机会，感慨生不逢时，感慨成功者赶上了好时候、好地方……然而，除了抱怨和暗自神伤以外，他们没有为自己做任何事情。这样的人，不会创造机遇，只会消极等待。

女孩们应该从小就远离这种人，积极充实自我，随时准备迎接机遇的降临。充实自我，应该从以下几方面入手：

1. 做好知识的积累

有些人空叹机遇难求，可是他们平时脑子里空空如洗，再好的机遇也只能让它悄悄溜走。

综观古今中外杰出人物的成功史，我们不难发现：机遇的到来是平时知识的积累、

刻苦勤奋的结果。

就像当年曾处在同一起跑线上的学生一样，他们中的一些人之所以毕业不久就取得骄人的成绩，是因为他们在学校时就只争朝夕、刻苦学习、拼搏进取，积蓄了抓住机遇的本事。

每个女孩都应该抓紧时间刻苦学习，用扎实丰厚的知识储备去全面提高自己的素质和能力，这样才能更好地把握机遇，才能不断提高成功的几率。

2. 提高自身素质

（1）积极进取。做事采取主动，走在别人的前头；凡事多出一份力，多走一步路；令事情发生，而不是等待事情发生；尝试一切方法，去把工作做到最完善。

（2）乐观。多往好处想，懂得激励自己；不被困难吓倒，反而在困难、挫折中寻找机遇，化弱点为优点；深信艰辛日子终会过去，前途将会更灿烂。

（3）成就感。确立事业方向，制定目标，然后全力以赴，力求达到目标，争取成功。这是一种"我做得到"的自豪感。

（4）自信。相信自己只要拼搏苦干，便能够应付困难，完成任务；相信只要自己肯苦干，环境就会改善，对自己有利。

（5）态度开放。不随便或胡乱排斥新思想、新作风，相反，能够广泛吸收新知识，容忍不同意见、风格，吸取对自己有用的材料。

（6）创新。有目标地求变、求新；承认自己有不足的地方，敢于改善，并不胡乱排斥旧东西，但敢于尝试新方法、改变方向，寻求更有效的做事方法。

（7）冒险。在苦干、探索阶段，能够忍受种种不确定的因素；经过周密的形势分析，相信对自己有利的条件即将出现，于是不管路上有多大障碍也要勇往直前。

（8）要锻炼出敏锐的洞察力和思维能力。很多人在念书时成绩都很优异，但后来的成就却相差悬殊，关键在于有些人，一天到晚都在学习书本知识，而不注意培养自己的洞察力和思维能力，当面对新出现的复杂问题时，总是一筹莫展，或者粗心大意，结果与机遇擦肩而过，丧失取得成功的机会。

所以，每一个女孩不仅要尽可能地学习广博的理论知识，还要在学习中不断地锻炼自身敏锐的观察力、准确的判断力、丰富的想象力和科学的预见力，从而提高自身的综合素质。

这样，我们就会在复杂的情况下及时发现和正确利用机遇，在为社会作贡献的过程中发展自己的事业，实现自己的人生价值。

就像著名数学家华罗庚说的那样："科学的灵感，绝不是坐着可以等来的。如果说，科学上的发现有什么'偶然的机遇'，也只能给那些学有素养的人，给那些善于独立思考的人，给那些具有锲而不舍精神的人。"

每个女孩都应该在平时努力来提高自身，苦练"内功"，时刻充实自己，迎接挑战！

主动寻找机会

寻找机遇，不能守株待兔，机遇是一种稀缺的社会资源，如果不主动出击，机遇是不会自动送上门的。只有主动出击，才能捕捉到机遇。

考电影学院是张艺谋生命中一次至关重要的机遇，也是他人生的根本转折点。张艺谋在这一关键时刻所表现出来的智慧、意志和技巧，颇值得我们沉思。

那是1978年，北京电影学院开始文化大革命后的第一次招生，张艺谋的心一下子热起来，他知道企盼多年的机遇已经来临。但他也意识到，政审可能再次成为他的劫数。可毕竟这是千载难逢的一次机会，他一定要去试一试。

张艺谋争取到了一次去北京出差的机会，带着自己精心挑选的摄影作品，找到了电影学院的招生办公室。他的作品所表现出来的优秀的艺术素养令老师们大加赞赏，但是，学校规定招生的最高年龄是22岁，而张艺谋当时已经27岁了。制度无情，先是年龄一项就把张艺谋阻挡在门外，张艺谋虽然多方奔走，却毫无结果。

张艺谋失望至极，但仍未绝望，他属于那种只要还有一点可能和机会便会死死抓住不放的人，他要创造自己的命运。当时国内正时兴"读者来信"，提倡"伯乐精神"，强调各级领导要重视和认真对待来自基层的各种意见和要求。张艺谋听从一位朋友的建议，给素昧平生的当时的文化部长写了一封言辞恳切的信，还附带了几张能代表自己摄影水平的作品。最终，信辗转到了部长手中，颇通艺术的部长认为张艺谋人才难得，几经努力，终于使电影学院破格录取了张艺谋。

然而，好事多磨。在张艺谋读完二年级的时候，校方以他年龄太大为由要求他离校。张艺谋意识到，千里马常有而伯乐不常有，不能把自己的命运寄托在伯乐身上。自己已进入而立之年，更应该自己掌握自己的命运，而所谓命运，无非就是机会和抓住机会的能力。他硬着头皮给校领导写了一封态度诚恳的"决心书"，强烈表达了自己要求继续读书的愿望。再加上爱才的老师多方说好话，校方终于同意让他继续上学。在以后的3年中，张艺谋的摄影水平有了突飞猛进的提高。最后终于成为一代名导。

如果张艺谋没有到北京去报名，如果他没有写信给部长，如果他屈从了校方的压力，那么我们今天就看不到许多有艺术价值的名片了。

机遇，有时候游离不定，模糊不清，让人摸不着头脑。这时，只有你主动出击，那获得机会垂青的可能性就会多一点。

女孩要如何主动出击找机会呢？

1. 勇于"毛遂自荐"

所谓"世间千里马常有，而伯乐不常有"，要想在竞争如此激烈的社会中脱颖而出，主动去吸引伯乐的注意是有助于获得成功的。再则，岁月不饶人，如果只是一味地孤芳自赏，不把自己的才华尽早展现出来，即便是某一天有幸遇到伯乐，恐怕已是力不从心了。

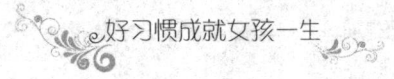

所以，我们在生活中学会"毛遂自荐"是非常重要的。

毛遂自荐，是需要一种勇气和胆识的。不自信的人，害怕失败的人是不敢尝试的。这也造成了一大批平庸无为之人，更成为人才被埋没的一个重要原因。

而有的人敢于这样做，因为他们对自己充满了信心，对自己的事业充满了狂热的爱，因为他们深深知道，好运是等不来的，必须主动去寻找、去争取。

2. 培养对成功的自信

对成功的强烈渴望和追求是在人的成就动机的支配下产生的。

成就动机是一种推动人从事自己认为重要的或有价值的工作，并使之达到某种理想境地的内部力量。

杰出人才对成功的渴望，要比常人强烈得多。

别怕犯错

杰克住在英格兰的一个小镇上。他一直向往着大海，一个偶然的机会，他来到了海边，那里正笼罩着雾，天气寒冷。他想：这就是我向往已久的大海吗？他的希望和失望落差很大。他想：我再也不喜欢海了，看来幸亏我没有当一名水手，如果是一名水手，那真是太危险了。

在海岸上，他遇见一个水手。他们交谈起来。

"你怎么会爱海呢？"杰克问，"那儿弥漫着雾，又冷。"

"海不是经常都冷和有雾。有时，海是明亮而美丽的。但在任何天气，我都爱海。"水手说。

"当一个水手不是很危险吗？"杰克问。

"当一个人热爱他的工作时，他不会想到什么危险。我们家里的每一个人都爱海。"水手说。

"你的父亲现在在何处呢？"杰克问。

"他死在海里。"

"你的祖父呢？"

"死在大西洋里。"

"而你的哥哥？"

"当他在印度的一条河里游泳时，被一条鳄鱼吞食了。"

"既然如此，"杰克说，"如果我是你，我就永远也不到海里去。"

水手问道："你愿意告诉我你父亲死在哪儿吗？"

"啊，他死在床上。"杰克说。

"你的祖父呢？"

"也是死在床上。"

"这样说来，如果我是你，"水手说，"我就永远也不到床上去。"

只要有所举措，我们就可能犯错，如果要完全避免犯错，那我们就什么也不要做了。

害怕犯错，就什么也干不了

太平洋汽船公司的总经理海涅斯讲过一个例子，证明了一个人如果总是害怕犯错误，是难以成就大事的。他说："几年之前我到一个大公司的总经理的办公室里去谈生意。谈论过程中，他的一个助理研究员给他送来了一份研究报告，这个报告是在这个总经理的示意下去做的。我从来没有见过那么好的调研报告，简直就是一项令人惊叹的奇迹。那个助理研究员把一个很复杂的问题分析得异常精确。他设计了许多种方案，并预计了每一种方案可能带来的结果。他把整个的情况分析得好像玻璃一样清晰透明。我不禁表示出异常的钦佩。"

"令人吃惊吧，是不是？"我的朋友笑着说，"这个人的脑筋比我要好两倍。他几乎能够分析任何一个问题并能提出非常不错的解决办法，而且，他很文雅，受过良好的训练，人也很可爱，非常有人缘。但是，他永远只能做我的助理。"

"这是为什么呢？"我很惊讶地问。

"因为他不能决断。他可以告诉我做某某事情有6条路可走，并且告诉我每条路可能产生的结果。然而，如果我真正让他自己决定走哪条路好，他却办不到。"

海涅斯的话是对的。一个人能够看出6条不同的路，但是，对于任何一条路都没有做出要走和要进行下去的勇气，那么，他是不会取得什么大的成功的。

如果女孩总是要等到事情十拿九稳的时候才作出决定，那么你就有可能永远停滞不前。事情弄错是难免的，聪明的人会时刻保持警惕，并且想方设法去预防它们的发生，而不是因为害怕犯错误就什么也不做。

适度冒险

不要害怕犯错，学会适度冒险。每个人都面临着冒险，除非我们永远扎根在一个点上原地不动。

事实上，我们总是处在这样那样的冒险境地。"没有冒险的生活是毫无意义的生活。"我们必须要横穿马路才能走到马路对面去，我们也必须依靠汽车、飞机或轮船之类的交通工具才能从一个地方到达另一个地方。但是，这并不意味着所有的冒险都毫无区别，恰当的冒险与愚蠢的冒险有着明显的不同。

如果你想成为一个生意上的冒险者，如果你渴望成功，你就应该分清这两种类型的冒险之间到底有什么样的差异。有一位功成名就的人这样说："那种只在腰间系一根橡皮绳，就从大桥或高楼上纵身跳下的做法是一种愚蠢的冒险，即使有人很喜欢那样做。同样，所谓的钻进圆木桶漂流尼亚加拉大瀑布，所谓的驾驶摩托车飞越并排停放的许多辆汽车，在我看来，这些都是愚蠢的冒险，只有那些鲁莽的人才会干这种事情。尽管我知道有人不同意我的看法。"

那么，恰当的冒险是什么呢？譬如放弃稳定的收入，而寻求一种富有挑战性的工作，是一种恰当的冒险。你也许能找到那样的新工作，也许找不到，你也许后悔离开了原来的职位。但是，如果你安于现状，你永远也不会知道是否可以有一个更好的明天。

无论在事业或生活的任何方面，我们都需要恰当的冒险。在冒险之前，我们必须清

楚地认识那是一种什么样的冒险，必须认真权衡得失——时间、金钱、精力以及其他牺牲或让步。如果女孩总是害怕犯错，那么你的日子就像一潭死水，你永远无法激起波澜，永远无法取得成功。

如何去冒险

冒险不是盲目草率的行为，不是瞎闯、蛮干，不是随心所欲，而是要有目标、有计划、有实施方法和步骤的实践活动。冒险必须建立在对客观事物正确分析、判断的基础上，采用科学的冒险方法，否则，就无法成就事业。

冒险的基本方法是确立可行的目标，发挥科学的分析判断能力，积蓄冒险的力量，实施冒险的应变策略，付诸冒险的实际行动。

（1）确立冒险目标。

确立可行的目标是冒险成功的前提，是冒险行为的决策基础。没有目标，冒险行为就没有方向，会造成行为的盲目性，导致行为的无效，达不到成功的目的。

在实施冒险的行为之前，要从主观和客观的实际情况出发，根据自己精神、物质、智能、社交等综合实力的具体情况，在对客观事物科学认识和正确分析判断的基础上，确立合情合理、合乎实际和便于实现的事业目标。确立的事业目标不要过高或过低，以免遭到失败或者不能充分发挥主观能动性。基本原则是既能充分利用自己的实力，又能尽快达到成功的目的。

（2）发挥判断能力。

冒险必须充分发挥和利用科学的分析判断能力。

在实施冒险行为决策时，要以科学的态度，正确认识客观事物，运用逻辑和形象思维的方法，对冒险行为决策进行分析、判断、推理、比较、综合、概括，对行为决策的可行性和现实性进行科学论证，得出能否实施冒险行为和实现成功目标的正确结论。如果对冒险行为没有做科学的分析判断，就必然要失败。科学分析判断能力是事业冒险成功的保证。

（3）积蓄实力。

雄厚的实力是冒险成功的必要条件，如果没有充足的实力，就会使冒险彻底失败。只有积蓄雄厚的实力，才能获得冒险的巨大成功。

在实施冒险实践中，女孩要培养自己优良的心理品质，树立冒险的观念，强化冒险的意识，坚定冒险必胜的信念，锻炼顽强拼搏的意志，为冒险成功积蓄备用的精神力量。

（4）实施冒险应变策略。

成功冒险必须采用应变策略。任何一种冒险行为都存在着成功与失败的可能性，为了避免失败和达到成功的目的，冒险必须采用积极的成功应变策略。

在实施冒险行为过程中，必须要洞察利弊，认识时务。要根据客观事物发展的实际情况，恰当及时地调整计划，修订方案，选用技巧、方法、方式，力求有备无患。在主观和客观条件使我们力不从心和无法扭转失败的局面时，必须终止冒险行为，放弃既定的冒险目标，以免造成各种难以挽回的损失。只有积极主动地实施应变策略，才能促使事业冒险成功和成功实现既定的目标。

（5）实施冒险行动。

行动是冒险成功的唯一途径。没有冒险的实际行动，成功就会成为无本之木、无源之水。如果不实施冒险的实际行动，智能实力就得不到实用价值，物质实力就没有充分利用，精神实力就没有发挥的机会。

决策以后，必须敢于冒险，同时要抓住有利时机，充分发挥和利用各种成功冒险的实力，采用科学的冒险方法，当机立断，立即行动，严格执行冒险计划，有效利用时间，努力完成每天的工作任务，沿着既定的目标勇往直前，百折不挠，获得物质和精神财富，达到成功的目的。

冒险不是冒进

也许女孩会问：什么是冒险，什么又是冒进？

冒险是一种经过危险可以得到对自己有价值的东西的行为；而冒进则是根本不可能得到胜利的行为，或是虽然得到但所得到的东西对自己毫无价值的行为。

每一个成功者都是一个冒险者，他们勇于为了达到自己的目标而冒一定的风险。

他们知道世上没有无冒险而获得的成功，否则所获得的肯定不能称其为成功。

但是，每一个成功者，又都不是冒进者，他们在付诸行动前都能客观地分析自己的实力、所面临的困难、所要得到的东西对自己重要性等，只有凭借自己的能力，经过努力有可能得到自己想要得到的东西时，他们才去行动。

他们绝不会让自己去进行无谓的牺牲。

不满足于现状

严冬过后的第一个春暖之日，雄鹰便翱翔于天。经过一个山区时，他看见一只鸡妈妈正领着自己的孩子们悠闲地晒太阳，于是飞了过去，落在最近的一个枝头上，问道：

"鸡妈妈，你也有翅膀，为什么不能像你的祖先一样在天上飞呢？天上很快乐！"

"哦！谢谢你！"鸡妈妈转身看着自己的孩子们，对老鹰说，"你看，我有这么多的孩子需要看护，我没时间呀！等他们长大了让他们飞吧。唉！我这辈子是没指望了！"

老鹰只好飞走了。

第二年的春天，老鹰再次飞过山区时，又发现了一只大花鸡带领着她的孩子们在散步，那只大花鸡就是去年老鹰见到的鸡妈妈的一个女儿，现在她长大了，更健壮，更丰满！

老鹰飞到她身边问道：

"大花鸡，你也有翅膀，为什么不能像你的祖先一样在天上飞呢？天上很快乐！"

"谢谢你！"大花鸡答道，"你看，我已经老了，飞不动了，还是等我的孩子们长大以后让他们飞吧！唉！我这辈子是没指望了！"

老鹰只好飞走了。

第三年，老鹰经过山区时，依旧看见一只鸡妈妈带领自己的孩子在山坡上觅食，但他再也没有下去劝她了。

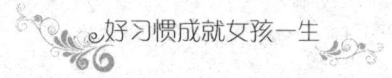
上帝给了鸡和雄鹰同样的翅膀，让它们享受天空，然而，鸡只知就近觅食，目光仅仅满足于眼前的地面，将搏击长空的美丽翅膀退化为一种装饰物。

不满足是不断前进的车轮

世界上有很多人一辈子一事无成，原因就是因为他们太容易满足了！找到一份稳定的工作，终其一生总是拿那么一点点薪水，每天总是做着同样的事情，一直到死。而他们竟以为人的一生所能获得的东西也就只能有这么多了。

而那些做出大事的人不喜欢听别人的奉承，他们只是以批判的态度来审视自己，把他们现在的地位和他所期待的状况来进行比较，并因此激励自己不断努力。

"现在的自己永远是有待完成的"，格斯特的这句话说的便是这个意思。格斯特经常在报纸上发表诗作，是深受读者喜爱的一个诗人。他之所以会成功，很大一部分原因就是他能常常向上望着他理想中的自我，而不满足于现实中的自我。

他还说："在去年暑假里，我便是如此，我发觉我所希望的那个自我比现在的自我要聪明一些。在我那个远离城市喧嚣的乡间茅舍里，我列出了一个表，一方面写出我所要的东西，一方面写出我所不要的东西……这个表使我的人生变得更丰富、更快乐。"

要求自己上进的第一步，是要让自己不满足于停留在现有的位置上。不满于现状的感觉可以帮助你迈出关键的第一步。

比尔·盖茨说："如果我们有了一点成功便觉得了不得，这是很不好的。但是假如在我们为自己的成功自鸣得意时，有一个人来教训我们一番，那我们就是很幸运了。"

不满足于现状，才会对生活有所追求，才能使我们热血沸腾，干劲冲天，才会使我们加倍努力。

不进取，就会被淘汰

满足于已取得的成绩不仅会使人停滞不前，丧失进取心，而且还可能酿成悲剧。法捷耶夫29岁时就名震苏联文坛，并以《青年近卫军》一书，坐上了苏联作协主席的交椅。然而，在他后来的岁月里，他就忙着出访、开会、作报告去了，一生中再也没有写出一部作品。

杰克·伦敦也是一个典型，他写出了《马丁·伊登》后，名声鹊起，财源滚滚，不仅在美国加利福尼亚州建起了别墅，而且在大西洋海滨购置了豪华游艇。然而功成名就之后，他沉浸在享受之中，不思进取，长期脱离创作，厌倦、空虚、落寞和无聊也接踵而至。1916年，他在自己的大别墅里开枪自杀，结束了自己的生命。

生活中，一些极富潜力的人满怀希望地出发，却在半路上停了下来，满足于现有的温饱和生存状态，然后庸庸碌碌地度过余生。对于一个满足现状的人来说，他没有任何更好的想法、更美的愿望，他不知道是不满足造就了人类伟大的精英。

只有当女孩们不满足于现状时，你们才会分享到进取心带来的无穷力量。那么，我们为什么没有看到山顶上众多的到达者与山脚下的未参与者之间的不同呢？我们可以考察不同类型的登山人，他们的追求分别以不同的形式表现出来。在他们的生活中，他们具有不同层次的成大事观和快乐观，有的喜欢这样的成大事者，有的喜欢那样的成大事者，这如同他们对不同的欢乐的态度一样。我们在日常生活中已经遇到了这些人，他们是那样容易被发现，可以说，存在于我们整个人生的旅途中。他们就在我们的周围，在我们的人际关系里，在我们的组织机构里，甚至在新闻广播中。

有很多人选择放弃、逃避、退却。他们忽视、掩盖并且放弃前进，这样他们就失去了这一力量的引导，他们同时也失去了生命向他们提供的许多东西。他们都是易于满足的人。满足于现状者的典型特征就是放弃攀登，他们无视山峰为他们提供的机会。

制订"培养勇敢"计划

许多女孩都喜欢海明威的《老人与海》，主人公桑提亚哥独自出海第85天，才钓到一条大鱼，并与它较量了3天。虽然鲨鱼最终吃掉了一大半的肉，但书中那句"一个人可以被毁灭，但他永远不会被打败"却刻骨铭心，令人难忘。

的确，一个永不丧失勇气的人是永远不会被打败的。就像大诗人弥尔顿说的：

即使土地丧失了，
那有什么关系。
即使所有的东西都丧失了，
但我的志愿和勇气是永远不会屈服的。

一个勇者，有能压倒一切的信念，相信自己可以面对一切紧急状况，处理一切障碍，并能控制任何局面，敢于穿越重重险阻，历经磨难走向成功。

"我曾经是个战斗者——进行了很多的战斗——成为最好的一个和最后的一个！"勃朗宁说。值得一读的人类历史更是充满了有关勇气、磨难、胆量、坚定和那些大多数人认为不可能克服的困难的故事。这个世界上的大多数杰出者都曾经做过或者正在做着一些在常人看来不能成功的事情。这就是他们会成为真正的杰出者的原因。

美国总统艾森豪威尔小时候胆子比较小。有一次去叔叔家玩，叔叔的房子后面养了一对大鹅，公鹅一见他就一边怪叫着一边向他扑来。他哪儿受得了这种恐吓！于是他拼命跑开，向大人哭诉。

受了几次惊吓后，叔叔找了个旧扫帚交给他，然后指着大鹅对他说："你一定能战胜它！"

当鹅再次向他冲来时，他手里拿着扫帚，浑身不住地颤抖。猛然间，他鼓足勇气大吼一声，挥起扫帚向鹅冲去。鹅掉头便跑，他紧追不舍，最后狠狠地给了鹅一下，鹅惨叫着逃跑了。从那以后，鹅只要一见他，就会远远地躲开。

从此，他懂得了一个道理：只要勇敢迎战，就能战胜对手。

有一段时间，他每天放学回家的时候，都被一个与他年龄相仿、粗壮好斗的男孩追赶。一天，这一幕正好被他父亲看见，于是冲他大喊："你干吗容忍那小子追得你满街跑？去

把那小子给我赶走！"

于是，他不得不停下来，面对自己很害怕的对手。他开始猛烈地反击，这一招立刻把对手吓住了，慌忙夺路而逃。艾森豪威尔顿时勇气大增，一把将对手抓住，正言厉色地警告他："如果你再敢找我的麻烦，我就每天打你一顿。"

通过这件事，他进一步悟出一个道理：别看有些人耀武扬威，其实不过是外强中干，唬人而已。强迫自己面对貌似庞大的对手，是从恐惧中解放出来、培养勇气最有效的方法。

畏惧虽然阻碍着人们力量的发挥和生活质量的提高，但它并非不可战胜。只要女孩能够积极地行动起来，有意识地纠正自己的畏惧心理，那它就不会再成为我们的威胁。

勇敢的思想和坚定的信心是治疗畏惧的天然药物，勇敢和信心能够中和畏惧思想，如同化学家通过在酸溶液里加一点碱，就可以降低酸的腐蚀力一样。

西方的一位哲人说："迎头搏击才能前进，勇气减轻了命运的打击。"中国也有一句古话"狭路相逢勇者胜"，人的勇气和胆识是在屡败屡战中锻炼出来的，也是自己给自己灌输的。鼓足勇气，直视困难，你会发掘出抵抗逆境的强大力量。

勇敢的态度，无论是对事还是对人都有一种极强的穿透力，如果你与生俱来就有这种品性，那么很值得恭贺；如果你还没有养成这种性格，那么尽快培养吧，人生很需要它！

下面为女孩们提供一个"培养勇敢"计划：

（1）不依赖他人，学会独立生活。比如夜间独自上厕所、自己到奶站取牛奶等。

（2）尝试一些需要胆量的事情。比如为同学们唱一首歌，在公众面前来一次演讲，学习游泳，参与野外生存活动等。

（3）与胆大勇敢的同伴多接触，模仿其言行举止，锻炼自己。

（4）多给自己打气。比如告诉自己"我能行"、"他能做好，我也可以"。

机遇出现时女孩应一眼认出它

机遇出现时的面貌各种各样，曾有人用5种物品来形象地比喻机遇的特点。

1. 急遽的闪电

机遇的持续时间极短，犹如白驹过隙，稍纵即逝，这一时刻造就了机遇，但过几分钟、十几分钟，机遇又消失得无影无踪。有时机遇来临，你不去好好把握，转瞬间为别人获取，此时你后悔已迟。加之人人盼望机遇，它一出现，人们便蜂拥而上，很容易被快手抢去，你稍迟疑，机遇便与你无缘。

2. 矜持的公主

机遇犹如美丽聪慧而又矜持的公主，她羞答答地等待着心目中的白马王子到她门前求婚，而不会大大方方地自动送上门来。机遇是等不来的，而是需要你付出十分的热情和进取心去追求、去争取、去创造。对于那些不愿脚踏实地去努力的人来说，机遇永远是可望而不可即的；而那些勤奋努力、从不虚度年华的人，才会赢得机遇公主的芳心。

3. 公正的法官

机遇犹如法官，对于任何人都是公正的，无论男人、女人、富人、穷人、美人、丑人、健康的人或是残疾的人，在它的眼里一律平等，谁都可以拥有它。但它只为那些做着积极准备的人服务。谁具备了掌握机遇的条件，机遇就会来到他身旁，听候他的差遣。

4. 自由的空气

机遇像空气那样，充满了社会大舞台的每一个角落，从学校到商场，从领导机关到基层工作岗位，从战舰甲板到卫兵岗哨，从三尺讲台到菜地猪圈，处处都有机遇的身影。女孩只要做个有心人，无论在什么岗位上都能获得机遇、走向成功。说机遇是自由的空气，还因为你得到的机遇，并非永远跟定你，你稍不留神，机遇就会像空气一样在你手中散失。大家知道，机遇与挑战并存。得到机遇的人不一定就能获取成功，还需要你付出更多的汗水和智慧，去迎接挑战，从而牢牢地把握机遇。

5. 稀有的物资

虽然机遇俯拾即是，处处都有，但具体到个人，却是非常稀少的。面对林林总总的机遇，由于你本身的种种限制，很多的机遇不适合你，你只能眼睁睁地看着机遇从身边溜走。或是由于性格、心理上的弱点，使你看不见机遇，即使看到，却不愿或不敢去争取，或者没有足够的条件去发掘机遇。

机遇出现的时候，你是否有慧眼认出它，这是很重要的，这往往决定了你能否成功。

机遇有时已经出现了，就在你的眼前，它向你递上橄榄枝。遗憾的是，你不知道这就是你找寻已久的机遇，你向它摆摆手，拒绝了它。机遇只能无奈地去找寻另外一个能够认出它的人。当你猛然觉醒，它已走了很远很远，或者已经成为了别人的所有物，那时的你，后悔莫及，欲哭无泪。

可惜的是，并不是所有的人都明白这个道理，并不是所有的人都相信机遇能改变自己的一生。于是他们在机遇来临的时候，无法认识那就是机遇，更无法谈到利用机遇来改变自己命运了。

要想抓住机遇，首先要练就一双慧眼，以便在机遇来临时，能一眼认出它。这就需要女孩在平时培养良好的洞察能力。当然，首先你要明白自己想做什么，有了明确的目标，才会自觉地去寻找机遇，对机遇的敏感度才会提高。这样，就不会担心机遇在自己面前溜走了。

牛顿不放过苹果落地、伽利略不忽视吊灯摆动、瓦特研究烧开水后的壶盖跳动……这些都是司空见惯的现象，但是他们那过人的洞察力使得他们看到了常人看不到的东西，从而有所发明或发现。在日常生活中，常常会发生各种各样的事，有些事使人感到惊奇，引起多数人的注意；有些事则平淡无奇，许多人漠然视之，但这并不排除它可能包含重要的意义。

一个有敏锐洞察力的人，能够从日常生活的细微之处发现不平凡之事。19世纪的英国物理学家瑞利从日常生活中观察到端茶时，茶杯会在碟子里滑动和倾斜，有时茶杯里的水也会洒出一些；但当茶水稍洒出一点弄湿了茶碟时，会突然使茶杯不易在碟上滑动。他对此做了进一步研究，做了许多类似的实验，结果发现一种求算摩擦的方法——倾斜法，

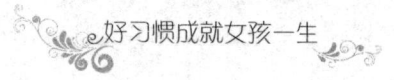

他因此获得了意外的惊喜。

富尔顿10岁时，和几个小朋友一起去划船钓鱼。富尔顿坐在船舷上，他的两只脚下意识地在水里来回踢着。不知什么时候，船缆松了扣，小船漂走了。富尔顿没有忽视这种生活中的小事，他发现自己的两只脚起了船桨的作用。富尔顿长大以后，经过刻苦的学习和研究，终于制造出世界上第一艘真正的轮船。

《致富时代》杂志上曾刊登过这样一个故事：有一个自称"只要能赚钱的生意都做"的年轻人，在一次偶然的机会，听人说市民缺乏便宜的塑料袋盛垃圾，立即就进行了市场调查。通过认真预测，他认为有利可图，马上着手行动，很快把价廉物美的塑料袋推向市场。结果，靠那条别人看来一文不值的"垃圾袋"的信息，两星期内，这位小伙子就赚了4万元。

英国有一个叫弗兰克的青年，从小立志创办杂志。一天，弗兰克看见一个人打开一包纸烟，从中抽出一张纸条，随即把它扔到地上。弗兰克弯下腰，拾起这张纸条，那上面印着一个著名女演员的照片。在这幅照片下面印有一句话：这是一套照片中的一幅。烟草公司敦促买烟者收集一套照片，以此作为香烟的促销手段。弗兰克把这个纸片翻过来，注意到它的背面竟然完全是空白。弗兰克感到这儿有一个机会，他推断：如果把附装在烟盒子里的印有照片的纸片充分利用起来，在它空白的那一面印上照片上的人物的小传，这种照片的价值就可大大提高。

于是，他就找到印刷这种纸烟附件的平板画公司，向这个公司的经理推荐他的主意，最终被经理采纳。这就是弗兰克最早的写作任务。后来，他的小传的需要量与日俱增，以至他得请人帮忙。他于是要求他的弟弟帮忙，并付给每篇5美元的报酬。不久，弗兰克还请了5名报社编辑帮忙写作小传，以供应平板画印刷厂。弗兰克竟然成了编者！最后他如愿以偿地做了一家著名杂志的主编。

弗兰克有自己的理想，也就不轻易放过任何一个实现理想的机会。当一个机遇出现时，哪怕它微不足道，令人不屑一顾，弗兰克也会认出这是上天赐给他的机遇，他认出了它、抓住了它，最后成功了。

类似于此的故事还有很多，但女孩看故事不能再像小孩子一样只是"听"故事、"看"热闹，而应该有自己的思想。能够从小的故事中看到大的道理，并将这一道理应用于自己的实践，才应该是看故事的最终目的。

女孩们有没有体会到，故事实际上也是一种机遇？从故事中得到启发，从而改变自己的思维方式和行为方式，使之终身有益，这就意味着你已经抓住了这个机遇；如果看过后随手丢弃一旁，脑中毫无印象，没有受到一点启发与影响，那么，只能很遗憾地告诉你：你放掉了一次很好的改善自我的机会。

希望女孩们都能做善于识别机遇的聪明人。

机遇来临时你要一把抓住它

机不可失，时不再来，这是一个浅显而深刻的道理。抓住了机会，我们就可能乘风破浪，越上成功的巅峰。如果错失了机会，我们就可能让唾手可得的成功擦肩而过，因而懊悔不已。成功学大师卡耐基曾不无感慨地说："在某种意义上，时机就是一种巨大的财富。"英国人托·富勒也说："抓住机遇，就能成功。"世界著名的石油大王洛克菲勒在谈到他的创业史时，也只说了一句话："压倒一切的是时机。"

在实践活动中，如果女孩能在时机来临之前就识别它，在它溜走之前就采取行动，那么，成功之神就降临了。

每个人都是自己命运的设计师，每个人都是自己命运的建筑师。可以说，人一生的命运就是由一连串的机遇联结而成。自己的一生是否精彩，关键在于能否抓住这些机遇。

机遇是有情的，你抓住它，它就陪伴你一步步走向成功；机遇是无情的，你稍有疏忽，它便匆匆弃你而去。

同时，也有人把机遇称为运气，不管称谓如何，有一点是肯定的，善于利用机遇比怨天尤人更为有益。

机遇与女孩的发展休戚相关。机遇是一个美丽而性情古怪的天使，倏尔降临在你身边；如果你稍有不慎，又将翩然而去，不管你怎样扼腕叹息，从此杳无音讯，不再复返了。

在这方面，比尔·盖茨堪称女孩学习的楷模。正是由于他和艾伦善于抓住难得的机遇，才使自己的事业获得巨大成功。

比尔·盖茨的父母要盖茨专心读书，以便毕业后找到理想的工作，不让他办公司。最初，盖茨顺从了父母的意愿，去哈佛大学刻苦攻读。但是他感兴趣的还是办公司，于是，他和艾伦开始收集资料。

盖茨和艾伦通过长时间的资料收集和认真思考，确信计算机工业的触角即将伸向市场核心力量——广大的民众。当这一点真正实现时，就会引发一场意义深远的技术革命。他们正处在历史即将发生巨变的关键时刻。正像汽车和飞机发展史上曾经历过的那种关键时刻，他们预见计算机必将走进千家万户。

"计算机的普及化势必到来。"艾伦不停地对盖茨重复这一点。他们如果不能顺应甚至领导这一场计算机革命，就只能被这一革命抛到后面去。由于清醒地意识到了这些，所以盖茨决定开办自己的计算机公司。

当时，艾伦不停地说："让我们开始创办计算机公司吧！让我们开始干吧！"盖茨回忆说："保罗看见技术条件已经成熟，正等着人们去加以利用。他老是说，再不干就迟了，我们就会失去历史赋予我们的机遇。我们将遗憾终生，甚至被后人责备。"

于是，他们考虑制造自己的计算机。艾伦对计算机硬件感兴趣，而盖茨则对计算机软件情有独钟，他认为软件才是计算机的生命。

但很快，艾伦和盖茨放弃了自己动手试制新型计算机的念头。他们决定还是紧紧抓

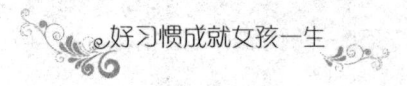

住他们最熟悉的东西——计算机软件。

"我们最终认为搞硬件容易亏损，不是我们可以去玩的艺术，"艾伦说，"我们两人的综合实力不在这上面。我们注定要搞的是软件——计算机的灵魂。"

盖茨和艾伦创办了微软公司，并取得了辉煌的成就。事实证明，这一切都是他们善于抓住身边的机遇的结果。

盖茨和艾伦看到了面前的机遇，并且牢牢地抓住了它，为此，他们不惜停止了学业。

女孩们，时机的把握甚至完全可以决定你们是否有所建树，那么你们应该做的就是：抓住每一个成功的机会，哪怕那种机会只有万分之一。

第五章

永不言败

——女孩"爱拼才会赢"

在绝望中抓住希望

苦难是一笔巨大的财富。从苦难中获得的东西，都是赢得成功必要的投资。苦难缔造了强者健康有力的品格，丰富了强者的斗争经验，锻炼了强者非凡的才干，而这些都是获取成功必不可少的因素。总之，"苦难是成功之母"。不经风雨怎么见彩虹？如果你想摘玫瑰，就不要怕刺！人的一生不可能只有成功的喜悦而没有遭受挫折的痛苦，一个人如果能在失望中与绝望中看到希望，抓住新生，那他就已经有了成功的苗头。困难和挫折，对于处在人生初期的女孩而言是在所难免的，但同时"苦难也是一所最好的学校"。

1967 年夏天，美国跳水运动员乔妮·埃里克森在一次跳水事故中身负重伤。除了脖子受伤之外，全身瘫痪。

乔妮哭了，她躺在病床上彻夜难眠。她怎么也摆脱不了那场噩梦，为什么跳板会滑？为什么她会恰好在那时跳下？不论家里人和亲友们如何安慰她，她总认为命运对她实在不公。从此她被迫结束了自己的跳水生涯，离开了那条通向跳水冠军领奖台的路。

她曾经绝望过，但是，她拒绝了死神的召唤，开始冷静思索人生的意义和生命的价值。

她借来许多介绍前人如何成才的书籍，一本一本认真地读了起来。

尽管她有健康的双眼，但读书也是很艰难的，只能靠嘴衔根小竹片去翻书，劳累、伤痛常常迫使她停下来。休息片刻后，她又坚持读下去。通过大量的阅读，她终于领悟到：我是残了，但许多人残了之后，却在另外一条道路上获得了成功，他们有的成了作家，有的创造了盲文，有的创造出美妙的音乐，我为什么不能？于是，她想到了自己中学时代曾喜欢画画。我为什么不能在画画上有所成就呢？这位纤弱的姑娘变得坚强起来，变得乐观起来了。她捡起了中学时代曾经用过的画笔，用嘴衔着，练习开了。

这是一个多么艰辛的过程啊。用嘴画画，她的家人连听也未曾听说过。

他们怕她不成功而伤心，纷纷劝阻她："乔妮，别那么死心眼了，哪有用嘴画画的，我们会养活你的。"可是，他们的话反而更坚定了她学画的决心，"我怎么能让家人一辈子养活我呢？"她更加刻苦了，常常累得头晕目眩，汗水把双眼弄得辣痛，甚至有时泪水把画纸也淋湿了。为了积累素材，她还常常乘车外出，拜访艺术大师。

好些年头过去了，她的辛勤劳动没有白费，她的一幅风景油画在一次画展上展出后得到了美术界的好评。

不知为什么，乔妮又想到要学文学。她的家人及朋友们又劝她了："乔妮，你绘画已经很不错了，还学什么文学，那会更苦了你自己的。"她是那么倔强、自信，她没有反驳，她想起一家刊物曾向她约稿，要她谈谈自己学绘画的经过和感受，她用了很大力气，可稿子还是没有写成，这件事对她影响太大了，她深感自己写作水平差，必须一步步来。这是一条满是荆棘的路，可是她坚信艺术的桂冠在前面熠熠闪光，等待她去摘取。

经过艰辛的努力，乔妮成功了。1976年，她的自传《乔妮》出版了，轰动了文坛，她收到了数以万计的热情洋溢的信。两年又过去了，她的《再前进一步》一书又问世了，该书以她自己的亲身经历告诉残疾人，应该怎样战胜病痛，立志成才。后来，这本书被搬上了银幕，影片的主角就是由她自己扮演，她成了千千万万个青年自强不息、奋进不止的榜样。

其实，不幸的人毕竟是少数，尤其是生活在这个崭新年代的女孩，她们是幸福的、快乐的，遇到的大多是好的景况，再不好的景况也只是考试不理想、学习跟不上等问题。这次没考好，难道下次也会差吗？这学期学习跟不上，下点工夫难道下学期还没有起色吗？客观情况都是无关紧要的，最重要的是在绝望中抓住希望，像乔妮一样，没有什么可以阻挡我们前进的路。

年轻就有希望，一切失败只是暂时的。

无法从失败中总结经验教训的人，注定会重蹈覆辙。成功的人总会不断地从过去的失败中总结经验，并以此为戒，避免再次犯同样的错误，他们会把每次挫折都当成学习的一次机会。

每一次挫折都包含着珍贵的启示，包括失败者的心态、方法和技巧。善于反省，将会引领你走上成功之路。生命中没有逆境，也就无法使智慧增长；而缺乏希望，成功将永远把你拒之门外。如果我们不可避免地犯了错误，就应该说："现在我知道这是错的，我永远也不会再犯同样的错。"于是你就再也不会感到忧虑，过去犯的错将成为你今后的教训，时刻提醒你，这样的错也就不会困扰你了。

不幸也能成动力

不幸是成功的前奏曲，更是成功的磨刀石。换一种角度去看待不幸，眼前的世界就会焕然一新。

西汉司马迁，少年时就终日沉浸在如山如海的经史子集中，父亲严苛的教育让他苦恼不堪；后来又因为替李陵说了一句公道话而被处以极刑，更让他觉得生活是不幸的。为了完成《史记》，他不得不忍辱负重，天天遭受别人嘲笑的白眼，但是，他依然坚强地

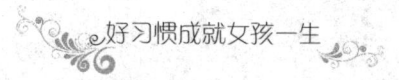

顶住了生活的压力，完成了我国著名的一部史书。

王安石在宋神宗时，几上几下，权力时而大到一人之下、万人之上，时而小到州府管辖的县官。但是，无论政治地位怎样变迁，他都能平静地对待生活中的不幸，用博大的胸襟化解各个方面的不幸。

与王安石同时代的苏轼，才气、名声都极高，但是却始终没有得到当权者的重用，空有一腔热血、满腹经纶无从施展，只能在流放江湖的境况下，以诗、词、书、画、文施展自己的才华。但是，这些生活中的不如意并没有让他终日牢骚消沉，而是以超常的豁达寻求另外一种生存，并使他的智慧永远存活在中华民族的史册中。

……

女孩正处于人生最懵懂的时期，在这段时光里，大多数人还不知道生活中有很多不幸，也没有尝到生活的真正滋味。但是，毕竟我们已经踏进了人生的门槛，一些问题也将接踵而来。

著名心理学家贝弗时奇说得好："人们最出色的工作往往是在逆境中做出的。思想上的压力，甚至肉体上的痛苦都可能成为精神上的兴奋剂。很多杰出的伟人都曾遭受过心理上的打击及形形色色的困难。"他还指出："忍受压力而不气馁，是最终成功的要素。"

现实是残酷的、不幸的，女孩一定要认清这个事实，把不幸化为动力，开辟出一条自己的路。

海伦·凯勒的不幸应该是无人能及的，那她又是如何成大事的？

海伦刚出生时，是个正常的婴孩，能看、能听，也会牙牙学语。可是，一场疾病使她变得既盲又聋又哑——那时她才19个月大。

生理的剧变，令小海伦性情大变，稍不顺心，她便会乱敲乱打，野蛮地用双手抓食物塞入口里；若被试图纠正，她就会在地上打滚，乱嚷乱叫，简直是个十恶不赦的"小暴君"。父母在绝望之余，只好将她送至波士顿的一所盲人学校，特别聘请一位老师照顾她。

所幸的是，小海伦在不幸的悲剧中遇到了一位伟大的光明天使——安妮·沙莉文女士。

从此，沙莉文女士与这个蒙受三重痛苦的姑娘的斗争就开始了！洗脸、梳头、用刀叉吃饭都必须一边和她格斗一边教她。固执己见的海伦以哭喊、怪叫等方式全力反抗着严格的教育。最终沙莉文女士以博大的爱心和坚定的信心打动了海伦。

关于这件事，在海伦·凯勒所著的《我的一生》一书中，有感人肺腑的深刻描写：一位年轻的复明者，没有多少教学经验，将无比的爱心与惊人的信心，灌注到一位全聋全哑的小女孩身上——先通过潜意识的沟通，靠着身体的接触，为她们的心灵搭起一座桥。接着，自信与自爱在小海伦的心里产生，将她从痛苦的孤独地狱中拔救出来，通过自我奋发，将潜意识的无限能量发挥出来，步向光明。

就是如此，两人手携手、心连心，用爱心和信心作为"药方"，经过一段不为外人所知的挣扎，唤醒了海伦那沉睡的意识力量。一个既聋又哑且盲的少女，初次领悟到语言的喜悦时，那种令人感动的情景实在难以描述。海伦曾写道："在我初次领悟到语言存在的那天晚上，我躺在床上，兴奋不已，那是我第一次希望天亮——我想再没有其他人可以感觉到我当时的喜悦吧。"

仍然是失明的海伦，凭着触觉——指尖，去代替眼和耳——学会了与外界沟通。她10岁多一点时，名声就已传遍全美，成为残疾人士的模范——一位真正的强者。

1893年5月8日，是海伦最开心的一天，这也是电话发明者贝尔博士值得纪念的一天。贝尔博士在这一天成立了他那著名的国际聋人教育基金会，而为会址奠基的正是13岁的小海伦。

若说小海伦没有自卑感，那是不可能的。幸运的是她自小就在心底里树起了颠扑不灭的信心，完成了对自卑的超越。

小海伦成名后，并未因此而自满，她继续孜孜不倦地接受教育。1900年，这个20岁的残疾女孩学会了指语法、凸字及发声，并通过这些手段获得超过常人的知识，进入了哈佛大学莱德克利芙学院学习。她说出的第一句话是："我已经不是哑巴了！"她发觉自己的努力没有白费，兴奋异常，不断地重复说："我已经不是哑巴了！"4年后，她作为世界上第一个受到大学教育的盲聋哑人，以优异的成绩毕业。海伦不仅学会了说话，还学会了用打字机著书和写稿。她虽然是位盲人，但读过的书却比视力正常的人还多。而且，她著了7本书，还比正常人更会鉴赏音乐。

海伦·凯勒，身为一个盲聋哑残疾人，凭着她那坚强的信念，终于战胜了自己，体现了自身的价值。她虽然没有发大财，也没有成为政界伟人，但是，她所获得的成就比富人、政客还要高。

第二次大战后，她在欧洲、亚洲和非洲各地巡回演讲，唤起了社会大众对身体残疾者的注意，被《大英百科全书》称颂为有史以来残疾人士中最有成就的由弱而强者。美国作家马克·吐温评价说："19世纪中，最值得一提的人物是拿破仑和海伦·凯勒。"

海伦·凯勒把不幸转化成自身发展的动力，身残而志不残，为女孩树立了榜样。有时，我们也会遇到挫折，遇到失败，遇到不幸，请你想想海伦·凯勒！父母的离异、家庭的破裂……有什么可怕的，再不幸，也比海伦幸福百倍。不是要求每个女孩做到海伦那样，但是我们必须学会把不幸转化为动力，千万不能在顾影自怜中把自己埋没！

怯懦不是我们的权利

弥尔顿曾经说过："即使土地丧失了，那有什么关系。即使所有的东西都丧失了，但不可被征服的志愿和勇气是永远不会屈服的。"

勇气这种滋补剂是世界上最好的精神药物。如果你以一种充满希望、充满自信的精神进行奋斗，如果你期待着自己的伟业，并且你相信你能够成就这番伟业，如果你能展现出自己的勇气——任何事情都不能阻挡你向前进。你遇到的任何失败，都只是暂时性的，你最终必定会取得胜利。另一方面，如果你觉得自己非常渺小，如果你认为自己是一个效率很低、微不足道的人，并且你不相信自己可以出色地完成任务——这就会限制你可

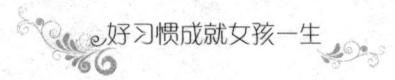

能达到的人生高度，你不可能超越你的想象。自我贬低和害羞怯懦不但阻止了你的进步，而且严重损害了你的整个职业生涯，甚至还会损害到你的身体健康。

莎士比亚曾经说过："勇气是在偶然的机会中激发出来的。"勇气可以使人在遇到挫折时，不畏惧、不回避，勇敢去面对它，去接受一切挑战，战胜困难，赢得成功。只要勇敢地去行动，去尝试，总会有一些收获，要么收获成功，要么收获经验。

那些成功的人们，如果当初都在一个个人生的挑战面前，因恐惧失败而退却，而放弃尝试的机会，则绝无所谓成功的降临，他们也将平凡。没有勇敢的尝试，就无从得知事物的深刻内涵，而勇敢去做了，即使失败，也由于对实际痛苦的亲身经历，而获得宝贵的体验，从而在命运的挣扎中，愈发坚强，愈发有力，愈接近成功。

如果具备一个不可战胜的灵魂，那么无论在女孩身上发生什么事，都无法影响到你。当你意识到自己从伟大的造物主那里获得源源不断的能量时，能真正影响到你的事情根本没几件。因为，无论什么事情降临在你身上，你都可以保持足够的勇气继续前行。

永远进取，永不言败

进取，就是不知足，就是不满足已有的发展水平，不满足已取得的成绩。志向远大、努力向上是进取，为改变现状而奋力拼搏也是进取。一个人若是有了它，就会积极向上；一个社会有了它，就会充满活力，就会大踏步地向前发展；一个国家有了它，就会国富民强，蒸蒸日上。

进取心是一种极为珍贵的美德，它能促使一个人做他自己应该做的事，而不是在被动的状态下接受任务。胡巴特说："这个世界愿对一件事情赠予大奖，包括金钱和荣誉，那就是'进取心'。"

一个志向远大的人应当不断地发展自己，不断地丰富自己。在眼界上，努力吸收新的知识，思考新的问题；在事业上，努力争取年年有发展和增长。不满足于现状，不断否定自己，不断超越自己，不断给自己树立新的目标。简言之，进取心就是主动地去做应该做的事情，而不是等待别人的吩咐。仅次于主动去做应该做的事情的人，就是当有人告诉他该怎么做时，立刻去做。更次等的人，只有在被人从后面踢一脚时，才会去做他应该做的事。这种人永远都不会有出头之日，他们往往生活在社会的最底层。然而最糟糕的是这种人，他根本不会去做他应该做的事，即使有人跑过来向他示范该怎样做，并留下来陪着他做，他也不会去做。他大部分时间都在失业中，因此，易遭人轻视，命运之神也不会永远眷顾他。

当一个人的进取心达到不可遏止的时候，他的成功便会具有必然性。比尔·盖茨认为：进取心是一个成功人士首先必须具备的品质。当一个人失去进取心时，他周围的一切都将失去光泽。

太阳神炎帝有一个钟爱的小女儿，名叫女娃。炎帝工作很忙，每天一大早就要去东海，指挥太阳升起，直到太阳西沉才回家。

炎帝不在家时，女娃便独自玩耍，她很想让父亲带她到东海太阳升起的地方去看一看。可是父亲忙于公事，总是不带她去。一天，女娃一个人驾着一只小船向东海太阳升起的地方划去。不幸的是，海上起了风暴，海浪把小船打翻了，女娃被无情的大海吞没了。

女娃死了，她的精魂化作了一只小鸟，花脑袋，白嘴壳，红脚爪，发出"精卫、精卫"的悲鸣，所以，人们又叫此鸟为"精卫"。

精卫痛恨无情的大海夺去了自己年轻的生命，她要报仇雪恨。因此，她一刻不停地从她住的发鸠山上衔来一粒粒小石子，或是一段段小树枝投进东海，想把大海填平。

大海奔腾着，咆哮着，嘲笑她："小鸟儿，算了吧，你这工作就是干一百万年，也休想把我填平，还是省点力气吧！"

精卫意志坚定地答复大海："哪怕是干上一千万年，一万万年，干到宇宙的尽头，世界的末日，我也要把你填平！"

"你为什么这么恨我呢？"

"因为你夺去了我年轻的生命，你将来还会夺去许多年轻无辜的生命。我要永无休止地干下去，总有一天会把你填成平地。"

精卫说完又飞回发鸠山去衔石子和树枝。她衔呀，扔呀，成年累月，往复飞翔，从不停息。后来，精卫和海燕结成了夫妻，生出许多小鸟，雌的像精卫，雄的像海燕。小精卫和她们的妈妈一样，也去衔石填海。

这虽然是个传说，但是精卫填海的精神对于女孩来说应该是一个很大的激励。它那种锲而不舍、永远进取、永不言败的精神难道不使我们为之震撼吗？

面对逆境，如果选择了放弃，也就选择了失败。在人生的旅途中，一些人虽然也曾经努力过，但还是以失败告终。这是因为在前进的路途中他们遭遇了困难，他们厌倦了漫长得看起来没有尽头的征途，于是他们停下来，寻找一个港湾，在那儿躲避风浪。

没有什么比半途而废和丧失希望对未来的威胁更大。放弃和丧失希望不仅不能解决现实存在的问题，而且还会让我们在未来陷入更大的困境。

女孩该如何培养自己的进取心呢？

首先，要做一个积极行动的人。当你认为有某一件事情应该要做的时候，就主动去做。

其次，要有出类拔萃的愿望。有时候，我们想提出某一建议，但没有提出来。为什么？因为我们担心、害怕。不是担心我们不能完成那项工作，而是担心别人会说三道四，害怕别人讽刺挖苦。这些担心和害怕使许多人失去了勇气，他们因此望而却步。

只要你勇敢地站出来，你就会受到人们的注意。更重要的是，你显示出了你的能力和抱负。还能有什么比这更让人欣喜呢？

最后，要磨炼自己坚忍的意志。

坚忍不拔，终会成功

秉性坚韧，是成大事立大业者的特征。这些人获得巨大的事业成就，也许没有其他卓越个性的辅助，但肯定少不了坚韧的特性。坚韧是解决一切困难的钥匙，试问诸事百业，有哪一种可以不经坚韧的努力而获得成功呢？

在世界上，没有别的东西可以替代坚韧：教育不能替代，父辈的遗产和他人垂青也不能替代，而命运则更不能替代。

依靠坚韧为资本而终获成功的年轻人，比以金钱为资本获得成功的人要多得多。人类历史上全部成功者的故事都足以说明：坚韧是克服贫穷的最好药方。

已过世的克雷吉夫人说过："美国人成功的秘诀，就是不怕失败。他们在事业上竭尽全力，毫不顾忌失败，即使失败也会卷土重来，并下定比以前更坚韧的决心，努力奋斗直至成功。"

生命的评价是在每一次旅程的终点，而不在起点的附近，但是这个距离是无法估量的，有可能在第1000次的地步我们会摔倒，但我们要1001次地站起来，就像乌龟，虽然它笨、它慢，但它坚忍不拔地一直向前爬，成功自然属于它。奥格·曼狄诺说过一句话："我要坚忍不拔，直到成功。坚持到最后者必能成功。"

在任何时候，面对困难与失败女孩们都不要妥协，要坚信坚持下去就会有转机，坚持下去就可以抵达成功的彼岸。

君子修心，百折不挠

面对挫折，只是把自己封锁在阴暗的小屋里，不享受一下新鲜的空气，你怎么能放松呢？人生中的失败是个司空见惯的问题，失败就像一条河，不怕河中的滔天巨浪，不怕在渡河中淹死，才能游到成功的彼岸。"山重水复疑无路，柳暗花明又一村"，只要心不死，光明总有重现的一天。

人生就是这样，用一种积极的心态来面对人生，那你生存的环境就会大改变。

日本三洋电机公司顾问后藤清一，曾在松下电器公司担任厂长，当时松下幸之助就给他最好的教育机会。有一天，日本遭逢有史以来最狂暴的台风，虽无人员伤亡，但工厂却接近全毁。后藤心想：好不容易迁到新厂，正想要全力生产、大干特干时，却遭此打击，老板心理上一定很沮丧吧！

松下是在台风即将停止之前赶到工厂的，此时不巧松下夫人因身体不适而住院，他是探病后再赶来的。

"报告老板，不得了了，工厂遭逢巨变，损失惨重，我来当向导，请巡视工厂一趟吧！"

"不必了，不要紧，不要紧。"

"？"（彼此无语）

松下手中握着纸扇，仔细地端详它，横看、纵看，神情异常地冷静。

"不要紧，不要紧。后藤君！跌倒就应爬起来。婴儿若不跌倒也就永远学不会走路。孩子也是，跌倒了就应立即站起来，嚎哭是没有用的，不是吗？"

松下说完掉头就走，对工厂的灾难毫无惊恐失色之态，就快速离去。

如果松下遇到这种情况换成另一种心态，恐怕事情的后果也就成不了我们现在所看到的成功的松下。

俗话说，天无绝人之路！换种心态，你就会换得另外一种人生！

许多失败过的人总是有无数失败的理由。比如，他们会无意中说："老实说，我原来就不认为它会行得通。"或者说："我在开始前就感到不安了。"还有的人认为："事实上，我对这件事情的失败并不觉得太惊奇。"他们大多都采取"我暂且试试看，但我想不会有什么结果"的态度，结果最后导致了失败。"不相信"是消极的力量，当你心里产生怀疑时，就会想出各种理由来支持你的不相信。怀疑、不相信、潜意识要失败的倾向以及不是很想成功，都是失败的主要原因。

人类是自己思想的产物，所以我们应当有高标准，提高自信心，并且执着、认真地相信必能成功。高标准会使你朝高处走。

成功意味着获得许多美好、积极的事物。成功——成就，就是生命的最终目标。

女孩经常遇到的失败无非考试没考好、竞赛没得奖……这些失败和伟人曾遭遇的挫折比起来，简直不值一提，女孩要学习伟人的心态，学习他们积极向上的人生观，这次不行，只要努力，肯定有行的时候，千万别把自己定格在失败的那一页，掀掉旧的日历，明天又是新的一天！

积极进取，自我激励

当一个人的进取心达到不可遏止的时候，他的成功便会具有必然性。比尔·盖茨认为：进取心是一个成功人士首先必须具备的品质。当一个人失去进取心时，他周围的一切都将失去光泽。

爱迪生曾经说过："所谓天才就是99%的努力，加上1%的灵感。"美国著名企业家艾柯卡的成功道路告诉人们，进取心是他成功的最主要的因素，而这种进取心正是他在童年时代就开始养成的良好素质。

艾柯卡在很小的时候，就开始在超市打工，帮顾客把货物送到家，并将挣来的钱全部交给家里。他在青年时代，就开始做繁重的工作，他在当地一家水果市场找了一份工作。早晨太阳还没出来他就起床，直奔批发市场，然后把货物送到吉米·克里提斯的商店。一天干16个小时，挣两美元，同时可以带一些水果和蔬菜回家。这些食物帮了艾柯卡一

家的大忙。

艾柯卡不仅辛勤地打工贴补家用，同时学习也很勤奋。优异的成绩为他赢得了荣誉，同时他在学校的地位也提高了，亲戚朋友和家人都很佩服他的勤勉。因此，当他进入事业高峰期之后，所显示出的进取心就绝不是偶然的了。

进取心是使人的生命获得永恒之美的根本，是人类智慧的源泉，有了进取心，我们生命的航船才能在未来的岁月里乘风破浪。

我国明代著名医学家李时珍的父亲也是一名大夫。那时的山里人因劳动特别辛苦，腰肌劳损是种常见病，所以，父亲常常给这类病人泡制用白花蛇做主料的药酒。

李时珍当时特别好奇：为什么白花蛇会有这么大的功效呢？李时珍很虚心地向很多医生请教了这个问题，但没能得到满意的答复。

他决定到深山里去，亲自了解一下生活在野外的白花蛇。但是他的想法马上遭到全家人的一致反对，他们说："白花蛇生活在深山里面，而且剧毒无比，万一有个闪失，就会把性命丢掉！"

但李时珍并没有被困难给吓住，他一心想要把这个问题弄清楚，因为只有这样，才可以使自己在医学方面有一个大的进步。

经打听，李时珍来到了龙峰山，这里是白花蛇的理想栖息地，他在山路上足足等了两天，才等到一个捕蛇人路过。

捕蛇人告诉李时珍说："我家世代都是捕蛇为生，但是没有一个能得善终，都是给蛇咬死的，特别是白花蛇，毒性特别大！"

听了捕蛇人的说法之后，李时珍并不感到害怕，而是告诉那位捕蛇人，为了减少天下人的病痛折磨，就是死于毒蛇之口，他也在所不惜。捕蛇人被李时珍这种不畏艰险的执着精神所感动，终于点头同意带他去找白花蛇了。

路上，李时珍向捕蛇人请教了许多关于白花蛇的问题，例如生活习性、特征和毒性等。捕蛇人见李时珍确实好学，就倾囊而授，把自己所知道的知识非常详细地讲给他听。虽然如此，但李时珍并不满足，他还是希望自己能够亲眼看看白花蛇。

两人在山里耐心地寻找着，一连好几天，他们连白花蛇的影子都没看到。捕蛇人泄气了，但李时珍毫不气馁，他有个坚定的念头，不亲眼看见白花蛇，绝不出这座山。这一天，李时珍和捕蛇人又在龙峰山山腰间搜寻白花蛇。眼看着山顶云层聚拢，暴风雨马上就要来了，于是捕蛇人便催促李时珍，赶紧往回走。

捕蛇人走在前面，李时珍在后面跟着，两人正匆匆忙忙地赶路，突然李时珍"哎哟"叫了一声。捕蛇人回头一看，不由得大吃了一惊。原来有一条白花蛇缠住了李时珍的左腿，蛇头正被踩在脚底下！

捕蛇人赶紧来到李时珍身旁，费了好大的劲儿才把这条白花蛇给抓进蛇笼里。捕蛇人对李时珍说："如果不是你碰巧踩在蛇头上，今天你就没命了！"

这次深山之行，李时珍不但亲自考察了白花蛇的栖息环境，而且还亲手抓住野生的白花蛇，他又接连走访了好几位捕蛇人，掌握了大量有关白花蛇的第一手资料。李时珍就是这样，在医学的道路上不断进取，凭着自己顽强地进取精神，终于完成了划时代的医学巨著——《本草纲目》。

李时珍的故事告诉我们：只有不断进取，才能有成功的机会。

女孩如何才能培养积极的进取心呢？要做到以下两点：

首先，要做一个主动创新的人。当你认为有某一件事情应该要做的时候，就主动去做。

其次，要有出类拔萃的愿望。

有时候，我们想提出某一建议，但没有提出来。为什么？因为我们担心、害怕。不是担心我们不能完成那项工作，而是担心同事会说三道四，害怕别人讽刺挖苦。这些担心和害怕使许多人失去了勇气，他们因此望而却步。

人人都想赢得别人的赞同，受人欢迎，这是很自然的。但问问自己："我应该得到什么样人的支持和赞同呢，是那些出于嫉妒而嘲笑你的人，还是那些靠实干取得进步的人？"相信是不难得出正确答案的。

只要你勇敢地站出来，你就会受到人们的注意。更重要的是，你显示出了你的能力和抱负。还能有什么比这更让人欣喜呢？

用行动反击挫折

当所有的门都对你关闭的时候，上帝还为你留着一扇窗。只要坚信挫折中保藏有机遇，不断进取，那么，成功也就指日可待了。

失败有什么可怕，路就在脚下，前面还有许多更光明的天空等着我们去营造，只要我们永不放弃，一切挫折都会被击垮。

只要我们去行动，机会肯定会被我们发现，驻足在原地，那你只有等着被消亡。

乔伯是美国一家人寿保险公司的保险员，他花65美元买了一辆脚踏车到处拉保险。不幸的是，成绩始终是一片空白。可是，乔伯毫不气馁，晚上即使再疲倦，也要一一写信给白天被访问过的客户，感谢他们接受自己的访问，力请他们加入投保的行列，每一字每一句都写得诚恳感人。

可是，任凭他再努力、再劳累，也没有什么效果。两个月过去了，他连一个顾客也没有拉到，上司催他也是愈来愈紧……

劳累一天回来，他常常连晚饭都没有心情吃，虽然娇妻温顺体贴，但一想到明天，他就全身直冒冷汗。

他在日记中写道："从前，我以为一个人只要认真、努力地工作，任何事情都能做好，但是这一次，我错了。因为事实显然并不如此。我辛辛苦苦地跑了68天，却连一个客户也没有拉到。唉！选保险工作，对我很不合适，不如换个地方找工作吧……"

妻子劝告他说："坚持下去就有希望。"乔伯听从了妻子的劝告。

乔伯曾想说服一个小学校长，让他的学生全部投保。然而校长对此毫无兴趣，一次一次地拒乔伯于门外。当他在第69天再一次跑到校长那里去的时候，校长终于为他的诚心所感动，同意全校学生投保。

他成功了。坚持不懈的精神，使他后来成了著名的保险推销员。

女孩有的是时间，有的是青春，不要因一次的挫折就把自己彻底否定，只要你重新站起来，努力再努力，你也可以拥有成功。

女孩如何用行动反击失败呢？

1. 坚信"失败乃成功之母"

爱迪生曾经说过："失败也是我需要的，它和成功对我一样有价值。"失败是一种"强刺激"，对有志者来说，往往会产生增力性反应。失败并不总是坏事，也没有什么可怕的。面对失败，不能失望，而是要找出问题症结，寻求进取之策，不达目标不罢休。

2. 脚踏实地地追求奋斗目标

如果我们对外语一窍不通，却期望很快当上外文小说的翻译家，结果自然不言而喻……事情发展的结果往往同你原先的期望不符合，而期望越是过高，失望越是沉重，所以，我们应该追求同自己的能力相当的目标。有时候，目标虽然同自己的能力大小相符合，但由于客观条件的影响，也会招致失望情绪，这时更应注意调整期望值，减少失望情绪。

3. 期望应该具有灵活性，不要把期望凝固化

生活中，期望不只是一个点，而应该是一条线、一个面。这样的好处是一旦遇到难遂人愿的情况时，我们就有思想准备放弃原来的想法，追求新的目标。当然，这不等于"见异思迁"。比如你去剧场听音乐会，你原先以为自己喜爱的歌唱家会参加演出，不料他因病不能演出，你当时会感到失望。如果你这时将期望的目光投向其他歌唱家时，你就会抛弃失望情绪，逐渐沉浸在艺术美的氛围中，内心充满着欢悦。

4. 期望应该具有连续性

有些人的失望，是由于把期望割裂了，希望"毕其功于一役"。当这"一役"难以如愿时，就深感失望。世界上固然有一帆风顺的幸运儿，而更多的却是命途多舛、历尽艰辛的奋斗者。爱迪生发明灯泡，先后试制了1万多次，倘若爱迪生不把发明灯泡这个期望看成是一个连续的过程，不要说1万次失败，就是100次失败也足以使他望而生畏、知难而退了。所以说，要提高克服失望情绪的能力，就要增强自己承受挫折的耐力。

认定了就风雨兼程

1932年，男孩上初中二年级。因为是黑人，他只能到芝加哥读中学，家里没有那么多钱。那时，母亲作出了一个惊人的决定——让男孩复读一年。她则为50名工人洗衣、熨衣和

做饭，为孩子攒钱上学。

1933年夏天，家里凑足了那笔血汗钱，母亲带着男孩踏上火车，奔向陌生的芝加哥。在芝加哥，母亲靠当佣人谋生。男孩以优异的成绩中学毕业，后来又顺利地读完大学。1942年，他开始创办一份杂志，但最后一道障碍——缺少500美元的邮费，不能给订户发函。一家信贷公司愿借贷，但有个条件，得有一笔财产做抵押。母亲曾分期付款好长时间买了一批新家具，这是她一生最心爱的东西。但她最后还是同意将家具做了抵押。

1943年，那份杂志获得巨大成功。男孩终于能做自己梦想多年的事了：将母亲列入他的工资花名册，并告诉她算是退休工人，再不用工作了。那天，母亲哭了，男孩也哭了。

后来，在一段反常的日子里，男孩经营的一切仿佛都坠入谷底。面对巨大的困难和障碍，男孩已无力回天。他心情忧郁地告诉母亲："妈妈，看来这次我真要失败了。"

"儿子，"她说，"你努力试过了吗？"

"试过。"

"非常努力吗？"

"是的。"

"很好。"母亲果断地结束了谈话，"无论何时，只要你努力尝试，就不会失败。"

果然，男孩渡过了难关，攀上了事业新的巅峰。这个男孩就是享誉世界的美国《黑人文摘》杂志创始人、约翰森出版公司总裁、拥有3家无线电台的约翰·H.约翰森。

约翰森的经历告诉我们：命运全在搏击，奋斗就是希望，认定了就要风雨兼程。

14世纪，苏格兰在与英格兰军队的战斗中，竟然连续6仗都失败了。国王布鲁斯不得不率领部下躲进了森林和群山深处。

森林里的生活是十分艰苦的，这里没有粮食，没有药品，有的只是毒蛇猛兽和伤员的哀号与呻吟声，士气低落到了极点。

一个阴郁的雨天，布鲁斯躺在深山中的一间简陋的茅屋里，听着棚顶上滴滴答答的下雨声，他感到疲惫无力，心烦意乱。他一遍又一遍地问自己，难道就这样向英格兰人认输吗？苏格兰人就这么甘心情愿做别人的奴仆？苏格兰王国就这样在我们这一代人手中灭亡？无限的悲伤与绝望涌上心头，年轻的国王不禁泪流满面，觉得再做任何努力也无济于事了。

正当他万念俱灰的时候，猛一抬头，他看见一只蜘蛛在他头顶的屋角上正忙着来回织网。布鲁斯注视着这只蜘蛛慢慢地、小心翼翼地劳作着。眼见这只蜘蛛连续6次试图把那纤细的蛛丝从这一道横梁连到另一道横梁上去，结果6次都失败了。

"哎，可怜的小东西！"布鲁斯暗自叹息道，"你也知道失败是什么滋味了吧。"

但是，眼前的这只小蜘蛛并没有像布鲁斯那样灰心丧气，只见它更加小心谨慎地开始做第七次努力。布鲁斯出神地看着蜘蛛在柔弱的细丝上摆动着身体，他几乎忘记了自己的烦恼和处境。"它还会失败吗？"布鲁斯不由自主地从床上坐了起来，十分紧张地注视着蜘蛛，为它的命运担忧。

"啊！成功了！它成功了！"那根蛛丝终于被蜘蛛稳妥地带到了另一道横梁上，而且牢牢地粘在那儿了。布鲁斯兴奋得从地上跳了起来，"蜘蛛是我的榜样！我要学蜘蛛！我也要做第七次尝试！"他边喊边冲出了茅屋，迅速地把垂头丧气的战士们召集起来。

"我的勇士们！快，快围过来！我要告诉你们一件事，这是一只蜘蛛带给我的启示。"

战士们迅速围拢在他的周围，布鲁斯侃侃地讲述着他从蜘蛛那儿受到的启示。"我知道，如果第七次又失败了，这只蜘蛛也还是会继续努力的。我看不出它有任何沮丧和灰心，只是不屈不挠地朝着自己的目标奋斗。难道我们还不如这只小小的动物吗？不！我们要同敌人进行第七次、第八次、第九次乃至无数次的斗争，直至把英格兰军队赶出我们的国家为止。我相信，只要我们坚持斗争，胜利是一定会属于我们的。"

布鲁斯的一番话深深地打动了战士们，他们决心紧跟国王，重整旗鼓。布鲁斯又组成了一支勇敢的苏格兰军队，决心再同敌人进行第七次战斗。

1322年，战斗又打响了。

就这样，苏格兰人凭借坚忍的毅力，终于战胜了强大的英格兰军队，把侵略者赶出了苏格兰。

蜘蛛的故事告诉女孩们：认定了就风雨兼程，成功就会属于你。

让热情尽情沸腾

热情是一把火，它可燃烧起成功的希望。要想获得这个世界上的最大奖赏，你必须像过去最伟大的开拓者那样，将梦想转化为热情，来发展自己的才能。

塞缪尔·斯迈尔斯的办公桌上挂了一块牌子，他家的镜子上也吊了同样一块牌子，巧的是麦克阿瑟将军在南太平洋指挥盟军的时候，办公室墙上也挂着一块牌子，上面都写着同样的座右铭：

你有信仰就年轻，

疑惑就年老；

有自信就年轻，

畏惧就年老；

有希望就年轻，

绝望就年老；

岁月使你皮肤起皱，

但是失去了热情，

就损伤了灵魂。

这是对热情最好的赞词。热情可以保养灵魂，培养并发挥热情的特性，我们就可以给我们所做的每件事情加上火花和趣味。

人生可以没有其他东西，但是不能没有热情，一旦没有了热情，也就没有了动力，人生之树便枯萎了。热情是人类天然真情和率直感情发展到足够强烈程度的自然表现，是人类对自身及周围环境的真情关注，以及受外来影响而激发出的强烈真情。

拿破伦·希尔在其《成功之路》一书中描述将他推向成功之路的重要因素之一——他继母的热情。

在我9岁的时候，我的父亲便娶继母进门。当时我们是居住在弗吉尼亚州乡下的贫苦人家，而她则来自较好的家庭。

我的父亲一边向她介绍我，一边说："多希望你注意这个全县最坏的男孩，他可能会在明天早晨以前就拿石头扔你。"

我的继母走到我面前，并托起我的头看着我，接着，她看着我的父亲说："你错了，这不是全县最坏的男孩，而是最聪明但还没有找到发泄热情地方的男孩。"

我们就凭着她这一段话而开始建立友谊，也就是这段友谊，使我创造了成功的28项黄金法则，并将这些法则的影响力发扬光大。在她来之前，没有人称赞过我聪明。我的父亲和邻居们都认定我是坏男孩，而我也真的表现一些坏行为给他们看，但是我的继母就只说了那一句话，便改变了一切。

她还改变了许多事情，她鼓励我的父亲去念牙医学校，而我父亲也从那所学校光荣毕业。她把我们家迁到县府所在地，以便父亲的牙科诊所在那里会有较好的生意，而我和兄弟也可接受较好的教育。我的父亲最初反对这些建议，但最后还是屈服在她的热情之下。

当我14岁时，她给我一部二手打字机，并且告诉我她相信我会成为一位作家。我了解她的热情，而且我也很欣赏她的那股热情，我亲眼看到她的那股热情是如何改善我们的家庭生活。我接受她的想法，并开始向当地的一家报社投稿。我不是唯一得到我继母恩惠的人，我的父亲最后成为城里最富裕的人，而我的兄弟之中有物理学家、牙医师、律师和大学校长。

热情与你成功过程之间的关系，就好像汽油和汽车引擎之间的关系一样，热情是行动的动力。它能不断地注入你心灵引擎的汽缸中，并在汽缸内被明确目标发出的火花点燃并爆炸，继而推动信心和个人进取心的活塞。热情是一股力量，它和信心一起将逆境、失败和暂时挫折转变成行动。然而此一变化的关键在于你控制思维的能力，因为稍有不慎，你的思绪就会从积极转变成消极。借着控制热情，你可以将任何消极表现和经验转变成积极表现和经验。

热情就像汽油一样，如果能善用它，它就会做一些有意义的工作；如果用之不当的话，就可能出现可怕的后果。

身体健康是产生热情的基础。一个人如果行动充满了活力。他的精神和情感也会充满了活力。很多推销员、教师、商界人士以及其他很多人，每天一早起来就做些体能活动，

像柔软操、慢跑或骑自行车，等等，这不但可以增进他们的健康，而且可以提高他们一天活动的精力和热情。

女孩们的内心也充满热情吧，对生活、对别人、对未来，如果能做到这一点，成功与致富的机遇一定会降临到我们身上！

热情是世界上最大的财富，它的潜在价值远远超过金钱与权势。热情摧毁偏见与敌意，摒弃懒惰，扫除障碍。热情比滋润麦苗的春雨还要珍贵。时间飞逝，只要热情不绝，我们一定会变得对自己、对世界更有价值。

当日历一页页翻过，我们总有一天会不再年轻。年轻多好啊，我们身上有不可抗拒的魅力，热情洋溢，像高山上的泉水。在热情者的眼中，没有黑暗的前途，没有无处可逃的陷阱。我们忘记了世界上还有一种叫作失败的东西，我们深信不疑的是，世界等待我们的到来，等待我们去点燃真理、热情与美丽的火种。

女孩们坚信吧：热情是不老的心，是奋进的歌！

挫折是一个良好的开端

安逸与挫折，女孩会选择哪个？也许你会毫不犹豫地选择前者。谁都希望在前进的道路上一帆风顺，但谁也不可避免途中会遇到各种各样的挫折。也许你正在为自己的学习成绩不理想而发愁，也许你正为如何与同学好好相处而苦恼，也许你总是陷入无休止的家庭战争之中，也许你的许多努力都得不到大家的认可……面对挫折的时候，你可能悲观失望，萎靡不振，失去向上的信心，甚至对自己的前途心灰意冷。但女孩可曾想过：挫折对于人生来说也是一个良好的开端。我们只有遭遇挫折的时候才能冷静下来，对自己脚下的道路进行思考，然后重新作出选择。一个人在青少年时期对待挫折的态度，往往预示着他将来的成就。

几年前，一位教授给了毕业班的一个学生不及格，这件事对那个学生打击很大。因为他早已做好毕业后的各种计划，现在不得不取消计划。他只有两条路可走：第一是重修，下年度毕业时才拿到学位；第二是不要学位，一走了之。在知道自己不及格时，他非常失望，并找到这位老师要求通融一下。当知道不能更改后，他大发脾气，向老师发泄了一通。这位老师等他平静下来后，对他说："你说的大部分都很对，确实有许多知名人物几乎不知道这一科的内容。你将来很可能不用这门知识就可以获得成功，你也可能一辈子都用不到这门课程里的知识，但是你对这门课的态度却对你大有影响。"

"什么意思？"这个学生问道。

教授回答说："我能不能给你一个建议呢？我知道你相当失望，我理解你的感觉，我也不会怪你，但是请你用积极的态度来面对这件事吧。这门课非常非常重要，如果不培养积极的心态，根本做不成任何事情。请你记住这个教训，5年以后你就会知道，这是使你收获最大的一个教训。"

后来这个学生又重修了这门功课，而且成绩非常优异。考试通过后，他特地向这位教授致谢，非常感激那场争论。正是那场争论让他明白了，面对失败与挫折的时候，不应寻找借口或者理由去逃避，而是要以积极的态度来应对，从哪里跌倒了就要从哪里站起来。这种生活态度将会影响一个人一生做人做事的方式。也可以说，这一次的挫折将是他下一次行动的开端。"这次不及格使我受益无穷，"他说，"看起来可能有点奇怪，我甚至庆幸那次没有通过。因为我经历了挫折，并尝到了成功的滋味。"

生活中需要挫折！我们每个人都在追求幸福安逸的生活，想方设法逃避灾难与悲伤。当挫折到来的时候我们总是会为此而难过。女孩们不妨想一想，倘若我们的生活总是阳光明媚，没有挫折，没有压抑，我们又怎么会珍惜所拥有的幸福，怎么会有感动以及战胜困难后的那种喜悦呢？

人生其实没有捷径，每一步都很重要。失败、挫折并不可怕，正是它们教会我们如何总结经验与教训。如果一路都是坦途，女孩们又怎能成长呢？生命就是这样，到处充满着考试失常、竞争失利，这些碎片落在我们的肩上，成为我们难以排解的痛苦、数之不尽的挫折。但正如寻找天堂的人一样，没有经历地狱，就永远不会有天堂的存在。没有挫折和痛苦，就不会有成功时的喜悦和欢欣。因此，面对挫折时，女孩们不妨微笑，像诗人雪莱那样说一句："冬天已经来了，春天还会远吗？"

在挫折的烈火中冶炼才干

从小在家里爸爸妈妈对我们呵护备至，爷爷奶奶对我们疼爱有加，外公外婆更是跑前跑后地为我们服务，我们就像小公主一样，摔倒了有人扶，不如意可以哭，天天过着顺风顺水的日子。等到女孩们长大了，慢慢地发现，大人们对我们要求的越来越多了，我们想得到东西真是越来越难了，我们碰壁、失败的时候多了……面对这些，你的心里是不是受不了了，生活在充满挫折的环境中，是不是觉得天变得阴，心变得沉，自己变得畏畏缩缩的了？

如果真是这样的话，从现在起女孩一定要振作起来，让自己重新找回坚强、自信。其实挫折并非是打倒你的地狱恶魔，挫折如成功一样，只不过是人生中必须要体验的一种味道，必须要经历的一部分。

施罗德于 1944 年 4 月 7 日出生在德国下萨克森州的一个贫民家庭。他出生后 3 天，父亲就战死在罗马尼亚。母亲当清洁工，带着他们姐弟二人，生活过得十分艰难。由于入不敷出，母亲欠下许多债。一天，债主逼上门来，母亲抱头痛哭。年幼的施罗德拍着母亲的肩膀安慰着："别着急，妈妈，总有一天我会开着奔驰车来接你的！"

1950 年，施罗德上学了。因交不起学费，初中毕业他就到一家零售店当了学徒。贫穷带来的被轻视和瞧不起，并没有使他自暴自弃，反而使他立志要改变自己的人生："我

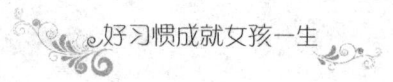
一定要从这里走出去。"他想学习。他在寻找机会。1962年，他辞去了店员一职，到一家夜校学习。他一边学习，一边到建筑工地当清洁工，不仅收入有所增加，而且实现了他上学的愿望。4年夜校结业后，1966年他进入了哥廷根大学夜校学习法律，通过对法律的研究，他对政治产生了兴趣。他积极参加政党的集会，最终选择了社会民主党。

此后，他逐渐崭露头角，步步提升。1969年，他担任哥廷根地区的主席。1971年得到政界的肯定。1980年当选议员。1990年当选下萨克森州总理，这一天，施罗德开着奔驰车把母亲接到一家大饭店，为老人家庆祝80岁生日。随后施罗德于1994、1998年两次政坛得志，但这没有使他放弃做政治家的雄心。1998年10月，他走进德国总理府，成为德国总理。

挫折是一所学校。许多人的生命之所以伟大，是因为他们在挫折中承受住了苦难。最好的才干往往是在挫折的烈火中冶炼出来的。施罗德的青少年时期大多处于困苦的逆境之中，但他没有就此沉沦，屈服在逆境的挤压下，而是立志成长为挺拔的大树。经过努力奋进，他最终成为德国总理，达到成功的境地。

挫折能磨炼人的意志，激发人的潜能，使其折射出光辉的人格魅力。正是苦难与障碍的出现，使得我们体内克服障碍、抵制苦难的力量得以发展。这就好像森林里的橡树，经过千百次暴风雨的摧残，非但不会折断，反而愈见挺拔。正像暴风雨吹打橡树一般，人们所承受的种种痛苦、折磨和悲伤，也在开发人们的才能，也在锻炼他们的意志。

一般来说，经历过挫折的人，日后往往有所发展；而从没有遭遇过挫折的人，反而很难有出息。因为，挫折能磨炼我们的意志。我们必须为了生存而克服各种困难、奋斗不止。为了取得成功，我们必须经受得住失败的考验。我们能克服自己的弱点，能忍受他人难以忍受的艰难，也就能更好地解决问题，获得成功。

成就人生的过程往往也就是战胜挫折的过程。强者之所以为强者，不在于他们遇到挫折时根本没有消沉和软弱过，而在于他们善于克服自己的消沉与软弱。鲁迅彷徨过，哥白尼忧郁过，伽利略屈服过，歌德、贝多芬还曾想过自杀，但他们通过斗争，最终都坚定地走向了真理。凡事都有两重性。挫折可以使人沉沦，也可以使人猛醒和奋起，关键在于受到挫折的时候，能否从失败中吸取经验，能否发现自己的优点和长处，从而振作精神，重新站立起来。当女孩在失望和沮丧中看到了自己的另一面，你就会发现，天空原来是那么寥廓，阳光原来是那样明媚，自己并不是一无是处。这样便可以鼓起战胜挫折的勇气和信心，提高对挫折的适应能力。

成功是战胜挫折的结晶

蝴蝶的幼虫是在一个洞口极其狭小的茧中度过的。当它的生命要发生质的飞跃时，这天定的狭小通道对它来讲无疑成了鬼门关，那娇嫩的身躯必须竭尽全力才可以破茧而出。许多幼虫在往外冲杀的时候力竭身亡，不幸成了飞翔的悲壮祭品。

有人怀了悲悯恻隐之心，企图将那幼虫的生命通道修得宽阔一些，他们用剪刀把茧的洞口剪大。但是所有受到帮助而见到天日的蝴蝶都不是真正的精灵——它们无论如何也飞不起来，只能拖着丧失了飞翔功能的双翅在地上笨拙地爬行！原来，那鬼门关般的狭小茧洞恰是帮助蝴蝶幼虫两翼成长的关键所在。穿越的时候，通过用力挤压，血液才能被顺利输送到蝶翼的组织中去；唯有两翼充血，蝴蝶才能振翅飞翔。人为地将茧洞剪大，蝴蝶的翼翅就没有了充血的机会，爬出来的蝴蝶便永远与飞翔绝缘。

成长的过程恰似蝴蝶的破茧过程，在痛苦的挣扎中，意志得到磨炼，力量得到加强，心智得到提高，生命在痛苦中得到升华。当你从痛苦中走出来时，就会发现，你已经拥有了飞翔的力量。如果没有挫折，也许就会像那些受到"帮助"的蝴蝶一样，萎缩了双翼，平庸一生。生命是一次次的蜕变的过程。唯有经历过挫折，才能拓展生命的厚度。通过一次又一次与挫折握手，历经反反复复几个回合的较量，人生的阅历就在这个过程中日积月累、不断丰富。在人生的岔道口面前，若女孩选择了一条平坦的大道，你可能会有一个舒适而享乐的青春，但你就会失去一个很好的历练机会；若你选择了坎坷的小路，你的青春也许会充满痛苦，但人生的真谛也许就此被你打开。

任何成功者都是从困境中走出来的。如果能够将成功具体地量化，它就是爱迪生1200次的试验，是达·芬奇几百张画得不像样的鸡蛋，是李时珍27年的野外考察，是《西游记》中唐僧经历的九九八十一难。将遇到的每一个挫折都当作考验自己的机遇：学习中遇到难解的题目，证明自己学习水平提高的机遇来了；生活中遇到问题，证明阅历增长的机会来了。只有这样，才能将挫折视为乐趣，迎接各种挑战。

人生有昼、夜、明、暗，顺境和逆境，不管如何，人不可能一生都走在明朗阳光下，总有一天会走在黑暗之地。今日在深渊中挣扎，有时会突然有明亮光线射进来。冷静来看，夜晚的黑暗中也会有小小的光线，也有慢慢接近黎明的动态。不管怎样的挫折，都不会持续太久的，总有一天机会会降临。夜晚之后一定会有朝阳，女孩们只要向着这个目标努力就一定会成功。

如果女孩可以因为成长而克服挫折，则挫折就是激励你成长的要素。俄罗斯有一句谚语："铁锤能打破玻璃，更能铸造精钢。"如果你像钢一样，有足够的坚强作为打造的品质，去克服逆境中的困难，那么这些挫折正好可以促进你的成长。成功并不是最美的，最美的是能在挫折中继续奋斗努力的精神。成功并不会从天而降，它需要经历苦难的磨炼，最终成为战胜挫折的结晶。

暴雨后，彩虹依旧美丽

"人生不如意事十之八九"，世界上有许多事情，是没法尽如女孩心意的。同时，你个人的力量，也是有一定限度的，不要把这些不尽如人意的事情变成你的困扰，学会把它们当成人生道路上必须要跨越的沟沟坎坎，去直面它，跨过它。

在美国，有一位穷困潦倒的年轻人，即使身上全部的钱加起来都不够买一件像样的西服的时候，仍全心全意地坚持着自己心中的梦想，他想做演员，拍电影，当明星。

当时，好莱坞共有500家电影公司，他逐一数过，并且不止一遍。后来，他根据自己认真拟定的路线与排列好的名单顺序，带着自己写好的剧本前去应聘。一遍下来，没有一家愿意聘用他。面对百分之百的拒绝，他没有灰心，又从第一家开始，继续第二次自我推荐。500家电影公司依然全部拒绝了他。第三次的结果仍是如此。这位年轻人又开始他的第四次自我推荐，这次第350家电影公司的老板愿意让他留下剧本先看一看。

几天后，他获得通知，前去详细商谈。这家公司决定投资开拍这部电影，并请他担任自己所写剧本的男主角。

这部电影名叫《洛奇》。这位年轻人的名字叫席维斯·史泰龙。现在翻开电影史，这部叫《洛奇》的电影与这个后来红遍全世界的巨星皆榜上有名。

遭遇坎坷不要退缩、不要气馁，成功本来就是酸甜苦辣的大集合。退缩只会停滞你前进的车轮，使你失去翻山越岭的勇气，只能让你站在原地捶胸顿足，甚至改弦易辙。只有"正视淋漓的鲜血"，"直面惨淡的人生"，才能振作精神，感谢生活，继续追求成功的目标。

那么女孩们应该如何直面挫折呢？

首先，尽量少考虑暂时得失，多想想美好的未来，不断激励自己振作起来。

其次，检讨挫折的本质，了解成因。若问题在自己，尝试修改自己的行为，找出不伤害自己也不伤害他人的方式来应对挫折；若挫折是来自客观条件的限制，不易改变，就修正自己的期望与标准，从而化解来自挫折的消极感受。

最后，在遭受挫折后，要化悲痛为力量，通过发愤图强，取得学习、工作和事业上的成功，这是应对挫折最积极的态度。另外，女孩自己实在无法解决时，可询问父母、师长、朋友的意见，或是寻求专业的心理咨询服务，在他们的指导下，尽快让自己走出情绪的低谷。

对折磨心怀感激

罗曼·罗兰曾说："从远处看，成功的不幸折磨还很有诗意呢！一个人最怕庸庸碌碌地度过一生。"追求成功的人必须能够忍受折磨，并且对折磨心怀感激。

俄国化学家布特列罗夫少年时代就特别爱好化学，经常一个人在宿舍里偷偷做实验。他在12岁那年，因为做实验发生爆炸，被关进禁闭室，学监在他胸前挂了一块牌子，写上"伟大的化学家"几个字挖苦他。但布特列罗夫却没有被这些挫折吓倒，而是更加注重实验的安全性和理论知识的学习。每当想偷懒的时候，他都会提醒自己："如果科学的功底不扎实，嘲笑和打击会再次折磨我的。"就这样，他在33岁时，终于提出了有机化合物结构上的创见，成为一名成功的化学家。他常常对别人说："我们要感谢给我们困难和打击的人，正是这些人，让我们在成功的道路上有力量向前走。"

在成功的路上，谁都不可能一帆风顺。无论什么挫折，女孩们都需要勇敢地面对、豁达地处理。一味地抱怨，只会让我们变得消沉、萎靡不振。你可能会抱怨家庭条件不好，没有钱买名牌的服装，未来的成功只能靠自己艰苦奋斗；你可能会抱怨学业繁重，没有时间放松和休息；你也可能会抱怨事业没有着落，一切都显得太渺茫而无从下手……

清代小说家吴敬梓，生活穷困潦倒，食不果腹，在创作《儒林外史》的时候，经常被冻得睡不着觉，半夜围着城门慢跑取暖。但他认为这样的艰苦生活是上天对他的恩赐，是为了让他的思路更好地沉淀下来。

匈牙利钢琴家李斯特，少年的时候去向契尔尼求学，却被契尔尼一顿冷嘲热讽拒之门外。但是，这也坚定了李斯特学好钢琴的决心。当他成为著名的钢琴家后，再回首这些往事时，他说："我要感谢契尔尼，如果没有他的当头一棒，我可能终生都活在骄傲自满当中，永远也不能成功。"

无数事实证明，学会感谢，会使你在挫折时看到差距，在不幸中得到慰藉，能极大地激发我们挑战困难的勇气，进而获取前进的动力。

感谢成功路上的磨难与挫折，因为所有的挫折都将成为"增益其所不能"的考验；感谢成功路上的失意与不幸，因为正是这些不完美让我们保持了健康的心态、完美的人格和信念，塑造了个性与众不同的自我。

感谢在生活中遇到的折磨，每一次痛苦发作的时候，也是成功能力增长的时候，这可以让女孩了解梦想和现实的差异，懂得如何去适应这个社会，可以推敲出以后的路该如何走……

跌倒了，爬起来

小时候蹒跚学步，我们总是跌倒了，爬起来继续向前走。成长的过程即是一个在挫折、失败、痛苦中经历成功、收获喜悦的过程。谁都会经历挫折、失败，关键是在跌倒之后，女孩是否有勇气站起来仍以灿烂的微笑面对生活。

1998年7月21日晚，在纽约世界友好运动会上，17岁的中国体操队队员桑兰意外受伤。随后她成了全世界最受关注的人，她的坚强也开始感动着世界。当时桑兰正在进行跳马比赛的赛前热身，在她起跳的那一瞬间，外国队一名教练"马"前探头干扰了她，导致她动作变形，从高空栽到地上，而且是头先着地。这个笑容甜美的姑娘来自浙江宁波，1993年进入国家队，个性温柔。在遭受如此重大的变故后她表现出难得的坚强。她的主

治医生说："桑兰表现得非常勇敢，她从未抱怨什么，对她我能找到表达的词就是'勇气'。"在知道自己再也站不起来之后，她也从不后悔练体操，她说："我对自己有信心，我永远不会放弃希望。"

因为她的坚强、乐观，美国院方称她为"伟大的中国人民的光辉形象"，国务院前副总理钱其琛在看望桑兰时说："中国领导人和中国人民都知道这位勇敢的女孩的事。"美国前总统克林顿、卡特和里根都曾给桑兰写信，赞扬她面对悲剧时表现出来的勇气和坚强。桑兰与"超人"会面的经过在美国ABC电视台播出，而这个电视台50年来只采访过两个中国人，其中一个是桑兰。

面对不幸和困境，桑兰坚强而自信地说："跌倒了再爬起来，这对体操运动员来说，是再平常不过的事情了，也是我的人生信念。对于自己过去所从事的体操事业，我从来没有后悔过，我现在只不过开始了一个新的、过去不熟悉的生活方式。尽管说自己现在重新站起来的可能性还不是很大，但我从来就没有放弃过希望。随着医学科学的进步，医学科学家肯定会研究出治疗脊柱脊髓损伤的新药。现在，我想拿的是人生的金牌。"

桑兰的坚强和乐观，不仅感动了世界，也同时为她自己迎来了新的生活。在困境和挫折面前，她的青春并没有因此而失去色彩，因为她的坚强，她的青春依然撒满了灿烂的阳光。

桑兰遇到的挫折可以说是对她人生的致命打击，残疾不仅意味着她的体操生涯就此夭折，也意味着她将终生坐在轮椅上，然而体育精神造就了她坚强的性格。在挫折之后，她选择的是坚强和微笑。在体育生涯中她是世界冠军，在人生之路上她仍然是世界冠军。正如法国大作家巴尔扎克所说："苦难对于天才是一块垫脚石，对于能干的人是一笔财富，而对于弱者则是一个万丈深渊。"

"苦难是人生最好的教育。"古今中外大量事实说明，伟大的人格无法在平庸中养成，只有经历磨难，潜能才会激发，视野才会开阔，灵魂才会升华，你才会走向成功。吃常人不能吃的苦，必然能做常人不能做的事。

从2006年开始，有一位传奇的"90后"作家子尤引起了世人的关注。作为一个享有"小狂人"盛誉的文学才子，和李敖先生的快意交谈，使他名声大振；作为一个和癌症病魔顽强斗争的花季少年，子尤用自己的乐观与坚韧，向世人诠释着生命的真谛。

处于16岁的花样年华，子尤却得了不治之症，一般的孩子可能很难接受这样的痛苦和不幸，但是子尤却以他的坚韧和乐观感动了世人，他说这场病"真是上帝送给我的最好的礼物……我给你们看我的生，给你们看我的死、我的爱、我的痛……"疾病没有摧垮子尤的意志，相反，给了他平日没有的灵感与感悟，成了他才情的催化剂。子尤执着地与死神进行抗争，他还写了一首小诗来描述和感悟这种斗争的过程："一次大手术，两次胸穿，三次骨穿，四次化疗，五次转院，六次病危，七次吐血，八个月头顶空空，九死一生，十分快活！"

从"十分快活"和前面文字的对比中，我们不难看出子尤的坚强。

现实生活中，有很多挫折和不幸，小到考试失利、小病小痛，大到亲人故去、家庭破裂等，这些不幸，有一些可以避免，有一些难以避免。无论是否可以避免，在面对它们的时候，请女孩拿出桑兰和子尤的坚强，不要怨天尤人，不要哭泣消沉，要挺起胸膛，微笑面对。当然，对于这两种挫折的具体应对方案是不同的。从可以避免的不幸中，我们应该尽量地吸取教训，反思自我，避免同样的情况再次发生；而对于那些不可避免的事实，只能以积极的心态去接受。可以伤心，但是绝不要消极退避或者自暴自弃，即使无数次地跌倒，也要无数次地爬起来。

牛顿的苹果和我的分数——正确归因

失败了之后女孩如何寻找失败的原因？在回答这个问题之前让我们先看看下面的同学对牛顿成功的不同归因。

晓敏："牛顿发现了万有引力，是因为苹果恰好那么幸运地砸到了牛顿的头上——如果砸到了我头上，说不定幸运的就是我了。"

晓菲："那是牛顿勤于思考的结果，否则就是下苹果雨，砸他千遍万遍也没有用。"

晓芬："勤于思考的人千千万万，为什么就牛顿的脑袋发现地球跟苹果有的这种关系呢？还不是因为他聪明！"

东东："聪明的勤于思考的人都难于穷尽，为什么就要到牛顿的时候才发现它呢？正如牛顿所说'我是站在巨人的肩膀上而已'，外部基础和环境才是主要原因。"

从4个人的回答中，你能推测当挫折降临的时候，他们会有怎么样的反应吗？

期中考试的英语成绩出来了。学习成绩一向前茅的晓芬还是得了全班的最高分92分。她并没有太大喜悦，觉得自己努力学习，方法得当，取得好成绩理所当然。学习成绩一向平平的晓菲这次拿了83分，这让她高兴万分。心里暗想经过这段时间的努力，终于有了大的进步，证明自己还是有能力的。但后来一想，是不是这次的题目太简单了呢？先前的快乐又减了几分。

东东则拿了个70分。原本成绩不错的他无疑大受打击。满脸不高兴的他心里想，这次的题目出得这么偏，难怪自己考不好了。晓敏拿了71分。但她并没有太多的不开心。因为晓敏兴趣广泛，能歌善舞，体育成绩好，足球踢得特棒，还是校乐队的主唱，学习成绩也不错，深受同学的欢迎。"这次没考好，不就是运气不好吗？"她想。所以她还拉东东放学后去打篮球。

以上几位同学在面对成绩时都有自己的内心活动，他们都在寻找自己取得好成绩或考得不好的原因。晓芬将取得好成绩归结为自身的努力和自己的能力；晓菲则将取得好成绩归结为自身努力的同时，也认为这可能是题目太简单的原因；东东则将考得不好归

结为题目太偏；而晓敏则认为是运气不好。

其实每个人在面对成功和失败时都会有意无意地去寻找其背后的原因。有的将原因归结为外部环境，有的将原因归结为自身。面对挫折的时候，我们应该如何归因，以找出问题的症结所在，从而避免失败呢？

1.运用集体的力量

一个人思考问题往往容易片面，你可以和几个朋友或者同学一起分析失败的原因，先由一个人对自己的具体情况进行分析，并提出自己的意见，其他同学则对他的原因表述进行评价，然后对所有评价进行总结，得出正确的归因。

2.给正确的归因一个肯定

当你的原因归纳得比较正确的时候，要积极地给予自己肯定和强化，这样就可以在头脑中形成一个积极的模式，有利于以后作出正确的判断。

3.多向别人学习

当你自己不知道如何归因的时候，你可以向身边的优秀同学学习，看他们遇到困难是如何归因、分析和学习的，然后将你观察学习的效果应用到日常的学习生活中去，形成自己的归因模式。

4.培养自信乐观的态度

在对待困难与挫折的时候，自信不足、悲观的人往往将失败归结为自身的不可控因素，只看到自己的不足，看不到自己的长处。如果你保持乐观、积极、向上的心态，就能比较恰当地归因。

燃烧挫折，化作动力

女孩还记得自己第一次学骑自行车的样子吗？你是一踏上去就能飞驰狂飙吗？是不是动不动就摔个四脚朝天，腿和胳臂上总是青一块紫一块的？但是最后你会骑车了，并且车技越来越高超。你还记得第一次得到老师表扬时的情景吗？你在受到称赞的那一刻想到的是什么呢？是不是想起曾经为了这个目标而日夜奋斗的场景呢？

不经历无数次的挫折又怎能尝到成功的甜美？一位哲人指出："挫折不该成为颓丧、失志的原因,应该成为新鲜的刺激。"唯一避免遇到挫折的方法是什么事都不做,没有失败,没有挫折,但也就无法成就伟大的事业。

你也许习惯于一种懒散的状态，随波逐流，不想或不愿去冒险，去挑战，以免让自己品尝到挫折的滋味，这会使你失去可贵的进取心。你或许在学习和生活中有过较小的挫折，但这不是一种刻骨铭心的失败，因此你对此可能不会留有深刻印象。可以这么说，几乎每个人都拥有相等的机会。没有一个人命中注定要过一种失败的生活，也没有一个人命中注定总会一帆风顺。机遇要靠自己去探索，去把握，去牢牢地抓住。要想成功，就要敢于冒险，敢于面对挫折，并要有战胜挫折的勇气。

其实，适度的挫折对人生的成长具有一定的积极意义，它可以帮助人们驱走惰性，促使人奋进。挫折是一种挑战和考验，生活中许多轻度挫折是意志力的"运动场"。当你大汗淋漓地跑完全程，克服了生活的挫折，就会获得愉快的体验。英国哲学家培根说过："超越自然的奇迹多是在对逆境的征服中出现的。"而心理学家把轻度的挫折比作精神补品，因为每战胜一次挫折，都强化了自身的力量，为下一次应对挫折提供了精神力量。关键问题是应该如何面对挫折，有效地进行自我调适，进而提高自己的耐挫能力，化阻力为动力。那么面对挫折，女孩们应当如何去做呢？

首先，应进行冷静分析，从客观、主观、目标、环境、条件等方面，找出受挫的原因，采取有效的补救措施。一个自信乐观、不畏挫折的人，往往是个能够容忍失败、善于自我宽慰的人，他能认识到，正是挫折和教训才使自身变得聪明和成熟，正是失败本身最终造就了成功。

其次，还要学会化解、转移挫折带来的消极情绪。你可以向自己的亲朋好友倾诉你遭受挫折的心中不快以及今后打算；也可以从事有趣的集体活动，让自己的情感和精力转移到有益的活动当中，从而改变内心的压抑状态，以求得身心的轻松，让目光面向未来。如果能利用种种挫折，把它"燃烧"起来，化为动力，来促使你更上一层楼，那么一定可以实现自己的理想。

学会承受失败

人生一世，谁能够没有失败？而杰出者与庸人的区别就在于：如何直面失败。

1934年，当希特勒统率军队时，丘吉尔喊出战争的危机，英国的政客们一笑置之；当德军侵入奥地利时，英国首相张伯伦与希特勒签署了以牺牲捷克斯洛伐克换取欧洲和平的"慕尼黑协议"，得意洋洋地向英国人民宣布：战争不会发生了！但丘吉尔却警告说，战争快要来临了！政客们对他怒目斥之。丘吉尔因而竞选失败。他坚持己见，又引起公愤，以至于被报纸指责为"缺乏谨慎和判断力"。

丘吉尔的远见卓识竟被因循守旧、苟且偷生的一些人当成了一文不值的垃圾。这种失败的境遇足以使一个人垂头丧气或是气得发疯，可是丘吉尔却像得胜回朝，依然衔着雪茄，悠然自得，还跑回家乡的别墅度假去了。他兴致勃勃地画画、看书、写作，好像他从来都一帆风顺，从未失败过似的。第二次世界大战爆发了，人们才想起有丘吉尔这个不受欢迎的人。因为他是唯一能在和平时刻洞察战争危机的人，只是他的预言和警言被世人领悟得太晚了。于是1940年丘吉尔崭露头角，当上了英国首相。

在失败面前，丘吉尔镇定自若的风度，令我们钦佩，也值得借鉴。

有一位年轻人，一心想成为出色的赛车手。服兵役时，他开过卡车。退役后，他去了一家农场开车。由于业余时间他常去赛车，名次不太好，使得他欠下一笔数目不小的债务。

某一年，他参加了威斯康星州的赛车比赛。当赛程进行到半程的时候，他的赛车位列第三，他有很大的希望在这次比赛中获得好的名次。

突然，他前面那两辆赛车发生了相撞事故，他迅速地转动赛车的方向盘，试图避开他们，但终究因为车速太快未能成功。结果，他撞到车道旁的墙壁上，赛车在燃烧中停了下来。

当他被救出来时，手已经被烧焦，鼻子也不见了，体表烧伤面积达40%。医生给他做了7个小时的手术之后，才使他从死神的手中挣脱出来。

经历这次事故，尽管他的性命保住了，可他的手萎缩得像鸡爪一样。医生告诉他说："以后你再也不能开车了。"

然而，他并没有因此而灰心绝望。为了实现那个久远的梦想，他决心再一次为成功付出代价。他接受了一系列植皮手术，为了恢复手指的灵活性，每天他都不停地练习用残余部分去抓木条，有时疼得浑身大汗淋漓，而他仍然坚持着。

他始终坚信自己的能力。在做完最后一次手术之后，他回到了农场，换用开推土机的办法使自己的手掌重新磨出老茧，并继续练习赛车。

仅仅是在9个月之后，他又重返赛场！他首先参加了一场公益性的赛车比赛，但没有获胜，因为他的车在中途意外地熄了火。不过，在随后的一次全程200英里（约为322千米）的汽车比赛中，他取得了第二名的成绩。

又过了两个月，仍是在上次发生事故的那个赛场上，他满怀信心地驾车驶入赛场。经过一番激烈的角逐，他最终赢得了250英里（约为403千米）比赛的冠军。

他，就是美国颇具传奇色彩的伟大赛车手——吉米·哈里波斯。

生活中，许多人要是没有遇到失败，就不会发现自己真正的才干。他们若不遇到极大的挫折，不遇到对他们生命本质的打击，就不知道怎样发掘自己内部潜藏的力量。

爱默生说："伟大人物最明显的标志，就是坚定的意志，不管环境变化到何种地步，他的初衷与希望，仍然不会有丝毫的改变，而终至克服障碍，以达到所企望的目的。"

卡耐基说："跌倒了再站起来，在失败中求胜利。"这也是历代伟人的成功秘诀。

失败是对一个人人格的考验。一个人除了自己的生命以外，在一切都已丧失的情况下，内在的力量到底还有多少？没有勇气继续奋斗的人，自认失败的人，那么他所有的能力，便会全部消失。而只有毫无畏惧、勇往直前、永不放弃人生责任的人，才会在自己的生命里有伟大的进展。

铁，要经过千锤百炼才能成钢；一个普通的人，要经过千锤百炼才能成为一个成功者、胜利者。在他奋斗进取的过程中，每一次失败就是一次锤炼。一个普通的人，身上有很多的缺陷、弱点和短处，带着这些毛病，他是不可能成为一个胜利者、成功者的。只有在失败的痛苦磨炼中，人们才肯丢掉这些毛病。

女孩在面对失败、挫折时，要做到以下几点：

（1）停止抱怨。不断地抱怨问题，只会让你情绪迅速低落。如果你想找出一个解决问题的办法，谈论你的问题是好的，但是让自己成为一个悲剧的主角只会使你持续抱有消极态度，并且一次又一次地提起它，不堪其扰。上帝对每个人都是公平的，抱怨最终只会让自己更被动。

（2）坦然接受事实。千万不要让失败日夜折磨自己的心灵。默默地接受这些事实吧，这会使你的情绪好一些，并且使你对将来抱有积极的态度。

那些错误、背叛你的朋友、你干过的傻事，统统让它们从你的脑海中消失吧！吸取教训并且勇往直前，而不是一直提醒自己这些事情，让它们把你拖垮。你的目标只有一个，就是成功。

（3）依然保持乐观积极的面貌，采用自我心理调适法，提高心理承受能力。

一些研究发现，当心情沮丧的时候做一些你喜欢的事情，或者是购物，或者是"虚度光阴"，都有助于提高你的免疫系统的工作效率、释放紧张情绪。偶尔地放纵一下自己，你会更充满力量。

在疲倦和沮丧的时候不要躺下，那只能让你更消沉。站起来意味着你会更警醒、能够更快地思考、更好地解决问题和保持积极。

（4）调整思路，降低脱离实际的目标，及时改变策略。

每天对自己说一句：Yes，I can

要取得成功，我们须经受得住失败的考验，因此，如果我们能克服自己的弱点，能忍受他人难以忍受的艰难，也就能更好地解决问题，获得成功。

著名的新东方学校有一个出名的"扫地王"——张少云。他来自贫穷的农村，在新东方实用英语学院读了两年非正式的大专英语，毕业后就在新东方看教室、打扫卫生，但他发誓"扫地也一定要扫出出息来，扫出前途来"！他一边干好本职工作，一边确定了在新东方教书的目标。他在家里挂了一个小黑板，模拟课堂，一遍一遍地讲，一遍一遍地写，坚持了1年多。到了2002年年初，他把这小黑板带到新东方大楼，直接给招聘主管老师模拟讲课，一举成功。现在，张少云已经成为新东方学校最优秀的讲师之一。

巴尔扎克听从父亲的意愿做了法律系的一名大学生。大学毕业后，他觉得自己完全可以在文学方面做得更出色，于是他放弃了父亲对他做的安排，毅然拿起笔来搞写作。为此他的父亲非常生气，以至于父子关系十分紧张。不久，恼怒的父亲便不再向他提供任何生活费用，而他写的那些作品又不断地被退回来，他陷入了困境，开始负债累累。"我一定能够成功！"看着退回来的稿子，巴尔扎克非但没有放弃努力，反而把全部的心思用在写作上。

最困难的时候，巴尔扎克只能吃点干面包，喝点白开水。但他很乐观，每当就餐时，他便在桌子上画一只只盘子，上面写上"香肠"、"火腿"、"奶酪"、"牛排"等字样，然后在想象的欢乐中狼吞虎咽。在这段艰难的日子里，巴尔扎克竟破费700法郎买了一根镶着玛瑙石的粗大的手杖，并在手杖上刻了一行字：我将粉碎一切障碍。

他用这句气壮山河的名言表达出他内心的自信，也正是这句名言支持着他，走过了那段艰难的日子。后来的事实证明，他成功了，并跻身世界大文豪之列。

对我们来说，苦难是一种激励，能坚定我们的思想，挖掘我们的潜力。钻石愈坚硬，它的光彩也愈炫目，而要将其光彩显示出来所需的琢磨也愈有力。只有琢磨，才能显露出钻石的全部美丽来。火石不经摩擦，不会发出火光；同样，我们不遇刺激，我们的潜力也将永远不会发挥出来。

只有善于在艰难困苦中向生活学习，磨砺意志，才能在最险峭的山崖上扎根成长为最伟岸挺拔的大树，昂首向天。

比尔·盖茨在接受世界八大财经媒体之一的《金融时报》采访时说："我有过颓丧和胆怯，微软公司在每次起飞过程中遇到的困难和阻力一次比一次大，从技术难关、竞争对手的围攻到政府的指控，如果我不是最终以勇气和毅力战胜颓丧和胆怯，恐怕早就被市场竞争的浪潮淹没了。"

大多数的成功者出身贫寒或学历较低，他们白手起家创大业，赢得了令人羡慕的成就，他们没有一个是一帆风顺，不经失败和挫折就获得成功的。

帆船利用帆来决定前进的方向，人生也是经由女孩的思想来决定幸福或不幸。

下面这首诗十足表现出了自我暗示的卓越功能：

你想你会输，你便会输。

你想你已无救，你便无救。

你想你也许不会胜利，你便不会胜利。

你想你将失败，你便失败。

看看这个社会吧，成功永远属于将愿望坚持到底的人。

你想必定胜利，你便胜利。

你想奋发，你想向上，你便成为奋发向上的人。

努力吧，重新站起。

强有力的人不一定胜利，感觉灵活的人也不一定成功。坚信"我能够"，胜利便非你莫属！

女孩们，这首诗里最重要的一句话是什么？请再看一回，再找一遍吧，然后也请将它的意义深深铭记在心里。

试着把劣势转化为优势

女孩们，也许你为相貌、身材抱怨过，为家庭条件、工作环境发牢骚。有时，奋力追求的却毫无结果。但，只要你还有乐观、积极、智慧，就能扭转自己的人生劣势，出奇制胜。

女孩们听过"出卖落后"的故事吗?

某个岛国的一个偏僻小山村几乎与世隔绝,十分落后,生活极为困苦。

一天,村里一位智者召集全村人,语重心长地说:"如今都是什么年代了,咱村的人还过着和原始人差不多的生活,我们深感内疚和痛心! 不过,大都市里的人过着现代化生活的时间长了,一定会感到乏味。咱不妨走点回头路,干脆过原始人的生活,利用咱的'落后'出卖'落后',也许会招来很多城里人。咱们呢,也可以借此机会做生意赚钱。"

这一计划博得全村人的喝彩。从此,全村人开始模仿原始人的生活方式,在树上搭房,穿树叶纺织的衣服……

不久,日本新闻媒介惊奇地发现并报道了这个过着"原始人生活"的小山村。此后,成千上万的人慕名而至,参观者络绎不绝,众多的游客为山村带来了可观的财富。有经营头脑的人也来了,他们来这里修路、造宾馆、开商店,将这里开辟为旅游点。小山村的人趁机做各种生意,终于富裕起来了。过了若干年,这里的居民白天上树成为一种职业,晚上回到地面,脱掉兽皮树叶做的衣服,穿了现代时髦服装,住进建筑在景点外围的水泥结构的宿舍里,过上了现代化生活。

故事告诉我们:有的时候劣势、缺点不一定是件坏事,如果引导得好,就会把它转化为优势。

把自己最弱的部分转化为最强的优势,对任何人都非常重要。

曾经,在海外华人中声誉最高的两名中国人中,其中之一就是李小龙。但是却很少有人知道,李小龙练武本来是有先天缺陷的。

首先,他是近视眼,必须戴着隐形眼镜。

对此,李小龙坦诚地说:"从小我就近视,所以我从咏春拳学起,因为它最适合做贴身战斗。"

其次,他的两脚不一样长,右脚比左脚短五寸,但也正因为如此,他左脚专事远踢、高踢,如狂风扫叶;右脚专事短促的阻击性踢法或隐蔽性踢法,近身发腿如发炮。同时,两腿长度的不一致使他摆出的格斗姿势优美别致,独具特色,成为一种武功流派的典型。

美国总统罗斯福天生长了一张难看的大嘴,嘴唇又厚又黑,牙齿也极不整齐。后来有人出谋,精心为其制作了一个大烟斗,每次讲演时,他都将那个大烟斗轻轻托于嘴旁,这不仅遮掩了他那张大嘴的难堪,而且使他那别具一格的演讲家气质显得更加动人潇洒。

当然,我们并非都要像这些伟人一样,但我们可以从他们那里学到一些如何应付弱势,以及如何充分利用已经出现的不能改变的弱势,化不利为有利,为自己战胜失败的人生助一臂之力。

格兰恩·卡宁汉自小双腿因烧伤无法走路,但是他却成为奥运会历史上长跑最快的选手之一。

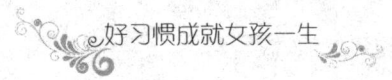

他认为，一个运动员的成功，85％靠的是信心及积极的思想。换句话说，你要坚信自己可以达到目标。他说："你必须在三个不同的层次上去努力，即生理、心理与精神。其中精神层次最能帮助你，我不相信天下有办不到的事。"

拥有积极的心态，就能使一个人将自己的弱点积极地转化为最强的部分。这种转化的过程有点类似焊接金属一样，如果有一片金属破裂，经过焊接后，它反而比原来的金属更坚固。这是因为高度的热力使金属的分子结构结合得更为严密的缘故。

女孩可以根据下列步骤，把自己的弱点转化为优点：

（1）孤立弱点，将它研究透彻，然后设计一个计划加以克服。

（2）详细列出你期望达到的目标。

（3）想象一幅将你自己的弱势变成强势的景象。

（4）立即开始，努力成为你希望的强人。

（5）在你的最弱之处，采取最强的步骤。

（6）请求他人的帮助，相信他们会这样做的。

将每一次教训铭记下来

古人说："吃一堑，长一智。"女孩们，形形色色的失败并不可怕，学会将每一次教训铭记下来，才是关键之处。

一家大公司招聘人才，应者云集，其中多为高学历、多证书、有相关工作经验的人。经过3轮淘汰，还剩下11个应聘者，最终将留用6个。可想而知，这一轮的竞争将会更加残酷。为了公平、公正而又不致百密一疏，一直在幕后的总裁终于站到前台，亲自担任了第4轮的主考官。

他扫了考场一眼，那里坐着的不是11个而是12个。"谁不是应聘的？"总裁问。

"是我。"后排一个男子应声站起，"不瞒您说，我第一轮就被淘汰了，但我想参加一下面试。"在场的人都笑了，包括站在门口一位服务员打扮的老头儿。

"你第一关都过不了，现在面试又有什么意义呢？"总裁面带微笑，那通常是对失败者的安慰和宽容。

"我掌握了很多财富，我本人就是财富。"

大家又一次笑开了，包括主考官，只有那位老服务员没有笑。

"我只有一个本科学历，一个中级职称，但我有11年工作经验，我先后在18家公司任过职……"

"你的学历和职称都不算高，11年中你跳了18次槽，太叫人吃惊了……""我没有跳槽，而是我就业的公司先后破产，我不能在一棵已经枯萎的树上吊死。""你真是倒霉。"总裁摇了摇头，朝门口看了一眼，显然，他是想结束这场毫无意义的谈话了。一直站在门口的服务员拎着水壶走过来，给总裁的杯子里斟满了水。

"我不认为这是我自己的失败，我只有 31 岁，我很了解那些公司，我也曾和大伙一起，帮他们出主意，力求挽救它们，虽然最终还是失败了，但我从中学到了许多东西。很多人只是追求成功的经验，而我却拥有避免失败和错误的经验。"应试者边说边朝门口走过去，"我认为，成功的经验是相似的，而失败的原因却千差万别。别人的成功经验不太容易成为我们的财富，而别人的失败过程却不难转化为我们的经验。"

这时，应试者微微一笑，说："你们不相信我在这些年中积累起来的经验和培养成的观察力是不是？我现在只举一个小例子，今天担任面试主考官的，不是主考位置上的那一位，而是这位端茶倒水的老先生。"

全场哗然，十多双眼睛不约而同地投向那位老服务员。老人朗声笑了，慢慢直起身来，说："很好，你第一个被录用了，因为我急于知道，我表演失败的原因是什么。"

故事很有趣，也引人深思。

"聪明的人，经历一次教训比蠢人受 100 次鞭挞还深刻。"这句话点出了聪明与愚蠢的最大区别。女孩们，其实只要你认真回忆一下，就会发现，你的逐渐长大的过程，就是一个不断犯错误，又不断调整自己，不断进步的过程。

苏格拉底说，一个没有经过检视的生命是不值得活的。柏拉图更进一步说，内省是做人的责任，没有内省能力的人不配做人，人只有透过自我内省才能实现美德与道德。聪明的人懂得内省，他们能够做到"吃一堑，长一智"，从来不在同一个地方跌倒两次。

只有在失败的铁锤的无情锤击下，人们才能变得更坚强，更有韧性，更懂得生活，更懂得人的价值。失败是痛苦的、无情的。失败带来了损失，甚至是灾难。在它发生之前，我们要尽力地避免它。但是在它既已发生之后，我们就不要把它完全看作是消极的东西，而要充分认识到它的积极作用，把它作为提高自己精神力量的好机会。人不怕犯错误，关键是要知错能改。对于所犯的每一次错误，我们都应该对它有所分析和记录，避免下次重蹈覆辙。这样，错误就变成了经验。从某种程度上说，这些经验比我们最后的结果还要宝贵。

正是因为不断地经受磨难，人才能变得更加坚强。在日本有个"八起会"，这是那些因不走运而倒闭的经营者们的集会。他们的领导者曾以"失败是开路的手杖"为题，为"八起会"的成员们作了讲演，这给予当时在座者极大的鼓舞。

的确，人们从失败的教训中学到的东西，比从成功的经验中学到的还要多。

失败的原因很多，其中有骄傲自大、过分自满、夸海口、滥用职权等。总之，大体上都是因为一些小事而导致巨大的损失。中国的韩非子曾说过："不会被一座山压倒，却可能被一块石头绊倒。"但是，无论什么样的失败，只要女孩跌倒后又爬起来，跌倒的教训就会成为有益的经验，帮助你取得未来的成功。

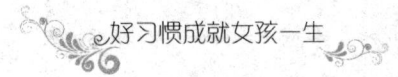

面对困境，再试一次

1948年，牛津大学举办了一个题为"成功的秘诀"的讲座，邀请丘吉尔前来演讲。

演讲的那一天，会场上人山人海，全世界各大新闻机构的记者都到齐了。

上台后，丘吉尔用手势止住掌声，说："我的成功秘诀有3个：

"第一是，绝不放弃；

"第二是，绝不绝不放弃；

"第三是，绝不放弃，绝不放弃，绝不放弃。

"我的演讲结束了。"

说完他就走下了讲台。

会场上沉寂了一分钟后，突然爆发出热烈的掌声，久久不息。这成为他最著名的一次演讲。

放眼古今中外的历史，可以说，成功者大都是经历失败最多、挫折最重的人。

儒勒·凡尔纳，不仅是著名作家，而且是科幻小说之父。可他的第一部科幻小说《乘气球五周记》投稿之后，竟被15次退稿，气得他差一点把稿子投进壁炉烧掉。世界短篇小说大师莫泊桑在他的成名作《羊脂球》发表之前，已经写了多少没有发表的作品呢？其稿子累积起来足有写字台那么高。就说我国小说创作和出版成就卓著的贾平凹吧，他的奋斗自然也是艰苦的。他起初寄往四面八方的小说稿被一篇又一篇连续不断地退回，竟有127篇之多。

如丘吉尔一样，他们最终成功的法宝是：永不言弃，再试一次。

不轻言放弃，再难的事也能成功。没有恒心，遇到困难就中途放弃，则一事无成，再容易的事也会成为困难的事。

天下事最难的不过1/10，能做成的有9/10。要想成就大事大业的人，尤其要有恒心来成就它，要以坚忍不拔的毅力、百折不挠的精神、排除纷繁复杂的耐性、坚贞不屈的气质，作为涵养恒心的要素。

一个人之所以成功，不是上天赐给的，而是日积月累自我塑造的，千万不能存有侥幸的心理。幸运、成功永远只会属于辛劳的人，有恒心不轻言放弃的人，能坚持到底的人。事业如此，德业如此。

"冰冻三尺，非一日之寒。"从这个自然现象中就能体现出恒心来，一日曝之，十日寒之；一日而作，十日所辍，成功的概率，几乎等于零。

大发明家爱迪生曾说："我从来不做投机取巧的事情。我的发明除了照相术，没有一项是由于幸运之神的光顾。一旦我下定决心，知道我应该往哪个方向努力，我就会勇往直前，一遍一遍地试验，直到产生最终的结果。"

凡事不能持之以恒，正是很多人失败的根源。让我们一同来读英国诗人布朗宁的诗，以此共勉：

实事求是的人要找一件小事做，

找到事情就去做。

空腹高心的人要找一件大事做，

没有找到则身已故。

实事求是的人做了一件又一件，

不久就做一百件。

空腹高心的人一下要做百万件，

结果一件也未实现。

生活中，女孩面对失败、厄运时，不妨试试如下建议：

（1）认清失败的本质。如何看待失败，完全是一个态度问题，只要你不服输，失败就不是定局。

（2）检讨失败，吸取教训。要把失败看作是学习的机会。

（3）毅力要与行动结合。

（4）告诉自己："我一定能做到！"如果你一遇到困难就认为无法解决，那么就真的不会找到出路，因此一定要拒绝"无能为力"的想法。不要钻牛角尖。如果遇到一个难以解决的困难，不妨先停下来，找出原因，然后再重新开始。

（5）看清自己的弱点。从失败中学习，最难的是找出并正视导致失败的个人弱点。这个过程需要有真正坦诚的个性。一旦你看清自己的弱点，就要开始努力克服。

（6）成功是一连串的奋斗。千万不要把失败的责任推给你的命运。如果你失败了，那么继续奋斗吧！

善用头脑，让人生反败为胜

有人说：方法总比困难多。简单的生活中却有丰富的哲理。会找方法，女孩们可以改写人生的结尾。

南宋时，杭州曾发生过一次大火灾，数以万计的房屋商铺置于汪洋火海之中，顷刻之间化为废墟。有一位裴姓富商苦心经营了大半生的几间当铺和珠宝店，也恰在那条闹市中。火势越来越猛，他大半辈子的心血眼看毁于一旦，但是他并没有让伙计和奴仆冲进火海，舍命抢救珠宝财物，而是不慌不忙地指挥他们迅速撤离，一副听天由命的神态，令众人大惑不解。

然后他不动声色地派人从长江沿岸平价购回大量木材、毛竹、砖瓦、石灰等建筑用材。当这些材料像小山一样堆起来的时候，他又归于沉寂，整天品茶饮酒，逍遥自在，好像失火压根儿与他毫不相干。

大火烧了数十日之后被扑灭了，但是曾经车水马龙的杭州，大半个城已经是墙倒房塌，一片狼藉。不几日，朝廷颁旨：重建杭州城，凡销售建筑用材者一律免税。于是杭州城内一时大兴土木，建筑用材供不应求，价格陡涨。裴姓商人趁机抛售建材，获利巨大，其数额远远大于被火灾焚毁的财产。

故事说明：善用头脑，胜败可以由我们驾驭。

客观情况虽不利，我们完全可以凭主观上的努力去反败为胜。

那么，女孩要怎样找方法，让人生反败为胜呢？

（1）屡败屡战。

（2）绝不能等待。如果在困难面前你只是期待别人的帮助，你只会得到失望。

（3）开口求助。拒绝或忽视可能的协助，只会导致失败。

（4）不要在心里制造失败。要记住，不管如何失败，都只不过是不断茁壮发展过程中的一幕而已。

（5）抛弃消极思想。

（6）把握要点。俗话说："打蛇要打七寸。"对待问题，也要把握住问题的"七寸"，要能把问题"置于死地"。

（7）积极思考，是激发积极行动的动力。

坚持就是希望

刚刚开始了几天的晨起运动是不是又因为你想睡懒觉而放弃了？没执行多久的学习计划是否也因为你的不能坚持而被迫中断了？也许在日常生活中女孩们经常会遇到这种情况，开始时雄心勃勃，最后却是草草收尾。

世上最容易的事是坚持，最难的事也是坚持。能否坚持不懈，是界定一个人成功与失败的分水岭。很多女孩容易产生急躁的情绪，许多事情就会浅尝辄止，只一个小小的放弃的念头，就会让青春与成功失之交臂。

一次，古希腊大哲学家苏格拉底对他的学生们说："今天咱们只学一件最简单也是最容易做的事儿。每人把胳膊尽量往前甩，然后再尽量往后甩。"说着，苏格拉底示范做了一遍："从今天开始，每天做300下。大家能做到吗？"

学生们都笑了。这么简单的事，有什么做不到的？过了一个月，苏格拉底问学生们："每天甩手300下，哪些同学坚持了？"有90%的同学骄傲地举起了手。

又过了一个月，苏格拉底又问，这回，坚持下来的学生只剩下八成。

一年过后，苏格拉底再一次问大家："请告诉我，最简单的甩手运动，还有哪几位同学坚持了？"这时，整个教室里只有一人举起了手。

这个学生就是大哲学家柏拉图。

比尔·盖茨认为，巨大的成功靠的不是力量而是韧性。如今社会的竞争常常是持久力的竞争，有恒心、有毅力的人往往能够成为笑到最后、笑得最好的人。对于女孩来讲，恒心和毅力是成功的必要条件，如果半途而废，浅尝辄止，那么梦想永远只能是梦想。

像参加马拉松赛跑，最初参加竞赛的人可以说是成百上千。但是跑出一段路程之后，参赛的人便渐渐少起来。原因是坚持不下去的人，逐渐自我淘汰了，而且越到后面人越少，全程都跑完能够冲刺的人更少，冠军实际上就是在这些坚持到最后的人当中产生的。

马拉松赛跑与其说是赛速度，不如说是比耐力，就是看谁能够坚持到最后。

日本象棋第15代名人大山康晴曾说过："当你认为已经必死无疑了，却经常有起死回生的情形出现。"因此，一直到最后关头都不要轻言放弃，在黑暗之中力求寻觅一线曙光的机会。他曾说出一段亲身体验：

照相机、闪光灯的闪烁和声响，使已经明白战败的我，重燃起一股奋战到底的勇气，究竟为什么我已不曾记得了。我咬紧嘴唇，心想或许还有一线生机。时间最后只剩下一个多小时，在专家看来胜负已成定局，休息室的观众大多也判定"大山败北"，只有我还在埋头苦干。我此时反以旁观者的身份来看自己是否能战胜自己……我可以感觉到旁观者都认为我输定了。

观战者都在谈论着："大山这家伙怎么还不投降！"但是我的敌人是自己，高岛八段一轮猛烈无比的进攻我都咬紧牙关硬撑了下来，时间一分一秒地流逝，高岛八段的一连串攻击似乎未见成效，而在强烈的攻击中也忽略了许多不起眼的要点，最后在疲劳的拖累下，他开始显得焦躁不安。

反正我是输定了，我想。在长时间的焦躁情绪中，高岛终于犯下大错。顿时，两人成了平分秋色的局面。最后，高岛终于弃子认输了。

本来是一面倒的局势，却因为采取哀兵之姿，最后关头终于反败为胜。当时与其说是因赢得胜利而高兴，倒不如说是因为战胜自己而雀跃不已。

从上面这些例子可以知道，当事情愈来愈难做时，当失败如排山倒海般压过来时，大多数人会选择离开，只有意志坚强的人才能够坚持到底。而最后的胜利，也往往属于这些坚持到底的人。所以，女孩们，当你快要坚持不住的时候，你知道应该怎样做了吗？

挫折和磨难也值得感谢

女孩们，困难和挫折是人生中不可避免的。有的人成功了，是因为他们能够坚强地面对；而有的人失败了，是因为他们面对困难一蹶不振，失去了继续拼搏的勇气。伟大的发明家爱迪生说过，厄运对乐观的人无可奈何，面对厄运和打击，乐观的人总会选择用微笑来迎接挫折。

其实，谁都有面临困难与逆境的时候，关键是看我们怎样处理。有些人在逆境中永

远消极，成为一个永远的失败者;而有些人却能够积极地面对逆境，冲出重围，走向成功。

琼妮小姐是新西兰一位建筑商的女儿，移居美国后，曾在休斯敦一家电视台工作，1990 年起任 CNN 摄影记者。1992 年 6 月，她被派往萨拉热窝进行战地采访。在那里，曾有多名记者丧生。

琼妮在萨拉热窝逗留 6 个星期后，已经习惯周围的流弹。一天清早，一颗子弹击穿车窗玻璃，正好击中她的脸部，几乎掀掉了她的半边脸，她的颧骨被打得粉碎，牙齿没有了，舌头被打断。送到诊所时，大夫们直摇头，认为她不行了。经过 20 多次手术后，她又奇迹般地回到了工作岗位。这时的她，下颌仍无感觉，脸部还留着弹片，体重减轻了 8 公斤。令大家吃惊的是，她要求重返萨拉热窝。

她幽默地说:"说不定我还能在那里找回我的牙齿。"她甚至想认识一下当初袭击她的枪手。

有人问她，见到那个枪手后怎么办。她说:"我会请他喝一杯，问他几个问题，比方说当时距离有多远。"

琼妮面对厄运的乐观态度证明她是一个具有坚韧毅力的女孩，正是这种乐观的性格，使她能够迅速摆脱挫折的阴影，积极地投入新的工作中去。

也许，女孩们不会遭遇到琼妮那样的厄运和困境，但是我们在成长和生活过程中也会遇到各种障碍、困难，遭遇很多失败、痛苦。在挫折面前，有的人会出现暴怒、恐慌、悲哀、沮丧、退缩等情绪，影响了学习和工作，损害了身心健康;而有的人却一样能够笑对挫折，对环境的变化作出灵敏的反应，善于把不利条件化为有利条件，摆脱失败，走向成功。

因此，面对苦难和挫折，女孩要抬起头来，笑对它，相信"这一切都会过去，今后会好起来的"。希望是不幸者的第二灵魂。向往美好的未来，是困难时最好的自我安慰。在多难而漫长的人生路上，女孩们需要一颗健康的心，需要绚烂的笑容。苦难是一所没人愿意上的大学，但从那里毕业的，都是强者。

进取心——做自己命运的开拓者

著名黑人领袖马丁·路德·金说过:"世界上人们所做的每一件事都是抱着希望而做成的。"人的进取心越大，欲望也就愈强烈，就愈靠近目标。正如同弓拉得越满，箭头就飞得越远一样。有了明确、高远的目标，又有火热的、坚不可摧的愿望力量，必然产生坚决有力的行动。一个人只有不畏困难，不轻言失败，信心百倍，朝着既定目标永不回头，才能在有生之年走向成功。实现目标的欲望越强烈，成功的可能性就越大;相反，没有坚不可摧的成功愿望，目标就永远不可能达到。

有一位出身贫寒的农家少年，每当闲暇时间，他总要拿出祖父在他8岁那年送他的生日礼物——一幅已被摩挲得卷边的世界地图。他年轻的目光一遍遍浏览着地图上标注的城市，飘逸的思绪亦随之纵横驰骋，渴望抵达的翅膀，在幻想的风景中自由翱翔……

15岁那年，这位少年写下了他气势不凡的计划书——《一生的志愿》："要到尼罗河、亚马孙河和刚果河探险；要登上珠穆朗玛峰、乞力马扎罗山和麦金利峰；驾驭大象、骆驼、鸵鸟和野马；探访马可·波罗和亚历山大一世走过的道路；主演一部《人猿泰山》那样的电影；驾驶飞行器起飞降落；读完莎士比亚、柏拉图和亚里士多德的著作；谱一部乐曲；写一本书；拥有一项发明专利；给非洲的孩子筹集100万美元捐款……"他洋洋洒洒地列举了127项人生的宏伟志愿。这些志愿不要说实现它们，就是看一看，就足够让人望而生畏了。难怪许多人看过他设定的这些远大目标后，都一笑置之。所有人都认为：那不过是一个孩子天真的梦想而已，随着时光的流逝，很快就会烟消云散。

然而，少年的心却被他那庞大的《一生的志愿》鼓荡得风帆劲起，他的脑海里一次次地浮现出自己漂流在尼罗河上的情景，梦中一次次闪现出他登上乞力马扎罗山巅峰的豪迈，甚至在放牧归来的路上，他也会沉浸在与那些著名人物交流的遐想之中……没错，他的全部心思都已经被自己《一生的志愿》紧紧地牵引着，并让他从此开始了将梦想转变为现实的漫漫征程。

毫无疑问，那是一场壮丽的人生跋涉，也是一场异常艰难、简直无法想象的生命之旅。他一路豪情壮志，一路风霜雨雪，硬是把一个个近乎空想的凤愿变成了一个个活生生的现实，他也因此一次次地品味到了搏击与成功的喜悦。44年后，他终于实现了《一生的志愿》中的106个愿望。

他就是20世纪著名的探险家——约翰·戈德。

有人惊讶地追问他，是凭借怎样的力量把那么多的艰辛都踩在脚下，把那么多的险境都变成了攀登的基石？

他微笑着回答道："我总是让心灵先到达那个地方，随后，周身就有了一股神奇的力量。接下来，就只需要沿着心灵的召唤前进。"

进取心是推动一个人不断前进的强大动力。约翰·戈德的成功就在于积极进取的人生态度。一旦养成一种不断自我激励、始终向着更高目标前进的习惯，很多不良习性都会逐渐消失。进取心最终会成为一种伟大的自我激励力量，它会使我们的人生更加崇高。

那么，进取心源于哪里？它是怎样进入你生命的呢？什么是人的进取心？进取心是怎么来的，它有多重要？事实上，如果能解释进取心的本质，那么你也就能解释宇宙的奥秘了。激励你前进的，是你生命中的一种有趣而又神秘的力量。它存在于每个人的生命中，就像你自我保护的本能一样。它能促使一个人做他自己应该做的事，而不是在被动的状态下接受任务。胡巴特说："这个世界愿对一件事情赠与大奖，包括金钱和荣誉，那就是'进取心'。"

进取心是女孩人生的支柱。一旦你有幸受这种伟大推动力的引导和驱使，就会获得成功。因为进取心，这种内在的推动力从不允许你停下来，它总是激励你为了明天的成

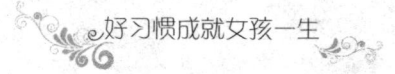

功而努力。你今天所达到的境地也许足以令人羡慕,但是你今日的位置和昨日的位置一样,无法让自己完全满足。一旦你想原地踏步时,你的耳边就会响起一个声音,召唤你追求进一步的成功。

一旦养成一种不断自我激励、始终向着更高目标前进的习惯,女孩身上的很多不良习性就会逐渐消失。进取心最终会成为一种伟大的自信心。当你的进取心达到不可遏止的状态的时候,你的成功也就成为必然,而你也就不会对学习产生一丝厌恶感,不会在失败后有放弃的念头,你的人生也会因此而一往无前。

信念——找寻奇迹的萌发点

每个人都有自己的理想和目标,但是并不是所有的人都能够实现自己的理想和目标,因为有的人平庸、有的人上进、有的人坚强、有的人怯懦。一个成功的人总能用心中的目标时时激励自己坚持、前进,这就是信念。

美国纽约州第一位黑人州长罗尔斯从小并不怎么受老师欢迎,他跟那里很多孩子一样有着诸多不良习惯:总是口出秽语,还喜欢逃课打架……刚上任的教师奥里森煞费苦心地劝说这些孩子,但却像对牛弹琴一样,一点儿效果也没有。

奥里森实在不甘心看到这些孩子再这样发展下去,便想出了一个绝妙的方法。他知道这里的人们非常迷信,于是就在课堂上给孩子们看起了手相。起初,孩子们都不太高兴,后来由于看到奥里森对大家手相的推测,一个个将来不是地位显赫就是财大气粗,因此孩子们也都乐意接受。

罗尔斯看到同伴们的命运都如此之好,按捺不住自己,最终也走上台去,让老师帮自己也看一看。奥里森煞有介事地把这只黑糊糊的小手看了又看,"研究"了好半天,然后认真地说道:"你以后一定会是纽约州的州长。"

"这是真的吗?我会是一名州长?"罗尔斯有点不敢相信自己的耳朵。他疑惑地望着老师,但从此却在心里暗暗确立了当州长的信念。

从那以后,罗尔斯改掉了自己身上的种种恶习,在他看来一个真正的州长就应该是这样的。一直以来,他心中当州长的念头丝毫没有动摇,他始终朝着自己的目标奋斗着。51岁那年,罗尔斯当上了纽约州第53任州长。他是有史以来,纽约当选的第一位黑人州长。在罗尔斯的就职演说中,有这么一句话。他说:"信念值多少钱?信念是不值钱的,它有时甚至是一个善意的欺骗,然而你一旦坚持下去,它就会迅速升值。"

我们可以说:在这个世界上,信念这种东西任何人都可以免费获得,所有成功的人,最初都是从一个小小的信念开始的——信念就是所有奇迹的萌发点。

西汉时期,匈奴经常进犯中原,烧杀抢掠,使边境一带不得安宁。汉武帝决定派人联络匈奴的另一个敌人大月氏一起击败匈奴，但是大月氏离汉都太远，尤其是路途艰险，非毅力坚定之人不能胜任，于是就张榜天下招纳能人。榜文贴出去的当天，就有许多人前来报名。在这些人中，有一个姓张名骞的年轻人，他是第一个报名的。因为他深信，自己有能力，也有信心完成这次光荣的出使任务。汉武帝经过慎重、全面地考察之后，任命张骞为出使月氏国大使，让他择日出发。就这样，张骞带着一百多人的使团离开长安，向西进发了。刚开始，路还好走，可走着走着，就走进了荒无人烟的漫漫戈壁。更可怕的是，这是匈奴人控制的地区，他们随时都有生命危险。

就在大家提心吊胆的时候，"嗖"的一声，一支利箭从张骞耳边飞过。还没等张骞明白是怎么回事，一大群匈奴骑兵已经出现在眼前，把他们包围了。

"冲啊！"张骞大喊一声，勇敢地冲向敌人。战斗进行得非常激烈，可是他们的人太少了，时间不长，他们就因为寡不敌众失败了，同行的很多人都壮烈牺牲了，张骞也受伤被俘。

匈奴兵把张骞带到匈奴王单于那里。单于想让张骞投降，可被他义正词严地拒绝了："我是堂堂大汉朝的使臣，又怎么能做匈奴的官呢？我绝对不能卖国求荣！"单于无可奈何地摇摇头，只好作罢。没过几天，单于就把张骞作为奴隶送给了一位贵族。

为了磨灭张骞的意志，单于还特地将一名女奴隶配给他做妻子。然而这一切都没能动摇张骞的信念。光阴荏苒，日月如梭，一转眼，10年过去了，张骞的头发已经变白了。这10年间，张骞受尽了苦难，可是他从来没有丧失信心，他始终相信自己有能力完成皇上交给他的任务。所以，每一天，他都在等待着逃跑的机会。

功夫不负有心人，机会终于来了。当时，单于王室内部发生了矛盾，并引发了战争，因此，他们也就放松了对张骞的看管。在一个漆黑的夜晚，张骞与几个以前一道被俘的汉人逃了出来。

他们骑着马向西方一路奔去。这时，有同伴说："咱们跑错路了！咱们汉朝在东边，我们这是朝西方跑呀！"张骞高声说道："我们并没有走错路！我们要继续西进，到月氏国去完成使命。"在张骞的激励下，大家团结一致，一起向西进发。

走了很多天，他们终于到达目的地——月氏国。在说明来意之后，月氏女王隆重地接待了这些来自东方的使者。张骞代表汉朝向女王表示了愿意和月氏国结盟，共同对付匈奴的愿望。可是女王只同意两国结盟，并不愿意再出兵打仗了。

虽然愿望没有实现，但是张骞并不气馁，而是继续在西域各国进行外交活动。张骞出使西域，前后13年，行程上万里。由于他的努力，汉武帝又派名将霍去病带重兵攻击匈奴，终于消灭了盘踞河西走廊和漠北的匈奴。张骞之所以能够做到这一点，就是因为他始终充满了信心。无论他的处境是怎样的，他都相信自己能够完成任务，因为他从来没有怀疑过自己，他始终相信自己。一个击退匈奴的信念使张骞坚持了13年，终获成功。

为了心中的理想和目标，也许女孩需要坚持十几年甚至数十年的学习和奋斗，但是，无论在何时都要记住，只要心中坚定必胜的信念，就一定会成功。

信念好比航标灯射出的明亮的光芒，在朦胧浩瀚的人生海洋中，牵引着人们走向辉煌。

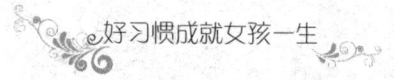

高高举起信念之旗的人，对一切艰难困苦都无所畏惧。相反，信念之旗倒下了，人的精神也就垮了下来。从来就不曾拥有过信念的人对一切都会畏首畏尾，在漫长的人生旅途中抬不起头，挺不起胸，迈不开步，整天浑浑噩噩，看不到光明，因而也就感觉不到人生的幸福和快乐。女孩们，只要能坚持信念，你所期待的成功就一定会到来。

不轻言放弃

希拉斯·菲尔德先生退休的时候已经积攒了一大笔钱，然而他忽发奇想，想在大西洋的海底铺设一条连接欧洲和美国的电缆。随后，他就开始全身心地推动这项事业。前期基础性的工作包括建造一条 1000 英里长、从纽约到纽芬兰圣约翰的电报线路。纽芬兰 400 英里长的电报线路要从人迹罕至的森林中穿过，所以，要完成这项工作不仅包括建一条电报线路，还包括建同样长的一条公路。此外，还包括穿越布雷顿角全岛共 440 英里长的线路，再加上铺设跨越圣劳伦斯海峡的电缆，整个工程十分浩大。

菲尔德使尽浑身解数，总算从英国政府那里得到了资助。然而，他的方案在议会上遭到了强烈的反对，在上院仅以一票的优势获得多数通过。随后，菲尔德的铺设工作就开始了。电缆一头搁在停泊于塞巴斯托波尔港的英国旗舰"阿伽门农"号上。另一头放在美国海军新造的豪华护卫舰"尼亚加拉"号上，不过，就在电缆铺设到 5 英里的时候，它突然被卷到了机器里面，被弄断了。

菲尔德不甘心，进行了第二次试验。在这次试验中，在铺到 200 英里长的时候，电流突然中断了，船上的人们在甲板上焦急地踱来踱去。就在菲尔德先生即将命令割断电缆、放弃这次试验时，电流突然又神奇地出现，一如它神奇地消失一样。夜间，船以每小时 4 英里的速度缓缓航行，电缆的铺设也以每小时 4 英里的速度进行。这时，轮船突然发生了一次严重倾斜，制动器紧急制动，不巧又割断了电缆。

但菲尔德并不是一个容易放弃的人。他又订购了 700 英里的电缆，而且还聘请了一个专家，请他设计一台更好的机器，以完成这么长的铺设任务。后来，英美两国的科学家联手把机器赶制出来。最终，两艘军舰在大西洋上会合了，电缆也接上了头；随后，两艘船继续航行，一艘驶向爱尔兰，另一艘驶向纽芬兰，结果它们都把电线用完了。两船分开不到 3 英里，电缆又断开了；再次接上后，两船继续航行，到了相隔 8 英里的时候，电流又没有了。电缆第三次接上后，铺了 200 英里，在距离"阿伽门农"号 20 英尺处又断开了，两艘船最后不得不返回到爱尔兰海岸。

参与此事的很多人都泄了气，公众舆论也对此流露出怀疑的态度，投资者也对这一项目没有了信心，不愿再投资。这时候，如果不是菲尔德先生，如果不是他百折不挠的精神，不是他天才的说服力，这一项目很可能就此放弃了。菲尔德继续为此日夜操劳，甚至到了废寝忘食的地步，他绝不甘心失败。

于是，第三次尝试又开始了，这次总算一切顺利，全部电缆铺设完毕，而没有任何中断，几条消息也通过这条漫长的海底电缆发送了出去，一切似乎就要大功告成了，但突然电流又中断了。

这时候，除了菲尔德和他的一两个朋友外，几乎没有人不感到绝望。但菲尔德仍然坚持不懈地努力，他最终又找到了投资人，开始了新的尝试。他们买来了质量更好的电缆，这次执行铺设任务的是"大东方"号，它缓缓驶向大洋，一路把电缆铺设下去。一切都很顺利，但最后在铺设横跨纽芬兰600英里电缆线路时，电缆突然又折断了，掉入了海底。他们打捞了几次，但都没有成功。于是，这项工作就耽搁了下来，而且一搁就是一年。

所有这一切困难都没有吓倒菲尔德。他又组建了一个新的公司，继续从事这项工作，而且制造出了一种性能远优于普通电缆的新型电缆。1866年7月13日，新的试验又开始了，并顺利接通、发出了第一份横跨大西洋的电报！电报内容是："7月27日。我们晚上9点到达目的地，一切顺利。感谢上帝！电缆都铺好了，运行完全正常。希拉斯·菲尔德。"不久以后，原先那条落入海底的电缆被打捞上来了，重新接上，一直连到纽芬兰。现在，这两条电缆线路仍然在使用，而且再用几十年也不成问题。

菲尔德的成功证明了只要持之以恒，不轻言放弃，就会有意想不到的收获。

俗语说：世上无难事，只怕有心人。这个有心，就是有恒心，有了恒心，不轻言放弃，再难的事也能成功。没有恒心，遇到困难就中途放弃，则一事无成，再容易的事也会成为困难的事。

天下事最难的不过十分之一，能做成的有十分之九。要想成就大事大业的人，尤其要有恒心来成就它，要以坚忍不拔的毅力、百折不挠的精神、排除纷繁复杂的耐性、坚贞不屈的气质，作为涵养恒心的要素。

"冰冻三尺，非一日之寒。"从这个自然现象中就能体现出恒心来，一日曝之，十日寒之；一日而作，十日所辍，成功的概率，几乎等于零。

俗话说得好：滚石不生苔，坚持不懈的乌龟能快过灵巧敏捷的野兔。如果能每天学习1小时，并坚持12年，所学到的东西，一定远比坐在教室里接受4年高等教育所学到的多。正如布尔沃所说的，"恒心与忍耐力是征服者的灵魂，它是人类反抗命运、个人反抗世界、灵魂反抗物质的最有力支持"。

凡事不能持之以恒，正是很多人失败的根源。

女孩要培养不轻言放弃的习惯可以从以下几方面入手：

1. 合理的计划表可以帮助你坚持下去

设计合理的计划表，不仅可以理顺事情的轻重缓急，提高效率，而且可以在无形之中督促自己努力工作，按时或超额完成计划。

制定可行的计划和执行计划时要注意，也许你愿意用硬性的东西约束自己，或希望有充分的灵活性，甚至等自己有了灵感的时候才动工。可是万一你正好没有灵感，整个礼拜都没兴致工作的话，怎么办呢？这样下去，你就可能失去坚持下去的耐心，对自己的创造能力产生怀疑。

计划的制订，将迫使女孩自问这个严酷的问题：我真的想做这件事吗？即使进行得不太顺利，我还是按部就班地做吗？如果答案是"是"，那么你是真的想得到成功，合理

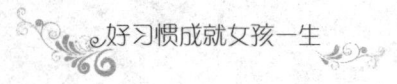
的计划表可以帮助你坚持下去。

2. 将挫折转化为前进的勇气

有的失败会转眼被我们忘记，有些挫折却会给我们留下深深的伤痛。但是，无论如何，女孩们都不应该因为挫折而停止前进的步伐。每个人都必须为目标奋斗。如果你不继续为一个目标奋斗，你不仅会失去信心，还会逐渐忘记自己有个目标。如果你不再继续坚持的话，就会开始怀疑自己是否能成功地实现计划所定的目标。

有时你也许会因为目前完不成一个小的目标，而改做其他的尝试，这种随便的做法是一种变相的放弃。千万不要拿困难做借口，改作另一个计划。

3. 努力完成计划

当你坚持完成计划的要求，实现成功的目标后，你会更加坚定地做完以后的事情，这对培养你的不轻言放弃的习惯会有很大的帮助。不把事情做完的话，你会觉得自己像个没有志气的懒虫。以后如果你不敢肯定是不是能把事情完成的话，就很难再开始做一件新的事情。这是非常重要的一点。不管花多少时间，你都得面临这个问题：完成这件工作呢，还是放弃它？你最好从开始就搞清楚，自己是不是真的想完成它，要不然你何必花这些心力呢？

如果你为了完成这个计划已经付出了很多，那就坚持下去，也许最艰难的时候，也是离成功最近的时候。

第六章

专注认真

——女孩成功的第一要素

聚焦专注，让女孩如虎添翼

什么能让女孩如虎添翼，越来越接近成功呢？

拿破仑·希尔的回答只有两个字："专注。"

所谓"专注"就是把意识集中在某个特定的欲望上的行为，并要一直集中到已经找出实现这个欲望的方法，而且成功地将之付诸实际行动为止。

在成功的过程中，专注具有十分重要的意义。如果说成功有什么秘诀的话，这个秘诀就是"专注"。

事业上成功的人，大多把全部身心投入到事业中。由于注意力高度集中，他们对周围的一切几乎都顾及不上，由此做出了不少令常人惊讶的事情。

1. 史蒂芬·史匹柏的电影梦

史蒂芬·史匹柏在36岁时就成为世界上最杰出的制片人，电影史10大卖座的影片中，他个人囊括4部。如此年轻就取得此等成就，他是如何做到的呢？他的故事实在耐人寻味。

史匹柏在十二三岁时坚定地认为有一天他要成为电影导演。事实上在以后的岁月里，他都一直专注于这个目标，从未放弃，直到成功。在他17岁那年的某天下午，当他参观环球制片厂后，他的一生改变了。那可不是一次单纯的参观活动，在他得窥全貌之后，当场他就决定要怎么做。他先偷偷摸摸地观看了一场实际电影的拍摄，再与剪辑部的经理长谈了一个小时，然后结束了参观。

对许多人而言，故事就到此为止，但史匹柏可不一样，他有个性、有思维，他知道他要什么。从那次参观中，他知道得改变做法。

于是第二天，他穿了套西装，提起他老爸的公文包，里头塞了一块三明治，再次来到摄影现场，装作他是那里的工作人员。当天他故意避开大门守卫，找到一辆废弃的手拖车，用一块塑胶字母，在车门上拼成"史蒂芬·史匹柏"、"导演"等字。然后他利用整个夏天去认识各位导演、编剧、剪辑，终日流连于他梦寐以求的世界里。从与别人的专注交谈中学习、观察并发展出越来越多关于电影制作的灵感来。

终于在20岁那年，他成为正式的电影工作者。他在环球制片厂放映了一部他拍的不错的片子,因而签订了一纸 7 年的合同,导演了一部电视连续剧。他的梦想终于实现了。

2. 史达温斯基的音符

30 年前,有一次,杰出的演技派电影明星达斯丁·霍夫曼为《毕业生》那部电影做宣传,碰巧与音乐大师史达温斯基在同处接受访问。主持人问起史达温斯基,何时是他一生当中最感到骄傲的时刻?是一新曲的首度公演,还是功成名就、掌声四起?他都一一否认,最后,他说:"我坐在这里已经好几个小时了,这之间,我一直不断地在为我新曲中的一个音符绞尽脑汁,到底是'1.比较好,还是'3.比较好?当我众里寻她千百度,最后蓦然发现那一个音符的一刹那,是我人生中最快乐、最骄傲的时刻!"霍夫曼说,他被大师那种心无旁骛的专注精神感动得当场哭了起来。

3. 爱迪生交税

有一次,爱迪生去交税,他站在队伍的后面缓慢地向纳税窗口移动。就是在这个时间里,爱迪生仍然没有忘记他刚才思考的有关发明的问题,轮到他缴纳税款了,当税务人员向他问话时,他竟然一下子变得目瞪口呆起来,以至于税务人员问他姓甚名谁时,他都不知该做何回答。等他将记忆从思想的海洋里拉到眼前的事情上时,才想起自己的名字是爱迪生,但这时,税务人员已经在给他后面的人办理业务了,而他只能重新排到队伍后面去,再次回来缴纳税款。

4. 牛顿的鸡蛋和马

大物理学家牛顿经常感慨地说:"心无二用,心无二用!"有一次,给他做饭的老太太有事要出去,告诉牛顿鸡蛋放在桌子上,要他自己煮鸡蛋吃。过了一会儿,老太太回来了,掀开锅盖一看,大吃一惊:锅里竟然有一只怀表!原来,这块怀表刚才放在鸡蛋旁边,而牛顿因为忙于运算,错把怀表当鸡蛋煮了。又有一次,牛顿牵着马上山,走着走着,突然想起了研究中的某个问题,他专注地思考着,不由得松开手,放掉了马的缰绳,马跑了,他却全然不知。直到走上山顶,前面没了路时,牛顿才从沉思中清醒过来,发现手中牵着的马跑了。正是因为牛顿这样心无二用才成就了他伟大科学家的美名。

5. 安培先生的"闭门羹"

物理学家安培研究物理着了迷。为了免受俗人打搅,便在自家门上挂了一块牌子,上写"安培先生不在家"。一次,他边走边思考一个物理问题,走到家门口,抬头看见了门上挂的牌子,惊讶地说:"原来安培先生不在家?"扭头就走了。很晚很晚,家人才在街上找到游荡的安培先生。

如同伟大的人物心无旁骛、专注地寻找一个目标,确定并专注最适合自己的发展方向,哪会不成功?

孟子说:"精力集中在一点上能成就万事,志向确定在一件事情上,并全心全力投入进去,不避险阻、不辞艰苦、不计患难、不计得失、不计生死,这样就是前面有移山倒海的大困难,也能妥善解决。"又说:"以精深的学识,以坚定的恒心,运用精进的力量,还有什么做不成的事情呢?还有什么难以造就的事业呢?"

獐能跑得很快,马也追不上,它之所以常常被猎人捕获,只因它时时分心,回头张望。

思想不专一的人难以成就事业，这都是自然的规律。

你可以长时间卖力工作，聪明睿智，才华横溢，屡有洞见，甚至好运连连，可是，如果你无法专注地做事情，不知道自己的方向是什么，一切都会徒劳无功。

女孩做事应该培养自己专注的能力，不能三心二意，学习因集中在一点上而精！

做个有心人，确立自己的内心标准

什么是"有心"？

所谓"有心"，是指一种专注的做事状态。在这种状态下，生活中的所思所想和大脑中储存的知识进行交融，经过潜伏或构想阶段的积极思考，在大脑中便会进一步建立起许多暂时的联系和信息间的组合，通常这些联系是微弱的、不明确的，并处在下意识中。而当思维受到外界的刺激或启发，某些联系突然加强并显现出来时，这就是灵感。

如果女孩们在思考过程中能抓住灵感到来的这一契机，将诱发出来的灵感思维内容加以更深入的分析研究，则会出现智力上的跃进和思维上的升华。

现实生活中，许多人往往将表面上微不足道的瞬间现象忽略过去，从而错过机遇。而那些有心人恰恰抓住这个机遇，走向成功。

1936年荣获诺贝尔生理学及医学奖的美国杰出医师及药理学家勒韦出生于德国法兰克福的一个犹太人家庭，从小喜欢绘画和音乐。但他的父母是犹太人，对犹太人深受各种歧视和迫害心有余悸，不断敦促儿子不要学习和从事那些涉及意识形态的行业，要他专攻一门科学技术。

在父母的教育下，勒韦进入大学学习时，放弃了自己原来的爱好和专长，进入斯特拉斯堡大学医学院学习。

勒韦是一位勤奋志坚的学生，他不怕从头学起，他相信只要有专注于一的思维精神，必定会成功。他带着这一心态，很快进入了角色，他专心致志于医学课程的学习。他在医学院攻读时，被导师的学识和专心钻研精神所吸引。这位导师是淄宁教授，是著名的内科医生。勒韦在这位教授的指导下，学业进展很快，并深深体会到医学也是施展才华的天地。

勒韦从医学院毕业后，他先后在欧洲及美国一些大学从事医学专业研究，在药理学方面取得较大进展。由于他在学术上的成就，奥地利的格拉茨大学于1921年聘请他为药理教授，专门从事教学和研究工作。在那里他开始了神经学的研究，通过青蛙迷走神经的试验，第一次证明了某些神经合成的化学物质可将刺激从一个神经细胞传至另一个细胞，又可将刺激从神经元传到应答器官。他把这种化学物质称为乙醚胆碱。1929年他又从动物组织分离出该物质。勒韦对化学传递的研究成果是一个前人未有的突破，对药理及医学上作出了重大贡献，因此，1936年他与戴尔获得了诺贝尔生理学及医学奖。

勒韦是犹太人，尽管他是杰出的教授和医学家，但也如其他犹太人一样，在德国遭受了纳粹的迫害，当局把他逮捕，并没收了他的全部财产，被取消了德国籍。后来，他逃脱了纳粹的监视，辗转到了美国，并加入了美国籍，受聘于纽约大学医学院，开始了对糖尿病、肾上腺素的专门研究。勒韦对每一项新的科研，都能做到思维的专注于一境界，不久，他这几个项目都获得新的突破，特别是设计出检测胰脏疾病的勒韦氏检验法，对人类医学又做出了重大贡献。

勒韦正是做到了有心，在自己的内心给自己确立了一个标准，不管狂风暴雨，他都专注于他的标准，所以他成功了。所以，女孩们也要学习做个有心人，这样你所期盼的成功自会到来。

锤炼认真的做事风格

生活中有许多不经意的却又值得去注意的一些细节，这就需要女孩们锤炼一种认真做事的风格。因为，认真可以避免失误，可以减少损失，可以促进发展。

提起鲁班，很多人都知道。他是我国春秋战国时代的鲁国人。鲁班生于公元前507年。他一家世世代代都是手工工匠，鲁班本人则是一个手艺高强的工艺巧匠，杰出的创造发明家。今天，木工师傅们用的锯、钻、刨子、铲子、曲尺、画线用的墨斗等，传说都是鲁班发明的。而每一件工具的发明，都是鲁班在生产实践中经过反复试验、刻苦钻研而研究出来的。

鲁班发明锯的过程就很有代表性。有一次，鲁国的国王命令鲁班在十五天内伐三百根树做梁柱，用来修一座大宫殿。于是，鲁班带着徒弟们上山了。他们每天都起早贪黑地干，可是大家抢着斧头一连砍了十天，个个都累得筋疲力尽，也只是砍了一百来棵大树。这时，砖瓦石料都已经备齐了，国王选定动工的黄道吉日也快到期了。如果到时木料还没有准备好，就要被处以死刑。怎么办呢？晚上睡觉的时候，鲁班躺在床上翻来覆去地睡不着。他爬起身来，深一脚浅一脚地向山上走去。

走着走着，鲁班来到了一个陡坡前，他要翻上这个陡坡就只能用手抓着上面的野草爬上去。就在他向上爬的时候，忽然觉得手被什么东西划了一下，等他来到坡上一看，长满老茧的手居然被划出一道口子，还渗出了血珠。他在周围仔细观察了一番，发现自己的手竟然是被一种野草划的。鲁班很惊奇，他摘了一片草叶，发现草叶边缘长着许多锋利的细齿。这时他又看见一只大蝗虫正张着两个大板牙，很快地吃着草叶。鲁班捉了只蝗虫一看，它的板牙上也有利齿。看看野草的叶子，再看看蝗虫，鲁班的心里豁然开朗。

他用毛竹做了一条竹片，上面刻了很多的锯齿。用它去拉树，只几下，树皮就破了，再一用力，树干就出现一条深沟。可是时间一长，竹片上的锯齿钝了。什么东西比竹片更坚硬呢？鲁班想起了铁。他请铁匠照着自己做的竹片，打了带锯齿的铁条，用它去拉树，真是快极了！这根铁条，就是锯的祖先。有了它，鲁班和徒弟们只用了十三天，就伐

了三百根梁柱。

试想，如果鲁班没有那种认真的态度，那他也不可能成功。任何人在一开始的时候都是平等的，之所以有的人走向了成功，而有的人平庸一生，原因就4个字：认真、专注。

有些女孩在学习和生活中缺乏认真的习惯，经常马虎大意，那如何改掉粗心大意的毛病，培养认真的习惯呢？

1. 排除干扰，稳定情绪

每个人的心理能量都是有限的，如果过多杂务干扰，心绪烦乱，情绪不稳，我们就容易涣散注意力，就很难做到全神贯注。要真正做到细心谨慎，必然要处理好自身的各种心理困惑，保持一颗平静的心，正所谓"宁静而致远"。

2. 赋予自己责任，切实用心

任何事情，都是事在人为。同样一件事，能够敢负责任，就可能成就事业，如果毫不在乎，不当回事，就可能竹篮打水一场空。只要能够负起责任，油然而生一种神圣的责任感和使命感，就有可能激发我们全部的智慧，调动我们无穷的潜力。因此从这个意义上说，细心很大程度上依赖于责任心。

3. 培养兴趣

我们深知，一旦自己对于某事有了浓厚兴趣，常能乐此不疲，流连忘返，也就能够精心钻研、细心考量。如果缺乏兴趣，就容易心猿意马、朝三暮四，难以做到持久的静心、细心，更不可能保持足够的耐心。我们理应认识到自身优势，做自己想做又能做的事情，然后将潜力发挥到极致，才能真正维持住持久的细心。

4. 先要集中精力，重视眼前

女孩们要把注意力集中在现实世界中，不要太多追悔过去，不要沉溺冥想未来，而应全力以赴把握眼前，重视当下的学习和生活。

力争精益求精

做事的标准，就是要追求精益求精，这是成功的秘诀。

伟人之所以伟大，是因为他们能够兢兢业业地完成好每一项任务，对于每一个细节都不放过。他们能够认真地去做有必要做的琐碎事情，毫不虚浮，毫不马虎。正是靠着一丝不苟，他们才变得聪明智慧、富有力量。而他们在做好每件小事的过程中，不知不觉地上升到了伟大的层次。

细节里潜伏着危机，对于小事，总是马马虎虎、不以为意，就容易引致大的灾祸。我们的人生是由若干个细节组成的，对于每一个环节都能做到一丝不苟的严谨，真正做到了环环相扣、滴水不漏，那么我们的人生之路就会走得平稳而踏实。

有许多庸人，想一想他们为什么学无所长、碌碌无为？不难发现他们的突出特性就是难以做到精益求精。一个花很多时间去凿很多口浅井的人，又怎能挖出泉水甘美的深井？没有什么事情是简单的，任何一件事完成起来都要花费相当的精力，人心无法一分为二，只有精益求精才是解决问题最好最快的途径。

人类的历史有不少悲剧，都是那些不可靠、不认真的人造成的。无知与轻率所造成的祸害，不相上下。许多人失败的原因，就在"轻率"这一点上。他们念念不忘的，是想寻得较高的位置、较大的机会，使自己有用武之地。他们常对自己这样说："我们在平凡、渺小的职务下，枯燥、机械地工作，有什么意义呢？那真是不值得去拼搏！"因此，他们的工作，往往需要他人的审查、校正。这样的人，难以做到优秀。

但是，凡是出类拔萃的青年，对于寻常、细微的每件事，都能认真思考，不肯安于"还可以"或"差不多"，而是精益求精。

巴尔扎克有时是一星期时间只写成一页稿纸，但他的声誉，却远非近代的某些不严肃的作家所能及。狄更斯在准备不充分时，不肯在公众前读他的作品。这些都是人们做事精益求精的美德。因为，时间足够使我们把每件事情办得更好。

《礼记》里有句话："差之毫厘，谬以千里。"对于一些细节性的东西不要忽视，千里之堤，溃于蚁穴。所以在做每件事的时候，女孩们要尽量做到精益求精，不要怕浪费时间。

百门通不如一门精

做通才还是做专才？这恐怕是女孩在成长过程中一直深受困扰的一个问题。女孩们都想学习更多的本领，但人一生的精力是有限的，要懂得合理分配才能有所成就。如果你将精力分摊到几件事情上，就会发现每件事都可以做但不会做到最好。而现代社会是一个专业化的社会，并不缺少什么都会一点的人才，现在缺少的是专业化的技能人才。在这里，你只有业有所精、技有所长，使自己在某一领域中有过人之处，你才能获得更多成功的机会。否则，自认为是多才多艺，实则是样样不精。

多年前，当电脑自动化的新技术还未面世时，在工商管理方面极负盛名的哈巴德曾经这样说："一架机器可以取代50个普通人的工作，但是任何机器都无法取代专家的工作。"

果然，现代数以万计的普通工作都已经由机器取代了，但专门人才的地位还是稳如泰山。因为没有这些专家来操纵机器，机器就会像废物一样毫无用处。

人生在世，安身立命，你必须有一样拿得出手的专长。不学无术、得过且过，没有掌握半点拿得出手的本事肯定不行；虽好学肯干，但目标散，用心不专，这样本事虽多，却大都水平一般，没有一样拿得出手也不行；浅尝辄止，"半罐"即安，不能学精学透，这样虽有一样本事，仍然拿不出手，还是不行。俗话说，不怕千招会，就怕一招熟。如果学东西学得不够精，比上不足，比下有余，在外行面前还能耍一下威风，但遇到了真正的行家里手，就会露出破绽。

很多人往往就是靠着一首歌、一部影片或是一个引人注目的成就而一炮走红、一夜成名的。美籍华人歌手费翔在1987年的春节联欢晚会上以一首《冬天里的一把火》一炮

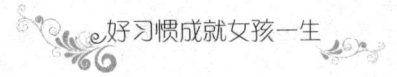

打响，此后尽管他再未露面，从公众视野中消失了将近20年，但是2005年他再度登台，唱的仍是那首《冬天里的一把火》，依然受到中国歌迷狂热的欢迎。尽管他也唱过不少别的歌，但人们一提到他，想起的依然还是那首《冬天里的一把火》。

　　古代天津有位小名叫"狗子"的生意人，只是对蒸包子有所专长，他成功地创下了一个名扬中外的狗不理包子老字号；北京的王麻子只是剪刀做得好，他却凭它成功地开创了自己的事业。相反，许多知识涉猎广博的人，对各个领域都是浅尝辄止，结果一生平庸，默默无闻。

　　当代社会是一个竞争的社会，要在这个环境中立足、发展，女孩一定要有至少一样技能拿得出手。

天下大事必做于细

　　王永庆早年因家贫读不起书，只好去做买卖。1932年，16岁的王永庆从老家来到嘉义开一家米店。当时，小小的嘉义已有米店近30家，竞争非常激烈，一些老字号的米店分别占据了周围大的市场，而王永庆的米店因规模小、资金少，没法做大宗买卖，只能专门搞零售，但那些地点好的老字号米店在经营批发的同时，也兼做零售，没有人愿意到他这家偏僻的米店买货。王永庆曾背着米挨家挨户去推销，但效果不太好。

　　怎样才能打开销路呢？王永庆感觉到要想使米店在市场上立足，自己就必须有一些别人没做到或做不到的优势才行。仔细思考之后，王永庆很快从提高米的质量和服务上找到了突破。他带领两个弟弟一齐动手，不辞辛苦，不怕麻烦，一点一点地将夹杂在米里的秕糠、沙石之类的杂物捡出来，然后再出售。这样，王永庆的米店卖的米质量就要高一个档次，因而深受顾客好评，米店的生意也日渐红火起来。

　　在提高米质量见到效果的同时，王永庆在服务上也更进一步。当时，用户都是自己前来买米，自己运送回家。这对于年轻人来说不算什么，但对于一些上了年纪的老年人，就是一个大大的不便了；而当时年轻人整天忙于生计，且工作时间很长，不方便前来买米，买米的任务只能由老年人来承担。王永庆注意到这一细节，于是超出常规，主动送货上门。这一方便顾客的服务措施，大受顾客欢迎。送货上门也有很多细节工作要做。即使是在今天，送货上门充其量是将货物送到客户家里并根据需要放到相应的位置，就算完事。那么，王永庆是怎样做的呢？

　　每次给顾客送米，王永庆就细心记下这户人家米缸的容量，并且问明这家有多少人吃饭，有多少大人、多少小孩，每人饭量如何，据此估计该户人家下次买米的大概时间，记在本子上。到时候，不等顾客上门，他就主动将相应数量的米送到客户家里。王永庆给顾客送米，并非送到了事，还要帮人家将米倒进米缸里。如果米缸里还有米，他就将旧米倒出来，将米缸擦干净，然后将新米倒进去，将旧米放在上层，这样，陈米就不至于因存放过久而变质。王永庆这一精细的服务令不少顾客深受感动，赢得了很多顾客。

王永庆的米店，也随之生意兴隆，蒸蒸日上。

王永庆精细、务实的服务方法，使嘉义人都知道在米市马路尽头的巷子里，有一个卖好米并送货上门的王永庆。有了知名度后，王永庆的生意很快红火起来。这样，经过一年多的资金积累和客户积累，王永庆便自己办了个碾米厂，在离最繁华热闹的街道不远的临街租了一处比原来大好几倍的房子，临街的一面用来做铺面，里间用做碾米厂。就这样，王永庆从小小的米店生意开始了他后来问鼎台湾首富的事业。

细节成就了王永庆！

在现实生活中不重视"细"字的人比比皆是，"大丈夫只扫天下，不扫一屋"，眼高手低，想成就大事的人很多，愿意把事情做细致做踏实的人很少，到处都是中学课本所描述的"差不多"先生，基本、大致、大概、似乎、好像、大约、将近、几乎、近似、接近、大体、也许、可能等词汇都是"差不多"先生挂在嘴边、写在纸上、记在脑中的常用词，"差不多"先生生病时，请了一个医牛的"差不多"的医生帮他治病，自己搬石头砸自己的脚，结束了"差不多"先生的一生。

女孩们要摆脱马虎的习惯，留心细节，把握细节，才能真正走向成功。

聚焦小事，升华女孩的人生

人的一生是由许许多多偶然的和必然的事件组合而成的，有时一次偶然的事件会使某个人变成大人物，有时一次偶然的事件会使某个人变成小人物。

在常人看来，大人物总是和大事件联系在一起，小人物总是和小事件联系在一起。但是，大事件是由众多小事件构成的，无论大人物还是小人物，都会和一件又一件的小事发生关系。因此说，小事情是人一生中最基本的内容，聚焦小事，必能升华你的人生。

大事件是可遇而不可求的，小事情却每天都在发生。顺利、妥帖而又快乐地去处理一件小事是容易的，但每天都能顺利、妥帖而又快乐地去处理每件小事却是十分困难的。如果一辈子都无怨无悔地、谨慎小心地、愉悦欢快地去处理一件又一件小事，那大概要比做一件大事还要难。

大事能检验一个人的智慧、才能和品格，小事也能。如果每一件小事都做得漂亮、舒心，那女孩也能得到极大的快乐和对自我的肯定。古人说得好，小事虽然微不足道，但不做也是不能成功的。那些平时游手好闲的人，他的成就肯定不会超过常人多远。古人还说，忽视小事，专做大事的人，他的成就往往不如做小事的人。这是什么原因呢？因为小事来得频繁，办事所花的时间也多，积累起来数量也就大；而大事来得稀少，积累起来数量自然也就小了。

一件又一件小事地去积累，总有一天，你会惊讶地发现，自己是一个多么了不起的人。比如，雷锋，他并没有做什么惊天动地的大事，但他珍惜每一件小事，把每件小事都当

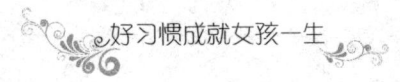

作一个新的出发点、当作一件大事来看待，倾注全部的热情和心血，谁又能怀疑他的伟大呢——伟大的，其实也是平凡的。

一件事情会影响一个人的命运，几件事情会改变一个人的一生，从搬运工到哲学家，从奴隶到将军，从凡人到伟人，都不是一天、一月、一年就可以达到的，它需要经过长期的努力、长期的追求、长期的积累、长期的磨炼才能够达到。

也许一个穷人，会因为某种机遇而一夜之间成为腰缠万贯的富翁，但一个搬运工成为一个哲学家、一个凡人成为一个伟人而举世闻名，绝不是某个机遇的缘故。不断地追求，才有不断的进步；不断地行动，才有不断的成就；不断地积累，才有不断的提高；不断地积小步，才有跨大步的力量。

海伦·凯勒的老师安妮·沙利文说过，人们往往不了解，即便是要取得微不足道的成功，也必须迈出许许多多蹒跚艰难的脚步。

成功，不是直线，而是曲线。成功，是一个缓慢的积累过程、一个缓慢的学习过程。攀登珠穆朗玛峰，需要从脚下第一步开始，不可能一下子就能跃上山顶，取得成功。

女孩们要想真正实现你人生的意义，使你的人生得到升华，那就从小事开始，一步一个脚印坚持走下去吧！

卓越来自对小事的训练

成功，就是简单的事情重复地做。要成功其实不难，只要重复简单的事情，养成习惯。"一旦你产生了一个简单而坚定的想法，只要你不停地重复去做，终会使之变成现实。"这是美国 GE 前总裁杰克·韦尔奇对如何成功作出的最好回答。

女孩们应该还记得达·芬奇画蛋的故事吧，为了把一个蛋画好，达·芬奇成百上千次地不停画圆圈。任何事情都是这样，把小事做好，最好的办法就是对小事进行训练，并形成习惯。

在《曾国藩家书》中，有"书蔬鱼猪、早扫考宝"这么一句话，说的是读书、种蔬菜、养鱼、养猪这样的小事情也要经常训练。在体育比赛中，我们经常看到有些人之所以成为冠军，就在于简单的一个动作，而这个动作却是运动员长期训练的结果。

美国前国务卿基辛格博士，在诸事繁忙之时，仍然坚持让自己的下属不断地培养关注细节的习惯。一次，当他的助理呈递一份计划给他之后，基辛格和善地问道："这是不是你所能做的最佳计划？"

"嗯……"助理犹豫地回答，"我相信再做些改进的话，一定会更好。"

基辛格立刻把那个计划退还给他。

努力了两周之后，助理又呈上了自己的成果。几天后，基辛格请该助理到他办公室去，问道："这的确是你所能拟定的最好计划吗？"

助理喃喃地说："也许还有一两点可以再改进一下……也许需要再多说明一下……"

助理随后走出了办公室，腋下夹着那份计划，他下定决心要研拟出一份任何人——包括亨利·基辛格都必须承认的"完美"计划。

这位助理日夜工作，有时甚至就睡在办公室里，3周之后，计划终于完成了！他很自信地跨着大步走入基辛格的办公室，将该计划呈交给国务卿。

当听到那熟悉的问题"这是你能做的最完美的计划吗"时，他激动地说："是的。国务卿先生！"

"很好。"基辛格说，"这样的话，我有必要好好地读一读了！"

基辛格虽然没有直接告诉他的助理应该做什么，然而却通过这种严格的要求来训练自己的下属怎样完成一份合格的计划书。

其实任何事情在刚一开始的时候都很难做，都没有可循的模式，只有按照某一种步骤进行训练，用自己的意志来坚持，才会慢慢形成运动员一样标准的动作、艺术家潇洒而俊美的一笔一画。有一句话叫"习惯成自然"，说的就是这个道理。

如果给你一张报纸，然后重复这样的动作：对折，不停地对折。当你把这张报纸对折了51万次的时候，你猜所达到的厚度有多少？一个冰箱那么厚或者两层楼那么厚，这大概是你所能想到的最大值了吧？通过计算机的模拟，这个厚度接近于地球到太阳之间的距离。

没错，就是这样简简单单的动作，是不是让你感觉好似一个奇迹？为什么看似毫无分别的重复，会有这样惊人的结果呢？

秋千所荡到的高度与每一次加力是分不开的，任何一次偷懒都会降低你的高度，所以动作虽然简单却依然要一丝不苟地去做，因为卓越来自对小事的训练。

女孩们要想早日成功的话，那就从你身边的小事一次一次地不厌其烦地做起吧。

留心小事，把握时机

人人都有走向成功的机会。但是，大多数人都没有能够抓住机会，因为机会出现的时候，都是一些非常细小的苗头，不容易被发现。而那些成功者就能够抓住那些小小的苗头，发展出宏大的事业。

李嘉诚14岁时，他的父亲去世，他被迫辍学，并挑起生活的重担。他先在亲戚开的钟表公司当小学徒，每天泡茶扫地。所做的事情虽小，但他却从不厌烦，反而把这当作学习的机会，从中学到了察言观色、见机行事的功夫。不仅如此，在端茶倒水期间，李嘉诚不放弃任何一个学习新知识的机会。他在很短的时间里，掌握了钟表的安装、修理，熟悉了各款钟表的使用性能和特点，这得到了老板的赏识，升他做了店员。

李嘉诚只有初中文化程度，内心深处有一种十分强烈的求学愿望。由于非常想读书，于是白天工作回来以后，他经常买一些旧书回来用功自学。因生活所迫，学完的旧书还

要拿到旧书店去卖，再将卖旧书的钱买回"新"的旧书，这样既学到了知识，又节省了许多钱。

后来，李嘉诚当上了塑胶带公司的推销员。走南闯北的推销生涯，不仅初步形成了他的商业头脑、丰富了他的商业知识，而且也使他结识了许多朋友，教会了他各种各样的知识，这为他日后事业的发展打下了良好的基础。

1950年，李嘉诚倾其积蓄成立了长江塑胶厂，由此开始了创业之路。凭着自己的勤学和商业头脑，他发了几笔小财，但由于经验不足和过于自信，工厂转而严重亏损，这一惨淡经营期一直持续了5年。

李嘉诚经过一连串磨难后，痛定思痛，开始冷静分析经济形势和市场走向。在种类繁多的塑胶产品中，他生产的塑胶玩具已经趋于饱和状态了。这意味着他必须重新选择一种能救活企业的产品，从而扭转局势。

机会来了。有一次，李嘉诚从杂志上注意到这样一则信息：用塑胶制造的塑胶花即将倾销欧美市场。这样一个小小的事情，使他马上联想到，和平时期的人们，在生活有了一定的保障之后，必定在精神上有更高的要求。如果种植花卉等植物，不但每天要浇水、除草，而且花期短，这与人们较快的生活节奏很不协调。如果生产大量塑胶花，则可以达到价廉物美、美观大方的目的，能很好地美化人们的生活。想到这里，他兴奋地预测到，一个塑胶花的黄金时代即将来临。

接着，李嘉诚四处奔波，不辞辛劳，经过一番艰苦的努力，终于生产出了既便宜又逼真的塑胶花，并通过各方面的促销和广告活动，使塑胶花为香港市民所普遍接受，也使长江塑胶厂为人们所熟悉。

不久，李嘉诚又从出口洋行获得准确的消息：美国塑胶市场正在扩大，除了家庭室内插花装饰外，家庭外的花园、公共场所都用塑胶花点缀。他密切注视市场的动态，抓住每一个变化的细节，并开始逐渐加大广告宣传的力度。他非常希望接洽到资金雄厚的大客户，以图稳步发展。

这年秋天，李嘉诚意外地收到一家北美大公司的电报。电报说这家垄断公司将派一名经理视察李嘉诚的工厂以及香港其他塑胶花企业，决定从中挑选一家最有实力的进行长期合作。他预测到这个机会将带来令人振奋的前景。于是，连夜在公司召开紧急会议，并决定马上寻求一切机会向银行申请贷款，以便购入全新的塑胶花生产设备，租赁新厂房。

李嘉诚的一大特点，就是不放过任何一个哪怕再小不过的机会。他与全体员工一起苦战7个昼夜，终于在一周内将一切准备完毕。在北美经理到达的那一天，李嘉诚亲自开车去迎接这位"财神爷"。当这位经理参观完之后，深感此公司实力雄厚，气派非凡。经过会晤恳谈之后，这位经理同意与李嘉诚签订长期合约，因此成了长江公司的最大主顾。通过这家公司，李嘉诚还与加拿大银行界有了互相信任的友好往来，为日后拓展海外市场埋下了"伏笔"。

从此，李嘉诚的事业蒸蒸日上，饮誉世界。而他不放过任何一个小细节、抓住每一个小机会的精神更是值得每一位女孩去学习。

日本狮王牙刷公司的员工加藤信三就是一个活生生的例子。有一次，加藤为了赶去上班，刷牙时急急忙忙，没想到牙龈出血。他为此大为恼火，上班的路上仍是非常气愤。

回到公司，加藤为了把心思集中到工作上，还是硬把心头的怒气给平息下去了，他和几个要好的伙伴提及此事，并相约一同设法解决刷牙容易伤及牙龈的问题。

他们想了不少解决刷牙造成牙龈出血的办法，如把牙刷毛改为柔软的狸毛；刷牙前先用热水把牙刷泡软；多用些牙膏；放慢刷牙速度等等，但效果均不太理想，后来他们进一步仔细检查牙刷毛，在放大镜底下，发现刷毛顶端并不是尖的，而是四方形的。加藤想："把它改成圆形的不就行了！"于是他们着手改进牙刷。

经过实验取得成效后，加藤正式向公司提出了改变牙刷毛形状的建议，公司领导看后，也觉得这是一个特别好的建议，欣然把全部牙刷毛的顶端改成了圆形。改进后的狮王牌牙刷在广告媒介的作用下，销路极好，销量直线上升，最后占到了全国同类产品的40%左右，加藤也由普通职员晋升为科长，十几年后成为公司的董事长。

牙刷不好用，在我们看来都是司空见惯的小事，所以很少有人想办法去解决这个问题，机遇也就从身边溜走了。而加藤不仅发现了这个小问题，而且对小问题进行细致的分析，从而使自己和所在的公司都取得了成功。

抓住任何细小的机会，你就有可能达到成功的彼岸！

女孩们，不要放弃任何细小的机会。留心小事，你成功的几率才会提高1个甚至10个百分点。

每天进步一点点

伟大的成就通常是一些平凡的人们经过自己的不断努力而取得的，他们注重细节，每天懂得进步一点点，日积月累就前进一大步。

有些人总是责怪命运的盲目性，然而命运本身的盲目性就是以人的活动为主体的。天道酬勤，命运总是掌握在那些勤勤恳恳地工作、每天注意细节的人手中，就正如优秀的航海家总能驾驭在大风大浪中航行的船只一样。人类历史的研究表明，在成就一番伟业的过程中，一些最普通的品格，如公共意识、注意力、专心致志、持之以恒等等，往往起着很大的作用。即使是盖世天才也不能小视这些品质的巨大作用。事实上，正是那些真正伟大的人物才相信常人的智慧与毅力的作用，而不相信什么天才。

牛顿无疑是世界一流的科学家。当有人问他到底是通过什么方法得到那些伟大的发现时，他诚实地回答道："总是思考着它们。"还有一次，牛顿这样表述他的研究方法："我总是把研究的课题置于心头，反复思考，慢慢地，起初的点点星光终于一点一点地变成了阳光一片。"正如其他有成就的人一样，牛顿也是靠勤奋、专心致志和持之以恒来取得成功的，他的盛名也是这样换来的。放下手头的这一课题而从事另一课题的研究这就是他的娱乐和休息。

牛顿曾对本特利先生说过："如果说我对公众有什么贡献的话，这要归功于勤奋和善于思考细节。"另一位伟大的哲学家开普勒也这样说过："只有对所学的东西善于思考才能逐步深入。对于我所研究的课题我总是穷根究底，想出个所以然来。"

英国物理学家及化学家道尔顿不承认他是什么天才，他认为他所取得的一切成就都是靠勤奋。约翰·亨特曾自我评论道："我的心灵就像一个蜂巢一样，看来是一片混乱，到处充满嗡嗡之声，实际上一切都整齐有序。每一点食物都是通过劳动在大自然中精心选择的。"只要翻一翻一些大人物的传记，我们就知道大多数杰出的发明家、艺术家、思想家和著名的工匠，他们的成功在很大程度上都应归功于非同一般的勤奋和持之以恒的毅力。他们都是惜时如命的人。

英国作家兼政治家狄斯雷利认为要成功就必须精通所学科目，要精通它，只有通过持续不断地刻苦钻研，除此别无良策。

小池国三从13岁就背井离乡，在若尾商店做小店员，日后却成为小池商店董事长、山一证券公司创办人、小池银行董事长和东京瓦斯公司董事长。

有一天，有人问他经营事业致富的秘诀。

小池回答："所有成功的企业家都不会冒失莽撞，不会操之过急，都是脚踏实地从山脚一步一步坚实而稳定地攀登到山顶的。他们不会梦想一下子就跳到顶峰，而是先从他们能力所及的范围着手，先做小生意，脚踏实地地学习，一步一步充实自己的实力，小生意做成功，然后进一步做更大的生意，这样才不会招致失败。然而很多失败的生意人都犯了一个很大的错误，他们想一步登天，自己的资金只有100万，却不自量力大举借债来做1000万的生意。结果，负担不起利息，入不敷出，虽然艰苦挣扎，仍然非倒闭不可。就好像没有开花就想结实；一年级刚念完就想跳到六年级；没有练过跳高，一下子就想跳上山顶，那么自然非失败不可。"

在一些最简单的事情上，反复地磨炼确实会产生惊人的效果。拉小提琴看起来十分简单，但要达到炉火纯青的地步，又需要付出多少辛苦啊。有一个年轻人曾问卡笛尼学拉小提琴要多长时间。卡笛尼回答道："每天12个小时，连续坚持12年。"

每一点进步都是来之不易的，任何伟大的成功都不可能唾手可得。德·迈斯特说过："耐心和毅力就是成功的秘密。"没有播种就没有收获。光播种，而不善于耐心地、满怀希望地耕耘，也不会有好的收获。最甜的果子往往在最后成熟，西方有一句格言："时间和耐心能把桑叶变成云霞般的彩锦。"

一个人有没有出息，不在于你处于什么环境，干什么工作，关键是看你怎样对待环境，怎样对待工作，如何看待小事。女孩的态度直接决定着你的命运，注重小事，每天进步一点点，命运就会掌握在你的手中。

✍ 用心才能做细 ✍

罗浮宫收藏着莫奈的一幅画，描绘的是女修道院厨房里的情景。画面上正在工作的不是普通的人，而是天使。一个正在架水壶烧水，一个正优雅地提起水桶，另外一个穿着厨衣，伸手去拿盘子——即使日常生活中最平凡的事，也值得天使们全神贯注地去做。

其实在生活中也需要养成用心做事的习惯，用心做事的价值在于，它是创造性的、独一无二的、无法重复的。

不要忽视任何一个细节，也不要认为小事可以放松。许多小事折射的，往往是一些有关大局的信息。

高桥是一家知名汽车生产公司的总工程师。

随着汽车业的日臻成熟，高桥所在的公司扩大了与日本一家生产高档轿车的公司的合作。他此行的目的就是与日方谈判，为他们提供轿车及附件。如果谈得顺利，公司将获得巨大的经济效益。

高桥只有40多岁，却已是知名的汽车专家，日方显得很慎重，派出年轻有为、处事谨慎的副总裁兼技术部课长百惠前去机场迎接。豪华气派的迎宾车就停在机场的到达厅外。高桥办完通关手续，走出大厅，来到举着欢迎他的小牌子的人面前，与百惠一行见面。宾主寒暄几句后，百惠亲自为高桥打开车门，示意请他入座。

高桥刚一落座，便随手"砰"地关上车门，声音极响，百惠甚至看见整个车身都微微颤了一下。百惠不禁愣了一下："是旅途的劳累使高先生情绪不佳，还是繁复的通关手续让他心烦？他可是株式会社的贵客，得更加小心周到地接待才行。"

一路上，百惠一行显得十分热情友好，甚至到了殷勤的程度。迎宾车停在株式会社大厦前的停车坪里，百惠快速下车，小跑着绕过车后，要为高桥开车门。但高桥却已打开车门下车，又随手"砰"地关上车门。这一次，比在机场上车时关得还要响，似乎用的力还要重得多。百惠又愣了一下。

日方安排的洽谈前的考察十分紧张，株式会社董事长兼总裁铃木先生还亲自接见，令高桥感到非常满意。会谈安排在第三天。在接下来的两天里，百惠极尽地主之谊，全程陪同高桥游览东京的名胜古迹和繁华街景，参观公司的生产基地。高桥显得兴致很高，可回到下榻酒店时，他关上车门时又是重重地"砰"的一下。

百惠不禁皱了一下眉。沉吟了片刻，他终于边向高桥鞠躬，边小心地问道："高先生，敝社的安排没什么不妥吧？敝人的接待没什么不周吧？如果有，还望先生海涵。"高桥显然没什么不满意的："百惠先生把什么都考虑得非常周到细致，谢谢。"说这话时，高桥是满脸的真诚，百惠却显得若有所思……

第三天，接高桥的车停在株式会社大楼前，他下车后，又是一个重重的"砰"。百惠暗暗地咬了咬牙，暗中向手下的人吩咐几句后，丢下高桥，径直向董事长办公室走去。高桥正感到有些莫名其妙，百惠的手下客气地将他让到了休息室，说："百惠课长说是有

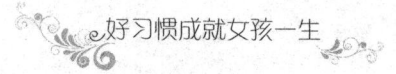

紧急事要与董事长谈，请高先生稍等片刻。"

董事长办公室里，百惠语气严肃地对铃木说："董事长先生，我建议取消与这家公司的合作谈判！至少应该推迟。"

铃木不解地问："为什么？约定的谈判时间就要到了，这样随意取消，没有诚信吧？再说，我们也没有推迟或取消谈判的理由啊。"百惠坚决地说："我对这家公司缺乏信心，看来我们株式会社前不久对该公司的考察走了过场。"铃木是很赏识这个精干务实的年轻人的，听他这么说，便问："何以见得？"

百惠说："这几天我一直陪着这个高总工程师。我发现他多次重重地关上车门，开始我还以为是他在发什么脾气呢，后来才发现，这是他的习惯，这说明他关车门一直如此。他是这家知名汽车公司的高层人员，平时坐的肯定是他们公司生产的好车。他重重关上车门习惯的养成，是因为他们生产的轿车车门用上一段时间后就易出现质量问题，不容易关牢。好车尚且如此，一般的车辆就可想而知了……我们把轿车和附件给他们生产，成本也许会降低很多，但这不等于在砸我们自己的牌子吗？请董事长三思……"

一个关车门的动作，可谓微不足道，相信无论是在生活中还是工作中都不会有人注意它，但恰恰是这种别人眼里微不足道的细节，被百惠抓到了，并通过进一步的细致分析，揭出了这一习惯性动作背后可能隐藏的深层问题，从而帮助公司避免了可能遭遇的重大损失。

作为新时代的青少年，女孩们应把百惠当作榜样，切实做到用心做事。用心做事，就是指用负责、务实的精神去做好每一天中的每一件事；用心做事，就是指不放过任何一个细节，并能主动地看透细节背后可能潜在的问题；用心做事，就是要让自己比过去做得更好，比别人做得更好。

女孩任何时候都要牢记：只有用心，我们才能做细。

把细节做到完美的境界

成大事者与平庸者之间的距离，并不像大多数人想象的是一道巨大的鸿沟，两者的区别只表现在一个细微之处：把每个细节做好。

在荷兰，有一个青年农民来到一个小镇，找到了一份替镇政府看门的工作。他在这个门卫的岗位上一直工作了60多年，他一生没有离开过这个小镇，也没有再换过工作。

也许是工作太清闲，他选择了又费时又费工的打磨镜片当自己的业余爱好。就这样，他一磨就是60年。他是那样地专注和细致、锲而不舍，他的技术已经超过专业技师了，他磨出的复合镜片的放大倍数，比专业技师的都要高。借着他研磨的镜片，他终于发现了当时尚未知晓的另一个广阔的世界——微生物世界。从此，他声名大振，只有初中文化的他被授予了巴黎科学院院士的头衔。就连英国女王都到小镇看望过他。

创造这个奇迹的小人物，就是科学史上鼎鼎有名的、活了90岁的荷兰科学家万·列文虎克。他老老实实地把手头上的每一个玻璃片磨好，用尽毕生的心血，致力于每一个平淡无奇的细节的完善。终于，他在细节里看到了自己更广阔的前景。

或许女孩都有过这样的想法，觉得小事太小就忽略过去了。殊不知，看起来微不足道的一件小事，却体现着深刻的道理。试想，如果万·列文虎克没有将细节做到完美的习惯，他能表现得如此优秀吗？

米查尔·安格鲁是一位著名的雕塑家。有一天，安格鲁在他的工作室中向一位参观者解释为什么自这位参观者上次参观以来他一直忙于一个雕塑的创作。他说："我在这个地方润了润色，使那儿变得更加光彩些，使面部表情更柔和了些，使那块肌肉更显得强健有力；然后，使嘴唇更富有表情，使全身更显得有力度。"

那位参观者听了后不禁说道："但这些都是些琐碎之处，不大引人注目啊！"

雕塑家回答道："情形也许如此，但你要知道，正是这些细小之处使整个作品趋于完美，而让一件作品完美的细小之处可不是件小事情啊！"

那些成就非凡的大家总是于细微之处用心、于细微之处着力，这样日积月累，才能渐入佳境，出神入化。

一花一世界，一沙一天堂。如果女孩能执着地把手上的小事情做到完美的境界，你同样也会成为一个了不起的人物。

粗心是成功的大敌

贝蒂是个非常漂亮的小姑娘，但她的那些朋友们却总是叫她"粗心的贝蒂"。这是因为，贝蒂总是把东西放得到处都是，上学的时候也总是丢三落四的，每一次，妈妈都要在她起床上学后帮助她收拾房间。

妈妈曾经提醒过贝蒂，要从小养成细心、干净整洁的好习惯，要是一直如此粗心，不仅会影响到自己的学习成绩，等长大了以后还会妨碍到自己的工作和事业。但贝蒂却总是对此不屑一顾，妈妈对她说的话，她完全是一只耳朵进一只耳朵出。

一天，贝蒂正在花园里看书，这时候，她的好朋友安琪来找她："贝蒂，我的表弟要借我的《鲁滨逊漂流记》画册看，你早就应该看完了吧，快点儿还给我吧。"

"哦，你等下，让我去找找。"贝蒂说着，就起身去找画册，一边找一边还说，"上次拿回来的那些画册，我现在都不记得放在哪里了。"

找了半天没有找到，贝蒂焦急地问正在厨房做家务的妈妈。

"那些东西不一直都在你的房间里吗？难道你自己都不记得放哪里了吗？"妈妈说。

"哦，我想起来了，安琪，你稍微等一下，我马上就去拿给你。"贝蒂很担心自己不

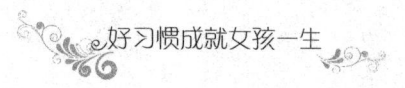

小心弄丢了，那样安琪会很生气的。

贝蒂再次来到自己的房间，准备再深入找一下，但此时，她却看到自己的宠物狗正在撕咬画册——那么一本精致优美的《鲁宾逊漂流记》已经被小狗咬烂了，此刻已是面目全非！

"哦，我的天啊，那可是我姑姑专门送给我的生日礼物啊！"看到此景的安琪马上生气地喊起来，"贝蒂，看看你究竟是怎么保管我的图书的！你一点儿都不懂得珍惜它们，我以后再也不借书给你了。"说完，她就哭着离开了。

而此时，伤心的贝蒂也忍不住流下了眼泪。

妈妈看到了，过来轻轻地安慰贝蒂："你是不是不注意，把画册放到了小狗可以够得到的地方？我都提醒过你多少次了？！没事了，我去买一本新画册给安琪吧，你以后千万不能再这么粗心大意了。"

从那以后，贝蒂彻底变了，她无论做什么事情都不再粗心了。安琪也很快就原谅了她，她们又成好朋友了，而其他小伙伴们也都更加喜欢贝蒂了。

人们常说："失之毫厘，谬以千里。"很多人失败的原因都是太粗心了，所以我们无论做什么事情都不能太马虎。作为一个女孩，养成洁净、细心、认真的习惯，才能成为一个优秀而美丽的女孩。

现实生活中，有些女孩做事情总是马马虎虎，非常粗心，这是一个很不好的习惯。她们总是认为，粗心、马虎不过是一个很小的问题，无关大局，不会产生很大的影响。但实际上，这种看法是完全不正确的。

"千里堤坝，溃于蚁穴。"发射火箭的时候，一丁点儿细微的疏忽就足以让火箭发射失败，并且最终造成巨大的经济损失；开火车的时候，司机一丁点儿的大意都可能酿成两列火车相撞的惨剧，造成人员、财产的重大伤亡和损失。这样的例子还有很多，它们不止一次地证明了，粗心大意要不得，马虎一小点儿都可能造成很大的损失，必须要彻底改掉。

那么，对女孩来说，如何改掉粗心大意的毛病呢？简单来说，主要的方法有两个：一是做事之前要先想想粗心大意所造成的严重后果，这样能够使自己在思想上引起足够的重视，进而转化成自己的实际行动，再进而养成认真的习惯；二是事情做完后要仔细地检查，一旦发现疏忽、遗漏的地方就要及时弥补，发现有欠缺的环节要及时补正。坚持这么做，就能逐渐改掉粗心大意、马马虎虎的毛病，养成认真、细心的好习惯。

第七章

合作分享

——为女孩增添成功的砝码

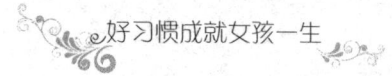

我们需要与别人合作

北美有一种生存时间最长、最具生命力的植物——红杉。它之所以生命力如此顽强，就是因为它们的生存隐含了一种"团队合作"的力量。这种力量坚不可摧！

美国加州的红杉，其高度大约是90米，相当于30层楼高。

科学家深入研究红杉，发现许多奇特的事实。一般来说，越高大的植物，它的根理应扎得越深。但科学家却发现红杉的根只是浅浅地浮在地面而已。理论上，根扎得不够深的高大植物是非常脆弱的，只要一阵大风，就能将它连根拔起，可红杉又为何能长得如此高大，且屹立不倒呢？

研究发现，红杉必定生长在一大片的红杉林中，并没有独立生长的红杉。这一大片红杉彼此的根紧密相连，一株接着一株，结成一大片。自然界中再大的飓风，也无法撼动几千株根部紧密连接、占地超过上千公顷的红杉林。除非飓风强到足以将整块地皮掀起，否则再也没有任何自然力量可以动红杉分毫。

红杉的浅根，正是它能长得如此高大的利器。它的根浮于地表，方便快速而大量地吸收赖以生长的水分，使红杉得以迅速生长，同时，它也不需耗费能量，像一般植物扎下深根，用深根的能量来向上生长。

既然连植物都用"合作"而增强生命力，而永存，为什么人类就不可以呢？成功不能只靠自己的强大，成功需依靠别人，只有帮助更多人成功，女孩自己才能更成功。

作为社会中的一员，谁也不能总是单独行动，有些事情靠一个人的力量是无法完成的。因为，每个人的能力总是有限的。

有些人精力旺盛，认为没有自己做不到的事。其实，精力再充沛，个人的能力也还是有一个限度的。超过这个限度，就是人所不能及的，也就是你的短处了。

每个人都有自己的长处，同时也有自己的不足，这就要与人合作，用他人之长补己之短，养成合作的习惯。

　　给大家讲一个故事：

　　从前，有两个饥饿的人得到了一位长者的恩赐：一根鱼竿和一篓鲜活硕大的鱼。其中，一个人要了一篓鱼，另一个要了一根鱼竿，之后他们便分道扬镳了。

　　得到鱼的人原地就用干柴搭起篝火煮起了鱼，他狼吞虎咽，还没有品出鲜鱼的肉香，转瞬间，连鱼带汤就被他吃了个精光，过了一段日子，他便饿死在空空的鱼篓旁。

　　另一个人则提着鱼竿继续忍饥挨饿，一步步艰难地向海边走去，可当他已经看到不远处那蔚蓝色的海洋时，他用尽了浑身最后一点力气，也只能眼巴巴地带着无尽的遗憾撒手人间。

　　又有两个饥饿的人，他们同样得到了长者恩赐的一根鱼竿和一篓鱼。只是他们并没有各奔东西，而是商定共同去找寻大海。他俩每次只煮一条鱼，他们经过遥远的跋涉，来到了海边，从此，两人开始过上以捕鱼为生的日子。几年后，他们盖起了房子，有了各自的家庭、子女，有了自己建造的渔船，过上了幸福安康的生活。

　　这个故事告诉女孩，在面临困境时，无论你的眼光是短浅还是长远的，往往依靠自己一个人的力量很难能够摆脱困难。只有合作，产生一种合力，才能取长补短，进而帮助你渡过难关，最后获得成功。

　　有时，人们总在感叹为什么自己的付出没有得到等量的回报，实际上也并不是你的付出不够多，而是你忽略了与别人的合作。合作往往能产生意想不到的结果，而这一点却总是被人们忽略。

　　三个和尚在破庙里相遇。"这庙为什么荒废了？"不知是谁提出了问题。
　　"必是和尚不虔诚，所以菩萨不灵。"甲和尚说。
　　"必是和尚不勤，所以庙产不修。"乙和尚说。
　　"必是和尚不敬，所以香客不多。"丙和尚说。
　　三人争执不下，最后决定留下来各尽所能，看看谁能最成功。
　　于是甲和尚礼佛念经，乙和尚整理庙务，丙和尚化缘讲经。果然香火渐盛，原来的庙宇也恢复了昔日的辉煌。
　　"都因我礼佛虔心，所以菩萨显灵。"甲和尚说。
　　"都因我勤加管理，所以庙务周全。"乙和尚说。
　　"都因我劝世奔走，所以香客众多。"丙和尚说。
　　三人日夜争论不休，庙里的盛况又逐渐消失了。

　　这是大家一眼就能看出的道理，庙宇香火渐盛的原因，正是他们三个人的合作！可惜的是，到最后三人分道扬镳也没有搞清楚这个简单的道理。

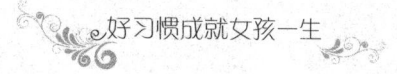

学会与别人合作

今天的时代是市场经济时代，市场经济是广泛的交往经济，离不开与各种类型人的合作；今天的时代是竞争时代，只有选择合作，才能成为最具竞争力的一族。

为了成功，你必须联合别人。

如果女孩能将个人与其他人做适当的搭配组合，相辅相成，便可收到良好的"相乘功效"。

下面为你介绍 5 条与别人合作的原则，它能帮助你无论在什么位置都能成为"令人赞叹佩服、乐于追随"的成功人物。

第一条原则，做每一件事情，都要符合人性的要求。为此，至少要做到两点：一是抱着"真情、友爱"的处世态度；二是把这种态度随时随地付诸行动，同时还要戒除对人苛刻冷漠、与人斤斤计较、与人争得头破血流的陋习。

把真情和友爱渗透到每一件事情当中去，就能产生成功所需要的一切。

第二条原则，多贡献，多施予。一个人的成就，大致上是与他的施予成正比的。成功的人都是慷慨施予的人物。那些肯大力布施、肯慷慨奉献的人物往往受益匪浅。然而苛刻、自私、吝啬的人却无法办到这一点。

第三条原则，要使你周围的人，觉得他们自己很重要。如何使别人觉得他很重要？请你记住这项基本原则：人们都渴望感到"他们是你生活的一部分，在你心目中占有一定分量"。如果能满足这项要求，你就能轻易获得他们的赞美、尊敬，以及通力合作的回报；而当人们感觉到被其他人排除在外时，往往会显得漫不经心，转而采取对立的态度与行动。行之有效的办法就是，你可请求别人帮你一些忙，使他们觉得自己很重要。

第四条原则，要以平易近人的方式说话。平易近人是最好的沟通技巧，以这种方式说话是影响人的最有力武器。

说话者有两项基本职责。一是要说出必要的知识；二是吸引对方的注意力，把对方吸引住。

第五条原则，要能替人保守秘密。替人保守秘密，正是你赢得对其他人的影响力的重要方法之一。

第一，朋友一旦深知"他们所告诉你的事情，都会就此停住，不再流传出去"以后，就会对你更亲切殷切、格外关照。

第二，他们认为你是很可靠、很值得信任的人，一旦获得什么消息，就会自动告诉你。

别人对你的忠诚，通常与你保密能力成正比。

能够合理地掌握以上 5 项原则，你就能寻找到值得信赖的合作伙伴，这样一来，对你的人生将有很大的帮助。

女孩们要努力学会与别人合作，而且要学会与不同的人合作。

合作不应该有局限性，实际上任何人都应是合作的对象。合作，不仅指家人之间的合作、亲戚之间的合作、朋友之间的合作、同事之间的合作，还指个人与企业或其他组织之间的合作，与本地区的合作，跨地区、跨省甚至跨国的合作。合作的范围越广，合作的境界越高，生存的空间越大，获取的能量就越大。

很多人进入了一个误区，只愿意与亲戚、朋友合作，凭着自己的好恶取舍合作，这是一般人有意无意奉行的原则。依此原则行事，你的合作圈就大大缩小了，机遇光临的概率也必然大大减少。那种特别对你的脾气，特别合你的胃口的人，实在是太难找了。在社会这个大环境中，什么样的人都可以成为合作的对象。因此，必须学会跟各式各样的人合作。

伯牙与钟子期的知音式的合作当属上乘，可是更多时候都是非知音的合作，普通人与普通人的合作，甚至有时还会是对手与对手的合作。要学会跟任何人合作，才算合作能力高。

当然合作类型是各式各样的。有全局性合作、有局部性合作，有长期性合作、有短期性合作。有时为了办好一件事而与人合作，在这件事情上跟他合作，并不是整个事业都与他合作。这种合作，哪怕双方在一些观念、信仰等方面有重大差异都不要紧。善于与各式各样的人合作，特别是善于与差异极大的人合作，这是发展大事业的需要。

"合作"是女孩面对的一个现实问题。现在，合作呈现多元化趋势，已不再局限于与你身边的人合作，必要时还要与不同肤色、不同文化、不同信仰的人进行合作，所以，从现在开始，女孩就要有意识地培养自己与别人合作的能力。

相互包容是合作的前提

每个人的性格、习惯都不尽相同，合作团队中的成员更是如此。大家有着共同的目标，却有着不同的行事习惯和风格，彼此之间往往会有诸多或大或小的摩擦，要想与合作对象顺利地达到目标，对于合作尺度的把握应该是比较巧妙的。相互包容是合作的前提。

一个宽容的人，能够对那些在意见、习惯和信仰方面与自己不同的人表示友好与接受。宽容最能够表现出一个人的耐心、谦恭、明智与深谋远虑，通过敞开心胸接受新观念和新资讯，往往可以使自己的知识更丰富，个性更完善，更具想象力。如果一个人只会封闭自己，那就无法接触到更多的信息，以及思想的不同层面。如果我们反过来，乐于接受新的观念，乐于对不同的声音表现出容忍、谅解与友善，那么我们就能不断地提升思维能力。

一天，刘邦在洛阳南宫边走边观望，只见一群人在宫内不远的水池边，有的坐着，有的站着，一个个都是武将打扮，互相交头接耳，像是在议论着什么。刘邦好生奇怪，便把张良找来问道："你知道他们在干什么吗？"

张良毫不迟疑地答道："这是要聚众谋反呢！"

刘邦一惊："为何要谋反？"

张良却很平静："陛下从一个布衣百姓起兵，与众将共取天下，现在所封的都是以前

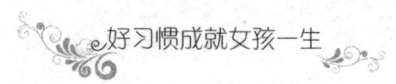

的老朋友和自家的亲族，所诛杀的是平生自己最恨的人，这怎么不令人望而生畏呢？今日不得受封，以后难免被杀，朝不保夕，患得患失，当然要头脑发热，聚众谋反了。"

刘邦紧张起来："那怎么办呢？"

张良想了半晌，才提出一个问题："陛下平日在众将中有没有最恨的人呢？"

刘邦说："我最恨的就是雍齿。我起兵时，他无故降魏，以后又自魏降赵，再自赵降张耳。张耳投我时，才收容了他。现在灭楚不久，我又不便无故杀他，想来实在可恨。"

张良一听，立即说："好！立即把他封为侯，才可解除眼下的人心浮动。"

刘邦对张良是极端信任的，他对张良的话没有提出任何疑义，立即封雍齿为什邡侯。见雍齿也被封侯，那些未被封侯的将吏一个个都喜出望外："雍齿都能封侯，我们还有什么可顾虑的呢？"

事情真被张良言中了，因此就这么轻易地化解了。

刘邦的这次论功封赏，体现了战争中以地位作用高低论功，在发现由此出现的一些矛盾后，又能以宽容为怀，化解矛盾，这种思考既保证了自己队伍中骨干积极性的发挥，又能做到队伍的基本稳定，的确是高明之举。

人与人之间有时候因为某些利益方面的问题而发生矛盾，在矛盾面前，若能够有较大的气量，以宽容的态度去对待别人，将心比心，就会在时间的推移过程中，逐渐改变对方的态度，使得矛盾得到缓和。一旦与他人发生矛盾，受到他人错误对待，应该有"单恋"的精神。不因对方对待自己态度上有错而改变自己初时的热情和真诚，始终不渝地以友好的感情对待对方。有了这种"单恋"的态度，便能唤起对方的醒悟与行动反馈。

要与他人合作得好，就必须做到不苛求合作者（当然，这并不是说对合作者一味地无原则地迁就），不吹毛求疵，多一点宽容忍让，做到勿以小恶弃人大美，勿以小恶忘人大恩，让合作者感到他合作的环境和谐、融洽，这样的合作能更加牢固、长久。

相互包容可以使人去除芥蒂与隔阂，以更坦荡和明朗的心怀面对彼此。相互包容可以促进大家的合作，使合作的效益达到最大化。

步入社会，女孩们要与各种各样的人接触、交往、合作。合作就要相互包容，在合作中发现他人的优点和长处，将之吸收过来，转变为自己的优势，并将这一优势发挥得淋漓尽致，这才是合作的本领。

掌握"借力"发挥的技巧

在社会中生存，一个人总会显得势单力薄，如果你能够借助他人的力量，学会借力发挥出能量，把别人的优势转变成自己的强项，那么，女孩在做事时将会如鱼得水。

战国时，魏国的信陵君为人忠厚、讲仁义。他的门客达到三千多人。其中有一位门客叫侯生，本是屠户出身，其才平平，其貌庸庸，受到其他门客及家人的嘲弄与鄙视。

而信陵君以士之礼待之，一视同仁，毫无嫌弃和厌恶之感。相反，还能尊重他的意见，成全他的要求。公元前248年，秦国围攻赵国都城邯郸，赵王数次遣使向魏求救。魏王怕引火烧身而不敢发兵，但是在各国一片合纵抗秦的呼声之下，又不能对邻居见死不救。他只好派大将晋鄙率领十万人象征性地救援，虽大造声势，实则驻军于邺下，停滞不前。

信陵君多次请求魏王催促晋鄙进兵，魏王不听。他一怒之下，带领自己的一千多门客准备与秦军决一死战。临别找侯生，侯生却一反常态，对信陵君的此行无动于衷。一怒之下，信陵君行出数里，可是越想越不对劲，于是就想回头问个明白。

原来侯生使的是欲扬先抑之计，他故作冷淡，使信陵君诧异，然后再提出自己的意见。侯生指出这样行动无异于以卵击石，与其铤而走险，不如偷来兵符，操纵军队。最后在好友朱亥的帮助下，终于盗得了兵符，操纵军权。信陵君手握兵符传令全军："父子俱在军中者，父归；兄弟俱在军中者，兄归；独子无兄弟者，回家赡养父母；有疾病者，留下治疗。"这一成人之美的命令深得人心，除去按命令留下的人外，剩下八万精兵及一千余门客，个个斗志昂扬，最后大败秦军。

信陵君的成功并非偶然，他的仁义使他在遇到困难时，很多人愿意帮助他，甚至为他拼死卖命。其中的道理，就是借脑思考。光靠单枪匹马闯天下，在现代社会难有作为。借力时，要遵循以下步骤。

（1）与有影响力的人做朋友。应该随时留心周围人的品格、能力及其影响力，要用真心去交朋友。为了赢得他人的真诚相助，你必须先付出真心，人心都是肉长的，你天长日久的付出总会有所回报。

（2）谋求别人的帮助。别人能否帮你的忙，还看你平时表现如何。所以要求你与人交往时，目光放远些，不因小利而不为，亦不因利大而为之。如果你与对你有所帮助的朋友发生了不愉快，你应首先谅解他。平时的基础打好了，到关键时刻自然"得来全不费工夫"了。你待人好，人家对你自然有真心，关键时刻帮助你一把也在情理之中。

这是信陵君借助门客的谋略取胜的例子。生活中，我们还常常遇到借助别人的资本来做事以达成功的事情。

靠一分钱一分钱积攒，不仅时间漫长，而且也很容易错过机遇，所以，在进行艰苦的原始资本积累的同时，还应当善于借用别人的钱来为自己赚钱。现代有许多赤手空拳闯天下而成功的大老板，日本角荣建设公司董事长角荣便是其中之一。

在发迹之前，角荣长期专心经营"没有资金赚大钱"的生意，费了好长一段时间才想出一套"预约销售"的方法。这个办法是譬如有人要卖某处山坡上的木材时，他就前去找买主，一找到，他就跟买主接洽。他说："那座山上的木料价值有100万元以上，主人现在有意以80万脱手，请你把它买下来，两个月内保证赚一成。超出一成利润时，超出部分由我所得，如果赚不到一成时，我可以赔你一成的利润。"角荣又让有钱的朋友给他做连带保证。如果买方把它买下来，买好之后，角荣就代买主销售，如此他往往以买价2倍左右的价格脱手。对买主来说，两个月就有一成的利润，而一成利润比一年的银行利息要多得多，而且有保证，安全可靠，因此找买主并不困难。这项预约促销的方法，虽然需要有一点社会信用才能办得到，但如果你有信用，有人替你担保，你只要有诚意和勤于跑腿，这项事业就可以日益壮大。在创业都需要大本钱经营的今天，角荣做这项不要资本的生意确有一套，并且颇有所获。

他本来一无所有，经过10年的努力，就是靠着这种高超的"借术"，赚取了10亿日元。

在女孩向着一个目标前进时，你并不是孤立的个体，身边有许许多多的力量可供你借助。在你才思枯竭时，可以借助别人的谋略；在你金钱匮乏时，可以借助别人的资本；在你知识不足时，可以借助别人的智慧。

"借力"并不是女孩"无力"之下的无奈之举，而是"成事"的智慧之道。

合作才能共赢

合作是指两个或两个以上的个体为了实现共同目标或者共同利益，而自愿地结合在一起，通过相互之间言语和行为的配合与协调，从而实现共同目标，最终个人利益也获得满足的一种交往活动。

大凡明智的人都懂得联合起来改变自己的命运，历史上六国联合抗秦，都得互保，而联合一旦破裂，就都被强秦所灭。香港两大富豪李嘉诚和包玉刚的联合可谓成功经典，包玉刚帮助李嘉诚控股和记黄埔，李嘉诚帮助包玉刚登陆九龙仓。在协同合作的情况下，可以创造出 1+1>2 的效果，这样明显的道理，一旦被掌握和运用，就能产生巨大的推动力，让应用它的人获得成功。

史蒂芬是一位演员，刚刚在电视上崭露头角。他英俊潇洒，很有天赋，演技也很好，开始扮演小配角，现在已成为主要角色演员。从职业上看，他需要有人为他包装和宣传以扩大名声。因此他需要一个公共关系公司为他在各种报纸杂志上刊登他的照片和有关他的文章，增加他的知名度。

不过，要建立这样的公司，史蒂芬拿不出那么多钱来。偶然一次机会，他遇上了 Rose。Rose 曾经在一家很大的公共关系公司工作了好多年，她不仅熟知业务，而且也有较好的人缘。几个月前，她自己开办了一家公关公司，并希望最终能够打入公共娱乐领域。到目前为止，一些比较出名的演员、歌星、夜总会的表演者都不愿同她合作，她的生意主要还只是靠一些小买卖和零售商店。当史蒂芬把他的想法告诉 Rose 后，Rose 与他一拍即合，与他联合干了起来。

史蒂芬成为了 Rose 的代理人，而她则为他提供出头露面所需要的经费。他们的合作达到了最佳境界，史蒂芬是一名英俊的演员，并正在时下的电视剧中出现，Rose 便让一些较有影响的报纸和杂志把眼睛盯在他身上。这样一来，她自己也变得出名了，并很快为一些有名望的人提供了社交娱乐服务，他们付给她很高的报酬。而史蒂芬不仅不必为自己的知名度花大笔的钱，而且随着名声的增长，也使自己在业务活动中处于一种更有利的地位。

合作是件快乐的事情，有些事情人们只有互相合作才能做成。不合作不仅他不能得，你也不能得。史蒂芬和 Rose 通过彼此合作，弥补了个人能力的有限，最终促成了双方利益的双赢，这就是合作。

一个出色的球队，并不是几个大腕球星就能支撑起来的，取得好的成绩还需要整个团队的合作，一个好的教练……

一堆沙子是松散的，可是它和水泥、石子、水混合后，却比花岗岩还坚硬。

所以说，女孩在学习和工作的过程中，只有时刻保持合作的意识，才能取得更大的成绩，才能有所造就，从而开拓自己的辉煌人生。

第一，女孩要在思想里有自主合作的意识。

合作意识是个人意愿、感觉、情感、思维等过程的心理总和，主体意识、情感意识、参与意识是合作的重要因素，如果合作有意义，个人的行为、成功与荣耀与集体息息相关，个人成功与团体的成功同样重要时，个人就会意识到合作的价值。

独木难成林，一个人的力量总是有限的，即使像诸葛亮一样的人物，失去了精兵良将，也只能提着心唱空城计，六出祁山的结果只能是运移汉祚终难复。

所以说，每个人都要有合作的意识，要有合作的态度，不能依仗着自己的能力，演绎单枪匹马的个人英雄主义，而轻视团体中其他人的作用。

第二，寻找可以互补的合作者。

水桶的容积不取决于最长的木板，而被最短的木板限定。合作也是如此，一个团体能够取得多大的成绩，也决定于最弱的那个环节。

《三国演义》中，刘备创业初期，手下能征惯战的武将有很多，让曹操羡慕得不得了，可是刘备连安身之地也没有，就是因为缺少运筹帷幄的军师。如果他没有三顾茅庐请孔明，即使招引了更多猛将，也是徒劳的。

所以说，女孩在选择合作伙伴的时候，一定要请与自己能力互补的朋友参加。合作像是齿轮组，互相咬合在一起才能彼此带动，如果只是重复叠加，合作本身的内聚力就发挥不出来，效果也会大打折扣。

合作是一个共同提高的过程，并不是简单置换的闹剧。我们只有从合作伙伴身上找到自己的弱点，并弥补弱点，才能提高自身生存的本能，合作才会变得有意义。

第三，重视与合作伙伴沟通。

一个人的思维是有限的，集思广益才是合作的精髓。我们在合作的过程中，要敢于发表自己的意见，也要虚心听取他人的想法。只有这样，才能将大家的力量集中在一起，战胜我们面前共同的困难。

善于合作是一个人谋求发展的永恒主题，要有心与人合作，善假于物，那就要取人之长，补己之短，而且能互惠互利，让合作的双方都能从中受益。

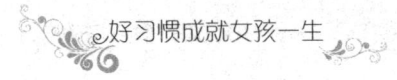

倾听——合作必要的前奏

倾听是使我们迈向睿智，使我们走向成功的法宝。善于倾听的人，会获得不同的意见或者逆耳之言。在学习和生活中，存在不同意见是很正常的。怕的是没有不同意见，只有一种声音。而静下来倾听别人的声音，让我们能够看到自我中心以外的"我"到底是个什么样子。人无完人，发自内心的提示与批评是一种关心和爱护，同时也是一种难得的帮助。一个人如果长期听不到逆耳之言，就会变得轻浮，迷失于自满中。

倾听还有一个功效，那就是让另一颗苦闷的心灵获得解脱。在今天，生活节奏越来越快，竞争越来越激烈，人们承受的压力也越来越大。这些压力已经越过年龄这个界限袭向了青少年。当我们的密友、同学有不快和郁闷时，借给他们一个能够诚心倾听的耳朵，是对他们的最大的理解和帮助。还有，我们周边的成年人，当他们有纠结在心中的愁苦时，奉献我们的诚挚，耐心地倾听，会让他们更加理解我们。人们需要的是诚意地倾听，也许，倾听不能帮助他们什么，但是可以让他们的心灵得到抚慰，可以把他们从苦恼中解放出来。

诚意倾听的人，总是能给予对方全部的注意。他们会盯着说话人的眼睛，还会适当地发问。当我们与人交谈时，不要让任何事务打断注意力。可以提些诸如"你认为这就是问题所在"、"你的意思是……"、"你能说得明白一些吗"等问题。这些提问有助于你获得更多信息，并理解问题的各个方面。

我们所生活的这个世界，正在以各种方式向我们表述着各种信息。细心地倾听，能让我们走出迷茫，走出自大，走出封闭，走向睿智，走向理解，走向合作，走向辉煌的未来。

但是，并不是人人都会倾听，一个真正做到有效倾听的人，不仅要认真听取别人的每一句话，领悟说话者的意思，另外还必须做到及时配合说话者，如点头、微笑或简短的附和语，与说者达到共鸣。同时，还应掌握听人炫耀的技巧，了解说者的性情，在自己与对方谈话时恰当地穿插些对方所炫耀的内容，这样更能勾起炫耀者对你产生兴趣，让他愿意接纳你。

有一位姓范的先生在他订的酸牛奶中发现了一小块玻璃碎片，于是前往牛奶公司投诉。不用说，他的情绪是愤怒的。一路上他已经打好腹稿，并想出了许多尖刻的词语。一到总经理办公室，连自我介绍都省略了，把董经理伸出的友谊之手也拨向一旁，"重磅"炮弹铺天盖地地向董经理猛轰：

"你们牛奶公司，简直是要命公司！你们都掉进钱眼里去了，为了自己多赚钱，多分奖金，把我们千百万消费者的生死置之度外……"

好在这位董经理经验丰富，面对这么强大的刺激，毫不动怒，仍旧诚恳地对他说："先生，究竟发生了什么事？请您快点告诉我，好吗？"

范先生继续激动地说："你放心，我来这里正是为了告诉你这件事的。"说完，从提袋中拿出一瓶酸奶，"砰"的一声，重重地往办公桌上一放，说："你自己看看，你们做了什么样的好事！"

董经理拿起奶瓶仔细一看，什么都明白了。他敛起微笑，有些激动，说："这是怎么搞的，人吃下这东西是要命的！特别是老人和孩子若吃到肚子里去，后果不堪设想！"

说到这里，董经理一把拉住范先生的手，急切地问："请你赶快告诉我，家中是否有人误吞了玻璃片，或被它刺伤口腔。咱们现在马上要车送他们去医院治疗。"说着，抄起电话准备叫车。

这时候，范先生心中怒火已十去八九了，他告诉董经理说，并没有人受伤。董经理这才转忧为喜，掏出手帕，擦擦额头上渗出的汗珠说："哎呀！真是谢天谢地。"

接着董经理又对范先生说："我代表全公司的干部职工向您表示感谢。因为您为我们指出了工作中的一个巨大的事故隐患。我要将此事立刻向全公司通报，采取措施，今后务必杜绝此类事情发生。还有，您的这瓶牛奶，我们要照价赔偿。"

董经理的这番话，一下子把空气给缓和了。范先生接过那瓶奶钱的时候，气已经全消了，而且还有点内疚："经理是个这么好的人，我开始真不该给他扣那么多的帽子。"

接下去，他便开始向董经理建议，该采取什么样的措施才能避免此类事故继续发生。结果越谈越融洽，原来双方都是站在一个立场上。

从故事中可以看出，耐心倾听对方的诉说是很重要的，我们要理智地作出回应，会听才会赢。

如何"会听"？

交谈中需相互交换意见，才能顺利进行。应在坦诚交谈并表示了解后，才陈述自己的意见。倘若不遵守这个原则，可能会造成各说各话的情形，以至于谈话不投机，有害人际关系。

然而，我们常因热衷于谈话而忽略了这个原则。虽然完全没有恶意要抢先，却会发生打断对方讲话的情形。比方说，对方正在提问题时，你打岔说："是啊，我也正想提这点呢。"或者对方反问之际，你连忙矢口否认："不！不！"

像这样的谈话方式，最容易引起对方不满。应等候对方说完，再正式提出自己的意见才是。在表达本人看法前，必须用心体会言谈之间的真实含义。

日常交际中最受欢迎的人，就是那些会倾听的人。

总之，会倾听要做到：真心愿意听；有耐心；避免三心二意的坏习惯；适时进行鼓励；表示出理解。

关于倾听，它可能给女孩带来的好处有：

（1）可以使他人感觉到被尊重。

（2）能真实地了解他人，增加沟通的效力。

（3）可以解除他人的压力。

（4）可以学习他人的长处，使自己变得聪明。

在团结中合作

合作精神是时代呼唤的主旋律。一个人如果不能学会合作之道，必然会走向孤独。社会越发展，越离不开许许多多人的精诚合作。那种一意孤行、天马行空的道路是行不通的。

一个人只有融入一定的团体，才能把外界的力量转化为自身的力量，一个人的价值也只有在团队中才能体现得更充分。如果没有协作精神，那么就很难显露自己的优秀。

在1985年的美国职业篮球联赛中洛杉矶湖人队曾是一个最被看好的球队，它的球员都是最优秀的。但它在决赛时输给了波士顿的凯尔特队。湖人队一蹶不振，所有的球员感到极为沮丧。在1986年的美国职业篮球联赛开始之前，湖人队仍没有从失败的阴影中走出来。教练派特·雷利为了让湖人队重振雄风，告诉球员每个人都已经很优秀，如果能在相互配合上进步1%，便会取得令人满意的好成绩，便一定能登上冠军的宝座。1%的进步似乎是微不足道的，可是如果12个球员在配合上进步1%，球队的整体实力最少也能比以前进步12%。经过苦练，球员的协作精神被充分地挖掘出来，在这一年的美国职业篮球联赛中，湖人队势不可挡地夺得了冠军。

独木不成林，单人难成事。人生中处处离不开合作，一项发明，往往是许多科学家相互协作的结晶；一项技术，总是一个研究所的人共同协作；甚者完成一份报告，也少不了别人的帮助。学会合作，才会更好地完成目标；学会合作，会更加快速地走向成功。不要认为与他人合作就是一种不自立的表现，一种不成熟的行为，学会合作意味着你学会了走向成功的另一种方法。

廉颇和蔺相如都是战国时期赵国的大臣。廉颇英勇善战，曾领兵攻打齐国，立下赫赫战功，被拜为大将。蔺相如原来是赵国一位宦官头目家中的门客。有一次秦昭王带着国书，向赵王索取价值连城的"和氏璧"。蔺相如奉命入秦，在秦王面前据理力争，怒发冲冠，终于保全了和氏璧，使之归还赵国。公元前279年，他随赵王到渑池与秦王相会，维护了赵国的尊严，使秦国没有赚到便宜。由于他在强大的秦国面前表现出的大智大勇，赵王便封他为相国，职位在廉颇之上。蔺相如地位的变化，使廉颇愤愤不平。廉颇认为自己有攻城野战之功，而蔺相如却只有口舌之劳，因此扬言："不愿意与蔺相如同朝为官。有朝一日见到他，非给他点颜色看看不可！"廉颇存心当众羞辱蔺相如，好摆一摆自己的老资格。蔺相如对这位老将军却是一再忍让，不同他计较。

有一天，蔺相如带着随从人员外出，没想到冤家路窄，老远看见廉颇骑着战马威风凛凛地迎面过来，蔺相如忙退到小巷里躲避。这一来，在蔺相如手下做事的人都感到没面子，认为他怯懦胆小，纷纷要求离去。蔺相如留住大家，心平气和地对他们说："诸位看廉将军和秦王相比，究竟哪一个厉害呢？"大家说："当然是秦王厉害。"蔺相如又说：

"秦王虽然强大威风，而我却敢在秦国朝廷上当面斥责他，羞辱他的大臣。我虽然无能，也不至于害怕廉将军吧！但我想，强横的秦国之所以不敢对赵国动用武力，是因为他们知道赵国文有我蔺相如，武有廉颇将军罢了。我们之间如果闹不合，两虎相斗，必有一伤，这时秦国就会乘虚而入，造成亲者痛、仇者快的情景。我之所以对廉将军一再忍让，完全是以国家的危难为重，不计较个人的恩怨啊！"

这些话传到了廉颇那里，廉颇十分感动，羞愧难当。他立刻脱下上衣，背着荆条，主动上门请蔺相如责罚自己。蔺相如一见老将军负荆请罪，赶忙把他扶起。于是两人言归于好，同心协力保卫赵国。在渑池之会以后整整十年，秦国一直不敢对赵国发动大的攻势。

人与人之间的交往，就是要在相互理解的基础上团结合作。一个人的力量是有限的，只有和大家一起合作才能成大事。在人的成长过程中，要参加许多团队活动，与人合作，这是一种交往的动态活动。这种活动让人产生某种共享双赢的体验。

别把私人利益带进来

要合作，首先就要把个人的利益放弃，如果女孩私心太强，什么利益都想自己独吞，一点小亏都不肯吃，这种态度只会导致你合作的失败。而如果你能公私分明，做到大公无私，达成双方利益共享，那么你的合作就是成功的。

吉田忠雄是日本吉田工业公司的董事长。吉田工业公司是世界上最大的拉链制造公司，年营业额达 25 亿美元，年产拉链 84 亿条，其长度达 1900000 千米，足够绕地球 47 圈。吉田忠雄本人被称为"世界拉链大王"，他说他的成功是由于"善的循环"。这与他小时候捕鸟时受到的教育是分不开的。

吉田忠雄的父亲吉田久太郎是个稳重而又有正义感的小鸟贩子，他以捕捉、饲养、贩卖小鸟为生。7 岁时，吉田忠雄就上山给父亲做帮手。他们捉鸟从来不捕幼鸟，不捕喂养期的成鸟。用吉田久太郎的话说，首先得保证鸟类能够代代繁衍，这样才可能永远捕到鸟。这是一个善的循环，它在吉田忠雄的心中打上了深深的烙印。在捕鸟、驯鸟的岁月里，吉田忠雄吸收了影响他一生的精神营养，他从鸟儿那里学到了热爱自由、坚强不屈的性格，这为他日后艰苦创业、登上世界"拉链大王"宝座打下了坚实的思想基础。

25 岁时，吉田忠雄创办了专门生产销售拉链的 3S 公司。50 岁时，吉田忠雄建成了世界一流的拉链生产工厂，完成了年产拉链长度绕地球一周的宏愿，每逢有人追问他的成功之道时，吉田忠雄总是笑着说："我不过是爱护人与钱而已。人人为我，我为人人，不为别人利益着想，就不会有自己的繁荣。对赚来的钱，我也不全部花完，而是一部分作为员工的红利，一部分再投资于机器设备上。一句话，就是善的循环。"

吉田忠雄信奉"善的循环"哲学。他相信在互惠互利的情况下，才能真正做到双赢。

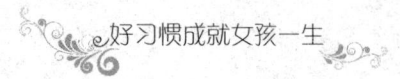

公司支付的红利，他本人只占有 16%，他的家族占 24%，其余 60% 由公司员工分享，这是其他老板难以做到的。吉田忠雄要求公司职员把工资及津贴的 10% 存放在公司里，用来改善设备，提高利润；员工每年可以分到 8 个月以上的奖金，但他要求员工奖金的 2/3 购买公司的股票，公司由此增加资金，员工薪水与资金更加提高，且可以拿到 20% 股息。由此形成公司与员工之间的"善的循环"。

说到底，与人合作的技巧就是公私分明，因为与人合作只想到自己的人，绝不会有好的回报。一切以损害别人的利益来充实自己的人都会受到社会的谴责、公众的鄙视。

现代社会奉行人人相亲相爱，大家互帮互助，而不是人人尔虞我诈，互侵互害。人人相亲相爱，大家互帮互助的社会是一个理想的、美好的社会。

请把你从你的狭小天地里释放出来，以开放的眼光看世界，意识到人类的家园建设必须靠每一个体尽心尽力地奉献才能壮美辉煌，并切实地拿出实际行动来。

女孩们也应努力做到：

（1）保持一颗平常心，认认真真做事，老老实实做人；

（2）与人方便，万事随缘；

（3）多一份善心；

（4）珍惜时间，努力学习，努力锻炼，为一生的发展打下坚实基础；

（5）"天生我材必有用"，信任自己、尊重自己。

永远和团队拧成绳

一个成功的人必定是一个善于合作、善于融入集体的人。和团队拧成一条绳，这是一个为我们未来打下基础的良好习惯。因为谁都不可能是一座孤岛，一个人要取得成功，必须学会与别人一道工作，并能够与别人合作。这个习惯可以让我们不再孤独，不再迷茫，因为，和大家在一起，你会收获很多阳光，很多欢笑，以及很多很多的爱与温暖。

一个人的力量是有限的，只有大家拧成一股绳，才能产生无比强大的能量，获得一个人无法取得的成就。

彼得大帝小时候十分喜欢玩游戏，尤其是玩军事游戏。可是，他是个皇帝，这就使得他有一种与生俱来的优越感。因此，在游戏中他总是做首领，总是无礼地指挥小伙伴们干这干那，有时还会随意打骂他们，致使小伙伴们总是躲着他。小彼得也感觉到了小伙伴们对他的疏远，但他搞不明白为什么，就去向他的一位叔叔请教。

叔叔听他说了自己的困惑，哈哈一笑，引导他说："你是不是希望他们可以和你亲密无间啊？""是呀。"小彼得一听叔叔一语中的，高兴地回答。"那你知道问题出在哪里吗？"叔叔进一步问。"我就是因为不知道才来问您的。"彼得不高兴地回答。叔叔说："虽然你是皇帝，但他们还是很愿意和你一起玩，只是你总是以皇帝自居，在游戏中没有礼貌地叫他们干这干那。你喜欢争强好胜是对的，但你总是利用你的地位来达到这一切就不好了。""他们原来是因为这个啊。"听了叔叔的分析，彼得高兴得一蹦三尺高。随后，他又为难地问叔叔："那我以后应该怎么做呢？"叔叔看到小彼得诚心改过，也希望小彼得成为一位人人尊敬的好皇帝，就进一步引导他："首先，在游戏中你应当把自己当成他们中普通的一员，而不是什么皇帝，要平等地对待小伙伴们。然后，在行动上对你的伙伴要讲理，有时也应听听他们的想法，不可无理取闹。总之，你要融入到他们当中去，去体会和了解他们的感受和想法，去和他们合作，共同完成游戏，这样你就会从中学到很多东西。"叔叔最后补充说："我觉得你应该在明天游戏的时候试着去当个普通的士兵，然后慢慢和你的小伙伴们接近，直到他们接受你为止。"小彼得点了点头。第二天，小彼得对大家说："从今天开始，我在游戏中不当司令了，我就当一个士兵吧。"大家感到很奇怪，小彼得接着说："你们以后就叫我彼得好了，我希望大家在游戏中互相合作，打好我们的仗。"

慢慢地，在军事演习中，小彼得身先士卒，和小伙伴们一起冲锋陷阵，摸爬滚打，经常是一场游戏结束，衣服磨破了，手脚也擦伤了，但他毫不介意，还对小伙伴们说："不要紧的，你们不是也和我一样吗，在这里我只是一个小兵而已。"

集体是我们成长的摇篮，和大家拧成一股绳，你会在集体中汲取营养，脱颖而出。

人们在日常的学习和工作中，相互间难免会有很多挤压和碰撞，但是我们要有集体的意识，在集体的智慧中，筑起共同的新高度。

首先，和大家拧成一股绳还需要奉献与分享。

一位著名的企业家曾说过："当别人遇到困难时，我不会坐视不管，我会尽力帮助他，这样做不但不会让我损失什么，反而会给我带来荣誉，让我的事业更加顺利。"

这就是集体智慧中的奉献与分享。当我们在帮助别人的时候，无形之中也会体现出自己的价值，也会让自己赢得竞争中的成功。因此，女孩应善于利用集体的智慧，用无私的奉献和分享，润滑合作中的摩擦，从而使双方的成果得以扩大。

一位传教士曾说："当他们去攻击革命党的时候，这与我无关，所以我保持沉默；当他们去攻击农民军的时候，这与我无关，所以我保持沉默；而现在他们来攻击我了，我该怎么办呢？"他最后之所以陷入四面楚歌的境地，正是源于他当年自私自利的观念。

我们只有在合作中勇于奉献、乐于奉献，我们才有分享成功的资格，我们才能发挥集体的智慧，将心与心串成通向成功的天梯。

其次，集体的智慧不是互相依赖。

集体的智慧，还在于要指导彼此如何克服自身的短处，发挥自身的长处，而不是完全依赖对方的优点，漠视自己的缺点。

有这样一对朋友，一个动手能力强，一个动脑能力强。本来是一对很好的合作伙伴，并且有希望通过双赢的理念，成功地做一些事情。

可是，在具体合作的过程中，擅长动脑的经常不切实际地幻想，让擅长动手的去做。他认为自己就是负责想，想出来后就完全依赖另外的人做。

擅长动手的人也很糟糕，他没有提供一些切实的改进建议反馈给动脑的人，认为动

脑就是别人的事，就应该想得周详。而自己只是负责实施，能做就做，不能做就扔下不管。

可想而知，他们这样是不可能拥有双赢效果的，因为他们没有拧成一条心，都把希望寄托在别人身上。这样做的后果必然是，动脑的人越来越不知道怎样想，动手的人越来越不知道怎样做——他们的依赖致使双方的长处都没有充分发挥出来，短处反而更加明显。所以说，在集体的合作智慧中，一定要摒弃依赖的心理。

最后，学会欣赏别人，尊重别人。

有时候，一些人会出现这样的情况：自己有了进步，就欢呼雀跃，高兴得手舞足蹈，可当别人有了成绩时，却视而不见，充耳不闻，甚至挖苦别人。女孩们应该十分清醒地认识到这种做法是没有修养的表现。

一位学者说过："一个人总能在某一处胜过别人，而在这一处上又总会有更强的人胜过他，学会欣赏每个人会让你受益无穷。"智者尊重每个人，因为他知道人各有其长，也明白成事不易。

学会欣赏别人、学会与人合作是一笔宝贵的财富。

总之，女孩要记住：众人拾柴火焰高！

每个人都不是一座孤岛

晓西是一个性格内向、不合群的初中生，她从来不与同龄的朋友或者同学一起玩，上课时也不愿意举手发言，如果老师提问时问到她，她总是紧张得说不出话来。同学们在一起开心地玩时，她就缩在旁边不出声，一副郁郁寡欢的样子。她总是喜欢独自待在家里，一个人做事。即使在想出去玩的时候，也不要父母陪着她一起出去。班上开展集体活动时，她更是自己一个人躲得远远的。

晓西的性格比较孤僻内向，是什么原因让她形成了这样的性格呢？她家住在一栋高层的公寓楼里，周围没有和她年龄相仿的同学，爸爸妈妈忙于工作，常常把她关在家里。久而久之，她就变得孤僻不爱说话，对周围的人产生不信任感，很少向父母、老师及同龄人打开心扉。

阳阳是晓西的同学，是一个性格比较外向的女孩，她善解人意、乐于助人，比较善于与同学交往。她在音乐方面有一定的特长，平时爱唱歌，那优美的旋律时时打动着同学们。她英语也很不错，还担当他们班的英语课代表，同学们都愿意与她交流。

当女孩身边有这样两个同学：一个胆小、怯懦、自卑，不愿与人接触，孤立自己；一个自信、勇敢、大方、阳光快乐，你更喜欢哪一个呢？肯定是后者。既然选择了后者，那你为什么不能选择在现实中勇敢地走入集体、伙伴中间呢？这不仅能使你的生活变得丰富多彩，还能让你在与不同的人交往接触过程中，使自己的性格变得开朗、宽容，对外界环境的变化具有更强的适应能力。

相反，你越是把自己孤立起来，就越变得自卑多虑，在一个人的世界里你怎会快乐？

由于离群索居，人际关系不良，内心经常处于孤单寂寞的状态。取得成绩时，没有人与你分享快乐；受到打击时，没有人为你分担痛苦，你自己就像是漂流在茫茫大海中的一叶孤舟，慢慢地被人遗忘。走出自己的小世界，广泛地与周围的同学、朋友交流，只有在集体中你才能感受到生命的活力，得到真正的快乐。

那么如何融入集体呢？

首先，女孩可以从主动与同学打招呼做起，每天都能主动与同学愉快地聊天。如果能逐渐养成这些习惯，说明你已经开始摆脱困扰你的孤独感了。

其次，女孩可以多参加学校或班集体的活动。只要一有机会，就参加班集体或同学自发组织的各种各样的文艺、体育、娱乐、社交活动，广泛参加各种活动，才能活跃情绪，孤独感就会在不知不觉中消失。也只有多参加各种活动，才能缩小你与同龄伙伴之间的差异。

再次，学会主动关心别人。有的人对别人的事不闻不问，毫无热情，这种冷漠的态度正是孤独性格的孪生兄弟。你对别人冷漠，别人也对你冷漠；冷漠导致疏远，疏远又导致感情上的距离和裂痕，这样你怎能不孤独呢？

因此，要体贴别人，善于在别人需要帮助时主动给予帮助，对于同学、朋友要经常给予注意和关心。你如能主动伸出友爱之手，你的手就会被无数友爱之手握住。那时，又怎会感到孤独呢？

最后，还要有自己的朋友圈子。在与别人的交往中要多交几个知心朋友，在这种充满友情、有着共同兴趣和志向的集体中，你不仅不会感到孤单，而且能从不同的人身上学到不同的东西。学会与不同的人交往，培养更活泼开朗的性格。

女孩们，在青少年时期一定要大胆地敞开你的心扉，迈开你的双脚，走到集体中去，走到同学中去；伸出你的双手，付出你的爱心，架起心灵沟通之桥，你将收获一种性格，收获多彩的人生。

合作：让集体的力量发生核裂变

有一次，我国著名诗人、学者、爱国民主战士闻一多先生给学生上课，他走上讲台，先在黑板上写了一道算术题：2+5=？然后，闻一多先生问道："大家谁知道二加五等于多少吗？"学生们有点疑惑不解地回答："等于7！"闻一多先生说："不错，在数学领域里，2+5=7，这是天经地义的。但是，在艺术领域里，2+5=10000也是可能的。"

说到这里，他拿出一幅题为《万里驰骋》的国画给学生们欣赏。只见画面上突出地画了2匹奔马，在这两匹奔马后面又错落有致、大小不一地画了5匹马，这5匹马后面便是许多影影绰绰的黑点。

闻一多先生指着画说："从整个画面的形象看，只有前后7匹马，然而，凡是看过这幅画的人，都会感到这里有万马奔腾，这难道不是2+5=10000吗？"

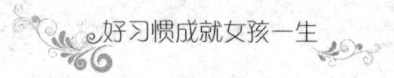

由此可见，组合后的力量是无穷的。如果我们之间能够多一些合作，就会产生巨大的力量。合作是现代人的一项基本素质与品格。如果一个人不能与人真诚合作，他就不可能成功。社会越发展，越离不开许许多多人的精诚合作，而那种一意孤行、天马行空的道路是行不通的。

合作不是一般意义上的人际交往，而是为了一个共同的目标结成的互助互利的双赢关系。合作的力量在任何时候都大于每个部分的力量。一个人的才能和力量总是有限的，唯有合作，才能最省时省力、最高效地完成一项复杂的工作。没有别人的协助与合作，任何人都无法取得持久性的成功。

元旦马上就要到了，老师让文艺委员刘力和马亮筹备班上的迎新春文艺晚会。两人劲头很足，找了不少资料，想弄出一个有新意、有特色的文艺晚会。

刘力和马亮想了很多主意，开始还觉得不错，可是后来刘力去其他班级一打听，他们想的法子别人基本上都想过了，如果就这样去参加评选，肯定拿不到奖。

刘力和马亮都觉得有点灰心了，刘力干脆说："要不我们就随便搞一个算了，我也不想拿什么奖了，厉害的人那么多，我们拿什么去和人家比啊？"

马亮也有点泄气，可是还不肯就此罢手，他想了想，对刘力说："要不我们在班上召开一个会议，号召大家出谋划策？""算了吧，我们俩是文艺委员都没有办法，你还能找谁去啊？"刘力没精打采地说。

"可不能这么说啊，人多力量大，如果能集合大家的智慧，说不定能有很好的创意。""那好吧，我们试试。"刘力答应了。

没想到，这个问题在班上一拿出来讨论，所有的同学都很积极地献计献策，他们收集了不少好点子，在大家的帮助下，他们很认真地策划晚会的每一个细节，每个同学都认真做准备，力争使自己的节目做到最好。

在最后的新春晚会评选上，刘力和马亮策划的晚会终于赢得了第一名的好成绩。

个人的力量总是有限的，但许多人合作，就可以发挥各自的优势，取长补短，把事情做到最好。女孩们在平时的学校生活中，也需要融入集体，学会与人合作，共同解决学习和生活中的难题，这样不但能把事情做好，还能增进同学间的友谊，与同学更和谐地相处，施展你的才华，从而走上成功之路。

遵循"群体规则"，不做"独行侠"

有人曾经做过这样一个试验：他将10只猴子放在一只笼子里，并在笼子中间吊上一串香蕉，只要有猴子伸手去拿香蕉就用高压水教训所有的猴子，直到没有一只猴子再敢动手。然后用一只新猴子替换出笼子里的一只猴子，新来的猴子不知这里的"规矩"，竟又去拿香蕉，结果触怒了原来在笼子里的9只猴子，于是它们代替人执行惩罚任务，把新来的猴子暴打了一顿，直到它服从这里的规矩为止。试验人员如此不断地将最初经历过高压水惩戒的猴子换出来，最后笼子里的猴子全是新的，但却没有一只猴子敢再去碰香蕉。

　　群体中有这样一种现象：当一个人进入一个新的群体以后，他便开始受到这个群体规则的影响，当其中一个成员的行为和群体规则不符的时候就会受到群体的惩罚。人类的惩罚大有法律，小有排斥和舆论，等等。所以如果你在一个新的集体中，就要尽快地适应这个规则，这样才能让自己的生活变得顺利。如果你过分看重自己的需求，游离于群体之外，以为像独行侠似的单打独斗，就能获得个人的成功，往往会离成功越来越远。因为，社会越是发展，就越是注重群体的合作，越是讲究遵循群体的规则。

　　一群意大利籍华裔学生到杭州举办夏令营。晚饭后，老师带着学生们去西湖边散步。天太热，许多人大汗淋漓。有几个人想回去，说还是宾馆里好，有空调。但是另一些人却不愿回去，还要往前走。于是，分歧发生了，双方都很固执。有人提议，掷硬币，正面往前走，反面往回走。大家一致同意。硬币一转，反面朝上，大家立即往回走。一路上，原先坚持往前走的人，没有一个人发出一句抱怨，虽然心里很遗憾，但脸上都是笑嘻嘻的，似乎已忘记了刚才的争执。

　　这是一个群体相处的小例子，一个人有必要保持一定的独立性，不能处处从众，但是在集体中的个人假如因为自己的情趣与其他人相左，便自行其是，最后只能使大家都扫兴，这样的人是没有人愿意与之交往的。

　　王芳有几分才学，但更有几分孤傲。任何一个同学发表什么观点，她都嗤之以鼻，不屑一顾。班上的任何活动她一概不参加，孤芳自赏。老师与她谈心，希望她多关心集体，她便以让她当班长作为交换条件。

　　有一次，班级搞活动到郊外远足踏青，她好不容易答应参加了，但活动还没结束，她就一个人坐出租车回家了。终于，大家被激怒了："她有什么了不起的？"王芳最终成了孤家寡人，没人愿意理她。

　　在现实生活中，女孩千万不要像王芳那样自以为是，凌驾于集体之上，损害与人相处、合作的关系，或者认为这是一种主体意识，是在把握自己的命运。其实这样非但不能融于集体之中，反而会形成对抗，得不到别人的信任和好感。这样的人不仅在现在的学习生活中处于孤立的境地，就是在以后走上社会也必定不会受人欢迎。

　　卡耐基认为，一个人在事业上的成功，基于专业技术的因素占了15%，另外的85%要靠人际关系即与人相处和合作的品德和能力。在现代社会中，这种能力的重要性越来越突出。聪明人总是善于营造和谐的群体氛围，借助群体的力量，在群体中保持自我的发展，在发展自我中促进群体的合作。女孩们，从现在开始树立集体参与、集体合作意识，

在集体的海洋中自由地遨游吧!

人的社会性:每个孩子都害怕做"独行侠"

上小学三年级的小凡很内向,平时很少和同学说话。她像是一只落单了的孤雁,经常一个人躲在一个角落里,别的同学找她一起玩,她也只玩一会儿就悄悄走开了。每天上课时,小凡似乎也在听讲,但是明显有些心不在焉。班主任很快发现了小凡的这些异常举动,她决定去小凡家里做一次家访。

这天,班主任和小凡一起出了校门。一路上,小凡只顾低着头走路,班主任问了她一些家里的基本情况,老师问她三句,她才回答一句。班主任感到很纳闷,不知道这孩子是怎么了。

来到家里,见到了父母,小凡只说了一句:"妈妈,我们老师来了。"然后就进了自己的房间,再也没出来。

班主任将小凡在学校里的一些表现告诉了她的爸爸妈妈,妈妈告诉老师:"这孩子在家里也不怎么爱说话,上幼儿园的时候就不怎么和小朋友一起玩,现在上小学了还是这样,平时见到亲戚朋友也像不认识一样,她这个样子我们也拿她没办法。"

经过交谈,班主任了解到,小凡的父母都是生意人,白天很忙,晚上应酬又多,因此就请了保姆来照顾小凡,他们平时很少和孩子待在一起。

听完了小凡父母的情况,班主任告诉小凡的父母:"小凡现在这个样子和小时候缺少父母的关爱密切相关,你们平时还是多关心一下小凡吧。再任由她这么发展下去,她很可能会发展成孤独症的。"听到班主任这么一说,父母才意识到了问题的严重性。

人的社会化开始于婴儿离开母体,成人第一次抱他的时候。以后婴儿会通过这种接触和各种社会影响,逐渐成长,并学会把自己看作独立存在的个人,建立社会关系;与此同时,他也对各种社会影响以其自身的独特方式作出种种反应,反作用于社会环境,表现出人的主观能动性,从而成为社会的人。

在自然界,有的动物主要以个体形式生存,还有的动物主要以群体形式生存,比如蚂蚁、大雁、狼等。人类也属于群体性动物,或叫作社会性动物。

可是孤独的女孩却总是试图逃离社会生活。她们性格内向,胆小谨慎,从小不善言辞,总是在躲避他人。

其实这些女孩并非天生孤独,只是因为她后天的社会性需要没有得到满足。比如对父母和亲人爱的需要没有得到回应,对家、学校、团队缺少归属感,周围人的不认可又使她缺少价值感。

以上文的小凡为例,长久以来,父母不在身边,让她感受不到温暖和关爱,在学校,她不敢主动与他人交往,久而久之,性格变得很孤僻,孤独地学习、生活,而父母根本不关心她、不在意她,于是她在家庭和学校里都找不到归属感。而周围这些人对她的否定与不认可，便使得她在心理上形成一种恶性循环。

其实使女孩倍感孤独的根源不在于她的性格，而在于父母爱的缺失。要知道，女孩最需要的不是物质的东西，而是最珍贵的爱。

善于发现别人的优点

骆驼很高，羊很矮。骆驼说："长得矮不好。"羊说："不对，长得高才不好呢。"骆驼说："我可以做一件事情，证明矮不好。"羊说："我也可以做一件事情，证明高不好。"

它们俩走到一个园子旁边。园子四周有围墙，里面种了很多树，茂盛的枝叶伸出墙外来。骆驼一抬头就吃到了树叶。羊抬起前腿，扒在墙上，脖子伸得老长，还是吃不着。骆驼说："你看，这可以证明了吧，矮不好。"羊摇了摇头，不肯认输。

它们俩又走了几步，看见围墙上有个又窄又矮的门。羊大模大样地走进园子去吃草。骆驼跪下前腿，低下头往门里钻，怎么也钻不进去。羊说："你看，这可以证明了吧，高不好。"骆驼摇了摇头，也不肯认输。

它们俩找老牛评理，老牛说："高有高的长处，矮有矮的长处；高有高的短处，矮有矮的短处。你们只看到别人的短处，看不到别人的长处，是不对的。"

金无足赤，人无完人，谁都会有自己的缺点。相反"尺有所短，寸有所长"，每个人也都有自己的优点。女孩们只有善于发现别人的优点，才能好好地利用这些优点为自己服务。

拿破仑一生中指挥过众多大战役，并屡屡得胜，一个重要原因就是善于用人。拿破仑懂得，人总是各有所长，各有所短。因此，他选拔将才从不要求十全十美。他善于发现别人的优点和长处，并利用它来为自己服务。按这一原则，他果断选择了贝赫尔做他的参谋长。他说："贝赫尔缺乏果断，完全不适于指挥任务，但却具有参谋长的一切素质。他善于看地图，了解一切搜索方法，他对于最复杂的部队调动是内行。"这样的人，对一切都喜欢自作决定的拿破仑来说，无疑是一位最理想的参谋长。

钢铁大王安德鲁·卡内基曾经亲自预先写好他自己的墓志铭："长眠于此地的人懂得在他的事业过程中起用比他自己更优秀的人。"

任何人如果想成为一个企业的领袖，或者在某项事业上获得巨大的成功，首要的条件是要有一种鉴别人才的眼光，能够识别出他人的优点，并在自己的道路上利用他们的这些优点。

一位商界著名人物说：他的成功得益于善于发现他人优点的眼力。这种眼力使得他能把每一个职员都安排到恰当的位置上，而从来没有出过差错。不仅如此，他还努力使员工们知道他们所担任的位置对于整个事业的重大意义，这样一来，这些员工无需监督，就能把事情办得有条有理、十分妥当。但是，鉴别人才的眼力并非人人都有。许多经营大事业失败的人都是因为他们缺乏善于发现他人优点的眼力，他们常常把工作分派给不恰当的人去做。他们尽管本身工作非常努力，但他们常常对能力平庸的人委以重任，反而冷落了那些有真才实学的人，使他们埋没在角落里。

一个所谓的干才，并不是能把每件事情干得很好、样样精通的人，而是能在某一方面做得特别出色的人。比如说，对于一个会写文章的人，他们便认为是一个干才，认为他管理起人也一定不差。但其实，一个人能否做一个合格的管理人员，与他是否会写文章是毫无关系的。他必须在分配资源、制订计划、安排工作、组织控制等方面有专门的技能，但这些技能并不是一个善写文章的人就一定具备的。

世上成千上万的经商失败者，都败在他们把许多工作加在雇员的肩上去，而不去管他们是否能够胜任，是否感到愉快。

一个善于用人、善于安排工作的人就会在管理上少出许多麻烦。他对于每个雇员的特长都了如指掌，也尽力做到把他们安排在最恰当的位置上。但那些不善于管理的人却往往忽视这一重要的方面，而总是考虑管理上一些鸡毛蒜皮的小事，这样的人当然要失败。

善于发现别人的优点，就要避免下面几种情况：

不以第一印象作为取舍判断的唯一标准。第一印象，也就是第一次对人知觉时形成的印象，它往往最深刻，而且常会成为一种基本印象而影响对他人各方面的评价。俗话说，先入为主，讲的就是这个道理。人们很重视给别人的第一印象，但也该看到，第一印象得之于较短时间的接触，又无以往的经验作参照，主观性、片面性较强。所以，一定要注意其消极的一面，既不能因第一印象不好而全盘否定，又要防止被表面的堂皇所迷惑，"金玉其外，败絮其中"，这样的例子也屡见不鲜。要练就一番透过现象看本质的本事，在长期的相处中全面、正确地认识和了解他人。

不因一时一事评价人。某人刚犯了一个大错误，于是就说，他从来就不是好人，这是近因效应在作怪。在较为长期的交往中，最近的印象比最初的印象更占优势，这是一种心理惯性。由于这种惯性的作用，人们往往会以最近的印象来评价人。另外，还有所谓"光环"效应，即人的一种优点、优势放大变成了笼罩全身的"光环"，甚至原来的缺点也被掩盖或者蒙上了一层夺目的光彩，这种对他人认知的最大失误就在于以偏赅全。"借一斑而窥全豹"并不总是适合于一切人和事，个别和局部并不一定能反映全部和整体。在人的诸多行为或性格特征中抓住某个好的或不好的，就断定他是好人、坏人，无疑是幼稚的。恰当地、全面地认知他人，就要克服说好全好、说坏全坏的绝对化行为。

切莫先入为主。第一印象固然是一种先入为主，除此之外，在我们的头脑中，总有一些先在的、得之于各种途径的观念，并常常以此来评价和判断他人，因为这样所耗费的心理能量最少，也就是说，它最省事。但是，图省事往往会造成一些认知偏差。比如美国人开放，英国人保守，商人精明世故，农民老实本分……这些说法虽与某些人的特征相吻合，但绝不是个个如此，还要"具体问题具体对待"。人如其面，各各不同，不能用概念来衡量人，把人简单化。

女孩们不要以自己的好恶评价人。每个人都有自己的好恶，如果投你所好，你就全面肯定，不合你的胃口就一棒打死，让个人好恶蒙蔽了眼睛，你当然很难发现别人真正的优点，这样就不利于与他人合作。

女孩要善于与人合作

每个人的能力总是有限的。有些人精力旺盛，认为没有自己做不到的事。其实，精力再充沛，个人的能力还是有一个限度的。超过这个限度，就是人所不能及的，也就是你的短处了。每个人都有自己的长处，同时也有自己的不足，这就要与人合作，用他人之长补己之短，养成合作的习惯。

人的性格和能力是有差别的，这些差别是长期养成的，不能说哪一种类型就一定好，哪一种类型就一定坏。正是这些不同，每个人所能从事的工作性质就不一样。要想有所作为，首先得明白自己的性格和能力，然后选定一个适合你自己的目标。在与人合作时，也应注意分析别人的性格特点，尽可能使每个人都能找到适合于自己的事情。也就是他能弥补你的短处，你能补救他的不足。

只有充分发挥自身优势并能利用他人的优势来弥补自己不足的人，才会在今天的社会中取得成就。

现代社会是一个充满竞争的社会。"物竞天择，适者生存"，可以说，竞争是无处不有、无时不在。竞争者与合作者作为竞争与合作的主体及对象，与竞争合作相伴而生、相伴而灭。

合作与竞争看似水火不相容，其实不然，合作与竞争有许多相通的地方。合作与竞争，可以说伴随着人类社会的出现而同时出现。合作与竞争不仅没有削弱、消亡，相反，随着时间的推移和社会的进步，合作与竞争的趋势在增强。而且，随着人类生存空间的不断拓展，交往范围的不断扩大，人与自然斗争的不断深化，科技的不断发展，合作与竞争的联系也在日益加强。在知识经济时代中，高科技的发展水平和发展速度已经超出了人们的想象，通讯、交通等的发展使人们之间的沟通与交流变得空前容易，不论是国与国之间、组织与组织之间，抑或是具体的个人之间，竞争与合作已经成为不可逆转的大趋势。在这样的一个时代里，进行交流与合作的成本将大幅度降低，而效率则将大幅度提高。实际上，封闭的个人和孤立的企业所能够成就的"大业"将不复存在，合作与团队精神将变得空前重要。缺乏合作精神的人将不可能成就事业，更不可能成为知识经济时代的强者。人们只有承认个人智能的局限性，懂得自我封闭的危害性，明确合作精神的重要性，才能有效地以合作伙伴的优势来弥补自身的缺陷，增强自身的力量，才能更好地应付知识经济时代的各种挑战。

今天，强调个性、自我，更应当强调合作。抱团打天下，是时代的鲜明特征。哪怕是最讲究个性的创新活动，也离不开合作，合作能力，直接决定着创新的成效。Windows2000 的研发，有超过 3000 名开发工程师和测试人员的参与，写出了 5000 万行代码。没有高度的合作精神，没有全部参与者的分工合作，就根本不可能完成。没有合作，就不能做成大事。

今天的时代是竞争时代，女孩只有选择合作，才能成为最具竞争力的一族。

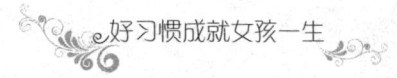

每个角色都同样重要

纽约市一家中学为了给贫困学生募捐，决定排演一出名为《圣诞前夜》的话剧。9岁的凯瑟琳很幸运，被老师选中扮演剧中的公主。接连几周，母亲都然费苦心地跟她一起练习台词。可是，无论她在家里表现得多么自如，一站到舞台上，她头脑里的词句就全都无影无踪了。

最后，老师只好让别人替换了她。老师告诉凯瑟琳，她为这出戏补写了一个道白者的角色，请她调换一下角色。虽然她的话挺亲切婉转，但还是深深地刺痛了凯瑟琳——尤其是看到自己的角色让给另一个女孩的时候。

那天回家吃午饭时，凯瑟琳没把发生的事情告诉母亲。然而，细心的母亲却觉察到了她的不安，没有再提议练台词，而是问她是否想到院子里走走。

那是一个明媚的春日，棚架上的蔷薇藤正泛出亮丽的新绿。凯瑟琳无意中瞥见母亲在一棵蒲公英前弯下腰。"我想我得把这些杂草统统拔掉。"她说着，用力将它连根拔起。"从现在起，咱们这庭园里就只有蔷薇了。"

"可我喜欢蒲公英，"凯瑟琳抗议道，"所有的花儿都是美丽的，哪怕是蒲公英！"

母亲微笑着打量她。"对呀，每一朵花儿都以自己的风姿给人愉悦，不是吗？"她若有所思地说。

凯瑟琳点点头，高兴自己战胜了母亲。

"对人来说也是如此。"母亲又补充道，"不可能人人都当公主，但那并不值得羞愧。"凯瑟琳想母亲猜到了自己的痛苦，她一边告诉母亲发生了什么事，一边失声哭泣起来。母亲听后释然一笑。

"但是，你将成为一个出色的道白者。"母亲说，并提醒凯瑟琳是如何爱朗读故事给自己听的。"道白者的角色跟公主的角色一样重要。"

在最后举行的话剧演出中，凯瑟琳的道白者角色得到了大家的一致赞誉。

池田大作说："樱花有樱花的美，梅花有梅花的香，桃花有桃花的色彩，李花有李花的风味。百花争妍，才会有花园的美丽。"和百花一样，我们每个人都有各自的使命、个性和生活方式，我们每个人都要开出自己的花朵，亮出自己的个性，这样世界才能和谐美丽。

人们常说："红花还要绿叶来衬，否则就显示不出红花的鲜艳夺目。"实际上，任何一个花园里都不可能只有红花而没有绿叶和小草，那绝对是违反自然界万事万物和谐相生的规律的。

在美丽的童话里，每一个少女都梦想成为最高贵的公主，高贵典雅；同样的，在绚丽的舞台上，每一个演员也都希望自己能成为主角，光彩照人。小姑娘凯瑟琳也不例外，在一开始排练剧目的时候她明明是主角，但随后却被换成了配角，这是很难让人接受的，她一开始心里觉得很不舒服，她没有办法把自己主角的位置让给别人。但在妈妈的一番苦心开导后她才意识到，其实主角和配角一样重要，主角不可少，配角同样不可少，对每一场成功的演出来说，主配角都是一样不可或缺、一样重要的。

当然，我们很清楚，在现实生活中，不是每个女孩都可以成为公主。大家都想争第一，都想处处成为别人关注的焦点，那是很不实际的。与其如此，还不如摆正自己的心态，努力培养团队合作的意识，学会和他人一起来合作和公平竞争，不管大事小事都尽心尽力，不论哪个角色都努力演好，发挥出自己的水平和才智，这样才是最好的表现。有了这样的心态和表现，即便你不是主角，也能凭借自己的独特和努力获得大家的认可和尊敬，迎来自己的绚烂。

孤芳自赏注定难以成功

小红所在的班级正在评选"三好学生"，同学们都在七嘴八舌地议论着，很多人都还没有形成统一的看法。这时候，班主任问小红："你觉得我们班同学中，谁最应该被评选为'三好学生'？"

小红很老练地说："老师，这我可说不准，我觉得我们班的同学都很优秀。"

"那么，"老师接着问，"你觉得李强同学怎么样？"

小红一听，马上从抽屉里拿出一个小本子，迅速翻到其中的一页念起来："4月1日，李强在值日的时候忘记了涮洗拖布；4月7日，他将一只很大的毛毛虫带到教室里来吓唬女同学；4月13日，他没有和大家一起去参加学校举行的植树活动；4月14日，他……你看，他犯了这么多错误，怎么能当'三好学生'呢？"

老师听了，又问："那么，你觉得刘洋同学当'三好学生'可以吗？"

"她还没有李强好呢！"小红又把本子翻到另一页念起来："4月3日，刘洋欺负了邻班的一个女同学；4月9日，她在数学课上偷吃零食；4月15日……"

"那么，张致远同学呢，他做'三好学生'怎么样？"老师耐心地又问。

"他也不够资格，他的行为作风太粗暴了。"小红仍旧翻着本子，看着某一页念道，"4月4日，张致远在语文课上偷偷看连环画《巴黎圣母院》；4月13日，他还与高年级的一名同学打架，大家都看到了……"

班主任终于没有耐心了，他打断小红问："那么你说，谁最有资格当上'三好学生'？"

"最有资格？这还用说嘛，"小红得意洋洋地说，"当然是我了。"

最后，班主任开始征求全班同学的意见，但几乎所有的同学都不同意让小红当"三好学生"，因为她平时总是孤芳自赏，根本就不跟其他同学交朋友，所以她连一个朋友也没有，大家当然不会选她当"三好学生"了。

虽然没有人是绝对的十全十美，但每个人却都是独一无二的。平常的学习生活中，要多看到别人的长处，而不是紧紧抓着别人的短处不放，随时揪出来让人难堪。严于律己，宽以待人，这才是真正的为人处世、与人交往之道，只有这样，你才能在群体中

得到大家的信任和支持。

一位哲人曾经说过："没有友情的社会是一片繁华的沙漠，得不到友谊的人是终身可怜的孤独者。"

自我封闭的人对自己完全没有好处。如果你希望自己能够快乐，那就应该结交新的朋友，唯有朋友可以带给你真诚的友谊和持久的快乐。

古希腊哲学家毕达哥拉斯曾说过一句非常神秘的格言："不要损伤自己的心。"大哲学家培根也说过："如果一个人有心事却无法向朋友诉说，那么他必然会成为损伤自己心的人。"快乐的时候，如果你把自己的快乐告诉另一个朋友，那么你将会得到两份快乐；如果你不快乐，那么将你的忧愁向另一个朋友倾诉，你将会被分掉一半忧愁，获得了些许的快乐。这就是友情这个神奇东西的奇妙作用。

人生旅途中，你会遇到一些人，他们给你带来了快乐和幸福，你可以把他们称为朋友。在这棵友谊的常青树上，每一片单独的叶子都代表着一位好朋友，而支撑友情的，就是发自内心的尊敬和信赖，是永远都不背叛朋友的诚实，是朝着人生的超高理想携手冲破艰难困苦的勇气。要结交朋友，交到好朋友，就要首先信任你的朋友，尊重你的朋友，在朋友遇到困难的时候伸出援手帮他一把，这样，你的身边就会出现越来越多的朋友，你自己也会得到越来越多的快乐和幸福。

第八章

积极向上

——好心态的女孩有好命

成功者和失败者的心态不同

你相不相信，成功者与失败者在他们投入到工作中之前就已经注定了结果？因为成功者和失败者的心态是不相同的。

成功者有一个显著的标志，那就是无论何时何地都保持着积极的心态；而失败者往往习惯于用消极的心态去面对人生。

成功者永远怀揣梦想，积极地思考，始终用乐观的精神和辉煌的经验支配着自己；而失败者总是充满自卑、疑虑、空虚和悲观失望，这种消极心态必然导致失败。

从积极的心态到成功，再从成功到积极的心态，成功者的心灵和行为始终处于一种良性循环之中；而对于失败者则恰恰相反。

成功者是积极分子，失败者是消极分子。积极分子是实干家，他总是采取行动，完全、彻底地贯彻他的想法和计划。消极分子是空谈家，他的事总是明日复明日，一推再推，直到他认为不应该这样时，已经太晚了，来不及做了。

积极分子做了想做的事，结果增加了自信心和安全感，取得了成绩，更加独立自主。消极分子没有做想做的事，结果丧失自信心和独立自主的能力，只能与平庸相伴。

有一个故事中提到了三个砌砖工人的心态，对于女孩很有启发意义。

三个工人正在工地辛苦地劳作，他们要建一所教堂。在烈日下，泥水和汗水混在一起，粘在脸上，使他们看上去污秽不堪。

这时，有人从他们身旁走过，问他们："你们在做什么？"

第一个工人说："你没看到我正在砌砖吗！"

第二个工人说："我们要盖一幢房子，这份工作让我每天可以有 9 美元的收入。"

第三个工人高兴地告诉过路人说："我正在建造世界上最大的教堂，将会有无数的灵魂在这里接受净化与洗礼。"

故事的结局并没有告诉我们那三个砌砖工人后来的际遇如何，但不妨想一下他们三位的结果。最可能的结果是：第一位仍在砌他的砖，因为他只把自己的工作看作是砌砖，那么，总也不会绕出"砌砖"这个圈子。第二个人有可能会成为一个建筑师，因为他将自己的工作看作是盖房子。而第三个人就不一样了，他一定不会永远是个砌着砖的工人，他可能会成为一个很有名气的建筑设计师，而且还会有更大的发展空间，因为他将自己的工作看作是一项伟大工程的一部分，而自己正在从事的是一项崇高的工作。

一个美国退伍老兵，拖着伤残的腿一瘸一拐地在小镇上走。这个小镇中心有一眼泉水，据说这泉水有着神奇的效果：在这眼泉水前祈祷，上帝便会答应他的请求，保佑他，赐予他幸福。

当老兵出现时，街头人们的目光都投向了他，并开始讨论："这是个多么可怜的人啊！""是啊，他应该向上帝祈祷让他的残腿好起来。"

老兵听到了众人的谈话，回头笑着对他们说："我不会祈祷上帝让我的腿好起来，因为那是枉然，但是我庆幸自己已经懂得在没有了一条腿以后怎样好好地面对生活。"

老兵对生活一直抱有积极向上的心态，使得他不但没有被生活淘汰，反而成为生活中的强者。在他的人生路上，他是成功的。

事实上，人与人之间只有很小的差别，但这种差别却往往造成了人生结果的巨大差异：很小的差别就是人生的态度是积极的还是消极的，巨大的差异就是人生的成功与失败。

美国成功学院对1000名世界知名成功人士的研究结果表明：积极的心态决定了人生成功的85%！

如果一个人在46岁的时候，因意外事故被烧得不成人形，4年后又在一次坠机事故后腰部以下全部瘫痪，他会怎么办？再后来，你能想象他变成百万富翁、受人爱戴的公共演说家、洋洋得意的新郎官及成功的企业家吗？你能想象他去泛舟、玩跳伞，在政坛角逐一席之地吗？

米契尔全做到了，甚至有过之而无不及。在经历了可怕的意外事故后，他的脸因植皮而变成一块"彩色板"，手指没有了，双腿异常细小，无法行动，只能靠轮椅活动，但是他却一直没有放弃自己的人生。

一次意外事故，把他身上65%以上的皮肤都烧坏了，为此他动了16次手术，手术后，他无法拿起叉子，无法拨电话，也无法一个人上厕所，但以前曾是海军陆战队员的米契尔从不认为他被打败了。他说："我完全可以掌握我自己的人生之船，我可以选择把目前的状况看成倒退或是一个起点。"6个月之后，他又能开飞机了！

米契尔为自己在科罗拉多州买了一幢维多利亚式的房子，另外也买了一架飞机及一家酒吧，后来他和两个朋友合资开了一家公司，专门生产以木材为燃料的炉子，这家公司后来变成佛蒙特州第二大私人公司。

意外事故发生后4年，米契尔所开的飞机在起飞时又摔回跑道，把他胸部的12条脊椎骨压得粉碎，腰部以下永远瘫痪！"我不解的是为何这些事老是发生在我身上，我到底

是造了什么孽？要遭到这样的报应？"

但米契尔仍不屈不挠，日夜努力使自己能达到最高限度的独立自主，他被选为科罗拉多州孤峰顶镇的镇长，努力保护小镇的美景及环境，使之不因矿产的开采而遭受破坏。米契尔后来也竞选国会议员，他用一句"不只是另一张小白脸"的口号，将自己难看的脸转化成一项有利的资产。

尽管面貌骇人、行动不便，米契尔却坠入爱河，且完成终身大事，还拿到了公共行政硕士学位，并持续他的飞行活动、环保运动及公共演说。

米契尔说："我瘫痪之前可以做1万件事，现在我只能做9000件，我可以把注意力放在我无法再做的1000件事上，也可以把目光放在我还能做的9000件事上，告诉大家我的人生曾遭受过两次重大的挫折，如果我能选择不把挫折拿来当成放弃努力的借口，那么，或许你们也可以用一个新的角度，来看待一些一直让你们裹足不前的经历。你可以退一步，想开一点，然后你就有机会说：或许那也没什么大不了的！"

正是米契尔这种不屈不挠的精神和对生活的乐观态度，才支撑他像常人一样生活、工作，并取得了常人都无法企及的成就。而设想，当初米契尔若从此一蹶不振，只会怨天尤人，抱怨命运多舛，恐怕我们眼前的米契尔要变成一个穷困潦倒的破落户了。

习惯性的悲观想法，不但吸引了人的注意力，它也缠绕在你心头，使你久久不能忘怀。当它发展得过分，紧锁你的思想使之久久不能够得到解脱时，就会阻碍你的发展，会降低你的表现，会破坏你的生活质量。

积极乐观的态度之于人生，有时候比什么都重要。快乐是可以慢慢培养的，每个人都是自己心态的主宰，只要愿意，每个人都可以拥有快乐、积极的人生。

如果说一生的境遇是人生季节里的花蕾，那么心态便是使之萌发的种子。不同的种子，会开出不同的花朵。播下乐观、放松与积极，便会收获成功和喜悦；播下悲观、紧张与消极，只能尝到失败的苦果和咸涩的泪水。

女孩们，小心取出你积极的种子，开始播种吧。

战胜自卑，超越自我

心理学认为，自卑是个体对自己能力和品质评价偏低的一种消极情感，是一种消极的自我评价。其主要表现为对自己的能力、学识、品质等自身因素评价过低；心理承受能力脆弱，经不起较强的刺激；谨小慎微，多愁善感，常产生猜疑心理；行为畏缩、瞻前顾后等。

产生自卑大致有两种原因，一是孩提时代，有自己是"弱小"的感受；二是社会使一些人和事有一种过于追求完美的倾向，使很多人都有一种自愧不如的自卑感觉。还有一些实际产生自卑的原因，如从小家境不好、教育不当，或是受压抑、身心不畅，或是受蒙昧，心智未得到开发，很少有条件和机会培养自信心，以致后来在人生道路上遭受挫折和失败的打击过多，感到自我的渺小和无奈因而怀疑自己的力量，产生自卑感。

由比较而产生的自卑心理在女孩中比比皆是。如果说能力的比较尚且说明该人有上进心的话，那么，物质的攀比而产生的虚荣与自卑则是侵害女孩身心的一块顽疾。

有些女孩往往不顾家庭经济状况承受限度，相互攀比学习用品、衣服鞋袜、电脑，甚至金银首饰，更有的攀比是骑自行车上学，还是开摩托车上学、小轿车接送。在这样的相互攀比中，家庭条件好的自然占了上风，她们成了大家羡慕的"贵族子弟"，这一倾向反过来又导致这些"贵族子弟"产生高人一等的优越感，更加追求物质享受、慕虚荣、贪浮华。一些家庭条件较差的女孩，她们又不知道该如何正确对待，心中就会滋生另一种感觉——自卑感，于是觉得样样不如人，容易形成胆怯、孤僻的不正常心态。

女孩都应该明白，在自己的成长过程中，父母投入了多少精力和汗水，为了培养自己茁壮成长，父母付出了怎样的劳苦和艰辛。你不能为了满足自己的一时物欲而增加父母肩上的重担，更不能为物欲所蒙蔽走向自卑的深渊。

你也许家庭经济状况不好，但在这种状态下不是可以更有效地锻炼我们吃苦耐劳的品质吗？

陈景润出生在兄弟姐妹众多的大家庭中，他在家中是一位很不起眼的孩子，加之家中生活贫寒，父母不可能为他创造良好的学习条件，也无暇对他进行特别的管教，同今天的独生子女相比，陈景润的出生是不幸的。但这不幸对陈景润这位有特殊气质的人来说，也许却成了一件幸事。他虽然生活上是贫困的，但精神世界却是宽松的，他享有充分自由的空间，他那特殊的气质，在这自由的空间中得到了天然的滋长，这对他来说是极其重要的。

你的先天条件也许有瑕疵，不甚完美，但一颗平淡乐观的心会让你发现另一份美丽的奇迹。

每个人都会有感到自卑的时候，然而有的人因自卑而成功，有的人却因自卑而一败涂地。究其原因，就看自卑在你前进的过程中充当的角色是动力还是阻力。

超越自卑走向成功的例子，在世界知名人物中比比皆是：法国伟大的启蒙思想家、文学家卢梭，曾为自己是孤儿，从小流落街头而自卑。存在主义大师、作家萨特，两岁失父，一眼斜视，一眼失明，失去亲情与身体的残疾使他产生极重的自卑。法国第一帝国皇帝、政治家、军事家拿破仑年轻时曾为自己的矮小和家庭贫困而自卑。美国英雄总统林肯出身农庄，9岁失母，只受了1年学校教育就下田劳动，林肯曾深深为自己的身世而自卑。日本著名企业家松下幸之助，4岁家败，9岁辍学谋生，11岁亡父，自卑一直是他奋进的动力。

获诺贝尔化学奖的法国科学家维克多·格林尼亚却是从另一种自卑走向成功的。格林尼亚出生于一个百万富翁之家，从小过着优裕的生活，养成了游手好闲、摆阔逞强、盛气凌人的浪荡公子恶习。直到一次重大的打击改变了他的习性。

一次午宴上，他对一位从巴黎来的美貌女伯爵一见倾心，像见了其他漂亮女人一样追上前去。此时，他只听到一句冷冰冰的话："……请站远一点，我最讨厌被花花公子挡住视线！"女伯爵的冷漠和讥讽，第一次使他在众人面前羞愧难当。突然间，他发现自己是那样渺小，那样被人厌弃，一种油然而生的自卑感使他无地自容。

他满含耻辱地离开了家，只身一人来到里昂，在那里他隐姓埋名，发愤求学，进入里昂大学插班就读，并断绝一切社交活动，整天泡在图书馆和实验室里。这样的钻研精神赢得了有机化学权威菲利普·巴尔教授的器重。在名师的指点和他自己长期努力下，他发明了"格式试剂"，发表了200多篇学术论文，被瑞典皇家科学院授予1912年度诺贝尔化学奖。

如果自卑是前进途中的一块巨石，你不能一步将其跨越，那么就尝试着慢慢将它消融，在内心里建立起自信心。

女孩的成长需要过程，在扫除自卑障碍的同时，你不妨将自己的兴趣、爱好、才能、专长全部列在纸上，这样你就可以清楚地看到自己所拥有的东西。另外，你也可以将做过的事制成一览表。譬如，你会写文章，记下来；你善于谈判，记下来；另外，你会打字、你会弹奏几种乐器、你会修理机器等，你都可以记下来，知道自己会做哪些事，再去和同年龄其他人的经验做比较，你便能了解自己的能力程度。

要塑造全新的自我，便要拒绝从你的"心理银行"中提取不愉快的思想。当你在回想任何情形时，集中精力想好的方面，忘却不愉快的事。如果发现你在想某些不好的事情，要赶快全面转换你的思路。

总会有一些重大而又令人振奋的事情的。你的大脑渴望摆脱噩梦，如果你愿意振作，你的令人不愉快的记忆将渐渐枯萎，最终你"记忆银行"的"出纳"会把它们删除。

为了战胜自卑，重新树立自信心，女孩还可以在生活中经常地给自己一些积极的心理暗示。肯定的语言可以使我们精神振奋，干劲十足。人难免遇到失败，可是多数人一遇到失败，就会变得心灰意冷，人们常常会"一朝被蛇咬，十年怕井绳"。这是挫折感在作祟。每天给自己一个笑脸，相信"天生我才必有用"，相信"人生没有过不去的坎"，相信这将是开心、快乐、充足的一天。

用积极的心态去解决问题

一位禅师说：心态就像对待握在我们手中的小鸟，如果它是积极、温和的，就可以放飞它，任它在天际飞翔；如果它是消极、冷酷的，就可以掐紧它，将它捏死在手中，就看你怎样选择。

可以选择积极、乐观、愉快地过每一天，也可以选择消极、悲观和闷闷不乐；可以选择堂堂正正、踏踏实实，也可以选择违法犯纪、偷奸耍滑；可以选择积极上进的朋友，也可以选择自甘堕落的朋友。凡此种种，女孩们都有选择的自由。不管你是选择积极，还是选择消极，下决心时所费的力气没有太大的区别。只是结果有天壤之别。选择积极，你将跨入成功的快车道；选择消极，你将陷入失败的污泥潭。

在美国，一个叫塞尔玛的女士内心愁云密布，生活对于她已是一种煎熬。为什么呢？因为她随丈夫从军，没想到，部队驻扎在沙漠地带，住的是铁皮房，与周围的印第安人、墨西哥人语言不通。当地气温很高，在仙人掌的阴影下都高达52℃。更糟的是，后来她丈夫奉命远征，只留下她孤身一人。因此她整天愁眉不展，度日如年。

怎么办呢？无奈中，她只好写信给父母，希望回家。久盼的回信终于到了，但拆开一看，却使她大失所望。父母既没有安慰她几句，也没有叫她赶快回去。那封信只是一张薄薄的信纸，上面也只有短短几行字。这几行字写的是什么呢？

两个人从监狱的换气窗往外看，

一个看到的是黑暗的天空，

另一个看到的却是天上的星星。

她反复看，反复琢磨，想弄明白父母的这两句话究竟意味着什么，终于有一天，一道耀眼的光芒从她脑海里掠过。这道光芒仿佛把眼前的黑暗完全照亮了，她惊喜异常，每天紧皱的眉头一下子舒展开来。

原来从这短短的几行字里，她终于发现了自己的问题所在：她过去习惯性地低头看，结果只看到地上的泥土。但自己为什么不抬头看？抬头看，就能看到天上的星星！而我们的生活中一定不只是泥土，一定会有星星！自己为什么不抬头去寻找星星，去欣赏星星，去享受星光灿烂的美好世界呢？

她这么想着，也开始这么做了。她开始主动和印第安人、墨西哥人交朋友，结果使她十分惊喜，因为她发现他们都十分好客、热情，慢慢都成了朋友。他们还送给她许多珍贵的陶器和纺织品做礼物。她研究沙漠的仙人掌，一边研究，一边做笔记，没想到仙人掌是那样的千姿百态，那样的使人沉醉着迷；她欣赏沙漠的日落日出，她感受沙漠中的海市蜃楼，她享受着新生活给她带来的一切。没想到，她慢慢真的找到了星星，真的感受到了星空的灿烂。她发现生活中的一切都变了，变得使她每天都仿佛沐浴在春光之中，每天都仿佛置身于欢笑之间。后来她回美国后根据自己这一段真实的内心历程写了一本书，叫《快乐的城堡》，引起了很大的轰动。

父母的话点亮了塞尔玛的心灯，让她努力去寻找生活中积极的一面，生活也给予了她积极的回报，使她重新拾起了快乐与欢笑，使她透过窗能够看到天空中耀眼的繁星。

心态，影响着女孩生活的方方面面。有怎样的心态，生活就会对你有怎样的回馈。不信吗？来看看下面这个实验。

罗伯特博士在哈佛大学主持了一系列有趣的实验，实验对象是3群学生与3组老鼠。

他对第一组学生说："它们很幸运。你们将和天才小白鼠在一起。这些小白鼠相当聪明，它们会到达迷宫的终点，并且吃许多干酪，所以要多买一些喂它们。"

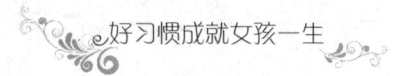

他告诉第二组学生说："你们的小白鼠只是普通的小白鼠，不太聪明。它们最后还是会到达迷宫的终点的，并且吃一些干酪，但是不要对它们期望太大，它们的能力与智能都很普通。"

他告诉第三组学生说："这些小白鼠是真正的笨蛋。如果它们能找到迷宫的终点，那真是意外。它们的表现自然很差，我想你们甚至不必买干酪，只要在迷宫终点画上干酪就行了。"

以后6个星期，学生们都在精确的科学情况下从事实验。"天才小白鼠"就像天才人物一样行事。它们在短期间内很快就到达了迷宫的终点。你期望从一群"普通小白鼠"那里得到什么结果呢？它们也会到达终点，但是在这个过程中并没有写下任何速度记录。至于那些"愚蠢的老鼠"呢？那更不用说了。它们都有真正的困难，只有一只最后找到迷宫的终点，可以说是一个明显的意外。

有趣的事情是，根本没有所谓的天才小白鼠和愚蠢小白鼠之分，它们都是同一窝小白鼠中的普通小白鼠。这些小白鼠的成绩之所以不同，是由于参加实验的学生心态不同而产生的直接结果。简而言之，学生们因为听说小白鼠不同才采取了不同的心态，而不同的处理导致不同的结果。

用积极的心态解决问题，可以引导问题向有利的方向发展，最后往往能够取得不错的成绩。学生的心态如何决定了他们采取的措施和投入的精力，而最后的结果可以从他们训练出的小鼠的能力上体现出来。

学习和工作也是如此，将学习与工作看作是任务，是负担，那么它会越来越重，直到压得我们喘不过气；女孩如果能够以积极的心态去主动寻找学习和工作中的乐趣，在快乐中学习和工作，在学习与工作中快乐着，那么，无论做什么事情，都能有很好的成效。

学会将压力转变为动力

随着世界变化节奏的加快，每个人都承受着越来越沉重的生存压力。而女孩对于压力的承受力相当脆弱。

现代的年轻人从刚懂事到上中学，"压力"二字的分量就不知不觉地背在了身上。在重点校和非重点校之间；在不同学校入学考试的分数线之间；在"优秀生"和"差生"之间；在选择什么热门专业之间……竞争激烈地进行着。

为考试、升学"过五关、斩六将"之后，在社会上寻找适合自己的生存空间的压力又扑面而来：就业、失业、结婚、离婚、荣誉、耻辱以及处处昭示的忧患意识和不绝于耳的"优胜劣汰"……社会位置的选取与被接受的程度；新观念的价值取向带来的不适应；改革中不断变化带来的不稳定的恐慌；财富与权力的不公分配造成的心理不平衡；人们所信仰的神话的崩溃；人际关系的矛盾形成的紧张；还有不可抗拒的生老病死等，都使人面临挑战，也就是遭遇压力。

面对压力，女孩应该怎么做？

是精神萎靡、畏缩不前，还是笑脸相迎，化压力为动力？这是个勇士与懦夫之间的抉择。

软绵绵的黑糊糊的石墨在十万个大气压作用下能够变成光芒耀眼的钻石，那么人可不可以在"不能承受之重"的压力下奋勇向前，取得成功呢？答案是肯定的，而且历史上不乏其人。

1597年，年轻的开普勒写成《神秘的宇宙》一书，并设计了一个有趣的、由许多有规则的几何形体构成的宇宙模型。

但是，在那个宗教神权盛行、科学卑微的年代，他遭到了天主教的辱骂、威吓和迫害，孤立无援的境地让他感觉到前所未有的压力。

与此同时，宗教裁判所也极力攻击这个哥白尼的信徒，把他的著作视为"异端邪说"，列为禁书，予以销毁，甚至威胁要处死这个异教徒。

面对贫困、疾病、教会的迫害等重重压力，开普勒不仅没有倒下，相反地，他把压力当成了一种动力，在科学事业的天地里勇敢地拼搏，终于发现了行星运动的三大定律，为后人做出了不朽的贡献。

开普勒将那份巨大的压力转化成了他向科学顶峰进军的不竭动力，正是这种动力鼓舞着他不断向上，直至得到科学与真理的桂冠。

可以这样说，任何一个人的生存活动中都有压力，并且，逃避压力的人总是碌碌无为的人，越是迎着压力而上，将压力转化为动力的人，就越伟大，生存得就越有价值。古往今来，概莫能外。

美国盲聋女作家海伦·凯勒顶住生活中的重重压力，克服了常人难以想象的困难，不仅学会了"听"、"说"、"看"，还著书立作，那本《我的生活》为世人留下了一首永难遗忘的生命之歌。

中国地质队技术员罗鹏飞，顶着野外探测的艰苦生活压力，坚持挥汗舞镐，挖掘勘探沟带，最终为中国制造第一颗原子弹找到了珍贵的原料——铀，成为发现"希望石"的功臣。

德国音乐家贝多芬遭遇失聪的痛苦和困顿的生活压力，表现出了非凡、惊人的毅力，战胜了自杀的可怕念头，并且在恢复自信之后写下了充满感情的《第二交响曲》。

……

他们善于发现压力、利用压力、转化压力，因此是智者、是勇者，也是深谙生存之道的哲人。当后人为他们的成就所惊奇时，也不得不为他们变压力为动力的生存智慧所折服。

事实上，在压力面前，没有人是可以免疫的。不管女孩喜欢与否，压力每天都会陪伴着你们，如果想在这个竞争激烈的社会上生存下去，那么学会变压力为动力就是一种必备的生存之道。

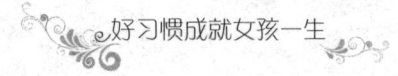

1. 让生存压力时时逼迫自己不断前进

美国科学家摩德尔丝做过这样一个著名的实验：

他把两只老鼠放进了仿真的自然环境中，抽取了压力基因的小白鼠兴奋异常，爬上了13米高的假山摔下来死了，另一只未被抽取压力基因的小灰鼠，无论走路还是觅食，都是小心翼翼的，它的谨慎活动避免了意外的发生，最终存活下来。

生活在这个世界上，竞争和压力在所难免，动物是这样，人更是如此。我们必须时时把自己处于一种压力状态下，才能感受到生存的残酷、竞争的激烈，才会挺身面对压力，用自己的努力把压力转化为动力，就像积压的火山终于喷发一样，那必将爆发出耀眼的辉煌。

毕竟，人大多都是有惰性的，克服惰性就需要压力的帮助。在困倦的时候，压力让你坚持下去；在想玩的时候，压力让你静下心来学习；在你任意挥霍时间时，压力又提醒你合理地利用时间。压力也会使你在激烈的生存竞争中不断提高自己、完善自己。

2. 勇于尝试，直面生存压力

很多时候，压力的产生源于女孩对某些事情的逃避。这样时间久了，不知不觉间便形成了一个恶性循环：你越逃避，随之而来的压力便越大，压力越大，你越想逃避。

为什么不勇敢地向前走一步，与压力过招呢？哪怕走出小小的一步，也会增强你与压力作斗争的信心。如果一味地回避压力，它们也会一直对你穷追不舍，更谈不上转化为你前进的动力了。

3. 追求"更好"，但不崇拜"最好"

有些女孩总喜欢拿自己跟这个比，跟那个比，比来比去就发现自己有很多的不足，即使拼了命地追赶，也仍是力不能及。

久而久之，压力越来越大，以致到了无法承受的地步，因为无法时时刻刻做到最好，结果被别人抛在后边的时候越来越多，感受到的生存压力也越来越大。

我们常说："天外有天，人外有人。"女孩必须清楚地认识到：在各方面都没有"最好"，只有"更好"；此外，女孩还应知道世界上只有"人才"，没有"全才"。

你不能梦想自己在每一个方面都超越别人，凡事尽自己最大努力就可以了，只有这样，才能正确地面对竞争，从容而有效地化解生存压力。

生存压力是一柄双刃剑，你不能因为剑会伤人就拒绝使用剑，那样的话你在这个社会上就比别人少了一样"防身"的武器。女孩要合理地利用这柄剑，让它在空中划出一朵朵漂亮的剑花，借着风声进一步提高自己的"剑艺"，最终在社会上生存得更加美好！

走出苍白的生活

年过八旬的吴阶平教授在谈及精神养生时介绍的一条主要经验就是"不把悲伤的事放在心上"。他认为"人生不如意的事常八九"，总要想得开，以理智克制感情。著名学者季羡林老教授的养生经验是奉行"三不主义"，其中有一条就是"不计较"。因为太过计较生活会变得苍白、索然无味，但生活的本色应该是五颜六色的，所以每个人都应该试图走出苍白的生活，那就是"放得下"。

我们常说一个人要拿得起，放得下。而在付诸行动时，"拿得起"容易，"放得下"难。所谓"放得下"，是指心理状态，就是遇到"千斤重担压心头"时能把心理上的重压卸掉，使之轻松自如。

我们要学会在"拿得起"与"放得下"之间去平衡自己的心态。

人的一生真的很短暂，有如烟花般的短暂炫目，一闪而逝。快乐也是一辈子，痛苦也是一辈子，为什么你不让自己活得更快乐一点呢？当你把自己的快乐带给别人时，你会觉得其实在这个地球上还是有许多快乐的事情的。

人有悲欢离合，月有阴晴圆缺。人生难免会遭遇生死离别，但是，我们不能让自己长久地沉湎于悲伤的忧郁之中，要尽快摆脱忧郁的心理，享受正常的生活。

适者生存，不适者则被淘汰，这是社会规律。世上的事物时时刻刻都在发生着改变，如果你跟不上社会的步伐，你会被社会抛得越来越远。面对这样的状况，只有改变才是出路。

生活不能一条路走到黑，这边不行，我们走那边，这个没味道那个肯定有味道。如果把生活勾勒成苍白的底色，那对自己简直是最大的委曲，因为这样根本感觉不到生活的意义，就让"放得下"来帮你走出苍白的生活吧！

人人都会遇到不如意，这时候该怎么办呢？

首先，女孩们要在心理上做自己的对手，我们要有信心，要自信地从苍白中走出来。有了必胜的信心，才会有成功的可能。此外，女孩们还可以采取下面一些具体的措施：

（1）向别人倾诉。一旦决定"要好好过日子"，就要找个倾诉对象，跟过来人谈谈也许最有帮助。

（2）大哭一场。专家都说伤心一阵子很有作用。这并不可耻，流眼泪不仅是伤心的表现，而且是悲哀或感情的发泄。即使悲痛在伤心事发生后一段时间才显露出来，也没有关系，只要能发泄就行。

（3）写日记。许多人把遭逢不幸之后的恢复过程逐一记载下来，从中获得抚慰。此法甚至可以产生自疗作用。

（4）阅读。初期的震荡过后，重新集中心神开始阅读。阅读书刊尤其是教你自助自疗的书籍，能给予你启发，使你放松。

（5）学习新技能。去选一门新课，找个新嗜好，也可以学打球。你可以有个异于往昔的人生，可以借新技能加以充实。

（6）安排活动。要想到人生中还有你所期盼的事，这样想可以加强你勇往直前再创造前途的态度。不妨现在就决定你拖延已久的旅行日期。

（7）运动。体力活动的疗效特别显著。

（8）奖励自己。在极端痛苦的时刻，哪怕是最简单的日常事务——起床、洗澡、做点东西吃——都似乎很难。应把完成每一项工作（不论多么微不足道）都视为成就，奖励自己。

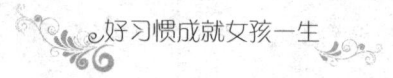

太阳永远是新的

积极的人，像太阳，走到哪里就把哪里照亮；消极的人，像月亮，没有自己的热情和光芒。一个人对待人生的态度，直接决定着他人生的结局。

张海迪的童年是幸福的，她和同时代的孩子一样，有爸爸妈妈的疼爱，有美好的梦。可是，命运却无情地向她挑战：5岁时突然患了脊髓血管瘤，到10岁就先后做了3次大手术，活泼好动的海迪从此瘫痪了。

每天，小海迪只能静静地躺在床上，看窗外灿烂的阳光，听窗外小朋友们欢快的嬉戏声，数滴答的钟表声。看到活泼可爱的女儿失去了往日的欢笑，她的父母很着急。他们担心孩子一旦意志消沉，对明天失去了信心，就会一蹶不振。为了帮助女儿找回昨日的快乐，父母鼓励她不要灰心丧气，虽然不能动了，但是自己还有健全的双手和大脑，要相信自己，要像窗外的向日葵一样，迎着每一天的朝阳，努力向上。在父母的开导下，笑声渐渐地又回到了小海迪身上。

为了能够活动，海迪坚持天天握紧拳头、拉腿、搬脚，忍着剧痛锻炼。记不清多少个日日夜夜的按摩，她才能倚着被子坐起来，从此开始了她的轮椅生涯。

海迪虽然不能去上学，但她从治病的第一天起，就开始在病床上学习了。

在海迪第三次手术之后，她只能一动不动地躺着，连脖子也不能动，怎么学习呢？就这么躺着浪费时间吗？她呆呆地看着天花板，终于想起小时候躺在床上，用小镜子看街上小朋友上学的情景。让小镜子帮助看书不是个好办法吗？她高兴地让爸爸把书放在枕头边，在桌上放一面与眼睛平行的镜子。镜子里的字是反的，一页书要看好半天，时间一长，她便觉得镜子里的字变成了黑糊糊的一片，什么也看不清了，只得稍稍闭一会儿眼，再重新看下去。她就是靠着"镜子书"学会了很多东西，知道了雷锋、高玉宝，读完了《钢铁是怎样炼成的》、《把一切献给党》，也认识了外面的世界。海迪就是这样顽强自学，不仅学完了中学的全部课程，还学会了针灸，学了些医学知识。

有一次，海迪在医院工作时，一位老同志请她帮忙看一份药品说明书，因为说明书是用英文写的，他看不懂。这可把海迪难住了，从此她便下决心尽快掌握英语。

她托人买来英语教材，从字母开始学习，为了多念多记，她在墙上、桌子上、灯上、镜子上都贴上英语单词纸条，有空就背。在老师热心的指导下，她的英语水平提高得很快，不久，她就能看英文书了。她还应约替有关单位翻译了《世界狗类百科全书》和长篇英文小说《海边诊所》。当时正值盛夏，室内温度高达39℃，意志坚强的张海迪把自己关在10平方米的小屋里，一句一行地翻译、校对，汗水不停地淌下来，她怕浸湿稿纸，就在两肘下垫上干毛巾，毛巾湿了，赶紧换一块，继续写下去、抄下去……当她捧着厚厚的译稿来到出版社时，连50多岁的老编辑也感动得流出了眼泪。这位老编辑亲自为这本书写了一篇序言，题目是："路，在一个瘫痪姑娘的脚下延伸"。

张海迪所遭遇的艰难，没有一个正常人可以想象得到，对于她来说，日子好像没有太阳，没有光，没有月亮，即使有也是从前那一轮，可是海迪没有这么想，她把自己的心态从黑暗的深渊拉了回来，积极地过着自己的日子，而且相当充实。因为在她眼里，每天升起的太阳，都是新一轮的太阳，给她无限希望。

高尔基曾经说过："我的一生所主张的，就是对生活、对人们必须持积极的态度。"积极的人生态度就是一种勇于把握人生的态度，越在难以把握时，就越要积极向上。

同样的梦，积极的人能够给出积极的解释，有了积极的心态，才有积极的人生结果。我们最大的力量，往往是从自我内心产生，正如我们最大的敌人是我们自己一样。自我暗示往往会产生惊人的力量。而积极的自我暗示则使人自励自信，攻克难关，走向成功。

对于人生，女孩一定要调整好自己的心态，用积极的心态迎接每天新一轮的太阳。

告诉自己，你是最棒的

土耳其有句谚语："每个人的心中都隐伏着一头雄狮。"不言而喻，这头雄狮就是你自己，雄狮一旦从沉睡中醒来，你就会势不可挡，所以每个人都有理由，都可以做最棒的自己。

比尔·盖茨的成功看起来似乎是商业达尔文主义和全球资本主义联姻下的奇迹，是自由竞争和市场强权双重杠杆游戏下的神话。但从另一个角度看，他那种与生俱来的自信、进取以及持之以恒的积极心态给了他无比的动力，激励他从容应对生活的挑战，并最终成为全球最年轻的白手起家的亿万富豪。

盖茨曾就读于西雅图的公立小学和私立的湖滨中学。在那里，他表现出了在软件方面的极大兴趣，并且在13岁时开始编写计算机程序。

1973年，盖茨考进了哈佛大学。在那里他和微软的前首席执行官史蒂夫·鲍尔默住在一起。在哈佛的时候，盖茨为第一台个人计算机开发了BASIC编程语言的一个版本。

大学三年级，盖茨从哈佛退学，全身心投入其与童年伙伴艾伦于1975年合伙组建的微软公司。盖茨深信个人计算机将是每一张办公桌上以及每一个家庭的非常有价值的工具，并根据这一信念开始为个人计算机开发软件。

盖茨有关计算机行业的预见及自信一直是微软公司在软件业界获得成功的法宝。盖茨积极地参与微软公司关键的管理和战略性的决策，并在新产品的技术开发中发挥着重要的作用。他的相当一部分时间用于会见客户和通过电子邮件与微软公司的全球雇员保持联系。

在盖茨的带领下，微软的使命是不断地提高和改进软件技术，并使人们更加轻松、更经济有效、更有趣味地使用计算机。微软公司拥有长期的发展战略，并投入大量资金到研究与开发中。不断进取是盖茨对自己和微软公司的要求。

他本人自始至终都是一个以工作狂而著称的人，即使到了39岁结婚的时候，他还经

常加班工作到晚上10点以后。尽管微软公司一向以员工习惯性加班和拼命工作而闻名，但那些员工还是心悦诚服地说，他们之中没有谁能比盖茨付出的多。更重要的是他那种对事业执着的、坚持不懈的奋斗，谁都难以企及。

盖茨自己曾经不止一次地说过："微软是我永远的情人。"其实，在通往微软帝国辉煌的道路上，盖茨经历过无数次痛苦和无奈的选择，当求学、爱情、婚姻和事业发生矛盾或者冲突的时候，他都会毫不犹豫地放弃学位、心爱的女人，而选择微软和自己的事业，因为他坚信自己在这一行是最棒的。

这一切，带给他的是永垂千古的辉煌成就：白手起家创立微软公司，31岁时成为有史以来最年轻的亿万富翁（后来这个记录被打破）；39岁时身价一举超越华尔街股市大亨沃伦·巴菲特而成为世界首富；同年，以一票之差击败通用电气的杰克·韦尔奇，被《工业周刊》评选为"最受尊敬的CEO"。微软公司上市之后，市值也节节攀高，超越波音、IBM，接着又超过三大汽车公司市值总和，直至突破5000亿大关，超越通用电气（GE），成为全球市场价值最高的公司，年营业额超过世界前50名软件企业中其他49家的总和。即使在2002年被美国司法部和19州围追堵截的境况下，仍被评为"最受尊崇的公司"……

盖茨和微软，创造了20世纪最美丽的财富神话，吹响了信息时代最嘹亮的号角，尽管在这个过程中充满了刀光剑影的厮杀和不平等的残酷竞争。盖茨是魔鬼还是天使，微软是新科技的缔造者，还是商业规则的破坏者，现在还没有谁能下一个公正的结论，但有一点是毋庸置疑的：盖茨不是靠幸运取得成功的，微软也不是建立在偶然基础上的软件帝国；盖茨是电脑天才，但更是一个能激励自己的天才；他在微软的成长过程中付出的心血和汗水，他非凡的事业心、自信心和进取心，他高瞻远瞩的眼光和异常敏锐的市场嗅觉以及他持之以恒的奋斗是常人无法超越的。

女孩请告诉你自己：你是最棒的！

你不是随意来到这个世上的，你的出生就是一个奇迹，你为什么不能再创造奇迹呢？你要竭尽全力成为群峰之巅，将你的潜能发挥到最大限度。同样是人，别人成功，你为什么不能？别人富有，你为什么不能？上帝从不偏心，我们都有健全的四肢和大脑，你为什么不可以过你想过的生活？你为什么不可以拥有积极的人生观，使生命更富有朝气？你为什么不可帮助那些在苦难中挣扎的人们，使他们重新找到自己的人生坐标，走上成功、幸福的康庄大道？

生命只有一次，你焉能寄希望于来生？你要让生命中的每一分钟都有价值，你不要辜负上天赐给你的生命权利。你若不利用时间，时间就把你抛弃。你只有在春季里播下希望的种子，在夏季里辛勤地耕耘，才可以在秋季里收获生命的果实，而当雪花飘飞的冬季悄悄来临时，你可以自豪地向世界宣告：我是最棒的！

女孩，你难道不是最棒的？

把逆境当成磨炼

许多奇迹都是在厄运中出现的，顺境使人们舒服，却也容易使人不再有所追求，因为顺境容易消磨斗志，从而平平常常，无法杰出；而逆境能磨炼坚强的意志，奋力拼搏，顽强奋进，也许能够使自己的能力得到超常发挥，获得更令人陶醉、令人神往的成就。

克里蒙·史东是美国"联合保险公司"的董事长，美国最大的商业巨子之一，被称为"保险业怪才"。

史东幼年丧父，靠母亲替人缝衣服维持生活，为补贴家用，他很小就出去贩卖报纸了。有一次他走进一家饭馆叫卖报纸，被赶了出来。他乘餐馆老板不备，又溜了进去卖报。气恼的餐馆老板一脚把他踢了出去，可是史东只是揉了揉屁股，手里拿着更多的报纸，又一次溜进餐馆。那些客人见到他这种勇气，终于劝店主不要再撵他，并纷纷买他的报纸看。史东的屁股被踢痛了，但他的口袋里却装满了钱。

勇敢地面对困难，不达目的绝不罢休——史东就是这样的孩子，他的人生轨迹也是如此。

史东还在上中学的时候，就开始试着去推销保险了。他来到一栋大楼前，当年贩卖报纸时的情况又出现在他眼前，他一边发抖，一边安慰自己"如果你做了，没有损失，还可能有大的收获，那就下手去做"。他走进大楼，如果他被踢出来，他准备像当年卖报纸被踢出餐馆一样，再试着进去。他没有被踢出来。每一间办公室，他都去了。他的脑海里一直想着："马上就做！"每一次走出一间办公室，而没有收获的话，他就担心到下一个办公室会碰到钉子。不过，他毫不迟疑地强迫自己走进下一个办公室。他找到一项秘诀，就是立刻冲进下一个办公室，就没有时间感到害怕而放弃。那天，有两个人跟他买了保险。就推销数量来说，他是失败的，但在锻炼自己和推销术方面，他有了极大的收获。第二天，他卖出了4份保险。第三天，6份。他的事业开始了。20岁的时候，史东自己设立了只有他一个人的保险经纪社，开业的第一天，他就在繁华的大街上销出了54份保险。有一天，他创下一个令人几乎不敢相信的纪录——一天售出122份保险。以一天工作8小时计算，每4分钟就成交一件。

1938年底，克里蒙·史东成了一名拥资过百万的富翁。

克里蒙·史东说成功的秘诀是一项叫作"肯定人生观"的东西。他还说："如果你以坚定的、乐观的态度面对艰苦，你反而能从其中找到好处。成功的过程，实质就是不断战胜失败的过程。"

著名科学家法拉第说："世人何尝知道：在那些通过科学研究工作者头脑里的思想和理论当中，有多少被他自己严格的批判、非难的考察，而默默地隐蔽地扼杀了。就是最有成就的科学家，他们得以实现的建议、希望、愿望以及初步的结论，也达不到1/10。"因此，在迈向成功的道路上，能不能经受住错误和失败的严峻考验，这是一个至关重要的问题。

逆境客观上是一种不幸，实质上是弥足珍贵的财富。

对于一个人来说，摆脱痛苦的欲望比获得幸福的欲望会更强烈。幸福对于处于痛苦之中的人来说，常常是一种奢望，人们往往是以摆脱痛苦为第一步。在我们的现实生活中，许多生活在边远山区、经济落后的农村的孩子，其刻苦学习的精神，远比一些生活在大城市里的富裕家庭中的孩子要强。究其原因，是因为他们看到农村的环境、生活条件，比起大城市来说，要艰苦得多。他们强烈地要求变换自己的生活条件与生存环境。而在目前来说，实现这一目的的最可靠、最直接的办法，就是好好学习，争取考上大学。大城市的孩子，在其学习的动力中，没有变换生存环境这个动力，如果他再没有更加崇高的理想，那么其学习的劲头，当然就无法跟那些农村的、穷困山区的学生相比了。

从这种现象可以看出，痛苦、艰难，其本身虽然不是构成幸福的条件，但是，它是促使人们奋发努力的一种力量来源。古代的孟子说："生于忧患，死于安乐。""忧患"就是艰难困苦，不堪忍受；"安乐"就是安逸舒适，快乐惬意。"生于忧患"，就是困苦磨炼了人的意志，催人奋发向上，使人生命力顽强，朝气蓬勃。"死于安乐"，就是说安逸舒适的生活，会消磨人的志向，使人贪图享乐，惧怕艰苦，不思进取，从而使人失去了生存能力与旺盛的生命活力。自古以来，有多少花花公子就是由于贪图安逸，坐吃山空，最后贫困潦倒，以至于死无葬身之地。而那些穷苦人家的孩子，自小就在与艰难困苦的斗争中生活，患难给了他们以坚强的意志，困苦使他们变得勤劳聪明，他们的物质生活是贫乏的，然而其内心是充实的。他们也许成就不了什么大事业，但他们是堂堂正正的人。

人生之路并不是坦途一条，获得幸福之路也不是通畅无碍的。人生有顺逆境之分，幸福的取得也有难易之分。但不管在怎样的条件下，人们都不应放弃对幸福的追求。在顺境中，人们以舒畅的心情谋求幸福，在逆境中，人们依然应当坚忍不拔、矢志不渝地追求幸福。幸福既可以在顺境中顺利地实现，也可以在逆境中艰难地获得。一般来说，大多数人都希望一生顺利，平安地获得幸福。但现实往往并不尽如人意。人的一生中，既会有得心应手的顺境，又会有困难重重的逆境。我们争取处在顺境中，但也不应该害怕逆境带来的磨难，而应该公正地看待顺逆境。顺境固然有利于事业的成功，逆境却能磨砺人的意志，激发人们克服困难，顽强进取。温室里的花朵经不起风雨的袭击；饱受风浪考验的海鸥却能够搏击海空。

女孩们，你愿意在顺境中安逸一生，还是在逆境拼搏一生？

不为打翻的牛奶哭泣

一位智者挑着几坛酒行路。突然，"哐当"一声，一个酒坛落到地上，碎了，酒流了一地。智者却未回头，仍然赶路。有人问他为何不转身看看，智者一笑："坛已破，酒已去，回头何益？"人们钦佩不已。

"不要为打翻的牛奶而哭泣。"这句话很普通，却包含着深刻的智慧，这是人类经验的结晶，是世世代代传下来的。即使你能读尽各个时代很多伟大学者所写的有关忧虑的书籍，你也不会看到比此句更根本也更有用的老生常谈了。

莎士比亚曾说："聪明的人永远不会坐在那里为他们的损失而悲伤，却会很高兴地去找出办法来弥补他们的创伤。"

荷兰阿姆斯特丹有一座15世纪的教堂遗迹，里面有这样一句让人过目不忘的题词："事必如此，别无选择。"

命运中总是充满了不可捉摸的变数，如果它给我们带来了快乐，当然是很好的，我们也很容易接受。但事情却往往并非如此，有时，它带给我们的会是可怕的灾难，这时如果我们不能学会接受它，如果让灾难主宰了我们的心灵，那生活就会永远地失去阳光。

当女孩们读历史和传记并观察一般人如何渡过艰苦的处境时，一定会很羡慕那些能够把忧虑和不幸忘掉，并继续过着快乐生活的人。

许多事，如考试失利、失恋、失业，我们是无法逃避的，也是无所选择的。我们只能接受已经存在的事实并进行自我调整，抗拒不但可能毁了自己的生活，而且也许会使自己精神崩溃。因此，人在无法改变不公和不幸的厄运时，要学会接受它、适应它。

面对不可避免的事实，我们就应该做到像诗人惠特曼所写的那样：

让我们学着像树木一样顺其自然，
面对黑夜、风暴、饥饿、意外等挫折。

面对现实，并不等于束手接受所有的不幸。只要有任何可以挽救的机会，女孩们就应该奋斗！但是，当我们发现情势已不能挽回时，我们最好就不要再思前想后，拒绝面对，要坦然接受不可避免的事实。唯有如此，才能在人生的道路上掌握好平衡。

悔恨对你来说毫无用处，该逝去的去了，你若不积极动起来，恐怕会失去得更多，毕竟覆水难收，站起来面对未来，你依然是一个站着的人。有位智者说过，如果谁从没有后悔过，那他就是一个圣人了。

那么，女孩要如何面对悔恨呢？

（1）写下后果，告诉自己"事已如此，无可挽回"。以此为鉴，把握当下、未来更重要。

（2）及时向他人承认失误，以求谅解。

（3）向亲朋好友倾诉，或者大哭一场，发泄情绪。

（4）学着乐观、豁达一些，人生没有过不去的坎。

（5）做最喜欢的事情，来转移悔恨的念头。

做事追求完美，但不苛求

有句广告词说："没有最好，只有更好！"作为不甘平庸的女孩，应该不断追求完美。

追求完美，就是做任何事情都力求做到最好，至少是自己能力的极限。能够做得更

好的事情绝不迁就自己的惰性；明明知道可以做得更好，绝不抱着"差不多就行了"的思想得过且过。

追求完美，是人类自身在渐渐成长过程中的一种心理特点，或者说一种天性。人类正是在这种追求中，不断完善着自我，使得自身脱去了以树叶遮羞的衣服，变得越来越漂亮，成为这个世界万物之精灵。如果人只满足于现状，而失去了这种追求，那么大概现在还只能在森林中爬行。

19世纪末，英国有一位唯美派作家王尔德。他对于文学创作非常投入，写作时一丝不苟、不遗余力，改稿不厌其烦。有一天，当王尔德显得有些劳累在餐馆用晚餐时，他的好友问："你今天一定很忙吧？看你一副累垮了的模样。"

王尔德回答："是啊！今天真是累人，我整个上午都在校对一首诗稿。"朋友说："只是这样啊！结果呢？"王尔德说："结果删掉了一个逗点，真的好累！"朋友吃惊地说："就只有这样？"王尔德很认真地说："是这样没错啊！可是……"朋友好奇地追问："可是什么？"王尔德说："可是到了下午，我又把那个删掉的逗点加了回去。"

由于王尔德追求更高的完美，因此，他的不少作品成为世界名著，到现在还广为流传。

然而，在生活中，一味追求纯粹的完美是不现实的。

古人常告诫我们，"人无完人，金无足赤"，"不可求全责备"，"不必吹毛求疵"，"全则必缺，极则必反，盈则必亏"等，这一条条的名言隽语，说的都是不可苛求完美的意思。

生活中，有时我们越要求完美，失误越多，常常因此而失去机遇，导致失败。比如我们经常隔几年举办一次的高中同学或者大学同学聚会，如果要求计划中的全班同学在某一时刻全到场，常常会"不齐不聚"，拖延又拖延，最后致使聚会泡汤，但如果把"求全"降一格，改为"求多"，即超过半数就聚，则肯定能办成。毕竟，个人的发展空间不一样，有的远在天南，有的跑到海北，哪能在同一时间每个人都来呢？

某天，一位教授在课上要求学生们写出追求完美的好处和弊端。一名学生只举出一个好处："这样做有时会得到优秀成绩。"

接着她列出6个弊端："第一，它令我神经非常紧张，以致有时连普通成绩也拿不到。第二，我往往不愿冒险犯错，而那些错误却是创作过程中所必然会发生的。第三，我不敢尝试新的东西。第四，我对自己诸多苛求，令生活失去了乐趣。第五，由于总是发现有些东西未臻完美，因此我根本不能松弛下来。第六，我变得不能容忍别人，结果别人认为我是个吹毛求疵者。"

根据这个利弊分析，她终于认为若放弃追求完美，生活可能会更有意义和更有成就。

女孩们，事事追求完美是一件痛苦的事，它就像是毒害你心灵的药饵。因为，这个世界本来就不是完美的，过去不是，现在不是，未来也不会是，因为它本来就是以"缺陷"的样式呈现给我们的。人如果事事追求完美，那无疑是自讨苦吃。

女孩追求完美的初衷总是最美好的，但如果不切实际地一味追下去，一心只想十全十美，最终往往是两手空空。直到有一天你才会明白：为了寻找一片最完美的树叶而失去了整个森林，是多么得不偿失。世间许多悲剧，正是因为一些人热衷于追求虚无缥缈的完美，而忘却了任何一种正常的选择都可以走向完美。完美不是一种既定的现象，而是一种日臻完善的执着追求过程。

换个角度看世界

面对冰雪中的梅花，宋代大诗人陆游的《咏梅词》中有不尽的哀叹、无奈，而在毛泽东笔下，却是一番雄迈、豪壮。

海伦·凯勒，从小生活在无声的世界之中，但在老师安妮·沙利文的帮助下，她的心灵之窗被打开。她以一种新奇的眼光去看黑暗世界中的光明、美丽，最终留下动人心魂的作品。

两个水桶一同被吊在井口上，其中一个对另一个说："你看起来似乎闷闷不乐，有什么不愉快的事吗？"

"唉，"另一个回答，"我常在想，这真是一场徒劳，好没意思。常常是这样，刚刚重新装满，随即又空了下来。"

"啊，原来是这样。"第一个水桶说，"我倒不觉得如此。我一直这样想：我们空空地来，装得满满地回去！"

即使是在同样的境遇，同样的环境中成长的人，有人觉得幸福，有人深感不幸；两人同时望向窗外，一人看到星星，一人看到污泥。这代表着两种截然不同的态度。

可见，遭遇厄运、失败时的态度，生活得快乐不快乐，全在自己对人生的态度和理解。

清朝人金圣叹是一个对生活永远持乐观态度的人，他潇洒达观，十分懂得玩味和领会生活的乐趣。有一次他和一位朋友共住，屋外下了10天雨，对坐无聊，他便和朋友一件件地说日常生活中的乐事，一共列出了30多件"不亦快哉"的事。

比如，夏七月，天气闷热难当，汗出遍身。正不知如何时，雷雨大作，身汗顿收，地燥如扫，苍蝇尽去，饭便得吃——不亦快哉！

独坐屋中，正为鼠害而恼，忽见一猫，疾趋如风，除去了老鼠——不亦快哉！

上街见两个酸秀才争吵，又满口"之乎者也"，让人烦恼。这时来一壮夫，振威一喝，争吵立刻化解——不亦快哉！

饭后无事，翻检破箱，发现一堆别人写下的借条。想想这些人或存或亡，但总之是不会再还了。于是找个地方，一把火烧了，仰看高天，万里无云——不亦快哉！

在金圣叹眼里，平凡的生活处处充满着快乐。这恰好印证了牛顿的一句话："愉快的生活是由愉快的思想造成的，愉快的思想又是由乐观的个性产生的。"

乐观的人就是这样看待生活和问题的，他们总向前看，他们相信自己，相信自己能主宰一切，包括快乐和痛苦。

明人陆绍珩说，一个人生活在世上，要敢于"放开眼"，而不向人间"浪皱眉"。

"放开眼"和"浪皱眉"就是对人生两面的选择。你选择正面，你就能乐观自信地舒展眉头，面对一切。你选择背面，你就只能是眉头紧锁，郁郁寡欢，最终成为人生的失败者。

悲观失望的人在挫折面前，会陷入不能自拔的困境；乐观向上的人即使在绝境之中，也能看到一线生机，并为此而努力。

"要看到光明的一面。"一个年轻人对他的牢骚满腹、愁眉不展的朋友说。"但是，没有什么是光明的。"他的朋友心事重重地回答。"那就把不光的一面打磨一下，让它显出光亮不就得了！"

"即使到了我生命的最后一天，我也要像太阳一样，总是面对着事物光明的一面。"诗人说。

女孩们应该养成乐观的个性，面对所有的打击我们都要坚强地去承受，面对生活的阴影我们也要勇敢地去克服。要知道，任何事物总有它光明的一面，我们应该去发现它。垂头丧气和心情沮丧是非常危险的，这种情绪会减少我们生活的乐趣，甚至会毁灭我们的生活本身。

活着是需要睿智的。如果你不够睿智，那至少可以豁达。以乐观、豁达、体谅的心态看问题，就会看到事物美好的一面；以悲观、狭隘、苛刻的心态去看问题，你会觉得世界一片灰暗。

换个角度看人生，你就会从容坦然地面对生活。当痛苦向你袭来的时候，不要悲观气馁，要寻找痛苦的成因、教训及战胜痛苦的方法，勇敢地面对这多舛的人生。

换个角度看人生，你就不会为升学失败、商场失手、情场失意而颓废，也不会为名利加身、赞誉四起而得意忘形。

换个角度看人生，是一种突破、一种解脱、一种超越、一种高层次的淡泊宁静。

寻找生命中的阳光

很多人一生都在寻找快乐，而学习的压力、父母的期望以及对未来的不确定让我们觉得生活中仿佛会有吃不完的苦。

快乐是什么？快乐是血、泪、汗浸泡的人生土壤里怒放的生命之花。正如惠特曼所说："只有受过寒冻的人才感觉得到阳光的温暖，唯有在人生战场上受过挫败、痛苦的人才知道生命的珍贵，才可以感受到生活之中的真正快乐。"

托尔斯泰在他的散文名篇《我的忏悔》中讲了这样一个故事：

一个男人被一只老虎追赶而掉下悬崖，庆幸的是在跌落过程中他抓住了一棵生长在悬崖边的小灌木。此时他发现：头顶上那只老虎正虎视眈眈，低头一看，悬崖底下还有一只老虎，更糟的是，两只老鼠正忙着啃咬悬着他生命的小灌木的根须。绝望中，他突然发现附近生长着一簇野草莓，伸手可及。于是，这人拽下草莓，塞进嘴里，自语道："多甜啊！"

无论在困境中还是顺境中，激情都是鞭策和鼓励我们奋进向上的不竭的动力。只有对生命充满激情，才能使自己对现实中所有的困难和阻碍毫无畏惧。激情，是一种能把全身的每一个细胞都调动起来的力量。

在所有伟大成就的取得过程中，激情是最具有活力的因素。每一项改变人类生活的发明、每一幅精美的书画、每一尊震撼人心的雕塑以及每一部让世人惊叹的小说，无不是激情之人创造出来的奇迹。最好的劳动成果总是由头脑聪明并具有工作激情的人完成的。

一位女孩曾讲述过自己的难忘经历，让我们深知在生活中保持旺盛的激情是多么的重要。下面且让我们来听听她的自述：

经历了黑色七月，我并没有取得自己梦想中的好成绩，尽管分数上还说得过去，但只能进一所不起眼的大学。经过半个年头，我终于放了寒假。在家里的时候，父亲向我问起了大学生活，我告诉他说："其实真的很没劲。"

我的父亲是个铁匠。他听了我的话后，脸上一直很惊愕，沉默了半晌之后，转过身用他那粗壮的手操起了一把大铁钳，从火炉中夹起一块被烧得通红通红的铁块，放在铁垫上狠狠地锤了几下，随之丢入了身边的冷水中。

"滋"的一声响，水沸腾了，一缕缕热气向空中飘散。

父亲说："你看，水是冷的，然而铁却是热的。当把热热的铁块丢进水中之后，水和铁就开始了较量——它们都有自己的目的，水想使铁冷却，同时铁也想使水沸腾。现实中，又何尝不是如此呢？生活好比是冷水，你就是热铁，如果你不想自己被水冷却，就得让水沸腾。"听后，我感动不已，朴实的父亲竟说出了这么饱含哲理的话，让我真的感动。

第二学期开始了，我反省自己，并且不断地努力，学习终于有了一点起色，内心也开始一天天地丰富充实起来。

如果你不想被平庸无色的生活冷却了你的斗志，你就得用生命的激情与辛勤的汗水让这盆冷水沸腾。不是吗？

罗曼·罗兰说："痛苦像一把犁，它一面犁破了你的心，一面掘开了生命的新起源。"不知苦痛怎能体会到快乐？痛苦就像一枚青青的橄榄，品尝后才知其甘甜，但这需要品尝的勇气！其实，女孩在青少年时要让自己快乐非常简单，那就是少一点欲望，多一点自信，在身处绝境时，也能看到希望的光芒。当然，我们更要学会在痛苦中寻求快乐的音符，保持对生活的激情，这才是人生的真谛。

这个世界本来不公平

　　命运并不是对每个人都公平，有的人天生聪明绝顶，而有的人却是残疾。然而造物主创造世界万物时，他相信每一件事物都具有其存在的价值。如果我们只是空抱怨"一切都不公平"，那么做任何事情都注定不会有进展。在这个世界上只要找对了自己的位置，哪怕你只是一块不起眼的石头，总有一天也会发光、发亮。你要有足够的信心和毅力，并且要坚信"天生我才必有用"。

　　实际上，成功往往离你只有半步之遥。然而这半步，有时却要你为之付出几年、十几年、甚至几十年的努力才能跨越。并不是说你没有能力，而是你很难相信自己有这个能力。在我们身边有很多女孩生活在自卑中，周围写满了不自信，总拿自己的弱点与别人的强项相比，却不愿对自己大喊一声"我能行"！

　　李海龙生下来的时候没有两个手臂，在他 5 岁时的一场车祸又夺走了他的左腿。就这样，他的四肢只有一条右腿幸存。但父母从不让他因为自己的残疾而感到不安，积极培养他各方面的兴趣。

　　在一次收看残奥会转播节目时，他看到美国有个游泳运动员没有了一个手臂，却以近乎完美的表现夺得了冠军。顿时，小海龙萌生了学游泳，进残奥队，为国争光的念头。那年，小海龙才 8 岁。

　　但是教练却尽量婉转地告诉他，说他"不具备做游泳运动员的条件"，因为他只有一条腿，完成复杂的游泳运动近乎天方夜谭。最后他申请加入地方残联游泳队，并且请求教练给他一次机会。教练虽然心存怀疑，但是看到这个男孩子这么自信，对他有了好感，因此就收了他。

　　两个星期之后，教练对他的好感加深了，因为他似乎已经克服了自身的身体缺陷，可以在游泳池中做一些常规的动作，并且做得很到位。小海龙一直坚持刻苦训练，别人练半小时，他就练一小时，因为他知道自己的先天条件太差，只能靠后天努力来弥补，而且他的目标是残奥会。

　　他一生最伟大的时刻到来了。那是残奥会的现场。在游泳比赛场馆里，各国选手一一就位，等待着发令哨响。海龙在工作人员的帮助下，站在起跳台上，面对着碧色的池水，他仿佛看到了五星红旗冉冉升起，《义勇军进行曲》在耳边回荡，他微笑了。

　　出发了！只见海龙如一条梭鱼敏捷地跃入水中，奋力向前游。唯一的一条右腿掌握着平衡，由于没有手臂不能压水，他只能加快将头探出水面的频率，既为呼吸，也是用头与肩部代替了手臂，起到压水的作用。

　　海龙终于如愿以偿，他夺得了冠军。当他站在最高的领奖台上，残奥会主办方代表将金牌戴到他脖子上之前，他请求代表将奖牌放在自己唇边，他要吻一吻它。

　　"真令人难以相信！"有人感叹至深。李海龙只是微笑。他想起他的父母，他们一直告诉他的是他能做什么，而不是他不能做什么。他之所以创造了这么了不起的纪录，正如他自己说的："天生我才必有用，我相信我能行。"

海龙是好样的，他不只为残疾人，同时也为普通人树立了一个好榜样。"身残志不残"，这是他常挂在嘴边的话，也是支持他坚持不懈的一个理念。

也许在日常的生活中我们总是会听到有人在耳边抱怨"生不逢时"、"千里马好找，伯乐难寻"、"现在的工作不能体现自己的价值"。而实际上，这些人总是忽略一些问题，他们是否将自己放在了正确的位置上？是否为自己创造了被伯乐相中的机会？还是仅仅总安慰自己"天生我才必有用"而不去做出努力以改变现状？这些问题女孩需要认真地想一想，相信你们会找到答案。

将快乐变成习惯

很多人经常对已经发生的事情追悔莫及，这其实是一种很正常的现象，人多多少少都会有这样的体验。

从某种角度上来看，这未尝不是一件好事，你可以从中吸取经验教训，避免下次重复出错，但不能一味地追悔感伤，沉浸于此。事情已经发生，局面已经形成，再也无法挽回，你应该学会放下过去，这样才能重新开始。

安东尼·罗宾就经常以愉快的方式来结束每一天。他告诫我们说："时光一去不返。每天都应尽力做完该做的事。疏忽和荒唐事在所难免，尽快忘掉它们。明天将是新的一天，应当重新开始，振作精神，不要使过去的错误成为未来的包袱。以悔恨来结束一天，实在是不明智之举。"

罗宾鼓励我们做一个关门的人，就好像英国前首相劳合·乔治一样。

乔治有一天和朋友在散步，每经过一扇门，他便把门关上。朋友疑惑地说："你没必要把这些门关上。"乔治却说："哦，当然有必要。我这一生都在关我身后的门，你知道，这是必须做的事。当你关门时，也将过去的一切留在后面，然后，你又可以重新开始。"

你想成为一个快乐的人吗？其中最重要的一点就是要学会将过去的错误、罪恶、过失全部忘记，然后坚定地向前看。只有忘记过去的事，努力向着未来的目标前进，才能使自己不断走向辉煌。

有位企业家作了一个错误的决定，这个决定让他蒙受了巨大的损失。在这之后，他拒绝承认自己的失误，拒绝接受不可避免的事实，结果，他失眠了好几夜，痛苦不堪，但问题一点也没解决。更严重的是，这件事还让他想起了以前很多细小的挫败，他在灰心失望中折磨自己。这种自虐的情形竟然持续了一年，直到他向一位心理专家求救后，才彻底从痛苦中解脱出来。

事实上，如果我们研究一下那些著名的企业家或政治家，就会发现，他们大多都能

接受那些不可避免的事实，让自己保持平和的心态，过一种无忧无虑的生活。否则，他们中的大部分人会被巨大的压力压垮。

道理很简单：当我们不再反抗那些不可避免的事实之后，我们就能节省下精力，去创造一个更加丰富的生活。如果你的内心为此不断痛苦和挣扎，就仿佛在拧麻花，两股力量互不相让，那最终深陷泥沼的只有你自己。要知道你只能在两者中间选择其一：可以选择接受不可避免的错误和失败，并抛下它们往前走；也可以选择抗拒它们，变得更加苦恼。

当然，你可以尝试着不去接受那些不可避免的挫败，但这样势必使人产生一连串的焦虑、矛盾、痛苦、急躁和紧张，你会因此整天神经兮兮、不知所终。

有一句古老的犹太格言这样说："对必然之事，轻快地加以接受。"在今天这个充满紧张、忧虑的世界，忙碌的你非常需要这句话。

所以女孩们，请接受不可避免的事实吧，然后以一种乐观的态度轻松地生活下去！

第九章

独立自主

——让女孩做自己命运的主人

生活从自食其力开始

"自立者，天助也"，这是一条屡试不爽的格言，它早已被漫长的人类历史进程中无数人的经验所证实。自立的精神是个人发展与进步的动力和根源，它体现在众多的生活领域，也成为国家兴旺强大的真正源泉。从效果上看，外在帮助只会使受助者走向衰弱，而自强自立则使自救者兴旺发达。

人，要靠自己活着，而且必须靠自己活着，在人生的不同阶段，尽力达到理应达到的自立水平，拥有与之相适应的自立精神。这是当代人立足社会的根本基础，也是形成自身"生存支援系统"的基石，因为缺乏独立自主的个性和自立能力的人，连自己都管不了，还能谈发展成功吗？即使你的家庭环境所提供的"先赋地位"是处于天堂之乡，你也必得先降到凡尘大地，从头爬起，以平生之力练就自立自行的能力。因为不管怎样，你终将独自步入社会，参与竞争，你会遭遇到比学习生活要复杂得多的生存环境，随时都可能出现或面对你无法预料的难题与处境。你不可能随时动用你的"生存支援系统"，而是必须得靠顽强的自立精神克服困难，坚持前进！

1992 年 8 月，77 名 B 国学生来到一个大草原，与 30 名 A 国学生一起参加了草原探险夏令营，他们的年龄在 11~16 岁。这次夏令营要求每人背 10 多千克重的物品，至少要步行 20 多千米，不能让爸爸妈妈和老师同学帮忙，自己的事情自己做。目睹整个过程的人们，面对眼前的真实情景，心里受到极大的震撼，既为 A 国学生的表现感到失望和伤感，又对 B 国学生的顽强和自立大为欣赏。

队伍刚出发时，B 国学生鼓鼓囊囊的背包里装满了食品和野营用具，而有些 A 国学生的背包里只装点吃的。才走了一半的路程，一些 A 国学生已经把水喝光、干粮吃尽，只好求助别人支援。野炊时，凡空着手不干活儿的，全是 A 国学生。A 国学生走一路丢一路东西，而 B 国学生却把用过的杂物用塑料袋装好带走；A 国学生病了回大本营睡觉，而生病的 B 国学生硬挺着走到底……

两国学生的生活自理能力差别是很大的：在出发前做准备时，B 国学生知道背包里应该装哪些生活必需品，一些 A 国学生却不知道；野炊时，B 国学生知道动手做饭，一些 A 国学生却袖手旁观；在大草原上，B 国学生懂得保护环境，一些 A 国学生却把垃圾随手乱丢；生病的 B 国学生还坚持到底，不忘记完成这次夏令营的任务，一些 A 国学生生了病就把自己的"使命"忘到九霄云外了，被医务人员送到了后方……

由此可见，如果我们自己的事情不自己做，指望父母或他人替你做，时间长了，连生存的能力也没了。

既然自立如此重要，那么作为国家的未来、明天的希望——青少年，更应该自立起来，我们的国家才能繁荣富强。但是，从那些养在温室的花朵中间，我们看到了什么呢？

有的青少年做作业一定要在家长的陪同下才能完成；遇到问题，常常不假思索，张口就问，以至于同一道题目做了很多遍，还不能独立完成。

有的青少年遇到困难掉头就走，再不就向他人寻求帮助，从不尝试自己动手解决。

有的青少年不严格约束自己的行为，小小年纪就开始吸烟、酗酒，还振振有词地认为自己已经长大了，可以自己做主选择生活方式了。

自立不是像爬山虎一样，依附着别人才能生长，自立也不是自作主张。自立是像留学美国的女孩 Rose 说的那样："是对自己现在和未来的生活负责任。"

Rose 是一个青春活泼的女孩，2004 年 7 月去美国留学，深深地体验了什么才是自立生存。

她对一年多来的苦日子——边打工边读书早已成为习惯。学费和生活费都是靠她自己打工赚的。每天上完学校 6 小时的课后，就用接下来的 8 个小时去打工。洗盘子、工厂做工、发传单、送外卖、超市收银……

她一天工作 8 小时，一个星期工作 6 天。晚上赶完夜工，再去上学，上完学再去超市。学校的出勤率必须保持在 90％以上，工作也很辛苦，她一天只能睡 7 个小时，夜工的时候就只能睡 2 小时。

"在美国我一天工作 12 个小时，到家倒在床上就睡着了，"Rose 说，"在美国边打工边读书的这一年多，我才知道'累'字是怎么写的。"

Rose 变了很多，最大的变化也许就是自立、对自己负责了。她以前上学的时候，昏天黑地地玩，根本就是在混日子，但现在她对生活、对工作、对学习都认真多了。问她去美国最大的收获是什么，她说："对自己现在和未来的生活负责任。"

所以说，"总在窝里的鹰永远也不会飞"，要做到自立自强，有时候就要对自己有一股"狠"劲儿，要逼着自己经历风吹雨打，哪怕冻得牙关紧咬；要扛起最重的担子，哪怕压得气喘吁吁。

自立，是女孩必须培养的一种能力，不要感觉这是压在心头的包袱，可以躲就躲，想为你未来的生活增添绚烂的光辉，那就鼓起勇气学会自立。

干些家务活

生活中，一些女孩很少干家务活，甚至连最基本的生活自理能力都没有。她们早起不叠被子，床上、桌上乱七八糟，不会洗衣，不会做饭、烧菜，光是吃现成的，穿现成的，很少主动擦（扫）地，打水，收拾屋子……养成了一种"小姐"的习气。她们常常理直气壮地说：现在的任务是专心念书，上大学，家务劳动那些生活琐事，干不干无关紧要。

其实，正如古人所说："一屋不扫，何以扫天下？"干家务活虽是小事，但做些力所能及的家务活，对女孩的责任感、适应能力、生存能力、良好习惯的培养都起着潜移默化的作用。

英国前首相撒切尔夫人每天都会为丈夫和家人准备早餐，这不仅不耽误政事，不为人耻笑，反而赢得了人们的赞誉。

女孩多干些家务活，有许多益处：

首先，可以提高自己的独立生活能力。要想获得生活上的自立、自理能力，最好的办法就是和父母分担家务劳动。

其次，可以培养良好的意志品质，培养克服困难的精神。这对于今后的学习和工作都是十分有益的。

再次，可以培养关心他人的品质，促进家庭和睦。

另外，干家务活有利于开发智力，促进智能的提高，有助于创造力和实际操作能力的发展。

1995年11月8日出版的《中华家教》中有一篇文章说：

由于家务劳动是人类生活所必需的，因此世界各国都很重视对孩子的家务劳动教育和训练。在日本，学校开设了学习家务劳动的课程，让学生学会洗衣、缝补、做饭这些基本的家务劳动技能。德国一直要求孩子必须帮助父母劳动，布鲁尔市法院根据传统曾通过一项法律，规定不足6岁的儿童可以只玩耍，不承担家务劳动；6~10岁要帮助父母洗器皿，收拾住宅，去商店买东西；10~14岁要在花园干活、刷鞋、擦鞋；14~16岁时要擦汽车，到花园翻土；16~18岁时，每星期要对住宅进行一次大扫除。

生活中，家务活范围很广，包括扫地、抹桌子、拖地、叠被子、整理房间、做饭、买菜、洗衣服等。女孩们怎样才能使自己乐于干家务活呢？

首先，要端正对做家务的认识。我们对做家务有几种认识：一种认为做家务是父母的事，我们不必做家务；第二种认为我们的主要任务是学习，做家务会影响学习，所以做家务不是我们的事；第三种认为做家务太平凡，没出息，要做就做大事，不做小事。这几种认识都是错误的，错就错在对做家务的重要意义认识不足。

做家务是对家庭的一种贡献，一种责任。一个从小就没有这种奉献精神和责任的人，将会对社会和国家做出什么贡献，尽到什么责任？做家务看起来是小事，实际上小事里包含着大事，连一点点小事都不肯去做，怎么可能把大事做好呢？

总之，只有端正对做家务的认识，才有可能愿意去做、乐意去做家务。

其次，掌握一些做家务的方法，掌握一些生活小窍门，是大有好处的。

自己作一个决定

生活中，许多女孩从小到大，从日常生活、交友、学习、报考专业、工作，甚至恋爱，都听从父母、老师的意见和安排。她们或者依赖，或者无奈。然而，女孩应勇敢地自己作一个决定。

打开历史长卷，我们不难发现：

杰出者的身上具有许多种优良品质——勇敢、忠诚、创新、进取，当然独立也是这些品格中不可缺少的品质之一。如果一个依赖于他人的人也会获得成功的话，恐怕历史上就不会有很多民族为独立而战了。没有独立做前提，成功也许只是个假设。独立性格是成功者的必备条件，历史既然如此证明，现实生活也是这样。独立习惯的养成，对一个人的事业、未来、人生都有莫大的好处，所以女孩若想成就事业，这是必不可少的一个条件。

有一位学术界知名的学者曾告诫青年学生们：

"如果你过分依赖别人，那你便会上当，因为你不能分辨别人的话究竟是对的还是不对的，而你对于别人的动机也就茫然不知。"

如果你要做一个成功的人，那就应该是个品格独立的人，那首先你就应该学会对自己负责。

在生活中自己作决定，必须具备一些主观、客观条件，女孩们可以从以下几方面能力的训练着手：

（1）多进行独立的思考，有想法、有主见。

（2）有足够的自信心，坚信自己可以做得很好。

（3）提升自身的综合能力。因为，有实力才有发言权。

（4）观察力。要善于见微知著，提挈全局，抓住要领。

（5）分辨力。要分辨矛盾双方的强弱与均衡，使决断具备清晰的条理。

（6）判断力。权衡利弊，在充分掌握全局的基础上，判断你的决定的效应。

对权威和教条说一次"不"

"权威"，是指在某种范围之内有威信、有地位或者具有使人信服力量的人。权威的存在，有时是对探索实践的一种促进，因为"权威认定"毕竟有它的可信价值；而有的时候，权威的存在，则是对探求的阻碍，因为权威毕竟不是真理。

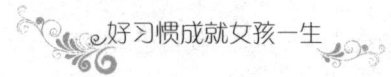

古希腊哲人说："吾爱吾师，吾更爱真理。"杰出人士们在继承前人的基础上，总是抱着怀疑一切的态度，在实践中坚守着正确的事物。

意大利科学家伽利略敢于对权威亚里士多德说"不"，用实验证明了不同重量的铁球能同时着地的正确结论。日本指挥家小泽征尔在大赛中敢于对国际权威们说"不"，指出乐谱有错，一举夺魁。

来自教育的权威使人们逐渐习惯以权威的是非为是非，对权威的言论不加思考地盲信盲从，其结果正如我们传统的"听话教育"那样：在家听父母的话，在学校听老师的话，在职场听主管的话——而唯独缺少自我思考、冲破权威、勇于创新的能力。

其实，权威之所以成为权威，也是得益于在实践中的不断探索。倘若后来的人们拘泥于前人的成果，实际上也就是否定了权威们寻找真理的方式。杰出人士们所坚持的正是"权威们"曾经使用过的武器。

1900年，著名教授普朗克和儿子在自己的花园里散步，他神情沮丧，很遗憾地对儿子说："孩子，十分遗憾，今天有个发现，它和牛顿的发现同样重要。"他提出了量子力学假设及普朗克公式。他沮丧这一发现破坏了他一直崇拜并虔诚地奉为权威的牛顿的完美理论，他终于宣布取消自己的假设。人类本应因权威而受益，不料竟因权威而受损，由此使物理学理论停滞了几十年。

25岁的爱因斯坦敢于冲破权威圣圈，大胆突进，赞赏普朗克假设并向纵深引申，提出了光量子理论，奠定了量子力学的基础。随后又突破了牛顿的绝对时空的理论，创立了震惊世界的相对论，一举成名，成了一个更加伟大的权威。

对大多数人来说，接受权威人士所给他们的负面评价是最大的不幸。许多人失败于智商测试、学习能力测试和其他测试，同时，这些人又愿意接受命运的安排，所以，他们甚至在成人之前就已经投降了。对他们来说，差的等级和其他低分自然而然地转化为后来在人生上的低效率。杰出的人物们选择了另一条道路：他们就是不相信那些贬低他们，而且是反复贬低他们的权威人士。他们有远见、有勇气、有胆量地向老师、教授、专家和教育测试中心所给出的评价进行挑战。

女孩你听过"不拉马的士兵"的故事吗？

一位年轻有为的炮兵军官上任伊始，到下属部队视察操练情况，他在几个部队发现了相同的情况：在一个单位操练中，总有一名士兵自始至终站在大炮的炮管下面纹丝不动。军官不解，询问原因，得到的答案是：操练条例就是这样要求的。军官回去后反复查阅了军事文献，终于发现，长期以来，炮兵的操练条例仍因循非机械化时代的规则。站在炮管下士兵的任务是负责拉住马的缰绳，在那个时代，大炮是由马车运载到前线的，以便在大炮发射后调整由于后坐力产生的距离偏差，减少再次瞄准所需的时间。现在大炮的自动化和机械化程度很高，已经不再需要这样一个角色了，但操练条例没有及时调整，因此才出现了"不拉马的士兵"。军官的这一发现使他获得了国防部的嘉奖。

可见，一味迷信于权威和教条，人们就失去了独立思考的能力。

女孩们，敢于质疑权威，敢于大声说一次"不"，是自立、创新的第一步，也是迈向成功的基石。

且莫跟风盲从

几年前，《超级女声》活动如火如荼。成千上万的人参与投票，尤以女孩居多。

为了支持喜爱的选手，很多女孩盲从于组织者的号召，不惜高额话费，而出现了短信投票的狂潮。

据报载，一位女孩为了支持自己喜欢的选手，用母亲的手机投票，花费了相当于家里两个月生活费的手机通信费。

而有的女孩对选手缺乏自己的见解，只是受到他人影响而进行支持跟随。

对于喜爱的选手，她们狂热地追捧，甚至对其短处进行掩饰、美化；而对于不喜欢的选手，则跟从其他人指责、批评，甚至谩骂，互揭隐私，反映出种种不冷静、不健康的心态。这是女孩因为心理行为盲从性和肤浅性，缺乏深层思考使自己无法对行为负责的体现。

"横看成岭侧成峰，远近高低各不同。"凡事绝难有统一定论，谁的意见都可以参考，但永不可代替自己的主见，不要被他人的论断束缚了自己前进的步伐。追随你的热情、你的心灵，它们将带你实现梦想。

遇事没有主见的人，就像墙头草，东风西倒，西风东倒，没有自己的原则和立场，不知道自己能干什么，会干什么，自然与成功无缘。

其实，除了在日常生活中"随大流"可能没错之外，在其他许多事情上这样做，往往就会葬送了自己。

唯有不盲从，才能为成功者打开一片新的天地。

我国著名的史学家顾颉刚，他幼年读的书多，知识面广，并且读书时就不肯盲从前人之说，敢于提出疑问，因此特别喜欢考证。有一次，他看见一个饭碗，上面画着许多小孩，有的放纸鸢，有的舞龙灯，有的点爆竹，题为《百子图》。他知道文王有100个儿子，以为这一幅图画的是文王的家庭，就想考证一下文王的儿子。他从常见的书中只得到武王、周公等几个人。他很奇怪，为什么这样一个名人的儿子竟如此难考证。后来才知道文王百子说是从《诗经》中来的，只是一种谀颂之词，并非实事。

他后来的成就，就与这种精神密切相关。

女孩的一切成功、一切造就，完全决定于你自己。

你应该掌握前进的方向，把握住目标，让目标似灯塔般在高远处闪光；你应该独立思考，有自己的主见，懂得自己解决问题。你不应相信有什么救世主，不该信奉什么神

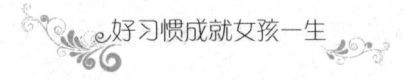

仙或皇帝，你的品格、你的作为，你所有的一切都是你自己的产物，并不能靠其他什么东西来改变。

人若一味盲从跟风，失去自己，就是一种不幸；人若失去自主，则是人生最大的缺憾。赤、橙、黄、绿、青、蓝、紫，谁都应该有自己的一片天地和特有的亮丽色彩。你应该果断地、毫不顾忌地向世人宣告并展示你的能力、你的风采、你的气度、你的才智。

在生活道路上，必须善于作出抉择，不要总是踩着别人的脚步走，不要总是听凭他人摆布，而要勇敢地驾驭自己的命运，调控自己的情感，做自我的主宰，做命运的主人。

生活中，女孩们应做到以下几点：

（1）看到别人都争相做一件事时，你首先应冷静地思考一下：这值不值得随大流，适不适合自己。

（2）多向师长、专家求教，博采众长，方有自己较成熟、全面的想法。

（3）过犹不及，拒绝跟风盲从并非代表否定一切、叛逆一切。

选一条属于自己的路

每个人都有适合自己的路，选对了，就应坚定地走下去。

小时候，很多人都有宏大的理想：做伟人，成为世界首富；成为发明家，策划许多有创意的事……总之，就是要过上精彩的人生，成为最杰出的人。

但是后来呢？当你年岁增长到可以去实现自己的理想时，四面八方的压力蜂拥而至。亲人、老师已为你设计好一条也许你并不热爱的路，或者你耳边不断萦绕着别人的议论，"别做白日梦了"，你的想法"不切实际、愚蠢、幼稚可笑"，"必须有天大的运气或他人相助"，或"你太老"、"你太年轻"。

在现实面前，你要么完全放弃，要么半途而废。不是事情绝对不可能成功，而是太多的别人的意见使你丧失了成功的勇气。只有那些真正意志坚定的人能冲破这些羁绊，走向成功，而且是连续不断的成功。

贝多芬学拉小提琴时，技术并不高明，他宁可拉他自己作的曲子，也不肯做技巧上的改善，他的老师说他绝不是个当作曲家的料。

歌剧演员卡罗素美妙的歌声享誉全球。但当初他的父母希望他能当工程师，而他的老师则说他那副嗓子是不能唱歌的。

发表《进化论》的达尔文当年决定放弃行医时，遭到父亲的斥责："你放着正经事不干，整天只管打猎、遛狗、捉耗子。"另外，达尔文在自传中透露："小时候，所有的老师和长辈都认为我资质平庸，我与聪明是沾不上边的。"

从上述成功者的经历中，我们可以发现：

成功者总是自主性极强的人，他总是自己担负起生命的责任，而绝不会让别人驾驭自己。

女孩要如何选一条属于自己的路呢？

（1）依赖自己，而不是依赖别人。

一切都靠自己去奋斗、去争取。控制了依赖心理之后，一个人才会找到自己的生活目标，找到生活的方向，自己靠自己获得事业的成功。而且，只有靠自己取得的成功，才是真正的成功。

（2）消除身上的惰性。

要消除惰性，就得锻炼自己的意志。处理事情的时候，要果敢向前，说做就做，该出手时就出手；还得有灵活的头脑，要善于思考，勤于思考。

（3）要有独立意识，要自己替自己做主。

要自己替自己做主，就是要时时想到，只有自己的劳动所得的成果，才是真正属于自己的；只有享受自己的成果，才会有真正的快乐。

（4）要从小事做起。

每天认真反思自己的思想，一步一个脚印地去做。任何事情都是这样，不可能一下子就能做成，需要慢慢地起步，一步步地积累，最后才能做成。

女孩要强化自我价值感

女孩们天生就是感性的，她们的情绪和行为总是极易受到外界环境的影响，前一分钟还因为某一个人的褒奖兴高采烈，后一分钟可能就会因为另一个人不经意的一句嘲讽而丧失信心妄自菲薄。

有一个年轻人，他历尽艰险在非洲热带雨林中找到了一种高10多米的树木。

这可不是一般的树木，整个非洲也就只有一两棵。如果砍下这种树，一年后让外皮朽烂，留下的部分，就会有一种浓郁无比的香气散发开来；如果放在水中，它不会像别的木头那样浮起来，反而会沉入水底。

这种树被称作"沉香"，是世界上最珍贵的树木。

年轻人将沉香运到市场上去卖。由于很贵重，很少有人敢来买，也很少有人买得起，因此，他的生意非常冷清，经常是很多天连一个来问价的都没有。但他旁边一个卖木炭的，生意却非常好，每天都有进账。

年轻人终于沉不住气了，他把沉香运回家，烧成木炭后再运到市场上，以普通木炭的价格出售。这一回，他的生意好极了，几天时间就卖光了。

年轻人认为自己颇有创意，顺应了市场需求，于是，他很自豪地把这件事告诉了他的父亲。

他父亲是一位白手起家的商人。当听完儿子的讲述后，父亲禁不住泪流满面，因为儿子做了一件大蠢事。沉香非常有价值，只要切下一小块磨成粉末出售，其收入相当于卖一年木炭，而将沉香烧成木炭，就和普通木炭一样不值钱了。

有些人过分关心外界的环境因素，处处表现得小心翼翼，以至于轻易地否定了自己。试想，如果一个人连自己都不认可自己，又如何让别人认同你的价值呢？

一位哲人曾经说过："每个人都有自己独一无二的价值。我们的价值不是取决于别人对我们的态度，也不会因为我们遭受挫败而贬值，无论别人怎么侮辱你、诋毁你、践踏你，你的价值依然存在。"

在一次演讲会上，一位著名的演说家手里高举着一张10美元的钞票，讲了一句开场白。面对大厅内的听众，他问："谁要这10美元？"

一只只手举了起来。

"我打算把这10美元送给你们中的一位，但在这之前，请准许我做一件事。"他说着将钞票揉成一团，然后问，"谁还要？"

仍有人举起手来。

"那么，假如我这样做又会怎么样呢？"他接着把钞票扔到地上，又踏上一只脚，并且用脚碾它。当钞票已变得又脏又皱的时候，他才捡起来。

"现在谁还要？"

还是有人举起手来。

"朋友们，你们已经上了一堂很有意义的课。无论我如何对待那张钞票，你们还是想要它，它并没贬值，它依旧值10美元。在人生路上，我们会无数次被自己的决定或碰到的逆境击倒、欺凌甚至被碾得粉身碎骨。我们会觉得自己似乎一文不值。但无论发生什么，或将要发生什么，在上帝的眼中，我们是永远不会丧失价值的。无论肮脏或洁净，衣着齐整或不齐整，每一个人依然是无价之宝。"

女孩不要因为别人对自己的评价和态度而改变对自己的看法。无论别人怎么说，你的价值都不会因之而改变，只要能够将个人价值与社会价值统一起来，做一些对他人有用的事，就能充分施展自己的才华，实现自己的价值。

《世界上最伟大的推销员》一书的作者奥格·曼狄诺认为，在这个世界上，每个人都有自己独一无二的价值，每个人的出生都是一个伟大的奇迹，他的这种观点对我们在内心建立自尊自信很有帮助。他在书中这样写道：

我是自然界最伟大的奇迹。

自从上帝创造了天地万物以来，没有一个人和我一样，我的头脑、心灵、眼睛、耳朵、双手、头发、嘴唇都是与众不同的。言谈举止和我完全一样的人以前没有，现在没有，以后也不会有。虽然四海之内皆兄弟，然而人人各异。我是独一无二的造化。

我是自然界最伟大的奇迹。

我不可能像动物一样容易满足，我心中燃烧着代代相传的火焰，它激励我超越自己，我要使这团火燃得更旺，向世界宣布我的出类拔萃。

没有人能模仿我的笔迹、我的商标、我的成果、我的推销能力。从今往后，我要使自己的个性得到充分发展，因为这是我得以成功的一大资本。

我是自然界最伟大的奇迹。

我不再徒劳地模仿别人，而要展示自己的个性。我不但要宣扬它，还要推销它。我要学会求同存异，强调自己与众不同之处，回避人所共有的通性，并且要把这种原则运用到商品上。推销员和货物，两者皆独树一帜，我为此而自豪。

我是独一无二的奇迹。

物以稀为贵。我特立独行，因而身价倍增。我是千万年进化的终端产物，头脑和身体都超过以往的帝王与智者。

但是，我的技艺、我的头脑、我的心灵、我的身体，若不善加利用，都将随着时间的流逝而迟钝、腐朽，甚至死亡。我的潜力无穷无尽，脑力、体能稍加开发，就能超过以往的任何成就。从今天开始，我就要开发潜力。

做人要坚持自己的个性，保持主见，不要刻意去模仿别人，人的一生有很多事情需要去做，但最重要的任务还是做自己。

不要让别人的态度影响自己的心情

你是不是一个有主心骨的人？你在做事时是按照自己的想法作决定，还是听从别人的话而摇摆不定？你会不会因为有人说你新买的裙子太花哨而闷闷不乐一整天？会不会因为别人说你不行就不再去努力？

无论以前的你是怎样的，从现在开始，试着不让别人的态度影响自己的心情。

别人的意见、态度只能参考，最后作决定的终究是你自己。如果你一味地被别人的态度所牵绊，那么结果只能像下面故事中的父子俩一样。

父子俩赶着一头驴到集市上去。路上有人批评他们太傻，放着驴不骑，却赶着走。父亲觉得有理，就让儿子骑驴，自己步行。没走多远，有人又批评那儿子不孝："怎么自己骑驴，却让老父亲走路呢？"父亲听了，赶快让儿子下来，自己骑到驴上。走不多远，又有人批评说："瞧这当父亲的，也不知心疼自己的儿子，只顾自己舒服。"父亲想，这可怎么是好？干脆，两个人都骑到了驴背上。刚走几步，又有人为驴打抱不平："天下还有这样狠心的人，看驴都快被压死了！"父子俩脸上挂不住了，索性把驴绑上，抬着驴走……

故事中的父子俩的行为很可笑，但笑过后想想，自己是不是也经常这样：做事或处理问题没有自己的主见，或自己虽有考虑，但常屈从于他人的看法而改变自己的想法，人云亦云，随波逐流。

要成就一番事业或工作，总会听到许多反对意见。这些意见或来自朋友与亲近的人，他们从自己的角度考虑，或纯粹是为女孩担心，可能不赞成你的做法；也可能来自那些对你心怀恶意的人，他们诬蔑、攻击、诽谤，把你所要做的事说得漆黑一团。面对这种情况，如果你不能明辨是非，缺乏独立思考的精神，你就可能半途而废，甚至事情还没做就夭折了。因此，女孩要想有所成就，就必须如一句西方格言所说："走自己的路，让别人去说吧！"

当然，这并不是说你可以不去认真听取别人的有益的意见。如果别人的意见有可取之处，哪怕是来自"敌人"的意见，也应该吸取。但这和丧失自己的主见、屈从于他人不正确的议论是两回事。

所谓独立思考就是要不依赖经典，不依赖人言，不依赖过去的经验和成见，使自己成为自觉者，一位能自我实现的人。

牧场主罗伯特·尼兹为参观农场的小朋友们讲了这样一个故事，故事中的孩子没有受其他人嘲讽态度的影响，最终实现了被人们认为是不可能的梦想。

孩子的父亲是一位巡回驯马师。驯马师终年奔波，从一个马厩到另一个马厩，从一条赛道到另一条赛道，从一个农庄到另一个农庄，从一个牧场到另一个牧场，训练马匹。其结果是，这个孩子的中学学业不断地被扰乱。当他读到高中，老师要他写一篇作文，说说长大后想当一个什么样的人，做什么样的事。

那天晚上，他写了一篇长达 7 页的作文，描绘了他的目标——有一天，他要拥有自己的牧场。在文中他极尽详细地描述自己的梦想，他甚至画出了一张 0.8 平方千米大的牧场平面图，在上面标注了所有的房屋，还有马厩和跑道。然后他为他的 370 平方米的房子画出细致的楼面布置图，那房子就立在那个 0.8 平方千米的梦想牧场。

他将全部的心血，倾注到他的计划中。第二天，他将作文交给了老师。两天后，老师将批改后的作文发给了他。在第一页上，老师用红笔批了一个大大的"F"（最低分），附了一句评语："放学后留下来。"

心中有梦的男孩放学后去问老师："为什么我只得了'F'？"

老师说："对你这样的孩子，这是一个不切合实际的梦想。你没有钱。你来自一个四处漂泊居无定所的家庭。你没有经济来源，而拥有一个牧场是需要很多钱的，你得买地，你得花钱买最初用以繁殖的马匹，然后，你还要因育种而大量花钱，你没有办法做到这一切。"最后老师加了一句："如果你把作文重写一遍，将目标定得更现实一些，我会考虑重新给你评分。"

男孩回家，痛苦地思考了很久。他问父亲他应该怎么办，父亲说："孩子，这件事你得自己决定。不过我认为这对你来说是个非常重要的决定。"

最后，在面对作文枯坐了整整一周之后，男孩子将原来那篇作文交了上去，没改一个字。他对老师说："你可以保留那个'F'，而我将继续我的梦想。"

讲到这里，罗伯特微笑着对孩子们说："我想你们已经猜到了，那个男孩就是我！现在你们正坐在我的 0.8 平方千米的牧场中心，370 平方米的大房子里。我至今保存着那篇学生时代的作文，我将它用画框装起来，挂在壁炉上面。"他补充道，"这个故事最精彩的部分是，两年前的夏天，我当年的那个老师带着30个孩子来到我的牧场，搞了为期一周的露营活动。当老师离开的时候，她说：'罗伯特，现在我可以对你讲了，当我还是你的老师的时候，我差不多可以说是一个偷梦的人！我那些年里，我偷了许许多多孩子的梦想。幸福的是，你有足够的勇气和进取心，不肯放弃，以至让你的梦想得以实现。'"

"所以，"罗伯特说，"不要让任何人偷走你的梦！听从你心灵的指引，不管它指向的是什么方向！"

现在，将罗伯特的这句话送给你们，希望女孩们能够从中得到些许启发。

权威也会犯错

丹妮顺利通过了大学考试，成为剑桥大学的一名学生。经过一个学期的刻苦学习，她的成绩名列前茅。

一次，在一堂实验课上，阿尔法教授安排学生们做实验，他详细讲解了做实验的具体步骤，然后让学生们自己动手操作。丹妮按照阿尔法教授在课堂上讲述的步骤做实验，结果却总是跟教授讲述的理论不符合。

于是，丹妮又重新做了好多次实验，发现理论与实验的结果还是不符合。她开始仔细研读教科书上的相关理论和具体实验的部分内容，结果她震惊地发现，阿尔法教授讲述的实验步骤中有一个错误的地方。

随后，丹妮就把自己的发现和看法告诉了阿尔法教授。但教授说："那一定是你自己弄错了。"

丹妮说："我完全是按照您讲述的实验步骤来做的，但结果却总是不符合，也许是您设计的实验步骤有一些问题。"

阿尔法教授于是问："如果真是这样，那为什么其他同学都没发现错误呢？"

丹妮说："他们或许在按照您讲述的步骤做完实验后，没有仔细去检查实验的结果。"

阿尔法教授开始有些将信将疑了，他说："难道我设计的实验步骤真的错了吗？让我去仔细看看。"

丹妮于是和阿尔法教授一起来到了实验室，教授开始亲自指导着丹妮做实验，结果，确实是实验步骤有错误。

看到这样的结果，教授对丹妮说："真没想到我设计的实验步骤，其他同学都做了，却只有你一个人指出它有错误。看来，我得重新设计这个步骤了。"

丹妮马上说："也不用全部否定啊！其实，只要改进一个地方就可以了。"

接下来，丹妮就把自己的建议告诉了教授。教授一听非常高兴，情不自禁地夸起了丹妮："你喜欢思考，而且敢于质疑，是个好学生，你提出的建议让我的设计方案更加完美了。"

丹妮不好意思地说："其他同学是太崇敬您了，以至于丝毫都没有怀疑您的设计会有

什么错误，其实我也是反复做了多次实验之后才发现问题的。"

阿尔法教授高兴地说："虽然你用事实证明了我的设计方案有问题，但我还是非常高兴，希望你将来比我更优秀。"

丹妮果然没有辜负阿尔法教授的期望，两年后，她就如愿地被学校录取为研究生。

富兰克林曾经说："读书使人充实，思考使人深邃，交谈使人清醒。"在我们读书学习的过程中，女孩一定要学会独立思考，一旦发现问题要敢于质疑，千万不要盲目崇拜学术权威和专家的理论。

法国作家辛涅科尔曾说："对于宇宙，我微不足道，可是对于我自己，我就是一切。"每一个人都应庆幸自己是世上独一无二的，应该将自己的禀赋发挥出来，有自己的独特思维，而不是亦步亦趋地跟在别人身后，在别人的思想里打转。在所有缺点中，最无可救药的就是失去自我，成为别人的复制品。

在这个世界上，充满了形形色色的追随者和模仿者，他们总是喜欢依照他人的足迹行走，沿着他人的思路思考。他们认为，"模仿"可让自己省心省力，是走向成功、创造卓越人生的一条捷径。岂不知，"模仿乃是死，创造才是生"。

第一个吃螃蟹的人是勇士，第二个吃螃蟹的人是追随时尚者，第三个吃螃蟹的人就是庸才。欧文·柏林与乔治·格希文第一次会面时，已是声誉卓著的作曲家了，而格希文却只是个默默无名的年轻作曲家。柏林很欣赏格希文的才华，以格希文所能赚的三倍薪水请他做音乐秘书，可是柏林也劝告格希文："不要接受这份工作，如果你接受了，最多只能成为欧文·柏林第二。要是你能坚持下去，有一天，你会成为第一流的格希文。"

莎士比亚曾经说过："你是独一无二的。"一个人只懂得模仿他人最终的结果只有一个——失去个性。而个性是人之为人的最基本因素，没有个性便没有独立的人格，没有深邃的思想，更没有创造力。

卓别林开始拍电影的时候，那些电影导演都坚持要卓别林学当时非常有名的一个德国喜剧演员，可是卓别林直到创造出一套自己的表演方法之后，才开始成名；鲍勃·霍伯也有相同的经验，他多年来一直在演歌舞片，结果毫无成绩，一直到他发展出自己的笑话本事之后才成名；威尔·罗吉斯在一个杂耍团里，不说话光表演抛绳技术，持续了好多年，最后他才发现自己在讲幽默笑话上有特殊的天分，他开始在耍绳表演的时候说话，才获得成功。

上天是公平的，它在赋予人们生命的同时，也将不同的天资潜入到每个人的身体里面。你只需动动脑，努努力，就能把它充分挖掘出来，像所有成功者那样，在创造中成就自己的事业。

第十章

热爱学习

——知性比青春的美丽更持久

生命的根本保证是学习

"读书而不思考,等于吃饭而不消化。"这句话告诉我们学习的本质就是培养人的能力,只有通过学习,掌握了这些能力,才能让我们的生存更加有保证。古人云:"授我以鱼,只供一饭之需;教我以渔,则终身受用无穷。"在学习中探索生存的技能,在生存中体会学习的奥秘,人生才会越来越有意义。

穷人的孩子早当家,小王冕七八岁的时候,就已经能帮家里做事了。父母安排他每天牵着牛出门去放牧。

有一天,小王冕跟往日一样出门去放牛。可是一直等到太阳落山,妈妈做的饭菜都凉了,也没见王冕回家。又过了一会儿,牛独自从院门外回来了,自个儿在院子里转了一圈,然后慢悠悠地钻进了牛圈,但放牛的王冕却没有一起回来。

父母非常担心,想要出去寻找,就在这时,王冕气喘吁吁地从外面跑了回来,他先到牛圈一看,发现牛已经回来了,这才松了一口气。父亲把他叫到面前,询问他回来晚的原因,王冕低下头,内疚地解释说:"是我听书忘记时间了。"

原来,王冕放牛路过村里的那个学堂时,听见从里面传出朗朗的读书声,一下子就给吸引住了,特别羡慕,他把牛拴在野地里让它吃草,自己则悄悄地溜进学堂,听学生们读书,听一句,记一句,非常入迷,不知不觉,太阳已经下山了。

当他跑到草地去找牛,发现牛已挣断绳子,不知跑到什么地方去了。幸亏路走熟了,牛顺着回家的路,自己回到圈里了。虽然牛安全地回家了,可王冕挨一顿打是免不了的。

父亲把他狠打了一顿,教训他以后不许在放牛时去听书。然而这一顿棍子,并没有把他的求知欲打掉。两天之后,同样的事情再次发生了。当父亲又要拿棍子打他时,母亲便劝解道:"孩子这样痴心,打也不会有什么用的,干脆这牛别让他放了。"从那以后,父亲再不让他去放牛了。

当时,正好村旁山上的佛庙要雇人做些粗活,于是王冕便到庙里住了下来。白天做一些杂事,换两顿饭吃,到了晚上他就睡在佛殿内,借助桌案上摆放的长明灯的微弱光线,聚精会神地看书，每晚都看到大半夜才睡觉。

由于王冕的刻苦好学，当地一个名叫韩性的学者收了他做徒弟，跟着他一起学习。

有了这样好的条件，王冕倍加珍惜，每天都很努力地学习。为了让自己掌握更多的技能，他还在劳动、读书之余迷上了写诗作画，经过勤学苦练，他终于在诗画方面取得了突出成就。

如此恶劣的环境也没阻挡住王冕好学的精神，学习使他插上了梦想的翅膀，从此改变了生存的环境。在竞争如此激烈的年代，学习更成为现代人生存和发展的必要手段，是学习让我们掌握了生存的技能，是学习让我们体味了人生的意义。

学习化生存是最佳的生存方式，它更多的是一种理念，一种通向睿智、丰富、幸福生活的途径。

现在，我们迈入了以信息化为标志的知识经济时代。生产的信息化，使劳动也具有鲜明的智能化特征。

"知识经济是以学习为基础的经济，与之相适应的社会是学习型社会。"女孩面对信息爆炸的时代和科学技术日新月异的飞速发展，只有坚持不懈地学习，才能使用日新月异的劳动工具；也只有不断学习新的生存技能，才能在生存竞争中立于不败之地。

经常拜读经典名著，学会阅读

古人云："腹有诗书气自华。"具有渊博知识的青年人会散发出一种儒雅的风度。一个具有渊博知识的青年人，远比那些随波逐流、见识肤浅的同龄人更有魅力。

司马迁很小的时候就饱览群书，20岁时，便开始遍游祖国各地，了解了各地历史和风土人情，积累了丰富的学识。他做太史令后，常跟随皇帝在全国巡游，搜集并阅读了大量的历史资料。宫廷里的藏书都被他读遍，掌握了大量的史料。在"李陵事件"的悲惨遭遇中，他从"西伯拘而演《周易》；仲尼厄而作《春秋》；屈原放逐，乃赋《离骚》；左丘失明，厥有《国语》"等先圣先贤的遭遇中获得了求生的希望，以顽强的毅力，历时10余年编写了历史巨著《史记》，流芳千古。试想，司马迁若是没有阅读大量史料，在遭遇大难后，脆弱的意志没有史书中那些先圣先贤的激励，没有丰富的学识让他先前的宏愿得以实现，可能中国的史书中就不会有司马迁这个名字。

渊博的知识是修养的前提。学识的素养，不是短时期可以装模作样的，而是贯穿于生活每个细节中的自然流露、自然表现。黄山谷曾说："三日不读书，便觉面目可憎。"可知读书求知的重要性。这也正是为何有的人面目平常，但谈起话来，使你觉得可爱，如沐春风；有的人为何满面脂粉，姿态万千，但交谈却风韵全无、索然无味的原因。

女孩要多读经典名著，从中吸取丰富的营养，戏剧大师莎士比亚说过："书籍是全世界的营养品，生活里没有书籍，就好像没有阳光；智慧里没有书籍，就好像鸟儿没有翅膀。"由此我们可以想到，读书对我们是何等的重要。正像俄国作家普希金所说："书籍是我们

的精神食粮。"女孩们，立即行动起来吧！向知识进军，用书籍点燃智慧的明灯！

关于读书择优之理，德国哲学家叔本华早就指出：要坚持宁缺毋滥的原则，拒绝坏书，"应该去读那些伟人的或已被事实证明是好书的名著"，只有这样，才能真正称得上开卷有益。

如何正确选择书呢？

1. 谨慎选择阅读，否则会浪费太多的时间

最好不要把时间浪费在毫无意义的书籍上。那些书籍，大多是一些没有多少思想的懒散作家杜撰出来的，它们是为那些怠惰而又无知的读者所创作的。虽然这种图书没什么大害，却也无益，最好不要让它浪费你的大好青春时光。

2. 能真正影响你的书也许只有几本

书是读不完的，因此，要读有用的书，读有利于增长自己办事能力的书，读有利于提高品位的书，读能激励自己的书，读能提高生活能力和质量的书。

在读书时，要考虑到对你的将来可能会有用的相关知识，建议去搜罗一些与自己的兴趣爱好相关的图书。再依次序阅读一些值得信赖的有关政治、经济等的图书资料，并详加研究。

如何进行有效的阅读呢？

第一，标重点。

读书时你最好先看看每一章的内容提要，许多好的教科书都有这种提要。然后，你可以浏览一下内容，特别留心作者和出版者的思路。标题的不同大小和不同字体，会告诉你哪一点应该看作要点，哪一点是次要点，哪些是又次的要点。在一张纸上写下整章的提纲，把它裁成书本大小，然后装在这一章的开头，这样做对你来说是会有好处的。做提纲能帮助你对一章的内容有个概括性的了解，并且迫使你去了解作者思路的逻辑性（或者逻辑性的不足）。你做的提纲将来可以用来进行复习。

要想改进做提纲的技巧，你一定得找出一章中每节、每小节甚至每一段落中的关键性句子。写得好的教科书通常都把这种关键性句子放在一个段落开头的地方。如果你能找出说明段落主题的句子，你应该以能够使你在将来方便查找的方式把它们做成笔记。要注意书中的图片和图表。

第二，手拿铅笔开始第一遍通读。

在开始通读以前，你应牢记一点：这一次深入阅读对于你将来快速地复习这一章内容来说是个黄金般的好机会。因此，你应手执铅笔，随时圈画，不要考虑你的书籍的干净漂亮。一本书的价钱比起优秀的学习成绩来说是微不足道的。当然，图书馆的书和学校的书是不能涂画的。如果你读的书不是你自己的，可以用笔记本把要点内容记录下来，同时这些要点所在的页数也要记下来。

你读书的时候，通常的目的是找寻你所需要的知识和材料，因此每一段的重要句子下面都要画上横线，特别重要的地方除了画线，在旁边还可以加上一个星号；把每个生字或技术性字词圈起来；在自己喜欢或觉得精彩的地方也可作标注。

第三，手拿红笔进行第二遍阅读。

在对你所读的内容有了一个总的认识之后，应该再读一遍，把你现在认为的确重要的内容用红笔标出来。你可以把提示重要人物的星号用红笔圈起来；你可以把画在专业词汇外面的圈涂红，使之更加醒目突出；可以用红笔标出最重要的表格、图表和图片。这样做的目的在于突出真正重要的部分，并且使每一页书尽量地与另一页书有所区别。这种区别对于一个在考试时回忆以前学过些什么的学生来说经常是有很大帮助的。

第四，和别人进行讨论。

学习的目的并不是仅仅把课本的各个细节背诵下来，而是汲取可以致用的事实材料和思想观点。要想掌握一本书中最有价值的内容，最好的方法莫过于同别人一起进行复习和讨论了。两个或者两个以上在读同一本书的人互相提问关键性名词的词义，提问一章教科书的主题，或者就书上的结论展开争论，能使大家都有所收益。这样的活动可以迫使你把思想理出头绪，以便清楚、简明地表达你的观点和看法。

学会了阅读就像掌握了一门技能，不仅可以节省你阅读的时间，还可以提高你阅读的质量，真正吸取书中的精华。

E时代必备：融入生活，培养综合能力

新世纪的青少年，充满个性，喜欢张扬。在社会竞争日趋激烈的今天，青少年综合能力的培养越来越受到家长和社会的重视。为了能够从庞大的竞争人群中脱颖而出，在未来求职就业、走向社会的道路上能够领先一步，开创自己与众不同的发展道路，提高青少年自身基础素质，锻炼综合能力和社会适应能力刻不容缓。科学证明，许多影响人一生的行为或成就的基本素质，都形成于青少年时期，因此，青少年时期是实施素质教育、提高综合能力，促进其德、智、体全面发展的最佳时期和关键时期。提高青少年的综合能力正好符合了当前的素质教育。

什么是素质教育？

素质教育是指依据人的发展和社会发展的实际需要，以全面提高全体学生的基本素质为根本目的，以尊重学生主体性和主动精神，注重开发人的智慧潜能，注重形成人的健全个性为根本特征的教育。素质教育的主要内容包括以下几个方面：思想道德素质、科学文化素质、身体素质、心理素质和生活技能素质。素质教育的培养目标是教会学生学会做人，学会求知，学会劳动，学会生活，学会健体，学会审美。从这几方面着手，青少年的综合能力自然而然就提高了。

沈诞琦，复旦附中高二理科班学生。2005年8月，她从年级组里最优秀的10名学生中脱颖而出，被美国著名中学TAFT寄宿制高中选中，作为复旦附中参加国际交流的学生，去该校完成高中学业。美国的学校向来重视多元文化的建设，因此，吸引TAFT寄宿制高中的不仅是沈诞琦每门学科的优异成绩，还有她各方面的综合能力。在复旦附中，沈诞琦曾多次组织大型论坛、演讲赛，并获得好评；而作为上海市青少年环保协会的副理事长，

她还利用课余时间参与了多项课题研究。沈诞琦为什么如此幸运呢？下面我们一起看看究竟。

如果说在沈诞琦的成长过程中，学习习惯的养成，教会她作为学生应有的责任感，那么阅读习惯的养成，则帮助她打开了一扇通往知识海洋的大门。

沈诞琦在念小学二年级时，有一次晚饭后，她硬是缠着妈妈给她讲故事，可妈妈又不是"故事大王"，哪来那么多故事啊？情急之下，妈妈记起先前看过的那份《新民晚报》上"蔷薇花下"有一则故事很有意思，于是便绘声绘色地给女儿讲了起来。

"这个阿姨的行为很不好。"沈诞琦听完之后，歪着小脑袋沉思起来，"妈妈，这故事是真的还是假的啊？""这都是发生在我们生活中的一些不和谐的现象。"妈妈拿起报纸，指着"蔷薇花下"的这篇文章对女儿说："虽然妈妈没有亲眼看到，但是妈妈可以通过阅读报纸来了解啊。你现在是小学生了，与其听妈妈讲故事，还不如自己看故事。"

"可是报纸上面有好多字我都不认识，怎么办？"

"你可以查字典。"

打那以后，沈诞琦每天晚饭后必做的一件事就是展开报纸，仔细地阅读"蔷薇花下"的文章。遇到不认识的字，她会搬出字典，耐心地查阅。

以后她贪婪地从书中汲取各种养料，不断丰富着自己的知识架构，她的思维和理解能力也在阅读的过程中不断地得到提高和完善。

那一年，沈诞琦4岁，妈妈替她在少年宫的图画班报了名。谁知，才去了两次，沈诞琦便嚷着说不想再去。见女儿态度那么坚决，妈妈差点儿就打了"退堂鼓"，可转念一想，既然名都报了，怎么也得让她画完一学期吧，总不能就这样半途而废。于是，她对女儿说："好好画，妈妈准备为你开个家庭画展。"

果然，一个月之后，妈妈把女儿所有的画集中起来，镶在镜框里，像模像样地挂满了一屋子，还邀请亲戚和邻居来观摩"画展"。听到大人们称赞她画得好时，沈诞琦心里别提有多高兴，还一个劲儿摇着妈妈的手说："我以后还要开画展，我一定会画得比现在更好。"类似的画展后来又在沈诞琦的家里陆续开过几次，每一次的进步都见证着她的成长。

妈妈说："许多孩子对读书缺乏兴趣，其实是因为没有体会到成功的乐趣，这好比沈诞琦学画，家长需得多花些心思来激发孩子的兴趣，让她体验到成功的乐趣。"

每个女孩看了沈诞琦的故事，一定会羡慕她能力的全面，不仅学习好而且知识广博；不仅自理能力强，而且兴趣广泛；不仅心理成长健康而且道德素质也很高，这才是新世纪的人才。

其实，只要从小注意培养自己各方面的能力，每个女孩都可以像沈诞琦一样优秀。

养成良好的学习习惯

人的一生都离不开学习，培养良好的学习习惯也就越来越重要。因为只有善于学习的人才能不断前进。流水不腐，户枢不蠹，这句话也可以用在人的智力增长上。女孩只有不断学习新东西，吸取新知识，才能跟得上时代的步伐，才能最终成就自己。

大家都知道伟大的富兰克林，但是谁都不会想到在他幼年的时候也不喜欢学习。他有时候拿起书来想看，但是只要外面有伙伴叫他去玩或者街道上发生了什么事情，他就会把书一扔，第一个飞快地跑出去看。

他家里虽然经济条件不是很好，但父母还是为孩子买了好多有意思的书籍，并把这些书籍放在很显眼的地方。

有一天，小富兰克林跑了进来，对母亲说："妈妈，你能告诉我埃及金字塔是怎么一回事吗？我一个伙伴在考我。"

母亲就给他讲解起来："这个埃及金字塔其实就是埃及法老的坟墓，但是它的样子很是奇特……"

母亲把关于金字塔的各种知识都仔仔细细地告诉了他。

小富兰克林听得很入神，心里想："哇，原来世界上还有这么有趣的东西啊。我怎么以前不知道呢？"

他对母亲说："妈妈，你真是太厉害了，你怎么什么都知道啊？我希望以后变得像你这么聪明，有着这么渊博的知识。"

"孩子，妈妈不是什么都知道，妈妈也都是从书上看来的。其实书上的知识很丰富，而且很多都是很有意思的，只要你去看，去发掘，就能变得和妈妈一样懂这么多，甚至比妈妈懂得还要多。"

"是吗？妈妈。"小富兰克林更加不解了。

"当然是了，妈妈没有去过埃及，本来根本就不知道这个事情，是书籍给了我知识。孩子，刚才你说你希望成为像我这样的人，那么你从现在就要开始多多地看书，汲取里面的精华，把它变为自己的东西，这样你就一定会比妈妈厉害。"母亲继续引导她的孩子。

"好的，妈妈，我知道了。以后我一定要好好地看书，把这些知识都学到我的脑子里去。"小富兰克林高兴地回答。

从此，小富兰克林就对书籍有了兴趣，经常拿来书籍翻阅，津津有味地学习里面的内容。

母亲看到这些，心里很是安慰，但是小富兰克林还是有点缺乏自制力，有时会被别的事情分散注意力。

所以母亲经常在他看书的时候对他说："孩子，你现在看书，不要去管别的事情，你看完了才能和小伙伴们玩，好吗？"

"好的，妈妈。我喜欢看书。"小富兰克林大声地回应着。

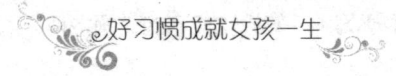

然后母亲就会把孩子的玩具放到别的屋子里去，同时把房间的窗户关好，尽量不让别的事情来影响孩子的学习。

就这样，慢慢地，小富兰克林就能够很好地控制自己了。他不会再因外界而受影响，所以才有了后来的辉煌。

女孩们，尽管你现在讨厌学习，但是只要克制自己，逐渐地，学习的习惯也就慢慢培养起来了。

爱迪生说得好："知识仅次于美德，它可以使人真正地、实实在在地胜过他人。"

要想成功，就必须牢记："知识就是力量。"

要想成就大事业，一定要记住：年轻时，究竟懂得多少并不重要，只有懂得学习，才会获得足够的知识。

许多人以为，学习只是青少年时代的事情，只有学校才是学习的场所，自己已经是成年人，并且早已走向社会了，因而再没有必要进行学习。

剑桥大学的一位专家指出："这种看法乍一看似乎很有道理，其实是不对的。在学校里自然要学习，难道走出校门就不必再学了吗？学校里学的那些东西，就已经够用了吗？其实，学校里学的东西是十分有限的。工作中、生活中需要的相当多的知识和技能，课本上都没有，老师也没有教给我们，这些东西完全要靠我们在实践中边摸索边学习。可以说，如果我们不继续学习，我们就无法取得生活和工作需要的知识，无法使自己适应急速变化的时代，我们不仅不能搞好本职工作，反而有被时代淘汰的危险。"

有些人走出学校后，往往不再重视学习，似乎头脑里面装下的东西已经够多了，再学就会饱和。殊不知，学校里学到的只是一些基础知识，离实际需要还差得很远。

特别是在科学技术飞速发展的今天，我们只有以更大的热情学习，学习，再学习，才能使自己丰富和深刻起来，才能不断地提高自己的整体素质，才能更好地投身到工作和事业中去。

知识是登上成功顶峰的基石

在这个世界经济形势日新月异的时代，知识越发显得重要，通过终身学习来获取知识成为人们讨论得越来越多的话题。

不管你承认与否，在知识经济时代，知识分子注定要扮演各行各业的主角。他们把握时代脉搏，领导时代潮流，站在时代前列，渊博的知识、丰富的经验和超凡的能力是他们获取成功的资本。

英国唯物主义哲学家弗兰西斯·培根在《新工具》一书中提出了"知识就是力量"的著名论断，他写道："任何人有了科学知识，才可能驾驭自然、改造自然，没有知识是不可能有所作为的。"

随着社会的发展，知识的作用愈加重要，特别是知识经济已经来临的今天，可以说，知识不仅是力量，而且是最核心的力量，是终极力量。

对此，李嘉诚先生曾深有体会地说过，在知识经济的时代里，如果你有资金，但是缺乏知识，没有新的信息，无论何种行业，你越拼搏，失败的可能性越大；但是你有知识，没有资金的话，小小的付出都能够有回报，并且很可能获得成功。

所以说，人没有钱财不算贫穷，没有学问才是真正的贫穷。因为钱财的价值有限，而知识的价值无限。

有了知识积累，命运便会为你开启一扇幸运之门，使你一步步走向成功。

当年，华罗庚虽然辍学，但凭借对数学的热爱，他一直没有放弃学习，积累了许多数学知识，为他以后的发展和成功打下了坚实的基础。

一次华罗庚在一本名叫《学艺》的杂志上读到一篇《代数的五次方程式之解法》的文章，惊讶得差点叫出声来："这篇文章写错了！"于是，这个只有初中文化程度的19岁青年，居然写出了批评大学教授的文章：《苏家驹之代数的五次方程式解法不能成立之理由》，投寄给上海《科学》杂志。

华罗庚的论文发表后，引起了清华大学数学系主任熊庆来教授的注意。这位数学前辈以他敏锐的洞察力和准确的判断力认为：华罗庚将是中国数学领域的一颗希望之星！

当得知华罗庚竟是小镇上一名失学青年时，熊庆来教授大为震惊！熊庆来教授爱才心切，想方设法把华罗庚调到了清华大学当助理员。进入这所蜚声海内外的高等学府，华罗庚如鱼得水。他一边工作，一边学习、旁听，熊庆来教授还亲自指导他学习数学。

命运再一次对这位努力不懈怠者展现了应有的青睐。到清华大学后的4年中，华罗庚接连发表了十几篇论文，自学了英文、德文、法文，最后被清华大学破格提升为讲师、教授。

● 华罗庚的事例说明，获取知识最直接、最有效的途径就是学习。学习，是明天最富革命性、创造性的生产力。新世纪的最大能量来自学习，最大竞争也在于学习。学习已经越来越具有主动创造、超前领导、生产财富和社会整合的功能。面对信息的裂变、知识的浪潮，"终身学习"是每个现代人生存和发展的基础。

终身学习，即离开学校以后靠自己的努力继续学习。这对女孩的自学能力提出了挑战。"未来的文盲将不是那些不会阅读的人，而是没有学会怎样学习的人。"这绝非危言耸听之语。"自行学习、自我教育、自己管理自己"，这是现代人汲取知识的重要渠道，也是终身教育的重要形式。

自学能力的核心是想象力、创造力。这是一种能改天换地、塑造全新的自我的伟力。培养和训练创新的能力，要从青少年时代起步，养成质疑多思的习惯。在接受教育（包括课堂教学）时，不能只是个带着耳朵的听众，而要开动大脑这台机器，打破常规地思考、讨论、比较、鉴别，要积极主动参与教学过程，开掘创新思路。平时，在独立治学时，也要经常问几个为什么，启发思考和探索问题的积极性。

尝试用各种方式为头脑"充电"

在瞬息万变的现代社会，各种知识更新极为迅速。如果女孩只满足于已经掌握的那点知识而不能与时俱进地吸收新的信息、新的知识，不能利用各种手段为头脑"充电"，那么终究有一天会被社会淘汰。不想被淘汰，那就行动起来吧。

相信你最先想到的方法就是读书。古人说"读书破万卷，下笔如有神"，可见大量地读书，尤其是读好书对个人会有怎样的益处。

世界上没有天才，非学就无以成才，读书无疑是知识积累的最好方法，书是人类的精神食粮，也是成大事者的必备之物。

"天下才子必读书"这似乎已是一条规律，不知你是否注意过下面这些情况，它们或许会让你对这一规律理解得更深刻。

当我们研究成功人士的事业时，常常发现：他们的成功一直可以追溯到他们拿起书籍的那一天。

在我们知道的成功人士之中，大多数都酷爱读书——自小学开始，经由中学、大学，以至于成年之后。

书虽然是一种没有声音的东西，但是它对人类的影响却是非常深远的，如果你经常阅读各行业成功人士的传记或者是自传，并通过静心的思索，你就有可能从中找出适合自己的成功之路来。

俄国著名的学者赫尔岑说过："书是和人类一起成长起来的，一切震撼智慧的学说，一切打动心灵的热情都在书里结晶形成。书本中记述了人类生活宏大规模的自由，记述了叫作世界史的宏伟自传。"

书籍蕴含着千百年来人类的智慧与理性，正因为其中的人性之处，才使得一些书伟大，灿然有光。

书籍是一种工具，它能在黑暗的日子鼓励你，使你大胆地走入一个别开生面的境界，使你适应这种境界的需要。

读书习惯是一种文化素质，是国民尤其是国家未来的建设者——青少年必备素质中的一个重要组成部分。

在日常生活中，常常可以听到一些人说"我爱好读书"。能把读书作为一种爱好，比起不喜欢读书来说是一大进步，但还远远不够。我们不能把读书和看球赛、玩扑克、赏花草一样，当作一种纯粹的消遣去满足，或当作一种雅兴去炫耀，而应使之成为一项生活的内容，一种生命的需要。读书，就像给精神补充养分一样，是保持身心健康的需要，是改变命运的需要，是自我实现的需要。

著名作家蒋子龙先生说："书是可以随身携带的大学。"读书不但可以获取知识，而且可以懂得做人的道理。但是，读什么书，什么时间读书，怎么读书，怎么处理好读书与生活、学业的关系，这些问题要是解决不好，可能会给女孩的学习、生活甚至整个人生带来不良影响。所以，女孩不但要重视阅读，还要做一个聪明的阅读者。

那么，你是不是一个聪明的阅读者呢？有没有养成读书的习惯呢？

在现实社会中，女孩要养成读书的习惯，说难也难，说易也易。难者大多强调"学习繁忙"、"没有时间"，正如鲁迅讽刺过的一些人那样，"有病不求药，无聊才读书"，甚至无聊也不读书。这种人要想养成读书习惯确实会很难。其实，如今我们都有较为充足的空闲时间：双休日、节日长假、课外时间……看几页书的时间每日都有，就看你用不用在读书上。只要经常有计划、下意识地拿起书来阅读、学习，这样日复一日地坚持下去，久而久之，读书习惯也就自然而然地养成了。

如果认为获取知识只有书籍一条途径，那么就大错特错了。其实在现代社会，人们获得知识的渠道十分广阔。比如电视，不管人们对其传媒作品的质量如何评价，它们都是我们文化环境的组成部分。电视已成为人们生活中最主要的信息来源之一。电视可以作为一种娱乐消遣的手段，使人们在轻松愉悦的情绪状态下观察社会、扩展视野、获取知识。

另外，互联网也无疑为学习提供了巨大的资源。互联网是一种利用计算机从全球成千上万台计算机获取信息的工具，是一个能使每个人进入到浩瀚的信息海洋尽情畅游的天地。这些信息包括文字、图表、声像资料、软件等。这些信息实际上包容了所有可想象的客观对象，它们是由图书馆、博物馆、政府机构、公司、大学、研究机构和许多其他机构及个人提供的，里面有许多有价值的资料。

除却以上所说的有形的学习资源，其实在我们身边还有一个无形的却无时无刻不在影响我们的、内容极为丰富的知识库——社会。

有人说，我们的社会、我们的生活是无时不在书写的一本"无字书"，比喻可谓贴切至极。

古人曰："读万卷书，行万里路。"意思是说人要有较多的知识和丰富的阅历，也是要人们能理论联系实际，善于利用知识处理各种事情。丰富的阅历也是成大事者不可缺少的资本，特别是女孩，阅历一般较少，这就要求我们不但要注意书本知识，也要注重生活、社会中的知识积累。

有诗云："纸上得来终觉浅，绝知此事要躬行。"读书学习获取知识诚然重要，但实践获真知也是必不可少的。

通过阅读"有字之书"，你可以学习前人积累的知识、前人的经验，并从中取得借鉴，避免走岔道、走弯路；通过读"无字之书"，你可以了解现实，认识世界，并从创造历史的人那里学到书本上没有的知识。

如果你想尽快、尽好地读通读透"有字之书"，并取其精华、去其糟粕，把"死书"读成活书，就要善于读"无字之书"。

"用自己的眼睛去读世间这一部活书"，"倘只看书，便变成书橱，即使自己觉得有趣，而那趣味其实是已在逐渐硬化、逐渐死去了"。

重视"读世间这一部活书"——读"无字之书"，也是大文豪鲁迅的主张。

鲁迅少年时代有很长一段时间在农村度过，而且也乐于与农村少年为友，喜欢到农村看社戏，所以他从农村少年、农村社戏中了解了很多农村生活，也因此增长了不少见识，

他后来创作的《故乡》、《社戏》等短篇小说的生活素材都是在那时积累的。

鲁迅先生一生针对当时的社会弊病，写了许多杂文。如果鲁迅不注意读社会现实这部"无字之书"，只知闭门做学问，他又怎么会从中看出"世人的真面目"，怎么会成为"一个伟大的画家"，"用他手中那支强而有力、泼辣而又幽默的笔，画出黑暗势力的丑陋面目呢"？

"无字之书"内容丰富、含义深刻，需要女孩用较长时间甚至一生来阅读。

获取知识的途径多种多样，也许你还有其他方法，那么就请你继续坚持，同时，你还可以将你的好方法讲出来与朋友分享，让大家共同进步。

学习切忌浅尝辄止

大家都看过一组名为《挖井》的漫画吧。漫画中的人物扛着一把铁锹到一片空地，打算挖井。他第一次挖了10厘米，看看没有水出来，就放弃了这个坑，在旁边找地方接着挖第二个。第二个稍稍比第一个深了些，但也没有出水，于是他又放弃了。第三个坑已经有近一人深了，眼看就要接近地下水层，井水马上就要涌出了，他又失去了耐性，又放弃了。就这样，他虽然一直在不断地挖，力气出了不少，可留下的只是身后那一排深浅不一的坑，最终也没能挖出水来。

漫画是在告诉我们，做事情要坚持，不能虎头蛇尾，否则一事无成。学习，也是同样的道理。学习贵在坚持，切忌浅尝辄止。

在学习的过程中女孩应保持旺盛的精力，并且要有不畏困难、坚持不懈的毅力，才能够学习到真本领，才能够在成长的路途中学有所成，最终获得成功。

下面让我们来看看陈明的故事。

音乐系的陈明走进练习室，在钢琴上，摆着一份全新的乐谱。

"超高难度……"陈明翻看着乐谱，喃喃自语，感觉自己对弹奏钢琴的信心似乎跌到了谷底，消失殆尽。

已经3个月了！自从跟了这位新的指导教授之后，他不知道为什么教授要以这种方式整人。

陈明勉强打起精神，开始用十指奋战……琴声盖住了练习室外教授走来的脚步声。

指导教授是位很著名的钢琴大师。授课第一天，他给自己的新学生一份乐谱。"试试看吧！"他说。乐谱难度颇高，陈明弹得生涩僵滞、错误百出。"还不熟，回去好好练习！"教授在下课时，如此叮嘱学生。

陈明练习了一个星期，第二周上课时正准备让教授验收，没想到教授又给了他一份难度更高的乐谱，"试试看吧！"上星期的课，教授也没提。陈明再次挣扎，向更高难度的技巧挑战。

第三周，更难的乐谱又出现了。同样的情形持续着，陈明每次在课堂上都被一份新的乐谱所困扰，然后把它带回去练习，接着再回到课堂上，重新面临两倍难度的乐谱，却无论如何也追不上进度，一点也没有因为上周的练习而有驾轻就熟的感觉，因此，越来越感到不安、沮丧和气馁。

教授走进练习室，陈明再也忍不住了！他必须向钢琴大师提出这3个月来何以不断折磨自己的质疑。

教授没有开口，他抽出了最早的那份乐谱，交给陈明。"弹奏吧！"他用坚定的目光望着陈明。

不可思议的结果出现了，连陈明自己都惊讶万分，他居然可以将这首曲子弹奏得如此美妙、精湛！教授又让他试弹第二堂课的乐谱，他依然发挥出超高水准的表现……演奏结束后，陈明怔怔地望着老师，说不出话来。

"如果，我任由你表现自己最擅长的部分，可能你还在练习最早的那份乐谱，就不会达到如今这样的水平……"钢琴大师缓缓地说。

可以说，陈明的老师在训练他时是有良苦用心的。但是，如果陈明面对"难度超高"的乐谱知难而退、不再进一步学习，那么他的水平也只能停留在最初的那个水平，而不会有丝毫进步。然而，他达到了老师预想的效果，不能不归功于他坚持不懈的努力。虽然起初他不了解老师的用意而颇感疑惑，但他并没有将步伐停留在疑惑上，而是按照老师的要求"回去好好练习"，才取得了将曲子弹奏得美妙、精湛的成绩。

所以，女孩们，不要对学习中的困难轻易说放弃。相信自己，只要坚持，就能成功。

乐于思考，勤能补拙

古人云："学而不思则罔，思而不学则殆。"这句话恰当地讲出了学与思之间的辩证关系。在学习中要不断地思考才能有进步。

伟大的物理学家爱因斯坦说过："学会独立思考和独立判断比获得知识更重要。不下决心培养思考习惯的人，便失去了生活的最大乐趣。"思考好比播种，行动好比果实，播种愈勤，收获也愈丰。不会思考的人就会一无所获，善于思考的人才会享受到丰收的喜悦。不断地给自己提出问题，反复地思考问题，独立地解决问题，无疑将使自己接近成功的殿堂。

许多科学家一生为人类做出了杰出的贡献，而他们成绩的取得是与他们爱思考的习惯分不开的。无论什么事他们都要问个为什么，正是这种爱钻研的习惯才成就了他们的成功。这种习惯是要从小的时候便开始培养的。

德国数学家高斯，是近代数学奠基者之一，在历史上颇有影响，可以和阿基米德、牛顿、欧拉并列，有"数学王子"之称。

高斯非常善于思考，这种良好的思维习惯在他小时候就已经表现出来了。

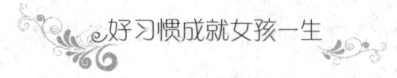

高斯10岁时，有一次他的数学老师让他们全班解答一道习题："计算出1+2+3+4……+100=？"这个题目在今天早已家喻户晓，可是在那个时候、那个场合，对于一群小学生来说，还真不容易。要算出这么长的算术题耗时不少，孩子们都想争取第一个算出来，立刻在草稿纸上做了起来。

只有高斯没有开始动手，不是想偷懒，也不是发呆，他在想，难道一定得经过这么复杂的计算过程吗？从客观上说，他在进行思维的谋划，谋划的目的是要寻找一种能够成倍提高思维效率的策略，这个过程花去了相当于其他同学进行加法计算的1/2的时间。这时候，老师看见了他，走上前来问他怎么了，为何还不开始计算。高斯说他已经知道答案了，是5050。老师十分诧异，问他是否提前做过这道题。于是高斯告诉老师，他是这样考虑的：1加100等于101，2加99等于101……这样的等式一共有50个，因此这道题可以化简为"101×50=5050"。

"真是太精彩了！"老师赞扬地说。

这种"精彩"并不取决于我们每个人的智力水平。事实上，它应该取决于我们良好的思维习惯，使智力的潜在能力得到充分发挥。认真的思考虽然为解决问题的过程增加了一个环节，却使解决问题的时间缩短了很多，大大提高了学习的效率。高斯进行思维虽然花去了相当于别人解题所耗时间的一半，然而计算出"101×50=？"只需要1秒钟。

在学习中，除却思考，还有一个很重要的条件就是勤奋。

"书山有路勤为径，学海无涯苦作舟。"学习要靠勤奋，才可能有所成就。至于那些智商一般的人，则更需要以勤补拙，所谓"笨鸟先飞"讲的就是这个道理。早动手、勤动手，将自己的先天不足用勤补回来。

勤奋使王羲之成为著名的书法家，勤奋使王献之练习书法用完18缸水，最终，父子二人都成为历史上的书法大家。

业精于勤而荒于嬉，成大事者必须勤于向学，因为勤能补拙，这样才能提高一个人的知识积累。

魏晋时的学者皇甫谧，不求高官厚禄，毕生精思苦学，竟至废寝忘食，终于学业有成，著述繁富，成为一代经学大师和医学专家。正是："业精于勤荒于嬉，行成于思毁于随。"

他的一生著述有《礼乐》《圣真》《帝王世纪》《玄晏春秋》《年历》《高士》《列女》《逸士》《论寒食散方》《针灸甲乙经》等。其中《针灸甲乙经》是中国医学史上第一部针灸学专著，成为后世学习针灸必读的经典，在国内外有深远影响。

但一般人可能都不知道，皇甫谧在年轻时却是一个十足的小混混。他出生后就给叔父为子，从小游手好闲，不肯读书。有的人甚至以为他可能是个呆傻人。

一天，皇甫谧得到了一些瓜果，就高高兴兴地拿回家，孝敬他的叔母任氏。

任氏却不为他孝敬的瓜果高兴，看到他成天玩耍、无忧无虑的样子，不由得叹了口长气，说："你拿这些瓜果给我，难道就是孝顺吗？《孝经》上说：'虽然每天用牛、羊、猪三牲来奉养父母，仍然是个不孝之子。'何况这些瓜果呢？你现在快二十岁了，却不曾看过什么书，不曾明了什么道理，你将来能干些什么事呢？又有什么可安慰我的呢？"

　　说到这儿，任氏想起皇甫谧将来的前途不知道怎么样，泪如泉涌。她一边抽泣，一边接着说："从前，孟子的母亲三次迁居，终于使孟子成为仁德之人；曾子的父亲为信守诺言而杀猪，留下了教育子女的榜样。难道是我没有像孟母那样选择好邻居、没有像曾父那样运用良好的教育方法吗？你怎么会愚蠢、鲁莽到这等地步呢？唉，教你修身立德，勤奋好学，是为了你好，你自己可以有所得，对我又有什么用呢！"说完这番话，任氏更加伤心，对着皇甫谧涕泪不止。

　　叔母的话深深地刺激了他原先麻木不仁的头脑，想想自己已经是个二十岁的男子汉了，应该有所作为了，却还啥事不懂，皇甫谧实在羞愧。看着叔母的泪脸，他暗下决心，再也不能浪荡下去了，一定要像叔母教训的那样勤奋学习，做个有修养的人。

　　皇甫谧家里很穷，没有钱到京城求学，同乡有个名叫席坦的学者，皇甫谧就拜他为师，在席坦的指点下勤学不倦。他总是带着经书到田里，干活累了在田头休息的时候，便拿出书来诵读。

　　经过几年的学习，皇甫谧博览了国家的重要文献和诸子百家学说，性格变得沉静好思，有了崇高的志向，很少有个人的欲念。他觉得书籍能给人以知识，教给人道理，流传后世，造福子孙，所以决定以写作作为自己一生的事业。

　　工夫不负有心人。不久，皇甫谧写出了《礼乐》《圣真》等著作。甘露年间（256~260年），他不幸得了风痹症，行动不便，却仍然不间断地阅读和写作。疾病的痛苦，又促使他发愤学习医书，习览经方，采集和整理古代的医学文献资料，并且写出了《针灸甲乙经》等医学著作。

　　勤奋使皇甫谧学到了知识，取得了成就。如果他没有听取叔母的教诲，仍是一意孤行、游荡玩乐而不务正业，也就不会有一代医学家皇甫谧，更不会有《针灸甲乙经》流传于世了。

　　青少年时期，正是学习的大好时机，女孩们有充裕的时间和饱满的精神，可以安心地坐在舒适的教室里读书。若干年以后，你们会怀念这一段时光，不论你现在感到快乐与否。

　　女孩如果珍惜你的学习机会，勤奋努力、认真思考，成功就离你又近了一步。

学习要抓住最佳时机

　　"同学们，请大家安静一下，我有话要讲！"梦安和同学们正在热闹地早读，班主任张老师冲进来打断了大家。

　　"今天早上大家都来得很早，并且来了之后能就认真地读书。有读语文的，有读英语的，读得很认真。这很好。说明大家都很有上进心。可是……"张老师说到这，顿了一顿，知道她的重要观点一般都出现在"可是"这样的转折之后，班上的同学都停下来，齐刷刷地看着张老师，"我好像发现有学生在早读的时间做数学试题。"

"谁啊？谁啊？"

……

大家都开始左右乱看。

"你们别问了，也别看了。做数学题的那位同学刚刚经过我的提醒，已经把练习册收起来了。老师也不会说出他／她的名字的。"张老师一副十分镇定的样子，"老师也不是要针对某个同学，批评更不是老师的目的。只是，我想提醒大家的是，不同的时间，应该学不同的东西。比如，早上，就比较适合大声朗读。我们要善于抓住最佳的时间，来学最容易学到的东西，这样才能获得最高的学习效率。不光是早读，最近，我还发现，有些同学上甲课做乙事，这都是很不好的。希望大家以后引起注意。好了，继续读书吧。"

教室里静了那么半分钟，又开始一片琅琅书声。

梦安却一直在回想张老师的话：善于抓住最佳的时间，获得最高的学习效率。

在学习中，确实有个最佳时间的问题。就好比我们要在 7 点到 8 点之间吃晚饭，12 点到 1 点吃中饭，晚上要睡觉，白天要工作一样，做什么事情都有它的最佳时间。学习也不例外。

大家的学习时间是宝贵而有限的。那么什么才算是这些宝贵又有效的最佳的时间呢？

有的同学，应该早读的时候做数学题，这就不是利用了最佳的时间。而那些上英语课做化学题的学生就更不是利用了最佳时间了。到什么时候做什么事，这就是最佳时间。

也就是说，早读的时候早读，上英语课的时候听英语，上化学课的时候听化学，自习课的时候做习题。

一个人应该要有计划地好好安排自己的学习时间，具体来说，可以这样做：

第一，老师讲课的 45 分钟要全神贯注，不要开小差，或者埋头做自己想做的题目，这样只会得不偿失。很多同学分不清主次轻重，老师在上面讲课，他在下面一会儿翻书了，一会儿做题了，看上去很认真的样子，可是学习效果不见得好。

为什么呢？因为他没有抓住听课的最佳时间。

也许老师讲的东西你觉得太简单，或者已经知道了，但是就没必要听了吗？未必。老师要讲一堂 45 分钟的课时，备课的工作量往往超过 90 分钟，那就意味着，很多东西在老师那里讲出来已经就是精华的部分了，在这每句话后面都有一定的背景知识在做支撑。

也许有同学会说自己做了预习，看懂了教科书，但这也不见得他懂得了老师那些背后的背景知识。而且在课堂上，老师可能随时会提问，这会引发大家的积极思考，从而对所学的东西思考得更深入，理解地更透彻，如果这个时候埋头做自己的事情，那么就可能错过这些更深邃的东西。当然，也不是说，要记住老师上课的每句话，这没有必要，而且也不可能。该老师讲学生听的时候，就应该带上耳朵，用心地听讲。看书应该是课前预习做的事。

课堂 45 分钟的听课，如果能够保证吃透老师讲解的基础知识，弄懂自己的疑问所在，就算是高效率，好过你自己课后花 90 分钟或者更多时间去冥思苦想。

第二，找自己学习的最适时间点。比如你要背诵一个材料，你可以通过平时的观察，看看自己是属于"夜猫子"型的，还是"百灵鸟"型的。所谓"夜猫子"型，就是指那些在晚上记忆力相对较好，思维较活跃的；而"百灵鸟"型，就是指早上或者上午记忆力相对比较好，能集中精力学习和思考的；当然还有第三类，"混合"型。这些同学对具体的时间没有太严格的要求，只要他们想学习，都能集中精力来学习。那么，那些晚上记东西记得牢的，不妨晚上睡觉前试着记一些要记的东西；而那些早上或者上午记忆力比较好，那么早上早读的时候多记一些东西。

最适时间点还包括学习时间的长短。有些人学习的注意力可能是 3 个小时，有些则可能有 6 个甚至 7 个小时，但是一般人的最适合学习的时间长度不会超过 5 个小时。所以，过度学习，也可能造成疲劳效应，得不到学习的高效率。

最后，不管是什么时间学习，下面这些事，在学习的时候最好别做：

第一，边学边想别的事。

第二，学一下，吃点东西，上上厕所，或者找找东西。

第三，一边聊天一边学习，或者一边写信一边学习。

第四，在笔记本上乱写乱画。

第五，学一下，睡一会儿。

第六，边听音乐边学习。

最佳的时间，应该心无旁骛，专心学习，这样，才能有高效率的学习。

提高学习效率

在生活中，有许多女孩为了升学，可谓做到了"头悬梁、锥刺股"，然而收获甚微，这令她们苦恼不已。

有一位女学生向自己的老师诉苦说："以前，我总是把'吃得苦中苦，方为人上人'作为我的座右铭，不错，在很长一段时间它激励了我，并使我高一的学习成绩极佳，跃居全班第一。可是，当我转学到咱们这所重点中学时，在班里有很多比我优秀的学生。我总以为自己还不够刻苦，就每晚延长学习时间直至深夜 12 点，可是效果却仍不及别人，总在五六名徘徊，在年级中的名次也最多十几名。当时，我一直没有找到自己的桎梏。到了高三，本来学校里的功课就非常繁忙，再加上我自己又买了一大堆课外习题，结果弄得自己整天在题海里翻腾，筋疲力尽。有一天，我突然想到，是不是我的学习方法有问题？回顾高二以来，由于没休息好，每天早自习就是我睡觉的时间；上课学习效率低，还有轻微的贫血现象……而班上许多理科好的同学大都回家不做参考书，只在课上理解！所以我悟出了一个道理——勤奋，也要讲方法。"

可见，学习效率不能以做习题的速度来评定。当然没有速度就没有效率，这里所说

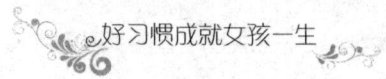
的效率是女孩掌握知识的程序和做习题的准确率。一名高考状元说："一分钟就要有一分钟的效率。"这话说得多好啊！是很值得我们深思的。花出一分钟的时间就要收到一分钟的效率。题海战术、疲劳战术花的时间不少，但效率很低。高考状元们确实有状元的学习效率，他们学得比较活，比较灵，他们不是死读书，读死书，不搞疲劳战术。他们说："我们不打时间战，而是打效率战。"这是什么意思呢？就是强调效率，强调在相同的时间内争取更高的学习效率。

要提高学习效率，女孩可尝试以下方法：

1. 兴趣法

"知之者不如好之者，好之者不如乐之者"，就是说我们越喜欢某一事物就越喜欢接近和接纳它。

兴趣是人们行动的一种动力。只要对某些知识产生了兴趣，就会主动去理解、记忆、消化这些知识，并会在这些知识的基础上总结、归纳、推广、运用，从而做到精益求精、推陈出新，从而推动整个社会向前发展。因此，我们在学习某一知识之前，首先要建立对它的兴趣，以达到掌握的目的。

2. 专心法

专心听课是女孩获取知识、发展智能的主要途径。专心听老师的讲解、同学的发言，仔细看疑难点的演算，勤于记重点内容，有利于学习效率的提高。

3. 理解法

人都有对事物进行判断的能力，对某一事物或某一知识有认识，就会很容易地把它变成自己的知识，否则，就需要花很大的额外工夫。

4. 状态分配法

据一位著名学者多次对人脑进行脑功能的测试后发现，上午8点人的大脑具有严谨、周密的思考能力，下午2点思考能力最敏捷，而晚上8点却是记忆力最强的时候。但逻辑推理能力在白天的20个小时内却是逐步减弱的。根据以上测试结果，建议大家早上处理比较严谨、周密的工作，下午做那些需要快速完成的工作，晚上做一些需要加深记忆的事。

有关调查表明，学习成绩优良的人，一般都在严格规定的时间内准备功课，这样做主要是使自己形成一种时间定向，一到某个时候就自然而然地产生学习的愿望和情绪。这种时间定向能在很大程度上使其投入学习的准备时间减少到最低限度，能够很快地进入学习状态。

5. 联想法

人类与动物的根本区别，就在于人有思维，有了思维，人在客观的自然和社会面前就不是无动于衷、无可奈何了，而是能够积极地促成条件，来解决问题，而联想正是人类充分发展的一种象征。

在我们的学习中，联想能使我们更好地掌握知识。

历史课本中的数字枯燥无味，但是，有些事件是和这些数字紧密联系的。因此记数字就可以与这些历史事件联系起来记，这样就避免了数字之间的相互干扰，同时也增加了学习的趣味性，起到了双重效果。

6. 对比法

在学习中，当两个概念或事物的含义相似的时候，我们往往容易搞混淆，而在这个时候，运用对比法就能够搞清楚二者之间的明显区别。也就是说，它们相同的地方我们暂时不讲，我们只比较它们之间不同的地方，这些不同的地方，就是某一事物的独特特征。理解了这些独特特征，也就抓住了这一事物的本质，从而也就能掌握这一事物的有关知识。

7. 复习法

人的大脑对知识的识记是有一定规律的，教育学家们曾用遗忘曲线做了一个形象的说明，指出如果在你遗忘之前去复习、巩固它，那它就能迅速恢复并牢固记忆。孔子所说的"温故而知新"，是非常有道理的。

8. 学思结合法

2400 多年前，孔子曾指出："学而不思则罔，思而不学则殆。"意思是说：光学习，不思考，则没有所得；只思考，不学习，也很危险，搞不好学习。这说明了学习与思考的辩证关系；学中有思，思维能力才能得到锻炼和发展；思中有学，学习的知识才能融会贯通。

女孩贯彻这一原则的要求是：

要有勤奋学习的态度。华罗庚说："勤能补拙是良训，一分辛苦一分才。"勤奋是学好功课的条件之一。

独立思考与求师问疑相结合。学习者独立思考是获得知识的关键。独立思考就是要"开动机器"，机器开动了，才能出产品，学生要善于独立思考，才能增长知识，发展智能。学生还要主动求师问疑，学问学问，顾名思义，就是要有学有问。

要改变读死书、死读书的旧传统，培养读活书、活读书的新习惯。

正确对待成绩

生活中，这样的场景随处可见：成绩下来了，有的学生欢呼雀跃；有的学生小声抽泣；有的学生情绪消沉，面色凝重；有的学生厌倦学习，想离校出走；甚至有个别学生萌生了轻生的念头。因为学习成绩不理想，怕面对家长、老师、朋友，已成为众多青少年的共同心理。其实，过于关注分数，把它作为成败的标志、心情好坏的风向标，产生过重的心理压力，是不可取的。

考试是为了及时查漏补缺，主要是作为自我测验、检查的手段。也就是说，考试不应作为我们学习的目的，至于考试所得分数，需具体分析。由于各种因素的制约，分数并不能完全判断出我们学习的全部情况。

中外有不少杰出人士在青少年时期，所表现出的天赋条件、所考的分数并不好。但是，由于自己艰苦奋斗，勤奋好学，终于成为著名的人物。

拿破仑小时候很愚笨，学习成绩非常差，唯有身体健壮是他的优点。他在巴黎军事

学校毕业时的成绩名次是第 42 名，虽不知该班毕业生人数是多少，但排列到 42 名的名次，总不能算是好成绩。从传记来看，他只有数学比较好，其他学科都很差。据说，他终生不能用任何一种外语准确无误地说或写。更有趣的是，战败拿破仑的威灵顿公爵，小时候也被称为"愚蠢"的孩子，在学校的学习成绩很糟。甚至连他母亲也说他是个"笨蛋"。

从郭沫若先生读中学时的两张成绩单上来看，他当时显然算不上优等生。第一张成绩单平均成绩 79 分，包括国文、图画在内的 3 门功课不及格，最差的仅 35 分。第二张成绩单上，图画、习字的成绩也很一般，倒是理科成绩如几何、代数、生理等比较优秀。后来他没有成为数学家或医学教授，却成了大诗人、大书法家、大考古学家。

有人风趣地说："如果郭沫若在今天上中学，这样的成绩是很难考进大学的，即使考上了，家长和学校也一定要他上理科。像郭老这棵大师苗子肯定会被'善意'地扼杀。"

钱锺书先生是现代著名的文学研究家、作家，自幼受到传统经史方面的教育，中学时擅长中文、英文，在数学等理科上成绩极差。报考清华大学时，数学仅得 15 分，但因国文、英文成绩突出，其中英文更是获得满分，于 1929 年被清华大学外文系破格录取。

后来，他写出影响巨大的《围城》、《谈艺录》、《管锥编》等，被人誉为"拥有中国 20 世纪最智慧的头颅"。

通过上面的名人事例，我们完全可以得出这样的一个结论：成绩并不能代表一切，并不能决定人生，不能以天赋论英雄，也不能以分数论英雄。很显然，仅仅用学校的成绩单来衡量女孩的聪明与才智是不公正的。

要学会正确对待成绩，女孩需注意以下几点：

（1）考得好成绩后千万不可骄傲。一次考试只是人生众多考试中的一朵小小的浪花，它只是一个新的起点，远远不是终点。所以，不要站在成绩上沾沾自喜、志满意得。

（2）恢复心理的平衡，变自卑为自信，变失望为新希望，早日振作起来，重整旗鼓，放下心理包袱，轻装上阵。

（3）成绩不好，我们要总结教训，分析原因。是平时没有努力还是考试时粗心大意，是学习方法不对还是学习效率太低？要通过差距找原因，通过原因找对策，通过对策求进步。有些女孩没考好，并不是没有努力，而是方法有误。

（4）释放不良情绪。比如，郊游，看一看自己喜爱的书籍，参加体育运动，听音乐，做点家务等，都是科学的释放压力之道。

人生处处是考场。机会永远短缺，竞争永远存在，女孩要始终保持一颗上进心，正确对待考试成绩，为未来发展积蓄能量。

每天阅读 30 分钟

借助书籍，女孩可以从中找出适合自己的成功之路来，因为它是知识的重要载体。

金圣叹说过"天下才子必读书"。读书，是你事业的必由之路，是你走向成功的钥匙。

　　我们可以发现，有很大一部分成功人士并不一定能受到良好的教育，因为许多人常身处困境。他们之所以能成功，除了有远大的志向、坚强的性格和家庭的影响外，往往在于他们不满足于一时的成功，不安逸于一时的所得，而是时时将心态归零，努力拼搏，不断补充新的知识。

　　美国第 26 任总统罗斯福，虽然他在白宫日理万机，但他仍然会挤出时间来阅读那成百上千册的书籍。他规定在某一天的整个下午接见来访的人，每位来访者的时间限制在 5 分钟之内。就在那些接见对象交替的短短的几秒钟内，他都会抓紧时间阅读放在手边的一本书。

　　罗斯福曾说："我们必须让我们的青年人养成一种阅读好学的习惯，这种习惯是一种宝物，值得双手捧着，看着它，别把它丢掉。"

　　李嘉诚虽然年岁渐老，但依然精神矍铄，每天要到办公室中工作，从来不曾有半点懈怠。据李嘉诚身边的工作人员称，他对自己业务的每一项细节都非常熟悉，这和他几十年养成的良好的生活、工作习惯密切相关。

　　李嘉诚晚上睡觉前一定要看半小时的书，了解前沿思想理论和科学技术，据他自己称，除了小说，文、史、哲、科技、经济方面的书外，每天他还要学一点东西。这是他几十年保持下来的一个习惯。他回忆说："年轻时我表面谦虚，其实内心很'骄傲'。为什么骄傲？因为当同事们去玩的时候，我在求学问，他们每天保持原状，而我自己的学问日渐增长，可以说是自己一生中最为重要的。现在仅有的一点学问，都是父母去世后，几年相对清闲的时间内每天都坚持学一点东西得来的。因为当时公司的事情比较少，其他同事都爱聚在一起打麻将，而我则是捧着一本《辞海》、一本老师用的课本自修起来。书看完了卖掉再买新书。每天都坚持学一点东西。"

　　女孩们，如果你每天阅读 30 分钟，你一周可以读半本书，一个月读两本书，一年读大约 20 本书，一生读 1000 或超过 1000 本书。这是一个简单易行的博览群书的办法。

　　书海无涯，有的书泛读即可，有的书则需要深读。凡是时尚而肤浅的书籍不可深读，更不可多读。凡是伟大而隽永的作品必须多读、深读、精读，还要养成做笔记的习惯，以便随时查阅。

　　也许你会说："每天有那么多功课要复习，哪里有时间阅读呢？"其实，只要你做好学习安排，每天还是有很多可以利用的时间的。给你一个建议：把要阅读的好书随时带在身边，每天找出 30 分钟，最好是每天的固定时间，一旦开始阅读，这 30 分钟里的每一秒都不应该浪费。这样一段时间以后，你会惊奇地发现，不知不觉中，已经阅读了许多好书。

　　女孩们，当喧闹和繁杂把你柔软的心房揉搓得倍感疲惫和麻木时，希望你会如上所说那样去好书中寻找心灵的憩息地。

　　每天阅读 30 分钟好书，会让你走进缤纷的思想丛林，感觉到异香弥漫，感悟到人生真理，让你缺钙的思想变得坚强！

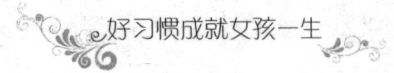

南宋文学家尤袤曾说："饥读之以当肉，寒读之以当裘，孤寂而读之以当朋友，幽忧而读之以当金石琴瑟。"腹有诗书气自华，滋润灵魂的精神食粮，永远不嫌多。

有目标有计划地积累知识

女孩们，你们是否曾立志做一个无所不知的通才？其实，不同的社会有着不同的需求，对人才的知识结构要求也不尽相同。善于根据社会需求而随时调整自己的人，才会常胜不败。

大家都喜爱福尔摩斯吧，他是英国作家柯南道尔笔下的著名侦探。他勇敢机警，具有高超的侦探、分析、推理、判断才能。比如，瞟一眼，他就可以猜出某人的大致经历，关于烟灰，他能够辨识140多种；对各种不同职业人的手形他极为熟悉；就是凭裤管上的几片泥点，也可判断罪犯作案的行迹⋯⋯

福尔摩斯侦探故事对人的启发之大，就连爱因斯坦在写《物理学的进化》一书时，也忍不住用了它来做全书的开头。他从福尔摩斯的侦破过程，说到科学家寻找自然奥秘的一般方法。

人们都很想知道福尔摩斯为什么能够在错综复杂的疑案中独具慧眼出奇制胜，他究竟掌握了一些什么知识。柯南道尔在《血字的研究》一文中给我们列出了一张有意思的简表：

夏洛克·福尔摩斯的学识范围：

1. 文学知识——无。

2. 哲学知识——无。

3. 天文学知识——无。

4. 政治学知识——浅薄。

5. 植物学知识——不全面，但对于莨菪剂和鸦片却知之甚详。对毒剂有一般的了解，而对于实用园艺却一无所知。

6. 地质学知识——偏于实用，但也有限。但他一眼就能分辨出不同的土质。他在散步回来后，曾把溅在他裤子上的泥点给我看，并且能根据泥点的颜色和坚实程度说明是在伦敦什么地方溅上的。

7. 化学知识——精深。

8. 解剖学知识——准确，但不系统。

9. 惊险文学——很广博，他似乎对一世纪中发生的一切恐怖事都深知底细。

10. 提琴拉得很好。

11. 善使棍棒，也精于刀剑拳术。

12. 关于英国法律方面，他具有充分实用的知识。

可见，每个人都应有自己的知识结构系统，以实际需要为准。女孩们在建立知识结构时应把握以下原则：

（1）合理。客观事物具有普遍联系，遵循这一原则建立知识结构，能将学到的知识迁移，增进理性记忆和应用，触类旁通、举一反三、思路畅通、有所创见。一个人的知识应由具有相关性和规律性的知识组成。这些系统内容上有必然联系的思维组合体，是相对安全的。你得对一些已有的知识系统有针对性地加强学习，并在完善知识结构上花一些精力。

（2）随时调整。不同的人在知识结构上也存在差异，而一个人在不同的发展阶段又有不同的知识结构。人们应该针对自己的兴趣和目标自动地、随时地调节知识结构，这是知识结构的动态性特征要求的。

（3）动态。在充实自己的时候，各类知识都应有所发展，不应有所偏废。据统计，人类知识的总量，每隔5~7年便要翻一番，即知识的总体结构始终处于动态的发展之中。与此相对应，个人的知识结构也是处于动态发展中的。

（4）简约。如果知识结构不简约，必定使大脑负担过重，从而妨碍独立思考，不利于创造。大多数科学家都相信，自然界的基本原理是屈指可数的，有效的知识结构应是极简约的，而不是庞杂的。华罗庚说："书要越读越薄。"把书真正读懂了，形成了知识结构，那便简约了。但是简约不代表贫乏，而是"精粹中的简约，简约中的精粹"。

（5）实践。实践不仅是获取知识的一条途径，同时也是一条原则。知识只有与实践相结合，才能发挥出它的效力。

在实际行动中，女孩应做到以下几点：

（1）学会取舍。有句名言说："什么都想知道，结果什么也不知道。"对于自己所接触的知识，要善于鉴别其真正的价值，以便决定取舍。在信息爆炸、知识更新速度不断提高的今天，这一问题显得尤为重要。搜集的资料要经得住时间的考验，要力求在相当长的时间内对自己的工作有所裨益，而不至于在短时期内失去其作为资料存在的意义。

（2）去粗取精。任何名著、佳作都不可能字字闪金光，句句皆良言。一般都会既有其独到的见解，也可能有失之偏颇之处，有些甚至是良莠混杂。积累知识必须善于分析，去粗取精，去伪存真，为我所用，要善于沙里淘金，撷取闪光的思想、观点和方法。

（3）及时摘录。一位著名学者曾告诫青年，一发现有价值的资料就要如获至宝，马上摘录下来。读书看报，随时都可能碰到有用的资料。这时，就要立即做成卡片。有些零星的、散见在报纸杂志上的资料，如果不及时收集，往往如过眼烟云，稍纵即逝。重新查找不仅费时间，而且有的资料往往一时很难再找到。

利用卡片、笔记等方式积累知识，是为了帮助记忆。

（4）广泛占有。马克思为了研究政治经济学，阅读了1500多种书籍，甚至连关于农业化学、实用工艺学之类的书都不放过。对资料的统筹兼顾，实际上也是在培养自己的综合能力和预见性。

研究某一具体问题，必须尽可能地占有涉及这一问题的所有资料。只有在大量资料的基础上进行归纳分类、分析、综合，才能有所发现，有所创见。

（5）注意求新。积累知识要尽可能反映最新动态，增加最新的信息。在一定时期内，针对某一问题的研究，不仅要收集前人对这一问题的看法和观点，了解他们探索的足迹，同时更要注意收集同时代人的研究成果，特别是目前的研究进展情况。这就要求我们不

仅要在大部头著作上搜寻，更要注意经常阅读各种期刊、评论及文摘。

多去书店和图书馆

女孩无论身在校园还是正投身社会，多去书店、图书馆，为自己充电，将让你受益一生。钱锺书先生就是一个绝佳的例子。

考入清华后，他的第一个志愿是"横扫清华图书馆"。他终日泡在图书馆内，博览中西新旧书籍。

他的同学许振德在《水木清华四十年》中回忆钱锺书"图书馆借书之多，课外用功之勤，恐亦乏其匹"。据说，现清华图书馆藏书中画黑线、加评语的部分，多半出于他的手笔。钱锺书28岁破格聘为外文系教授，这在清华园也是绝无仅有的。

1935年夏，钱锺书到英国牛津大学学习。这里拥有世界著名的专家、学者，尤其是该校拥有世界第一流的图书馆——牛津博德利图书馆。它不仅有规模庞大的中心图书馆，而且在其周围建有几十个专题图书馆。钱锺书在知识的海洋中畅游，尽情阅读文学、哲学、史学、心理学等各方面的书籍，他还阅读了大量的西方现代小说。由于钱锺书的知识面极宽，"牛津大学东方哲学、宗教、艺术丛书"组委会曾聘他为特约编辑。

1979年，钱锺书的辉煌巨著《管锥编》出版，极大地震动了学术界。《围城》、《谈艺录》、《七缀集》，更使钱锺书大放光彩。法国著名作家西蒙·莱斯曾说："如果把诺贝尔文学奖授予中国作家的话，只有钱锺书才能当之无愧。"还有一位外国记者说："来到中国，我只有两个愿望：一是看看万里长城；二是见见钱锺书。"

可见，用好可利用的资源，对一个人的事业将产生多大的影响！

据有关资料表明：人类的知识量是以几何级数增长的。如1750年知识量为2倍，1900年增加到4倍，1950年增加到8倍，1960年增加到16倍。这也就是说由2倍增加到4倍用了150年，由4倍增加到8倍用了50年，由8倍增加到16倍只用了10年。从书刊数量的增长来看，速度同样惊人。

有人估计：目前世界上有3000万种名称不同的书，每年增加约20万种图书。

知识爆炸的结果便是每个人要学习的东西急剧增多，知识量的急剧增长要求这个时代必定是一个学习的时代，必定会形成一个"学习化"的社会。据估计，在目前的发达国家，一个人进入社会之后，平均要换4~5种工作，这说明，个人都必须进行一次或几次的知识更新和补充，以便更好地胜任社会新角色。仅仅依靠学校所学得的知识已不能在社会上立足。

有人作出这样的结论：按一个人工作45年计算，他的知识大约只有20%是在学校获得的，而其余的80%是一生的其他时间获得的。因而，学习化社会中的人们必须重新学习、终身学习。"活到老，学到老"不再是少数人的美德，而是社会对每个成员的普遍要求。所以，女孩有时间也要多去去书店和图书馆，以增加自己的知识量。

❧ 从生活中学习 ❧

女孩们，人生处处皆有学问。生活、社会是一部浩如烟海的"无字"宝典，是一所最广阔、最优秀的大学。古往今来，无数杰出人物差不多都是从生活的实践中总结窍门、发现捷径，最终得以创造出一番事业的。

刘邦本是个毫无文化的农民，唯一的优点就是他十分擅长与人交际，他从天天与朋友喝酒赌博中，总结出与人交往的要诀，锻炼出察言观色的技巧。后来他威震海内，开创大汉基业，韩信也不由得感叹道："韩信善将兵，陛下善将将也！"

戏剧大师莎士比亚，14 岁辍学，16 岁打工谋生，在戏院从事最下等的工作，扫地、喊演员上场等，但是，就是在这样的环境里，他刻苦积累了一些舞台动作、念台词等方面的知识和窍门，为他以后的写作奠定了基础。

音乐家海顿，少年时候过着长期的流浪生活。他却在居无定所的漂泊中，不断完善自己对音乐的技巧，最终成了世界交响乐之父。

托尔斯泰在基辅公路上散步时，每当他遇到农民，就主动与他们进行攀谈，并时时在小本子上记下有用的东西，因此，托尔斯泰把这条公路称作他的"大学"。

达尔文对在剑桥大学所学的专业神学毫无兴趣。于是，他除了听生物课以外，还参加科学考察活动，向社会上的教师、农夫、工人学习。

达尔文说："我认为，我所学到的任何有价值的知识都是在自学中得来的。"

虽然达尔文同时上了两所大学，但是，"社会大学"给他的知识要比剑桥大学给他的知识更多。

高尔基曾这样说道："这个警察比我的那些教师们更透彻、更明白地为我讲明了当时的国家机构。"高尔基从"社会大学"中读"无字书"所获得的一切，为他日后所创作的"有字之书"提供了无限的源泉。这在高尔基的自传三部曲——《童年》《在人间》《我的大学》之中均有体现。

歌德说得好："人不是靠他生来就拥有一切，而是靠他从生活中所得到的一切来造就自己。"

所以，女孩们不仅应该勤读与爱好、兴趣、职业有关的"有字之书"，同时还应该领悟生活中的"无字之书"。

❧ 懂得学以致用 ❧

中国有句谚语："学了知识不运用，如同耕地不播种。"有了知识，并不等于有了与之相应的能力，运用与知识之间还有一个转化过程，即学以致用的过程。

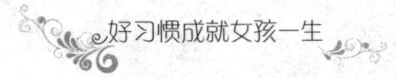

如果你有很多的知识但却不知如何应用，那么你拥有的知识就只是死的知识。死的知识不能解决实际问题。

因此，女孩们在学习知识时，不但要让自己成为知识的仓库，还要让自己成为知识的熔炉，把所学知识在熔炉中消化、吸收。

我们应结合所学的知识，参与学以致用的活动，提高自己运用知识和活化知识的能力，使我们的学习过程转变为提高能力、增长见识、创造价值的过程。

我们还应加强知识的学习和能力的培养，并把两者的关系调整到黄金位置，使知识与能力能够相得益彰、相互促进，发挥出巨大的潜力和作用。

近代化学家、兵工学家、翻译家徐寿与华蘅芳研制"黄鹄"号，是学以致用的范例。

徐寿在做这项工作时，并非贸然行事，而是采取了十分慎重的循序渐进的科学态度。他首先试制了一个船用汽机模型，成功后又试制了一艘小型木质轮船。在此基础上，为精益求精，继续进行研究改进，最后成功制造了我国造船史上第一艘实用性蒸汽轮船。取得了成熟的经验后，徐寿又主持研制了"惠吉"、"操江"、"测海"、"澄庆"、"驭远"等多艘轮船，为我国近代早期的造船业做出了巨大贡献。

作为北京大学、南开大学等多所名校荣誉学位获得者及牛津大学荣誉院士，金庸认为，一个真正优秀的学者，要关怀社会和人民，要学以致用。

他曾说："学者应该解决人民需要解决的问题，应该对社会有贡献，应该有入世的精神。

"比如，对王安石变法研究的意义，远远超出考证哪个皇帝皇后的生卒年月。

"我研究历史，也研究社会学。做学问一定要学以致用，这样的学问对社会才有贡献，才有意义。"

可见，女孩们不可一味死读书，读死书。

如果一个人完完全全将书本中的知识应用到理论与实际当中去，那么就会受到一些条条框框的束缚，这样很难有新的创造。

在历史上有很多食古不化、奉行教条而失败的例子。《三国演义》里的马谡，自称"自幼熟读兵书，颇知兵法"，但在街亭之战中，只背得"凭高视下，势如破竹"、"置之死地而后生"几句教条，而不听王平的再三相劝以及诸葛亮的叮咛告诫，将军营安扎在一个前无屏蔽、后无退路的山头之上，最后落得一个兵败地失、狼狈而逃、斩首示众的下场。

所以，想获得成功就一定要学以致用，否则生搬硬套书本上的知识，必然会给你所从事的事业带来损失。

19 世纪末，制造飞机的热潮在全世界范围内一浪高过一浪。但一些知识丰富的大科学家却纷纷表态，发表自己的看法和见解，抵制飞机的制造。比如，法国著名天文学家勒让认为，要制造一种比空气重的机械装置到天上去飞行是根本不可能的；德国大发明家西门子也发表了相似的见解；能量守恒定律的发现者、著名的物理学家赫尔姆霍茨又从物理学的角度，论证了机械装置是不可能飞上天的结论；美国天文学家做了大量计算，证明飞机根本不可能离开地面。但是，令人想不到的是，1903 年，连大学校门都没进过的美国人莱特兄弟凭着勇于创新的精神，将飞机送上了天，为人类做出巨大贡献。

"尽信书，不如无书"；会学，更要会用。学习的知识只有有效地运用到生活和实践中去，才会发挥其效用，否则就是一些死的没有用的东西。

第斯多惠说："学问不在知识的多少，而在于充分地理解和熟练地运用你所知道的一切。"

所以，在日常生活和工作中，我们应该把在学校里、在社会上所学到的全部知识都淋漓尽致地发挥出来。比如，一辆汽车冲入了泥坑不能上来，一个人用尽力气推了半天，车还是没有上来。而另一个人则把几个滑轮挂在旁边的树上，又把几个挂在车上，然后用坚韧的绳子串起来，不用很大的力气就把车拉了上来，这个人显然是运用了物理学中省力做功的原理。

生活中，女孩们如何学以致用呢？

（1）将你的学习内容与目前和今后的生活、工作加以对比，以便清楚自己需要学习什么知识才能提高能力、学习什么知识才有利于全面发展。

（2）对于已经学习过的知识，可以用实际操作的方式加以验证。比如，学了物理电学后，可以去安装电灯、安装或维修半导体或电子管收音机；依据压力的定义，通过实际操作去测定某一重物对支持物所产生的压力等。

（3）把所学得的知识应用到社会实践中，综合地利用各门学科的知识。例如，学过化学后，参加化工厂的实际操作；或者运用物理学的力学原理去进行某种工具的改革等。

学习知识也要有所甄选

女孩每天接触的知识千千万万，既有有益的，也有有害的；有需要的，也有不需要的；有全新的知识，也有过时的知识。女孩在学习过程中要懂得甄选，学习有益于自己身心发展的知识。

试想，一个经常在阅读沉思中与哲人文豪倾心对语的人，与一个只喜爱读凶杀言情故事和明星花边轶闻的人，他们的精神空间是多么不同，他们显然是生活在两个不同的世界中。

在茫茫知识海洋中，女孩要力求寻觅上乘之作、经典之作，要多读名著，多读"大书"。所谓经典名著、"大书"，都是经过了时间的沉淀和筛选。一些社会学家曾做过统计，其结论是：至少要经过 20 年的阅读检验而未曾沉没，这样的著作方有资格称为经典、名著。

美国学者，《大英百科全书》董事会主席莫蒂然·J. 阿德勒认为：所谓名著，必须具备 6 条标准：

（1）读者众多。名著不是一两年的畅销书，而是经久不衰的畅销书。

（2）通俗易懂。名著面向大众，而不是面向专家教授。

（3）永远不会落后于时代。名著绝不会因政治风云的改变而失去其价值。

（4）隽永耐读。名著一页上的内容多于一般书籍的整个思想内容。

（5）最有影响力。名著最有启发教益，含有独特见解，言前人所未言，道古人所未道。

（6）探讨的是人生长期未解决的问题，在某个领域里有突破性意义的进展。

读书各有妙法，许多学有专攻的人士，能读出个中滋味，读出门道。作家韩少功读书择优而读，择要而读，将自己有限的时间投于特定的求知方向，尽可能增加读书成效，给人以启示：他将书分为可读之书、可翻之书、可备之书、可扔之书4种。认为"勃发出思维和感觉的原创力，常常刷新着文化的纪录乃至标示出一个时代的高峰"，"作为人类心智的动力和光源"，对于每个人精神不可或缺的书，是可读的。这些书"透出实践的本质，不会用套话和废话来躲躲闪闪，不会对读者进行大言欺世的概念轰炸和术语倾销"，因而是值得读、值得细细品味的。大量的书则是不需细看，只需翻翻而已的，也有些书是备查的工具读物、参考资料。而对于那些被他看作是文化糟粕、一些丑陋心态和低智商的喋喋不休、信息污染的书，则均属可扔之列。

可读之书也要根据其对自己的价值大小分出层次，采用不同的方法来读。至于采用何种方法，女孩则要根据自己的需要自主选择。

读书大致分为4个层次：

（1）浏览，即以"一目十行"的速度翻阅大量书籍，了解概貌，是读书的初级层次。它能扩大阅读者的知识的横向接触面，可掌握新近的信息。通过浏览，可筛选知识，捕捉自己所需的资料信息，也可通过随便翻翻式的阅读，调节脑力、增益情趣。

（2）通读为读书的第二层次。通读，是对全书的概览，以较少的时间，进行扫描式的阅读，以对全书的框架、主要观点、重点章节有个总体了解。一般读小说，是采取通读的方式。

（3）精读这是读书的第三层次。即对自己需要加深了解的章节精研细读。对精读的部分有时要反复阅读，认真思考，并做笔记，力求将它变成自己的血肉。

（4）研读是读书的第四层次，也是最高层次。在这一阶段，将精读部分与以往获得的知识，或同类书籍进行比较研究，带着质疑的眼光品味书籍，进行评论，提出新的见解。这种阅读更具创造性。能达到这一层次，就算读出味道、取到真经了。

现在，女孩可以获取知识的途径不只读书一项，网络也包含了各种各样的信息与知识。但是，由于网络的管理比较薄弱，里面的内容鱼龙混杂，有可用的，有不可用的，还有对女孩身心健康产生不良影响的知识，而这些知识往往又披着科学的外衣，女孩只要一接触它，它就会像瘟疫一样对女孩的头脑进行侵蚀。所以，女孩更应该加以注意，懂得保护自己。不浏览不健康的网站，不参与不健康的讨论，让网络成为获取有用资源的净土。

学习要选用适合自己的方法

有许多女孩常常抱怨："我读的书并不比××少，而且我回家还要继续学习到夜里11点才休息，可为什么我的收获没有他大呢？"实际上，如果你和他在其他方面的条件均相同或相近的话，那么只能说你没有找到适合自己的学习方法，以致浪费了很多时间，收益却不大。选择了科学的、适合自己的学习方法，方能立竿见影、事半功倍。

许多成功者创造的方法，女孩或可直接"拿来"，或可结合自己的实际，加以改进和创造。如数学家华罗庚将书由厚变薄看作阅读能力提高标志的"厚薄法"；理学家朱熹读书的心到、眼到、口到的"三到法"；儒学家子思"博学之，审问之，慎思之，明辨之，笃行之"的"五步法"；学者陈善的"既能钻得进去，又能跳得出来"的"出入法"；孔子"学而不思则罔，思而不学则殆"的"学思结合法"；孟子"尽信书不如无书"的独立思考法；韩愈的"提要钩立法"；俄国生理学家巴甫洛夫的"循序渐进法"；哲学家狄慈根的"重复法"，等等。

史学家陈垣谈读书时，提倡读几本烂熟于心的"拿手书"，好似建立了几块治学的"根据地"。他自己就有一些经常翻阅的"拿手书"，对这些书他都熟读，有的内容还能背下来。

作家秦牧提倡读书将牛嚼和鲸吞结合起来，即每天吞食几万字的文章、书籍，再像牛的"反刍"，反复多次、细嚼慢咽。王汶石创造了对代表作要3遍读的读书法。即第一遍通读，尽享作品之美，让自己沉醉其间；第二遍是"大拆卸"，仔细考查每一部分的特色、优劣及写作技巧；第三遍又是通读，获得对写作技巧的完整印象。

著名学者朱光潜实践的边读书边写作法，夏丏尊认为"由精读一篇向四面八方发展"的读书法，李平心的随时"聚宝"勤做研究的方法，都是一种创造。

大凡成功者读书的方式都与众不同，女孩们可以学习一些他们积累知识的方法。

第一种："善诵精通"。

郑板桥不但是"康熙秀才、雍正举人、乾隆进士"，还是中国清代著名画派"扬州八怪"的领袖人物。

郑板桥有三绝、三真。三绝分别是画、诗、书，三真分别是真气、真意、真趣。

郑板桥在读书的学以致用之中总结出了"善诵精通"的读书方法，他认为读书必须有方法，必须要记诵。他曾这样描述过他读书时的情景："人咸谓板桥读书善记，不知非善记，乃善诵耳。板桥每读一书必千百遍，舟中、马上、被底，或当食忘匕箸，或对客不听其语，并非自忘其所语，皆记书默诵也。"

郑板桥不仅主张善诵，而且推崇"学贵专一"，即读书不能泛泛而读、毫无目的，而应该有选择、有针对性。

因此，女孩可以从郑板桥的读书方法中得出这一宝贵经验：在记诵时讲究"善"与"精"两个字。

第二种：追本求源。

著名的作家、学者钱锺书先生也是一位爱书之人，他从小就酷爱读书，被世人称为"书痴"。

钱锺书的读书方法是"追本求源读书法"。"追本求源读书法"就是在读书时发现问题后，与多种读物相联系，经过详细的分析、比较、求证之后，求得一个能解决问题的读书方法。

下面的这个例子向我们展示了钱锺书先生是怎样"追求本源"的。

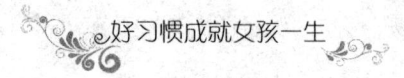

清代袁枚在《随园诗话》里曾批评毛奇龄错评了苏轼的诗句。

苏轼在诗中说："春江水暖鸭先知。"而毛奇龄评道："定该鸭先知，难道鹅不知道吗？"

袁枚对此事觉得既好气又好笑，认为如果要照毛奇龄的看法，那么《诗经》里的"关关雎鸠，在河之洲"也是一个错误了，难道只有雎鸠，没有斑鸠吗？

袁枚与毛奇龄的这场笔墨官司，到底谁是谁非，钱锺书并没有草草了事，他要追本求源。

经钱锺书查找《西河诗话》，得知毛奇龄的意思是：苏轼模仿唐诗"花间觅路鸟先知"而得来。

原来，人在花间觅路，自然鸟比人先知，而动物均可感觉到冷暖，苏轼为何只说鸭先知，而不说鹅先知呢？那当然是个错误。

但钱锺书仍不罢休。他又找来了苏轼的原诗《惠崇春江晚景》，诗中说道："竹外桃花三两枝，春江水暖鸭先知。"

原来苏轼的这首诗是为一幅画而作的，由于画面上有桃花、春江、竹子、鸭子，所以，苏轼在诗中写道"鸭先知"。看来苏轼并没有错，而是毛奇龄错了。

为进一步弄清事实，钱锺书又找出了张渭的原作《春园家宴》，原诗写道："竹里登楼人不见，花间觅路鸟先知。"人在花园里寻路，不如鸟对路熟悉，这是写实。而苏轼在诗中说鸭先知，是写意，意在赞美春光，这是画面意境的升华，是诗人的独特感受，看来苏轼"鸭先知"之句无论从立意或是内涵来说都要比张渭之句高出一筹。

也许你可以从上面所说的方法中找到一个最适合自己的，但更多的时候你会发现生搬硬套别人的学习方法到自己这里就行不通了。这时，女孩就要对这些方法做适当调整、修改，使之更适合自己，为自己服务。

第十一章

勤于思考

——智慧决定女孩的前程

思考孕育力量

提起思考，有人总是说："思考？那是科学家、发明家和伟人的专利，我们可没有机会。"甚至有人说："现在工作太忙，我哪有多余的时间和精力去思考。"

事实真的如此吗？当然不是。思考并不是科学家、发明家和伟人的专利，像你我这样的普通人同样有思考的权利，因为脑子是自己的，思考之权应该操在自己手里。毕竟，我们的一切活动，包括人际交往、对目标追求的手段和方式以及对更高层次生活的向往，等等，都是由思考决定的。

所以，从成功这个意义上说，人的成就首先是"想"出来的，是在正确思考后，并采取行动做出来的。

思考是大脑的活动，人的一切行为都受它的指导和支配。思考虽然看不见、摸不到，但它真实地存在着。有什么样的思考方式，就会有什么样的命运。如果你的思考和自信、成功、乐观联系在一起，那么你会有一个圆满的人生；如果你总是想到自卑、失败、忧愁，总是小心翼翼、蹑手蹑脚，那么你的命运也不会好到哪里去。

成功人士为什么会成功？说到底是因为他们具有独特的思考技巧，是思考决定了他们的成功。

美籍华人李政道教授一次在同中国科技大学少年班学生座谈时指出："为什么在理论物理领域做出贡献的大都是年轻人呢？就是因为他们敢于怀疑，敢问。"他还强调说："一定要从小就培养学生的好奇心，要敢于提出问题。"

爱因斯坦说："提出一个问题比解决一个问题更重要。"能否提出独特的问题对一个人的创造能力是非常重要的。一个人善于动脑和思考，就会不断发现问题。对女孩而言，学会提问更是学习积极主动的表现，有疑而问，由问而思，有利于培养创新精神和创造能力；相反，如果提不出问题，说明你的学习过程还不够深入，对自身能力的培养还不到位。

古人云："学贵有疑"，"学则须疑"。提问是获取知识的重要途径，去积极思考、积极主动地提问。要学会提问，就需经历一个从敢问到善问的过程。我们应多参与社会实践活动，丰富自己的知识，与他人多交流、相处，提高自己的胆量，敢于在众人面前表现自己。

养成善于自我提问的习惯，能提出有价值的问题，是心到的结果，是解决问题的前提。从某种意义上说，学习的过程是一个不断提出问题、不断解决问题的过程。养成"非思不问"的习惯，在深入思考的基础上提出问题，这样的问题才会是高质量的。而在你多提问的过程中，你也就多了几分把握，多了几成成功。

自古盖房子出售，都是先盖好房，再出售，对此，霍英东反复问自己："先出售，后建筑不行吗？"

正是由于霍英东这一想法，使他摆脱了束缚，迈上了由一介平民变为亿万富豪的传奇般的创业之路。

霍英东是中国香港立信建筑置业公司的创办人。在香港居民的眼中，他是个"奇特的发迹者"。"白手起家，短期发迹"、"无端发达"、"轻而易举"、"一举成功"，等等，这些议论将霍英东的发迹蒙上了一层神秘的色彩。霍英东的发迹真的神秘吗？不，他主要是运用了"先出售、后建筑"的高招。

霍英东还有另一个可贵的品质，那就是不错过任何一个机会来发展自己的事业。霍英东慧眼独具，他看出了香港人多地少的特点，认准了房地产业大有可为，于是毅然倾其多年的积蓄，投资到房地产市场。1954 年，他着手成立了立信建筑置业公司。他每日忙于拆旧楼、建新楼，又买又卖，大展宏图，用他自己的话说，他"从此翻开了人生崭新的、决定性的一页"！

如果说霍英东早年经营航运业是他创业初期练兵的话，那么他过人的经营理念则在经营房地产业的过程中得到了充分的体现。在这之前的房地产业，都是先花一笔钱购地建房，建成一座楼宇后再逐层出售，或按房收租。而后来则"变了个戏法"，即预先把将要建筑的楼宇分层出售，再用收上来的资金建筑楼宇，来了一个先售后建。这一先一后的颠倒，使他得以用少量资金办了大事情。原来只能兴建一幢楼房的资金，他可以用来建筑几幢新楼，甚至更多；同时，他又能有较雄厚的资金购置好地皮，采购先进的建筑机械，从而提高建房质量和速度，降低建造成本；更具竞争力的是他的楼宇位置比同行的更优越而价格却比同行的更低廉。而且，有时他还采用分期付款的预售方式，使人人都能买得起。霍英东的方法真是高，他开创了大楼预售的先河。为了推广先出售后建筑的"戏法"，霍英东率先采用了小册子及广告等形式广为宣传。他说："我们开展各种宣传，以便更多的有余钱的人来买。譬如来港定居或投资的华侨、侨眷，劳累了半生略有积蓄的职员、赌博暴发户、做其他小生意荷包胀满的商贩，都可以来投资房地产。谁不想自己有房住？只有众多的人关心它、了解它、参与它，我们的事业才有希望。"霍英东的广告效果颇为不错。立信建筑置业公司在短短的几年里所营建、出售的高楼大厦就布满了香港地区，打破了香港房地产买卖的纪录。这个既不是建筑工程师出身，又非房地产经营老手的水上"穷光蛋"，用不长的时间便成了赫赫有名的楼宇住宅建筑大王、资产逾亿万的大富豪。霍英东名下的公司有 60 余家，大部分都经营房地产生意，或与房地产关系

密切。由他生前担任会长的香港地产建筑商会，经营着香港 70% 的建筑生意。

霍英东通过向自己提问成就了成功创富的大业，值得女孩学习和借鉴。

女孩要想成就大事，首先得学习思考，思考你自己，向自己提问题，只有这样才能在问题中把握方向，你成功的路才会越走越轻松！

推翻权威，走出思维定式

世上最可悲的人，是处处都依赖别人的人。成功人士都知道，做每一件事都要学会有主见，有自己独立的人格，靠天靠地不如靠自己。如果不打开自己的心，走出思维定式，就不会成为一个明白的人。所以，只有推翻权威，不依赖经验，成功的机会才会更多。

有人群的地方总会有权威，人们对权威普遍怀有尊崇之情，本来无可厚非，然而对权威的尊崇到了盲从的程度，就会成为一种思维的枷锁。

打破权威枷锁，先要了解它是如何戴上的。

人们从很小的时候就已亲身体验到：服从权威能够从中得到好处，抗拒权威就要吃苦头，就像下面这个例子。

一位老师上课时告诉学生们，硫酸是有腐蚀性的，它能够除掉铁锈，恢复铁器光亮的表面。但是，如果不小心把硫酸滴到衣服上，就会烧出一个洞。

一个学生听了老师的话，用硫酸擦了一只生锈的铁锅，果然擦得锃亮，得到妈妈的夸奖，于是他说："老师真是了不起，听他的话，我尝到了甜头！"另一位学生也听了老师的话，故意把硫酸滴到自己的衣服上，结果衣服上烧了一个洞，挨了老爸一顿训。于是她想："老师真是了不起，不听他的话，我吃了苦头！"

于是，一个权威枷锁就这样戴上了。

第二个权威枷锁是由于自身对某方面知识的缺陷所形成的。一个人一生中通常只能在一个或少数几个专业领域内拥有精深的知识，在专业领域之外，为了弥补自己的无知，以应不时之需，只好求助于各领域的专家。在大多数情况下，人们按照专家的意见办事，总能得到预想的成功，如果不慎违反了专家的意见，总会招致或大或小的失败。久而久之，第二个权威枷锁也戴上了。

不敢突破权威的束缚，也就丧失了创新思考的能力。敢于推翻权威，本身就是一种胆识、一种创新。

亚里士多德认为自由下落的物体重量越大，下落速度越快，重量越轻则下落速度越慢，伽利略对这位权威的理论提出质疑，他设计了一个巧妙的实验，便把流传 1000 多年的权威理论推翻了。

尊重权威这很正常，假如一味地跟随权威，就不正常了。所有的事都由权威决定了，自己的脑袋还能干什么？

如果你有迷信权威的习惯，奉劝你把它从你的思想中拉出去，一棍子打死，省得它占据你的思想。

习以为常、耳熟能详、理所当然的事物充斥着我们的生活，使我们逐渐失去了对事物的热情和新鲜感。经验成了我们判断事物的唯一标准，存在的当然变成合理的。随着知识的积累、经验的丰富，我们变得越来越循规蹈矩，越来越老成持重，于是创造力丧失了！于是想象力萎缩了！思维定式已经成为人类超越自我的一大障碍。

所以，推翻权威理论，走出思维定式，换一个角度来思考，往往会柳暗花明，给我们带来惊喜。

由此可见，权威理论也只是在一定时期一定场合才适合，它不是万能的，只有敢于打破常规，才能发现新的契机，而这个契机正好可以成就你。

所以，女孩遇事要多问几个"为什么"，多提几个"怎么办"，从事实出发，从需要出发，去思考问题，探索问题，寻找新的方法、新的答案、新的结论。

从幕后走出，不做他人思想的附庸

人生好比一张白纸，你可以在白纸上用不同的色彩描画你未来的蓝图。但是，如果你漫无目的地画，你手中的画笔就会被剥夺，让别人替你画画。

一个人如果总感觉自己不如别人，尽管他实际上可能是有能力的，但他的表现也确实不如别人，因为思想主宰行动。一个人心里是怎么想的，他的行为就会反映出来，没有任何伪装能够把这种感觉长期遮盖起来。

也就是说，一个人如果觉得自己没有独立做事的能力，不可能超越其他的人，那么他就真的不会独立，只能跟在别人的身后。

再重复一遍这个逻辑：你如何思维决定你如何行动；你如何行动将决定你获得的东西。

这个逻辑正是我们不厌其烦地强调思维与勇气的重要性的原因，"没有做不到的，只有想不到的"，敢想、会想，你才有可能成功。

如果在此之前胆怯心理阻碍了你超越他人，那么现在只需改变一下自身的思考方法，大胆地从幕后走出，做你想做的事。

我们每个人都有愿望，我们都想有朝一日成为什么样的人物，但事实上，大多数人都因为没有勇气而违背了它，他们常用下面的借口扼杀自己的愿望：

（1）"我做不到"、"我缺乏头脑"、"这是不可能的"，这种消极的自我降低是导致他们永远站在别人身后的罪魁祸首。

（2）"我对现在的状况很满足"，这些安于现状的想法扼杀了他们真正的愿望。

（3）"能干的人太多，根本不会有我的份"，害怕竞争令他们不敢多想。

（4）"这不是我真正想要的，而是父母让我做这个，我不得不做"；"有了家，没法再变动了"。这一类的托词让他们相信自己不该再有梦想。

让自己仅仅是跟在别人身后的理由真是太多了，但是如果没有敢于突破的勇气，不做自己想做的事，只会成为平庸者。而敢想就会有欲望，欲望一旦利用就是力量。

保罗·盖蒂在取得成功前有过3次失误。第一次是在保罗·盖蒂年轻的时候，他买下了一块他认为相当不错的地皮，根据他的经验和判断，这块地皮下面会有相当丰富的石油。他请来一位地质学家，对这块地进行考察。专家考察后却说："这块地不会产出一滴石油，还是卖掉为好。"盖蒂听信了地质专家的话，将地卖掉了。然而没过多久，那块地上却开出了高产量的油井，原来盖蒂卖掉的是一块石油高产区。

保罗·盖蒂的第二次失误是在1931年。由于受到大萧条的影响，经济很不景气，股市狂跌。盖蒂认为美国的经济基础是好的，随着经济的恢复，股票价格一定会大幅上升。他于是买下了墨西哥石油公司价值数百万美元的股票。随后的几天，股市继续下跌，盖蒂认为股市已跌至极限，用不了多久便会出现反弹。然而他的同事们却竭力劝说盖蒂将手里的股票抛出，这些被大萧条弄怕了的人们的好心劝说，终于使盖蒂动摇了，最终将股票全数抛出。可是后来的事实证明，盖蒂先前的判断才是正确的。

保罗·盖蒂最大的一次失误是在1932年。他认识到中东原油具有巨大的潜力，于是派出代表前往伊拉克首都巴格达进行谈判，以取得在伊拉克的石油开采权。和伊拉克政府谈判的结果是，他们获取了一块很有前景的地皮的开采权，价格只有几十万美元。然而正在此时，世界市场上的原油价格产生了波动，人们对石油业的前景产生了怀疑，普遍的观点是，这个时候在中东投资是不明智的。盖蒂再一次推翻了自己的判断，令手下终止在伊拉克的谈判。

1949年盖蒂再次进军中东时，情况和以先已经大不相同，他花了1000多万美元才取得了一块地皮的开采权。

保罗·盖蒂的3次失误，使他白白损失了一笔又一笔的财富。他总结自己这些年的失败说："一个杰出的商人应该坚信自己的判断，不要迷信权威，也不要见风使舵。在大事上要有自己的主见，以正确的思维方法战胜一切！"

在以后的岁月中，保罗·盖蒂坚持己见，屡战屡胜，最终成为全美的首富。

如果你总躲在别人的背后，那么你只能一辈子碌碌无为。

你的朋友虽不是有意如此，却经常会透过"意见"或有时候是故作幽默状的嘲弄阻碍了你走向成功。有成千上万的人一生无所作为，就是因为有一些善意但无知的人，通过"意见"或嘲弄，毁了他们的信心。杰出人士的突出特点就是独立思考。

女孩大可不必把自己的命运交给别人来决定，女孩要学会独立思考，要想成功必须把思考的权利掌握在自己手里。

天上下雨地下滑，自己跌倒自己爬。不论是思考做事还是为人处世，需要的是自助自立的精神，而不是来自他人的影响力，也不能依赖他人。爱默生说，坐在舒适软垫上的人容易睡去。依靠他人，觉得总会有人为我们做任何事，所以不必努力，这种想法就像高纯度海洛因，会使你在不知不觉中上瘾，最后自我毁灭。

所以我们要努力掌握自己的思维，做自己真正的主宰。

"要想成为真正的'人'，必须先是个不盲从因袭的人。你心灵的完整性是不可侵犯的……当我放弃自己的立场，而想用别人的观点去思考的时候，错误便造成了……"这是爱默生所讲的名言。这对强调由别人的观点来思考的人来说，无疑是一大震撼。也许，我们可以把爱默生的话做如下解释："要尽可能由他人的观点来看事情——但不可因此而失去自己的观点。"假如独立思考能带给你什么好处的话，那便是发现自己的信念及实现这些信念的勇气。

✤ 正确思考 9 步走 ✤

约翰博士是美国的大教育家、哲学家、心理学家、科学家和发明家，他一生中在各种艺术和科学上做了许多发明，有许多发现。约翰博士的个人生活体现了他锻炼脑力和体力的方法可以培养健康的身体，并促进心智的灵活。

拿破仑·希尔曾带着介绍信前往约翰博士的实验室去见他。当希尔到达时，约翰博士的秘书告诉他说："很抱歉……这时候我不能打扰约翰博士。"

"要过多久才能见到他呢？"希尔问。

"我不知道，恐怕要 3 小时。"她回答。

"请你告诉我为什么不能打扰他，好吗？"

她迟疑了一下然后说："他正在静坐冥想。"

希尔忍不住笑了："那是什么意思啊——静坐冥想？"

她笑了一下说："最好还是请约翰博士自己来解释吧。我真的不知道要多久，如果你愿意等，我们很欢迎；如果你想以后再来，我可以留意，看看能不能帮你约一个时间。"

希尔决定要等，这个决定真值得。下面是希尔所说的经过情形：

"当约翰博士终于走进房间里时，他的秘书给我们介绍，我开玩笑地把他秘书所说的话告诉他，在他看过介绍信以后高兴地说：'你想不想看看我静坐冥想的地方，并且了解我怎么做吗？'于是他领我到了一个隔音的房间里，这个房间里唯一的家具是一张简朴的桌子和一把椅子，桌子上放着几本白纸簿、几支铅笔以及一个可以开关电灯的按钮。

"在我们谈话中，约翰博士说他遇到困难而百思不解时，就走到这个房间来，关上房门坐下，熄灭灯光，让自己进入深沉的集中状态。他就这样运用'集中注意力'的方法，要求自己的潜意识给他一个解答，不论什么都可以。有时候，灵感似乎迟迟不来；有时候似乎一下子就涌进他的脑海；更有些时候，至少得花上两小时那么长的时间才出现。等到念头开始澄明清晰起来，他立即开灯把它记下。"

约翰博士曾经把别的发明家努力过却没有成功的发明重新研究，使它尽善尽美，因而获得了 200 多种专利权。他就是能够加上那些欠缺的部分——另外的一点东西。

约翰博士特别安排时间来集中心神思索寻找另外一点。他很清楚自己要什么，并立

即采取行动，因而他获得了成功。

由此看来，正确的思考方法具有巨大的威力。那么正确的思考步骤如何走呢？

（1）明白你想要做什么？翻开你的思考成功笔记，将你喜欢或你做得很好的事情列成一个清单。把什么事情都记下来——蠢事、新鲜事和你感兴趣的事。检视一下你的清单，并想想你要如何成功。让思想飞舞，写下你所有的想法，甚至看来好像疯狂或不切合实际的想法。酝酿了好多天的想法常常由于没有记下来而无法实现。

（2）别束缚你的思考。你心中有什么想法？这些或许是不可能的、愚蠢的或好笑的，但把它们记下来，过段时间再拿出来看，你说不定会找到个"金矿"。

（3）对新奇事物保持接受的胸襟，然后进一步探究。这项新产品或意见会引发什么新想法？它的用途及前景如何？而我们可能要创造什么样的前景？

（4）走进别人的创造天地，真心协助他人。找出他们特殊、非比寻常的能力，并助其开花结果。你可以替他们规划产品和开发市场。

（5）抓住机会。最佳时机常常稍纵即逝，你应提高警觉！

（6）把别人的需求找出来。将这些可以满足他人需求的事情写下来！以你所熟悉的事物为主题来写部书，或是从你"喜欢做的事"的清单上挑选个主题。其他人或许可以从你的知识里获得好处，去满足一个需求——将你专业领域里的那道信息鸿沟填满。

（7）多点服务。许多旧式的服务已经消逝了，这个领域空了下来，而它正等待一个聪明的经营者来占领。不要只是想着提供新式的服务项目，而要将旧的、有必要的再找回来。你想要有什么样的服务项目？着手去做吧！

（8）付出大于所得，这是成功最大的秘诀。假如你是那种扬言收一分钱便只做一分事的人，那你一辈子都是薪水的奴隶。

（9）你还在犹豫什么？马上行动吧！不要用一些"我没有足够的钱"、"我了解得不够"、"还没做好准备"等借口来拖延。一旦想法出现，就顺着去做，只有这样才能收获报酬。

女孩要学会独立思考

思考好比播种，行动好比果实，播种越勤，收获也越丰盛。一个善于独立思考的孩子，才能品尝到丰收的喜悦。

要知道，没有独立思考的孩子，就没有独立性。美国的教育之所以如此成功，就是因为特别推崇孩子的独立思考。

美国人非常喜欢看黑人笑星比尔·考斯比主持的电视节目《孩子说的出人意料的东西》。这个节目在让你捧腹的同时，也让你深思。

有一次，比尔问一个七八岁的女孩："你长大以后想当什么？"

女孩很自信地答道："总统。"全场观众哗然。

比尔做了一个滑稽的吃惊状，然后问："那你说说看，为什么美国至今没有女总统？"

女孩想都不用想就回答："因为男人不投她的票。"全场一片笑声。

比尔："你肯定是因为男人不投她的票吗？"

女孩不屑地："当然肯定。"

比尔意味深长地笑笑，对全场观众说："请投她票的男人举手。"伴随着笑声，有不少男人举手。

比尔得意地说："你看，有不少男人投你的票呀。"

女孩不为所动，淡淡地说："还不到三分之一。"

比尔做出不相信又不高兴的样子，对观众说道："请在场的所有男人把手举起来。"言下之意，不举手的就不是男人，哪个男人"敢"不举手。

在哄堂大笑中，男人们的手一片林立。

比尔故作严肃地说："请投她的票的男人仍然举手，不投的放下手。"

比尔这一招厉害：在众目睽睽之下，要大男人们把已经举起的手再放下来，确实不太容易。这样一来，虽然仍有人放手下来，但"投"她的票的男人多了许多。

比尔得意洋洋地说道："怎么样？'总统女士'，这回可是有三分之二的男人投你的票啦。"

沸腾的场面突然静了下来，人们要看这个女孩还能说什么。

女孩露出了一丝与童稚不太相称的轻蔑的笑意："他们不诚实，他们心里并不愿投我的票。"

许多人目瞪口呆，然后是一片掌声，一片惊叹……

看，这就是典型的美式独立思考。即使是在世界首富面前、众目睽睽之下，女孩仍然能保持着自己的个性，坚持自己的想法。这种教育也许不是最好的，但却能充分开发孩子们的大脑，激发孩子的天赋，让孩子能走上最适合自己的一条路。

一个善于独立思考的孩子，才能品尝到金秋的琼浆玉液，享受到大地赐予的丰收喜悦。所以，女孩要培养独立思考的习惯，创造一个思考的空间。

伟大的物理学家爱因斯坦说："学会独立思考和独立判断比获得知识更重要。不下决心培养思考习惯的人，便失去了生活的最大乐趣。思考、思考，我就是靠这个学习方法成为科学家的。"

那么，女孩要如何学会独立思考呢？在机械的记忆和死板的活动中是不能学会思考的，只有在思考中玩耍，在思考中学习，才能学会思考。

（1）创造一个思考的氛围。环境和氛围，对培养思考能力非常重要，也是基本的前提。要有一个平和温馨的环境，要有单独玩耍的时间和空间，不要给自己太大的压力。

（2）多问几个"为什么"，留给自己思考的余地，要提出自己的想法。

女孩经常在问号中思考，通过自己的思考和家长的启发，就能学会思考，自小养成爱思考的良好的行为习惯。

（3）自己的事情自己做。众所周知，独生子女普遍存在着一个不良的性格特征，其

中之一就是懒惰。由于成人过分的包办代替，长此以往，孩子懒于动手动脑，不愿独立思考。所以，女孩要培养独立性，自己的事情自己做，遇到困难要想办法自己去解决，学会独立思考。只有这样，女孩在独立的基础上创造能力才会不断发展。

女孩学会独立思考，才会让我们日后看到有创新、有个性的人才。因此，女孩要大胆地想、勇敢地说、果断地做……

女孩要炼就一双善于观察的眼睛

如果女孩拥有了出众的观察能力，就非同一般了，一定能有所作为。

观察是认识事物的重要途径，是智力活动的基础，是完成学习任务的必备能力。没有敏锐的观察力，就谈不上聪明，更谈不上成才。所以，女孩要炼就一双善于观察的眼睛，用它观察自然，观察社会，观察人生。

俄国生物学家巴甫洛夫说："观察，观察，再观察。"培养孩子观察的习惯，对发展孩子的智力是十分重要的。

任寰7岁就能写诗，9岁发表作品，10岁出版第一本诗集，12岁加入河北省作家协会，18岁考入北京大学中文系。曾出版诗、文集7部，发表各类文章近500篇，多次获国际、国内文学奖。这一切，都和父亲苦心培养她的观察能力是分不开的。

从小，当作家的父亲就以自己的切身体会教她自觉地学会观察和思考，发展她的观察和思考能力，并让她开始记日记。

任寰上小学二年级时，父亲开始有意识地培养她观察大自然。上小学三年级时，又教她注意观察人物，观察人的心理，进而观察社会和思考人生。《10岁女孩任寰诗文选》就是她观察生活、思考生活的结晶。著名诗歌评论家谢冕称她的诗具有思辨性。在这本诗文选里，有她的观察手记，有人物速写等。

有一次，父亲带她到公园玩。临行前就告诉她：你要注意观察事物的特点，越细越好，回来写篇日记。这样，到了公园里，任寰就非常注意观察花、鸟、草、虫等。任寰本来好奇心强，求知欲旺盛，父亲很好地利用了孩子这一天性，经常带领孩子到大自然中去，让孩子在尽情地玩耍之中，观察万物的悄然变化。去看春天的绿芽，夏日的鲜花，秋季的果实，寒冬的落叶，去听蝉鸣鸟唱。这些都引起任寰的兴趣和思考。

同时，任寰的父亲在平时也注意指导观察，开阔孩子的眼界，充实孩子的知识和生活。比如，让任寰观察家里养的花草、小鱼，晚上带任寰观察星空，讲讲简单的星系，看到刮风了，就给她讲空气流动的原理。

任寰的父母经常引导她走向社会、走向大自然，接触生活，观察世界，扩大眼界，鼓励她遇事多问几个为什么，启发孩子思考问题。这对任寰后来的成功有极大作用。

观察之所以如此重要，是因为通过细致的观察，能透过表象看到事物的本质，以及另外一些不为人注意的细节。比如，艺术家有一种艺术家特有的眼睛，人们认为是白色的墙壁，画家的眼里却认为是红色的、黄色的、蓝色的……博物学家能一眼认出动物、植物的种类，侦探只要稍加观察就能确定作案凶手的特点……

牛顿小时候是公认的"笨孩子"，似乎一无是处，但是他通过细心的观察，成为了最伟大的科学家之一。

牛顿的少年时代，对各种事物都喜欢仔细地观察，而且都力图透过现象看本质，把不懂的地方彻底弄明白。夜晚，牛顿仰望天空神往那眨着眼睛的大大小小的星星。心里想，这星星、月亮为什么能挂在天空上呢？开普勒说，星星、月亮都在天空转动着，那它们为什么不相撞呢？刮大风了，狂风旋卷着沙石，人们都躲进了屋子里。牛顿却冲出屋子，独自在街上行走。一会儿，随风前进；一会儿，逆风行走。他要实地观察顺风与逆风的速度差，到底有着何种本质的差别。

所以，如果女孩能像牛顿那样，对她的学习和生活是很有帮助的。比如，有的孩子写作文"我的妈妈"，他不仅注意到了妈妈的音容笑貌、言谈举止这些现象，还能通过这些现象，发掘出妈妈的内心世界来。有的孩子观察大自然的景色，不仅注意到花草树木、气温云彩以及鸟类的活动、土壤的变化，还能从这些变化中找出哪些景色是春天到来的象征，哪些景色是寒冬来临的预兆……

著名哲学家黑格尔认为，培养观察力的最好方法是教他们在万物中寻求事物的相同点和不同点。

观察能力是人认识客观事物或现象的基本能力。通过观察，孩子可以获得对事物的感性认知，促进智力的发展。那么，女孩要如何培养善于观察的习惯呢？

（1）明确观察目的。对观察任务的了解直接影响观察的效果。观察目的越明确，注意力就越集中，观察也就越细致、越深入，观察的效果也就越好。孩子在观察中，有无明确的观察目的，得到的观察结果是不相同的。比如，父母带孩子去公园，漫无目的地东张西望，转半天，回到家里，也说不清看到的事物。如果要求孩子去观察公园里的小鸟，那么，孩子一定会仔细地说出小鸟的形状、羽毛的颜色、眼睛的大小、声音的高低等。这样孩子就能有的放矢地去观察，从中获得更多的观察收获。

（2）扩展见识。观察力的高低与孩子视野是否开阔有关。孤陋寡闻的孩子，缺少实践的机会，观察力必然受到影响。看到同样一种现象，有的孩子能说出许多，有的孩子却说不上几句，这是什么道理呢？这与孩子知识学习的情况有关。知识学得扎实，道理融会贯通，观察问题就比较深刻。可以说，观察力基于知识与经验，而知识与经验的丰富与提高又会反过来促进孩子观察力的发展。

（3）在实践中观察。实践是认识的基础，观察的兴趣也是在实践活动中形成和发展起来的。比如，通过养蚕，可以观察到蚕如何睡眠、脱皮，怎样吐丝、结茧、变蛹，又怎样从蚕蛹变成蚕蛾等过程。

（4）让多种感官参与观察。在观察中，只要条件允许并能保障安全，不仅要用眼看，还要用耳听、用手摸、用鼻子闻、用嘴尝。用多种感觉器官参与观察活动，会增强观察的效果，较快地提高观察能力和发展智力。

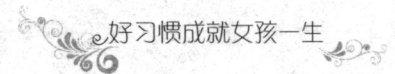

那么，什么时候才算具备了良好的观察能力了呢？良好的观察能力的特征是：目的性强，注意力集中，精确、敏锐、细致、全面、稳定，善于做出系统的口头说明。如果女孩做到了这些，那她可以称得上是个小小观察家了。

做个善于观察的人

我们生活的世界丰富多彩，认识世界最初的方式就是用眼睛去观察，观察在人们的一切实践活动中都具有非常重要的作用。观察力是智力活动的源泉和门户，人们通过观察，获得大量的感性材料，获得有关事物的鲜明而具体的印象，经思维活动的加工、提炼，上升到理性认识，从而促进智力的发展。俄国伟大的生理学家巴甫洛夫在他实验室的建筑物上刻着："观察、观察、再观察。"

翻开名人传记，不难发现，人类历史上，尤其是科学发展史上的成功人物大都具备优良的观察力。意大利科学家伽利略，就是从观察教堂里铜吊灯的摇摆开始，经过实验研究，发现了钟摆的等时定律。伟大的生物学家、进化论的创始人达尔文从小热衷于观察动、植物，坚持 20 年记观察日记，写出了《物种起源》。他自己曾说："我没有突出的理解力，也没有过人的机智。只是在追踪那些稍纵即逝的事物并对其进行精细观察的能力上，我可能在众人之上。"我国明代名医李时珍幼年时就爱观察各种花卉、药草的生长过程，细致地察看它们如何抽条、长叶、开花，花草的每一处细微变化都逃不过他的眼睛。正由于他观察细致，使他得以纠正古代药草书中的很多错误，而写出流芳百世的《本草纲目》……

通过诸如此类、数不胜数的事例，我们可以发现，多听、多看，锻炼感官、积累感性知识，是观察力得以发展的前提。观察的过程也恰恰是以感知为基础的，但并不是任何感知都可称为观察。真正有效的观察过程既包含感知的因素，也包含思维的成分，如果在观察过程中不注意锻炼思维能力，那么观察也只是笼统、模糊和杂乱的，既不可能抓住事物的主要特征，也不可能作出科学的判断。

女孩平时可以通过观察大自然来培养自己的观察能力。

法国著名的生物学家拉马克说："观察自然，研究它所生的万物；探求万物，推究其普遍或特殊的关系；再想法抓住自然界中的秩序，抓住它进行的方向，抓住它发展的法规，抓住那些变化无穷的构成自然界的秩序所用的方法。这些工作，在我看来，乃是追求真实知识的唯一的法门。"

1760 年，正值德法交战之际，16 岁的拉马克满怀着保卫祖国的激情当了兵，由于他勇敢善战，很快被提升为中尉。但他的军事生涯很短，战争一结束他就退了伍，因为他并不喜欢当兵，而喜欢采集植物。

有一天，拉马克在巴黎的一个植物园散步时偶然遇见了卢梭，拉马克的言谈举止，尤其是对自然科学的见解给卢梭留下了深刻的印象，他认为这个年轻人将会有所作为，所以决定帮助他。通过卢梭的关系，拉马克幸运地进入了植物研究室。后来，他又结识了法国当时最有名望的科学家布封。后经布丰提名，拉马克成为巴黎科学院的植物学院士。之后，布丰对他说："你带我的儿子出去游历吧！带他到天涯海角，教他怎样做人。"拉马克遵命而行。他既是作为布封儿子的导师，又是作为皇家植物学家外出考察的。在这次难得的游历中，拉马克不仅收集了大量动、植物标本和矿石标本，并且大大地开阔了眼界和见识。

法国大革命后，皇家植物园改为国立自然历史博物馆。这时，已经50岁的拉马克不得不改行，这看来是一件不正常的事，但这次改行却给科学界带来了意外的好处。当他从植物学研究转向动物学研究以后，通过对生物的发生发展的大量观察和研究，他的思想认识发生了骤然的变化，逐渐成了一个进化论者。

拉马克的思想能够有如此大的转变，他能够正确地理解自然界发展的规律，最终转变为进化论者，并在自然科学界取得了颇丰的成就，这无疑要归功于他多年认真观察自然现象，并进行科学分析的努力。

现在，很多女孩怕写作文，甚至有些人提到作文就头疼。许多人作文写不好，原因是他没有到生活中去亲身体验、仔细观察，所以写出的文章没有充实的材料，空空如也，只好草草了事。但是只要你去仔细观察，写作素材就会如长江之水滚滚而来。

在日常生活中，我们不仅要仔细观察，还要善于从不同的角度去观察，得到的写作材料才会丰富。这样既提高了自己的观察能力，又提高了自己的写作能力，还丰富了自己的写作素材，这不是一举多得吗？学过基本绘画的人都知道，在素描时，物体虽然是不变的，但是从不同的角度所观察到的形状都各不相同，要想把一幅画画完整，就必须从不同的角度去观察，然后确定一个最佳角度进行作画，这样，这幅画才会更有立体感，更生动形象。

擦亮眼睛，用心去观察，带给你的将是别样的风景，正所谓"横看成岭侧成峰，远近高低各不同"。

观察能力的强弱决定着一个人智力发展的水平，因为观察力是智力活动的基础。观察是聪明的基础，没有敏锐的观察力，就谈不上聪明，更谈不上成才。我们常为福尔摩斯的观察力惊叹不已，实际上我们每个人都应该向他学习，将观察力训练得更敏锐些。

在实际的学习、工作、生活中，怎样利用科学的观察，最大限度地发挥自己的聪明才智以取得成功呢？

首先，要选择正确的观察对象。对象选对了，就有发现的可能；对象错了，便徒劳无益。

其次，思想不受任何约束。要避免陷入前人之见的怪圈，一旦有一种观点先入为主，占据了头脑，就很难再从所观察的现象中分析出其他因素。

再次，要具备积极的思维过程。要培养以积极探究的态度注视事物的习惯，要有意识地寻找可能存在的每个特点，寻找各种事物之间存在的联系。

观察不只用眼睛，更要用心。女孩应该学会用心去观察，做个有心人，做个会观察的人。

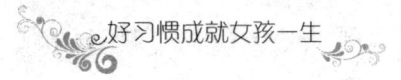

观察要细致入微

观察事物要细致、细心，对事物发展有决定性促进作用的因素往往隐藏在事物的深层，所以，女孩们要学会在细节上下工夫。

在美国的约翰·肯尼迪总统眼里，似乎任何细枝末节都具有特别重要的意义。在其就职典礼的检阅仪式中，肯尼迪注意到海岸警卫队士官中没有一个黑人，便当场派人进行调查；他在就任总统后的第一个春天发现白宫返青的草坪上长出了蟋蟀草，便亲自告诉园丁把它除掉；他发现美国陆军特种部队取消了绿色贝雷帽，便下达命令予以恢复。尤其使人感到意外的是，肯尼迪在就任总统后不久举行的一次记者招待会上，竟然胸有成竹地回答了关于美国从古巴进口糖的问题，而这件事只是在此4天前有关部门一份报告的末尾部分才第一次提到过。

实际上，这惊人的记忆力无非得力于对事物细节的仔细观察。年轻的达尔文能够对科学产生怀疑，对物种的进化有深刻的理解，也源于他对事物精细的观察。

1831年12月27日，22岁的达尔文以自然科学家的身份随同"贝格尔号"军舰作环球考察。此行之前，达尔文还是一个"神创论"和"物种不变论"者。

到了南美洲，他观察到热带的自然景象与英国迥然不同，面对大自然提供的事实，他常常疑惑不解："这些变化万千的自然界，究竟是怎样产生和发展起来的呢？难道是神造的吗？"

在朋塔阿耳塔，达尔文获得了大量的陆生动物的化石，他观察到，有几种动物，例如大獭兽、巨树獭等，都是属于地质年代第三纪的巨大树獭科动物，但它们与现代生活在南美洲的树獭很相似。他还观察到，有一种已经绝灭的马和马克鲁兽，它的身体跟象一样，牙齿与现代啮齿目动物相似，而眼睛、耳朵、鼻孔的部位却像水生动物儒艮和海牛。这些从未见过的现象，又引起了达尔文的疑问："为什么许多现代的动物与古代的动物化石既相似，而又不完全相同呢？《圣经》上说：'世界的现象永远也不会发生变化'，这有根据吗？"在加拉帕戈斯群岛，达尔文又观察到这样一个事实：岛上的各种动、植物虽然属于南美洲类型，但其中绝大多数都具有本地的特点，为什么会是这样的呢？经过仔细的观察和思考，达尔文逐步萌发了生物进化的思想。

在对所观察到的现象和采集标本进行缜密分析的基础上，1856年5月，他开始写作《物种起源》一书。

达尔文从对平常事物的观察中作出了不平凡的发现，其原因正如他自己说的："我的成功……最主要的是：爱科学——在长期思索任何问题上的无限耐心，在观察和搜集事实上的勤勉——相当的发明能力和常识。"他的儿子后来在谈到他时说得更具体："他渴望从实验中得到尽量多的知识，所以不让他的观察局限于实验所针对的那一点，而且他观察大量事物的能力是惊人的……他的头脑具有一种技能，对他作出新发现似乎是特殊可贵的有利条件，这就是从不放过例外情况的能力。"

生活中有太多的例外发生，如果只将它视为"特例"，也许就会失去一个重大的发现。因为往往重要的信息就隐藏在那些看似例外的细枝末节中。

然而，很多女孩根本不去注意事物的细节问题，总是片面地认为这些东西没什么用处，因此就忽略了。其实它是与成功密切相关的，只要你把这些细微的部分搜集起来，然后按照一定的系统整理，你就会发现它是一条极为重要的信息或你目前正在寻觅的信息。所以，这种细节，我们也要处处留心。有时你甚至可以从平时的游戏、电视节目中获取灵感，也许现在你感觉它没什么用处，这就需要你对其加以整理，做成一条信息储存在你的信息库里，这就是所谓的聚沙成塔。

当信息积存多了的时候，你就会发现有的信息之间是可以互相依赖的。

在我国福建沿海的一个小城中，所有适合建筑的土地都已被开发出来，并予以利用。在城市的另一边是陡峭的小山，无法作为建筑用地，而另外一边的土地也不适合盖房子，因为地势太低，海水倒流时，总会被淹没一次。

一个平时很注意观察的年轻人注意到这种现象，他把这两种情况都记了下来，并考虑如何去改变。后来，他意识到这两块土地都能开发利用。他先预购了那些因为山势太陡而无法使用的山坡地，同时也预购了那些每天都要被海水淹没一次而无法使用的低地。他预购这两块土地的价格都很低，因为这些土地被认为没有太大的价值。

他用了几吨炸药，把那些陡峭的小山炸成松土。再利用几架推土机把泥土推平，原来的山坡地就变成了漂亮的建筑用地。然后，他又将多余的泥土填在低地上，使其超过水平面。这样，低地也可以被开发利用了。

这个年轻人因为注意观察，看到了两块地存在的细微差别，整体把握了两块地的特性和互补性，并积极进行了改造，使两块"废地"变成可以进行开发利用的"宝地"。

在观察事物细节的同时，还要培养积极的思维，对观察的现象进行敏锐的分析、比较与判断。只有这样，才能把握观察对象特点，并不断提高自己的观察能力。

细致的观察加积极的思维和敏锐的分析，能够让女孩对事物有更深层的理解，并且可以帮助女孩获得更多更实用的知识，得到更重要的发现。

预见事物发展，可以趋利避害

事物在发展的过程中，通常都会呈现出某些特征，以显示事物进一步的发展趋势。如果女孩能够抓住这些特征，掌握发展趋势，便可以引导事物向有利于女孩的方向发展。

预见的前提是需要女孩具备敏锐的洞察力。在日常生活中，常常会发生各种各样的事，

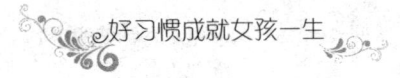
有些事使人感到惊奇，引起无数人的注意；有些事则平淡无奇，许多人漠然视之，但这并不排除它可能包含的重要意义。

众多杰出人士的思维的一大特点就是有预见性。他们能够看到别人看不到的前方，他们能高瞻远瞩地看清时代的发展方向，他们的思维总是超前的，他们的眼睛永远盯着前方的目标，所以他们能够引领时代的潮流。

比尔·盖茨放弃了假期的休闲与娱乐，甚至放弃了哈佛大学的学业，与朋友保罗投入计算机"0"与"1"的世界，因为他预见到"计算机像电视机一样普及的时代就要到来了"。而且，他们预见到"计算机软件将是整个计算机的灵魂"。最终，他们获得了成功，他们使"微软"拥有了财富，使世界拥了"微软"。

联合国成立过程中的一件事可以让女孩认识到"预见能力"具有怎样的能量与威力，可以带来怎样的收益。

当第二次世界大战刚刚结束时，以美、英、法为首的战胜国几经磋商，决定在美国纽约成立一个协调处理世界事务的联合国。一切准备就绪之后大家才蓦然发现，这个全球至高无上、最权威的世界性组织，竟没有自己的立足之地。

买一块地皮吧，刚刚成立的联合国机构还身无分文；让世界各国筹资吧，此时的联合国刚刚成立，在世界上的威信还不足以伸手向成员国要钱而不产生不良影响。况且刚刚经历了第二次世界大战的浩劫，各国政府都财库空虚，甚至许多国家都是财政赤字居高不下，在寸金寸土的纽约筹资买下一块地皮，并不是一件容易的事情。联合国对此一筹莫展。

听到这一消息后，美国著名的家族财团洛克菲勒家族经过商议，果断出资870万美元，在纽约买下一块地皮，将这块地皮无条件地赠与了这个刚刚挂牌的国际性组织——联合国。同时，洛克菲勒家族亦将毗连这块地皮的大面积地皮全部买下了。

对洛克菲勒家族的这一出人意料之举，当时许多美国大财团都吃惊不已，870万美元，对于战后经济萎靡的美国乃至全世界，都是一笔不小的数目，而洛克菲勒家族却将它拱手赠出了，而且是无条件赠予。这条消息传出后，美国许多财团主和地产商名流纷纷嘲笑说："洛克菲勒家族干了只有笨蛋才会干的事！"并纷纷断言："这样经营不出10年，著名的洛克菲勒家族财团便会沦落为著名的洛克菲勒家族贫民集团！"

但出人意料的是，联合国办公大楼刚刚建成完工，毗邻它四周的地价便立刻飙升起来，相当于赠款数十倍、近百倍的巨额财富源源不断地涌进了洛克菲勒家族财团。这种结局，令那些曾经讥讽和嘲笑过洛克菲勒家族捐赠之举的财团和商人们目瞪口呆！

洛克菲勒集团的赠与是因为他超前的思维使他预见到了未来，看到了联合国的所在地必然会产生巨大的财富。如果联合国落户在其他地区或洛克菲勒家族没有买下周边的地皮，那么，他们的损失就不是870万美元了。

女孩们应该都知道，李嘉诚先生在创业之初曾尝试过不同的行业，但预见性很强的他在20世纪80年代初预测到"塑料花"将会掀起一场市场购买热潮。最后的事实证明了他的预见。现在我们已不常使用的塑料制花在那个年代以其逼真的造型、保存期长、色彩艳丽等特点而风靡一时，也为李嘉诚带来了一笔小财富，为他成功地投资房地产、股票等其他行业奠定了基础。

在日后的发展中，李嘉诚的超前思维和预见能力总能带领他的企业乘风破浪、奋勇向前。

1971年6月，"长江地产有限公司"正式成立，并决定集中人力、物力、财力发展房地产业。也就在这第一次公司的高层会议上，李嘉诚踌躇满志地提出：要以世界著名的"置地公司"为奋斗目标，不仅要学习"置地"的成功经验，还要超过"置地"的规模。李嘉诚超前的思维和远大的理想却招来了股东们的嘲笑以及公司管理人员的怀疑，其中有一位站起来质疑："与'置地'等地产公司相比，'长江'还只能算小型公司，如何竞争得过这个地产巨无霸呢？"

"能！"李嘉诚充满自信地回答，"世界上任何一家大型公司，都是由小到大、从弱到强。赫赫大名的遮打爵士由英国初来中国香港，只是个默默无闻的贫寒之士，他靠勤勉、精明和机遇，发展成巨富，创九仓（九龙仓）、建置地、办港灯（香港电灯公司）。我们做任何事，都应有一番雄心大志，立下远大目标，才有压力和动力。"顿了顿，他接着又说："当然，目前'长江'的实力，远不可与'置地'同日而语，'置地'的基地在中区，中区的物业已发展到了极限，寸金难得寸土，而寸土尺金。'长江'的资金储备，自然还不敢到中区去拓展，但我们可以向发展前景大、地价处在较低水平的市区边缘和新兴市镇去拓展，待资金雄厚了，再与'置地'正面交锋。"

事实证明，李嘉诚的抉择是正确的，公司成立之初自然不能与房地产界的大鳄"置地"硬碰，但他看到了地产在市区边缘和新兴市镇的发展前景也十分广阔。所以，他决定采取"边缘包围中部"的策略，积累资金，与"置地"抗衡。他的这种超前思维和预见能力注定他的事业会如日中天。

预见，女孩们也可以做到。只要你的观察足够仔细，思维足够灵活，决断足够果断，做事足够稳重。当然，预见能力也不是一蹴而就的，而是需要你在生活中培养自己的洞察力与分析问题的能力。只要你想做到，并不断地去努力，相信你会做得更好。

慎重对待每一个判断

有时，一个判断能够决定一个人的命运，所以对待每一个判断都要慎重。

首先，不要总对自己的判断感到怀疑。

女孩们几乎每时每刻都在进行判断、作决定，简单的如今天穿什么衣服，吃什么饭；慎重的如应该到哪所大学读书，读什么专业，是考研还是工作，等等。当我们已经成熟地考虑过问题，进而作出判断后，就不要总怀疑自己的判断了。

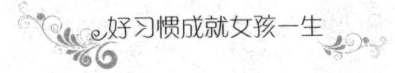

小娟在学校里是一个性格懦弱的人，她自己根本没有主见，总是优柔寡断、患得患失。这使得同学们根本不能信赖她。有同学请她吃饭，她会想到底去还是不去，去了怕同学会让她请客，不去又怕同学生气。就这么一件小事想来想去，最后告诉同学们："我不是不去，是因为还有事情要做。"同学请教她问题，她会想到底是告诉还是不告诉，如果告诉了怕同学超过自己，不告诉同学又怕同学说她无能，同学问了半天，她只是沉默不语。她就是这样一个人。

一次老师留了一篇文章，她写完了又改，改完了又写，总是认为不好。在临睡前，她又拿出来看，改了两句才睡。早上起来还是觉得不行，又拿出来修改，就是交到老师手里之前还改了一次。终于被老师拿走了，回到座位上她又觉得有些地方不好，于是跑到办公室告诉老师，她的作文还要改一下。

由于她这种犹豫不决的性格，使她很难得到同学们的信赖，所有与她认识的人，都为她这一弱点感到惋惜，直到现在她仍然是一个碌碌无为的人。

实际上，小娟要决定的不只是去不去吃饭、帮不帮同学、改不改作文，而是该选择哪一种生活方式。

一个办事果断的人，会得到人们对他的信赖，愿意和他做朋友或者与他合作，相反则会导致别人不愿与他接近或者共事。因为与总是犹豫不决、患得患失的人在一起没有安全感，你根本不知道朝令夕改的他会在什么时候改变主意。

恐惧、后悔、效率差，都和缺乏决断力有关。先耗了时间和精神去想该不该这么做，又要耗时间和精神去想要不要那样做。心情整日被这些事拖得沉沉的，人也变得疲惫不堪。因而，可能因为拿不定主意而爱听别人的意见、依赖别人，久而久之，你会变得更没有决断力。

因此，女孩一定要养成果断行事的习惯，既然拿定了主意，就不要再改变，不要给自己再留后退的余地。这样既可以增强你的自信，也可以博得别人的信赖。

优柔寡断的人需要改掉的是一整套的习惯。首先，遇到有小事要决定的时候，练习"快动作"，强制自己在某一时限内作决定，决定好了就不再改变。

当然，比较重大、长远的事不能如法炮制，不可能在有限的多少小时或多少分钟之内迅速决定学业、工作、婚姻之类的问题。不过，平时多采取快动作，可培养面临重大事项时的果断决策力。

除快动作训练之外，以下的方法也可促使你不对自己的判断感到怀疑。

1. 不要一出错就过于自责

如果你尽了全力去做一件事，就不要对自己求全责备，否则，长此以往，就会变成习惯性的自怨自艾了。谁都会犯错误，不要犯了错误就将自己看得一无是处。只要找到问题的根本所在，之后加以改正，尽量下次不再犯同样的错误就行了。

2. 不要追求十全十美

犹豫不决的人往往把事情设想得过于理想化，凡事都希望能做得比别人好，希望做得十全十美，因而时时害怕自己做得不够好。

3. 少征求别人的意见

你如果常常拿不定主意，一定有一批专为你提供意见的朋友。下次买东西的时候，尤其是衣服或装潢摆设之类表现你的个性的东西，别问人家的意见！学会自己作判断、作选择、作决定，相信自己的眼光。

4. 别模仿别人

你是不是一向都到你朋友说好玩的地方去度假？这回你自己挑个地方去。你是不是总喜欢按照姐姐的样子打扮？其实你穿牛仔裤会比穿公主裙更漂亮。你现在需要做的是让自我创造的原理产生作用：你要相信自己能想出好主意，也能作决定。照这个信念去做，这个信念就越来越稳固。

女孩们应该学会作选择，随后就应该相信自己的判断力。大家开始作决定的时候，可能会犹豫不决，但只要所做的事情是合法的，而且不危及人身安全，你应该相信自己的判断，并努力去做。

但是，不可否认的是，有时自己的判断会因为环境的不同、思维方式的不同而有偏差，这就需要女孩们谨慎，尤其是关系比较重大的事情，作判断更不能头脑发热、心血来潮或凭直觉。

成功就是一直领先半步

刚看到这个题目，有人就会问了：成功需要保持领先的优势容易理解，比如一个企业要在市场中立足、有大的发展，就要有领先的设备和生产技术，要有领先的管理模式，还要有领先的思维方式。但为什么偏偏是领先"半步"，而不是"一步"或"两步"呢？

这里说的"半步"，绝不是故弄玄虚地说文字游戏，而是有科学道理的。领先半步，既不是领先别人一步，也不是同步或滞后。这是一种理想的状态：不急不躁，不紧不慢，恰到好处，其实这正是思维超前的一种智慧。这是一个竞争异常残酷的世界，如果你过分超前，有可能会成为"出头鸟"，会引来不必要的麻烦。而只有适度超前才是最可取的方式，既不会引来别人的侧目或攻击，又能走在别人的前面。

在日本，被称作"电子之父"的松下幸之助，就是这样一位富有智慧、善于洞察未来的成功人物。每当人们问及他成功的秘诀时，他总是淡淡一笑，说："靠的是比别人走快了半步。"这就是松下幸之助的"金点子"。

1917年，松下幸之助在确立自己事业的方向上，靠的就是超前的思维方式和谨慎的决断力。严格地讲，松下幸之助能同电器结下不解之缘并没有必然的原因，他的祖上务农，父亲在贩米行工作，而他进入社会首先是涉足商业，所有这些都与电器制造相隔甚远，况且有关电的行业在当时只是凤毛麟角。然而，他深信电作为一种新式能源，给人类带来方便的同时，也会给自己带来更多的机遇。灿烂的电器时代如同电灯一样将会照亮人类生活的每个角落，因此，投身电器制造，也一定会前途光明。尽管在开始的时候，他

遇到了产品、资金等各方面的困难，然而，这种超前意识使他具有了坚定的信念和必胜的信心。正是由于"比别人走得快了半步"，才使得松下电器从无到有，从小到大。

第二次世界大战之后，遭受战争摧残的人民，尽管面对着经济的低迷，但是在盼望和平的日子里又重新燃起生活和工作的热情。睿智的松下幸之助又超前地看到新环境将带来世界性的家电热，这对于松下电器是一次发展壮大的难得的机会，挑战更是艰巨而又严峻的。松下幸之助正是凭借着"比别人走得快了半步"，大刀阔斧地进行机构调整和技术改革，从而使松下电器在新的挑战和机遇中得到了前所未有的发展。

松下幸之助在20世纪50年代第一次访问美国和西欧时发现：欧美强大的生产主要基于民主的体制和现代的科技，尽管日本在上述方面还相当落后，然而这一趋势将是历史的必然。松下幸之助正是超前地把握住了这一趋势，在日本产业界率先进行了民主体制改革。行政管理上给予产业充分的自主权，建立了合理的劳资体制和劳资关系；经济上他对日本的低工资制进行改革，使员工工资几乎接近美国水平，同时还建立了必要的员工福利制度，使员工的物质利益得到充分满足；劳动制度上实行每周5天工作日，这在当时的日本还是第一家。松下幸之助认为：这一改革并非单纯增加一天休息，而是为了进一步促进产品的质量，休息是为了更好地工作；愉快的假日情绪会带来更出色的工作效率。只有这样，生产才能突飞猛进，效益才能不断提高。

松下幸之助就是不断顺应时代要求，思路总比别人领先半步，并不断地将有价值的改革思路果断地运用到公司经营中，最终使得松下成为国际知名电器品牌。

许多杰出人士都深刻地理解领先半步的生存智慧。

杰出人士刘永好一向稳健的风格和超前的思维能力决定他不会是一位盲目的昙花一现的狂热企业家。他能够将"希望"和"新希望"经营得如此成功的秘诀及智慧所在就是：永远领先半步的超前思维。既不过分超前，引来旁人的侧目，成为先驱的实验品，也不可滞后，迟疑不决，反应迟钝，而是要"适度超前"。

新希望集团现在取得的辉煌，再一次确证了刘永好的"超前"思维在企业发展中的重要作用。

这个"超前"有一个非常微妙的尺度，对于他意味着"适度超前半步"。

例如，别人没有下海，他下海了；别人没有投资农业他投资了；别人没组建集团时他组建集团了；别人没有兼并收购，他已经兼并收购了多家企业；别人还没有在金融领域投资时，他已经成为民生银行大股东之一。

具有超前思维的刘永好，其判断总是与潮流存在一个时间差。例如多元化的说法甚嚣尘上时，他则专注于把饲料业做大；而最近一段时间，大家开始讲专业化时，刘永好又开始了向房地产、金融甚至高科技领域的渗透；当房地产成为暴利行业时，他拒绝加入；而当房地产进入微利时代时，他又加入战团，而且一出手就是成都最大的房地产项目。

刘永好的适度超前的思维理论，使得他的企业总是能在商场争夺战中稳中求胜，他始终明白该在什么时候进入某一领域，该以什么样的速度行进，"一直领先半步"的超前思维，就是快一点太冒进，慢一点太保守。这样的中庸之道既不激进又不落后，建立在这一理论之上的企业当然就长盛不衰了。怪不得有人这样评价刘永好：一个很有自豪感的人，一个很骄傲的人，一个很狂妄的人，但也是一个很谦虚的人。他的骄傲与狂妄使他敢于比别人快，敢于领先；他的谦虚又使他的头脑清醒，懂得"半步"哲学。他的这些特点也注定了他的"希望"总能让人充满希望。

女孩们可能还没有步入社会，或者刚刚踏进社会的大门还在寻找方向，但不论是在学习、生活，还是工作中，女孩们都应该学习这领先半步的智慧。它并不是商人的专利，而是适用于每一个人。

"笨鸟先飞早入林"告诉我们要领先，"木秀于林，风必摧之"讲的是领先的尺度要把握好。女孩们要随时保持领先的意识，因为有了想法和目标，才会更有动力去奋斗；但在前进的途中也要学会保护自己，领先半步才是恰到好处的。

在学习中，女孩们要领先。领先并不等于分高，领先是指主动地学习、开阔视野、提高综合素质。大家应该注重学习方法的选用，保持对学习的浓厚兴趣，多读经典书籍，多接触外面的世界，多参加有意义的课外活动，努力培养自己独立思考和动手的能力。

在生活中，女孩们要领先。大家要学会独立生活，自己管理好自己的事情，获得成功不骄傲，遇到挫折不气馁，争做生活的强者。

在工作中，女孩们也要领先。大家要制订好工作计划，并果断地将好点子运用到工作中。女孩们要培养敏锐的洞察力，保证在机遇来临时不错过；女孩们要培养果断的决策力，保证工作不能拖沓，思路有新意，创造有成效。

做到了这些，女孩们才能在这个竞争日趋激烈的社会中立于不败之地。

抓住灵感的火花

女孩们，当灵感如闪电、如火花一般在你脑中飞过，你能牢牢地抓住它吗？

灵感，又称顿悟，它是一种高度复杂的思维活动，是人们在实践活动中因思想高度集中而突然表现出来的一种精神现象。在创新性思维酝酿构思阶段，由于某种事物或现象的启发，促使创造者茅塞顿开，一下子突破了思维上的障碍，使思维跃进到明朗阶段，这种突变式的思维形式就称为灵感思维。

清代书法家郑板桥未成名时，成天琢磨前辈书法大家的字体，总想写得与前辈书法家一模一样。一天晚上睡觉，他用手指先在自己身上练字，朦胧之中手指写到妻子身上，妻子被惊醒，生气地说："我有我体，你有你体，你为何写我体？"妻子的话使他恍然大悟：应该自成一体，不能一味学人。在这种思想指导下，他刻苦用功，朝夕揣摩，最终成了我国著名的书法家。

苏联火箭专家库佐寥夫为解决火箭上天的推力问题而茶饭不思、寝食不安，妻问其

故后说："此有何难？像吃面包一样，一个不够再加一个，还不够，继续增加。"他一听，豁然开朗，采用三节火箭捆绑在一起进行接力的办法，终于解决了火箭上天的推力难题。

可见，抓住了灵感，你就抓住了通向成功大门的金钥匙。

有个公务员叫杰克，繁忙的工作之余最大的爱好便是溜冰。收入微薄的杰克为到溜冰场溜冰花费了不少钱，手头非常拮据。杰克最向往冬天，因为冬天可以到冰天雪地免费溜冰。可是春天一来，这些天然溜冰场便消失了。

有什么补救的办法呢？杰克针对"冰天雪地"冥思苦想，除了想到人工制造冰场的方案外，也没有什么好的办法。即使有了人工冰场，皮夹子空空的杰克也只能望场兴叹。

一天，杰克的头脑中突然闪过一个念头：我干吗老在"冰场"上兜圈子呢？溜冰溜冰不就是一个溜字吗？只要能让人的身体溜来溜去，不就是一种乐趣吗？

于是，杰克开始集中思考怎样让人"溜"起来。他在观察了会溜的玩具汽车后，突然一个灵感涌上来："要是在鞋子底面装上轮子，能不能代替冰鞋？这样的话，一年四季都可以溜冰了。"

经过几个月的努力，杰克终于把这种鞋做出来了。不久，他便与人合作开了一家工厂，专门生产这种被称为旱冰鞋的产品。他做梦也没想到，产品一问世，就成为世界性商品。没几年的工夫，杰克就赚进了100多万美元。

因为一个灵感，杰克发明了旱冰鞋，不仅方便了他人，自己也因此得到了丰厚的回报。

女孩思维活跃、灵感很多，但时常任其白白流逝，可采取以下计划来发掘捕获灵感：

（1）随时记录灵感。由于灵感具有稍纵即逝的特点，如果不及时记录，过后恐怕很难再回忆起来。所以许多杰出人物都非常重视灵感的记录。

托尔斯泰说："身边永远要带着铅笔和笔记本，读书和谈话时想到一些美好的地方、语言都要把它记下来。"

果戈理有一本厚达400多页的"万宝全书"，里面什么内容都有，上至天文地理，下至生活琐事，有时他外出散步，当听到或临时想起什么趣事，就快速跑回家，翻开这本"万宝全书"记下来。

法国物理学家安培有一次走在巴黎的大街上，忽然灵感油然而生，便在地上捡起小土块，在停在街边的一辆马车后板上演算了起来。

贝多芬有一次散步时忽然来了灵感，便蹲在地上写了起来，行人看见有人挡在路中央自然十分生气，但当大家看清是贝多芬时，便都停止了脚步，一直到贝多芬写完。

（2）多问自己几个"为什么"。如果不通过向自己提问许多"为什么"，历史上那些杰出人物就不会产生创新性的见解。

他们总是透过所有的表面现象去寻找真正的问题。他们从来不把任何事情看作理所当然的结果。

那些不明确的、看来似乎是一时冲动提出来的问题，往往包含着更多的创新性思维的火花。

（3）经常表达出自己的想法。女孩一旦有了想法，不管是什么样的想法，都要表达出来。如果是独自一人，就对自己表达一番；如果身处群体之中，就告诉其他人共同进行探讨。

你想要有创造力，就必须照料好大脑里每一株"杂草"，把它们当作一株株有潜在经济价值的新作物。

把你的不寻常的离奇想法说出来，把它们从头脑中解放出来。使你有机会更仔细、更充分地去审视、探索和品味，去发现它们真正的实用价值。

（4）永远充满创新的渴望。满足于现状，就不会渴望创造。时时保持创新的激情，灵感才可能出现。

展开想象的翅膀

对于女孩的丰富想象力，有人说它脱离实际、毫无价值。其实，这是一种片面的理解。人类离不开想象，它对现实生活有着推动和促进的作用，对科技的发展、文艺的繁荣、社会的进步有着功不可没的价值。

1861年，素有"科幻小说之父"之称的法国著名作家凡尔纳，曾在一部小说里描绘了以下想象：美国的佛罗里达州将设立一个火箭发射站，火箭从这里发射，飞往人们心仪已久的月球，他还具体描述了飞行员在宇宙飞船中失重的情景。

令人感到不可思议的是，刚好过了100年，到1961年，美国真的在佛罗里达州发射了人类第一艘载人宇宙飞船。而且，宇航员在太空的许多失重情景，竟和凡尔纳在想象中描写的差不多。

不仅如此，直升机、雷达、导弹、坦克、电视机等，也都在凡尔纳的小说中有了雏形。

第二次世界大战初期，德国人制造的潜水艇，与凡尔纳小说中描绘的相差无几。

第一个把宇宙火箭送上天空的俄国科学家齐奥尔科夫斯基，也是从凡尔纳的小说《从地球到月球》里得到启示的。

可见，想象能打破传统的束缚，创造出辉煌的成就。

罗特是一家制瓶厂的设计师。他有一位女友，身材健美且爱好打扮。一天，女友穿了一套膝盖上面部分较窄、腰部显得很有魅力的裙子来厂里看他。一路上，人们频频回头欣赏着这条裙子。

罗特也注意到这条裙子，他越看越觉得线条优美。他想，要是制成这条裙子形状的瓶子也许销路会不错。想到这里，他马上转身跑回设计室，连声"再见"也没说。女友也感到十分奇怪，很不高兴地独自走了。

罗特回到设计室就在图纸上画了起来。后来，这种瓶子制造出来以后，不仅外形美观，而且里面的液体看起来比实际分量要多。

不久，美国可口可乐公司看中了这种瓶子，并且以600万美元的高价收买了这项专

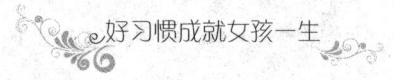

利权。

生活中，许多东西的发明都是得益于另一东西的启发，因此，要想有所成就，就需培养由此到彼的想象能力。

爱因斯坦曾说："想象力远比知识更重要。"

智慧比知识的水平更高，因为智慧就是创造力。那么，决定创造范围的想象力当然比知识更重要。但我们必须记住，知识是基础，也是绝不容忽视的。

为了使人类社会有更大的发展，我们需要极大的想象力。这就要求我们必须不断地进行思考训练，使自己的思想有飞跃的空间。由此，我们可以获得丰富的想象力。

拿破仑说："想象支配人类。"只要我们的想象力不衰竭，我们的创造力就永不会枯竭。致使人生能够长久地停留在"保鲜期"，保持活跃的思想、敏捷的行动，将"成功"事业进行到底！

女孩在加强想象力的培养方面应注意以下几点：

（1）在看到或听到故事或者任何事件的过程中，也要不断练习猜想的能力，多为下一步、下几步想想，养成预测的习惯，这有益于想象力的开发与培养。

（2）凡事都要问个为什么，养成好奇的习惯。这是激发想象的源泉，也是推动想象力发展的动力。

（3）想象的材料来源于客观现实，只有对现实认真观察，才能在头脑中留下关于客观事物的感性形象，感性形象太少，想象就难以丰富。

（4）比喻和类比是想象力的花朵。一般来说，善于打比方的人想象力都比较活跃，所以，平时在讲话和写作中，你不妨多用一些比喻和类比。

女孩要自己思考

女儿今年5岁了，马上就该上小学了。可是她太顽皮，一点都不听话，比猴子还淘气。为了不让女儿输在起跑线上，我就给女儿请了一个据说"很厉害"的家教，跟她说："你可以用任何方法，只要能管住这个野孩子就行！"

没过多久，这个家教就把我女儿训得跟霜打的茄子似的，时不时传出女儿的大哭大闹声。刚开始我还有些不忍心，但一想到女儿不能输在贪玩和任性上，就狠心装作没听见。

一个月过去了，女儿不哭了，让她干嘛就干嘛，变得非常乖。又过了一段时间，女儿变得更加文静了，连话都很少说，成天专心致志地学画画、学钢琴。

以前开饭的时候要满世界叫她，现在可好，我赶她出去玩吧，没多大会儿她自己就回来了，说没什么好玩的。我心里那个美啊。

转眼女儿上小学了，我对她很有信心，感觉已经把她调教得够好了。事实上也是这样，女儿学习很出色，很听老师的话。高兴之余，我总觉得什么地方不大对劲，一时半会儿又想不起来到底是哪儿不对劲。终于有一天，老师开家长会的时候跟我说了一件事。

老师说:"您的女儿虽然聪明,可是非常呆板。比如说上次让孩子们画画,很多孩子都动笔画了,您的女儿却不见动笔。我过去一问,您女儿说:'老师,您还没布置呢,我不知道该画什么。'我说:'想画什么画什么,自己拿主意就行。'您女儿却说:'我自己有什么主意啊?'"

听了老师的话,回到家我真想拉过女儿打她一顿,后来觉得应该给她个机会,就把她拉过来问:"女儿,1 加 3 等于几?"女儿低着头小声说了个 4,然后偷偷地拿小眼睛看我。我说:"不是 5 吗?"她就说:"是的,是的,是 5,妈妈我错了,是 5。"当时我那个气啊,女儿怎么变成了这么没主心骨了呢?我正要打她,心里"咯噔"一下:女儿变成这样,不都是我造成的吗?

女孩能听进父母的建议当然是好事,但是过于听话的孩子可能不仅仅在听取建议,同时也可能在逐渐的自我压抑中失去思辨能力。过于听话的女孩缺乏生命力。一般来说,太听话的女孩都有一种通病:缺乏激情。因为她们不管是学习还是做别的事情,都不是发自内心,而是为了满足父母及家人的期待。要做有出息的女孩,就要自己多动脑思考,有自己的主见,而不要凡事都听父母的,那样对自己的成长和事业发展都是极为不利的。

不少女孩之所以能成为活泼、具有反抗精神和思辨能力的人,实际上就因为她们在某一时期体验过自己的主张,并以这些实际体验为基础,通过进一步学习来表现自己的想法和主张。

女孩很早就开始思考这个世界,思考她遇到的一些事,并逐渐从这种思考中形成自己的想法。

有的父母比较强势,喜欢按照自己的意愿来控制孩子的头脑,这样做其实很伤害女孩,很可能她听话了、顺从了,但她的心灵却是一片空白。父母应当允许女孩把自己的意愿和想法表达出来。

美国总统富兰克林的母亲做得就很好。在一些非原则性的问题上,她只是给小富兰克林提些建议,她完全尊重富兰克林自己的意愿和想法。

富兰克林 5 岁时,有一天,他忧郁地对妈妈说:"妈妈,我不快乐,因为我并不自由。"母亲觉得自己可能对孩子管教得太严格了,导致孩子反抗她的管制。于是,她决定多给孩子一些自由。

第二天,母亲就开始这样做了,她对儿子的日常生活不作规定,让富兰克林自由地做他喜欢做的事情。

富兰克林似乎很高兴,并开始了他的自由生活。结果他发现,受人忽视的自由其实一点儿都不好玩,后来,他又开始让妈妈安排日常的生活。

要时刻保持怀疑的精神

琴纳是一位长期生活在英国乡村的医生，对民间的疾苦有着深切的了解。当时，英国的一些地方发生了天花，夺去了许多儿童的生命。琴纳眼看着那些活泼可爱的儿童染上天花，因没有特效药不治而亡，内心十分痛苦。

有一天，琴纳到一个奶牛场，发现一位挤奶的女工尽管经常护理天花病人，却从没有得过天花。这令琴纳很是疑惑，因为天花的传染性很强，究竟是什么原因让挤奶女工得以幸免呢？琴纳隐约感到这其中隐藏着什么。他仔细询问后得知，她幼时得过从牛身上传染的牛瘟病。这个发现使琴纳联想到了一个问题，可能感染过牛瘟病的人，对天花具有免疫力。

想到这一点后，琴纳感觉自己已经找到了解决问题的突破口，于是马上采取行动，大胆地试验。他先在一些动物身上种牛痘，效果十分理想。为了让成千上万的儿童不再受天花之灾，他顶住一切压力，在当时仅有一岁半的儿子身上接种了牛痘。接种后，儿子反应正常。但是，为了要证明小孩是否已经产生了免疫力，还要给孩子接种天花病毒，如果孩子身上还没有产生免疫力，那么，他的儿子也许就会被天花夺去生命。

为了千千万万的儿童能够健康成长，琴纳豁出去了，把天花病毒接种到自己儿子的身上。结果孩子安然无恙，没有感染上天花，琴纳的实验终于成功了。从此，接种牛痘防治天花之风从英国迅速传播到世界各地。

人们总是羡慕发明创造者，实际上，我们身边就有许多成功的机会，就看你善不善于捕捉它。捕捉成功的机遇，取得意想不到的创新成果，往往取决于我们有没有捕捉问题的敏锐头脑，有没有善于从司空见惯的现象中发现问题、捕捉疑点的慧眼，有没有在权威下过"结论"、做过"论断"的所谓"终极真理"面前敢于质疑的勇气。

古人云："学者先要会疑。""在可疑而不疑者，不曾学；学则须疑。"西方哲学家狄德罗曾经说过：怀疑是走向哲学的第一步。当我们能够提出自己的疑问，提出自己的质疑时，就说明我们对这个问题有了自己的独立思考，在此基础上，才能够找到新的方法，从而以最快的速度解决问题。

一切从怀疑开始，成功也要从怀疑开始。有了怀疑，才有世间万物的进步；有了怀疑，我们才能突破现状、超越前人，有了怀疑，我们才有追求成功的动力。

拿破仑·希尔说："思考能够拯救一个人的命运。"事实正是如此，有思考力的人才会有质疑精神，时刻发现问题，并具有创新精神，能主动掌控自己的命运。懒惰、平庸的人往往不是不动手脚，而是不动脑子，这种坏习惯阻碍他们走向创新；相反，那些最终能成大事者基本都在此前养成了勤于思考的习惯，善于发现问题、积极进行创新，努力地寻求解决问题的方法，甚至让问题成为改变自己命运的机遇。

女孩应该最大限度地鼓励自己和他人，大胆提出疑问，敢于否定以前的权威性观点，敢于说出自己独到的见解，这样才能牢牢地抓住成功的机遇，耕耘成功的果实。

第十二章

惜时如金

——帮女孩延长人生长度

时间在你眨眼时偷偷溜走了

时间是人们的生命存在的形式之一。生命与时间，紧紧相依连，失去了时间，生命便成了虚幻；没有了生命，时间也就丧失了意义。

时间是最长的，它无始无终。新星爆发形成了星云，地球出现了江河，大地萌发了生命，原始森林里走出了人类，时间依然年轻，就时间的过去而言，不知流逝了多少；就时间的将来而论，它永无止境。

时间又是最短的，此时此刻你看了几行字，一分钟便消失了；深吸一口气，又花了半分钟。当你坐在课堂里发呆时，当你和朋友海阔天空地谈论无聊话题时，当你伸懒腰时，当你眨眼睛时，你可知道时间已经从你身边偷偷溜走了吗？看看下面这个小故事会对女孩有怎样的启发。

在皮尔森先生的书店里，一位犹豫了将近1个小时的男人终于开口问店员了："这本书多少钱？"

"1美元。"店员回答。

"1美元？"这人又问，"你能不能少要点？"

"它的价格就是1美元。"没有别的回答。这位顾客又看了一会儿，然后问："皮尔森先生在吗？"

"在，"店员回答，"但是，他正忙着一本书的出版工作呢。"

"可我还是要见见他。"这个人坚持一定要见皮尔森。

于是，皮尔森就被找了出来。

这个人问："皮尔森先生，这本书你能出的最低价格是多少？"

"1美元25分。"皮尔森不假思索地回答。

"1美元25分？你的店员刚才还说1美元1本呢！"

"这没错，"皮尔森说，"但是，在你犹豫不决和与我讨价还价时，我的时间流走了，你要为占用我的工作时间付费，你不认为25分已经很便宜了吗？其他的话，我不多说了。"

这位顾客惊异了。他心想，算了，结束这场自己引起的谈判吧，他说："好，这样，你说这本书最少要多少钱吧。"

"1 美元 50 分。"

"又变成 1 美元 50 分？你刚才不还说 1 美元 25 分吗？"

"对。"皮尔森冷冷地说，"我现在能出的最低价钱就是 1 美元 50 分。"这人默默地把钱放到柜台上，拿起书出去了。

皮尔森用实际行为给这个男人上了令其终身难忘的一课：时间会在你做无意义的事情时流走，而流走的时间是无价的。

从此，这个男人争分夺秒地学习，最后终于成为一位有名的作家。

时间对人们来说就好比一笔财富。如果你不懂得珍惜，将钱用来买对你毫无价值的东西，起初你不会有所察觉，因为你的财产还有很多。但是，等到有一天，当你发现这笔财产已经被耗费得所剩无几时，想要再珍惜它就已经太晚了！我们对财富的消耗还能引起我们的警觉，因为它是一种有形的东西，但是，时间却看不见、摸不着，是一种无影无踪的东西，如果你不时时提醒自己，它就消逝了，而且根本不会引起你的警觉。

时间总在不经意间溜走，许多女孩对于光阴的流逝却很少在意，但是随着年龄的增长，时间就会越来越引起女孩的警惕，因为自己已经成为"时间强盗"的俘虏。

生活中有很多人甚至包括正在阅读的你，也许都有或多或少的丢三落四的习惯，这种坏习惯所带来的时间浪费值得引起我们的注意。比如，将当天用的课本落在宿舍，取书往返需要 10 分钟，这 10 分钟至少可以记忆 3 个单词。日积月累，丢掉的不只是几个单词、某件事物，而是时间，是知识，是金钱，是生命！

有的女孩喜欢睡懒觉，早晨赖在床上不起来。时间就在这种似睡非睡、迷迷糊糊的状态中流走了。一日之计在于晨，这是我们都明白的道理。早晨睡半小时懒觉的时间，你可以用来做 3 道数学题，朗读 1 篇文章，记下 10 个单词，而且效率要比平时高 30%。这样算来，你浪费的就不只是半小时时间这么简单了。

还有的女孩物品摆放没有规律。写作业时，找书本用去 5 分钟，找钢笔用去 3 分钟，之后又找铅笔、小刀、尺子、橡皮，等东西都找到了，20 分钟过去了。这些时间如果没有浪费，恐怕作业已经做完了。

还有做事磨蹭、发呆、闲聊等，这些都是女孩经常做而且十分浪费时间的事情。这就是我们所说的"时间强盗"。对付这些"时间强盗"最好的办法是：改掉丢三落四的毛病，早睡早起不赖床，将物品摆放整齐有规律，做事果断不拖沓，利用空闲时间做些有意义的事情，珍惜你拥有的每一分钟。

充分利用闲暇时间

如果你总感觉学习或工作的时间不够用，则不妨试试将闲暇时间充分利用起来。

　　闲暇时间也称作零碎时间，是指不构成连续的时间或一个阶段与另一个阶段衔接的空余时间。由于这样的时间不起眼，往往被人们毫不在乎地忽略过去。零星时间虽短，但若一日、一月、一年地积累起来，其总量也是相当可观的。充分利用闲暇时间，短期内也许没有什么明显的效果，但日子久了，一定会有惊人的成效。

　　我国宋代文学家欧阳修说："余平生所做文章，多在三上——马上、枕上、厕上。"

　　三国时董遇读书的方法是"三余"：冬者岁之余；夜者日之余；阴雨者晴之余。也就是说充分利用寒冬、深夜和阴雨天，在别人休息的时间发奋苦学，他还认为"三余广学，百战雄才"。

　　看来，闲暇时间里确实蕴藏着伟大的力量，它足以使你成为不同寻常的人。

　　著名美国作家杰克·伦敦的房间有一种独一无二的装饰品，那就是窗帘上、衣架上、柜橱上、床头上、镜子上、墙上……到处贴满了各色各样的小纸条。杰克·伦敦非常偏爱这些纸条，几乎和它们形影不离。这些小纸条上面写满各种各样的文字：有美妙的词汇，有生动的比喻，有五花八门的资料。

　　杰克·伦敦从来都不愿让时间白白地从他眼皮底下溜过去。睡觉前，他默念着贴在床头的小纸条；第二天早晨一觉醒来，他一边穿衣，一边读着墙上的小纸条；刮脸时，镜子上的小纸条为他提供了方便；在踱步、休息时，他可以到处找到启发创作灵感的语汇和资料。不仅在家里是这样，外出的时候，杰克·伦敦也不轻易放过闲暇的一分一秒。出门时，他早已把小纸条装在衣袋里，随时都可以掏出来看一看，想一想。

　　鲁迅先生说过："我把别人喝咖啡的时间都用到读书和学习上。"他几十年如一日，从不浪费一分一秒，为我们留下了700多万字的著作。就在他重病缠身的日子里，还在抓紧时间工作和学习，在逝世的前一天，还写了他最后的一篇作品《因太炎先生而想起的二三事》，真是惜时到了生命的最后一息。

　　有人算过这样一笔账：如果每天临睡前挤出15分钟看书，假如一个中等水平的读者读一本一般性的书，每分钟能读300字，15分钟就能读4500字。一个月是135000字，一年的阅读量可以达到1620000字。而书籍的篇幅从6万到10万字平均起来大约8万字。每天读15分钟，一年就可以读20本书，这个数目是可观的，远远超过了世界上人均年阅读量。然而这却并不难实现。

　　女孩们也可以效仿这些成功的伟人，充分利用自己的闲暇时间。已经有女孩开始这样做了，她们将外语单词和语法记在小本子上，将本子随身携带，等公交车时拿出来读一读，排队买饭时掏出来背一背，日积月累，她们的成绩有了显著的提高，这无疑要将一部分功劳归于闲暇时间的利用。

　　你一定不想落后，那就开始行动吧！让自己在闲暇时间里活动起来，相信你可以做到。

时间是"挤"出来的

有人说过这样一句话："时间像海绵里的水，需要时，挤一挤，它就会出来。"是的，利用时间的一个很好的办法就是去"挤"。

任何事物都有其与众不同之处，时间也不例外，时间在某种程度上说是有弹性的。它"有时过得慢一些，有时过得快一些。又有时，特别敏锐地感到时间的步伐，这时，时间飞驰而去，快得只来得及让人惊呼一声，连回顾一下都来不及；而有时，时间却踟蹰不前，慢得像粘住了一样，简直叫人难受，它突然拉长了，几分钟的时间拉成一条望不到头的线。"如果你抓住了它的特点，并善于利用它，那你就把握了运用时间的要领。你想成就事业，不但要养成惜时的习惯，同时也要抓住时间的特点，为自己赢得更多的时间、更多的机会。古今中外的成功者，正是利用时间的这种特征，不断充实时间的容量，充实自己生命的容量。

例如，著名电影艺术家夏衍在看一部片子之前，总会挤出一部分时间，先把影片说明书拿来，了解一下故事情节，然后自己设想：假使这个本子叫我来编，我该怎样介绍人物，怎样介绍时代背景，怎样展开情节，怎样表现人物性格，在心里打下了一个腹稿。而在电影开映之后，一边进行艺术欣赏，一边进行学习。

沈从文曾精辟地说："挤，工作要挤才紧张，时间要挤才充裕。"他还说："不挤才是不正常的，挤才是正常的，应该欢迎挤，要知道，挤是使人进步的一个重要因素。一个人一生多少是要对人民有点贡献的，都是靠挤时间创造出来的。一个人如果常年不挤，而是松松垮垮，他将一事无成，虚度年华，浪费了生命。可见，挤对人没有坏处。"

国外也有许多值得女孩们学习的"挤"时间的高手。

有一个人从 26 岁开始，每天都要核算自己所用的时间，每个月底做小结，年终做总结。难能可贵的是，他 56 年如一日，直到 1972 年去世的那一天都没有间断过。

他靠的是记日记。没有什么能打乱他的这一习惯——休息、看报、散步、剃胡须……甚至女儿找他问问题，他都要在纸上做记号，一丝不苟地记下用了多少分钟。

他想方设法充分利用每一分钟的"时间下脚料"：乘电车时复习需要牢记的知识；排队时思考问题；散步时兼捕昆虫；在那些废话连篇的会议上演算习题……读书时间盘算得更细，"清晨，头脑清醒，我看严肃的书籍（哲学、数学方面的）；钻研一个半小时或两个小时以后，看比较轻松的读物——历史或生物学方面的著作；脑子累了，就看文艺作品。"他算自己一个小时的看书进度是：数学书 4~5 页，其他的书 20~30 页。最令他自己满意的是 1937 年 7 月，"这个月我工作了 316 小时，平均每天 10.53 小时。如果把纯时间折算成毛时间，应该增加 25% ~30%。我逐渐改进我的统计。"

他统计自己 1966 年所用的基本科研时间为 1906 时，超出原计划 6 小时，平均每天工作 5 小时 13 分；与 1965 年相比，则超出了 27 小时。1967 年他 77 岁，他对这一年时间的统计是：读俄文书 50 本，用去 48 小时；法文书 3 本，用去 24 小时；德文书 2 本，用

去 20 小时；同朋友、学生往来用去 151 小时……

多么单调、枯燥的记录，像发电报一样乏味，像会计记账一样干巴，除了醒目的加减数字，没有一点人情世故。然而，这些都是这位学者"挤"时间的明证，我们从中可以看到他对待生活、对待事业严肃认真的态度，看到他对时间的无比珍视。

这个牢牢驾驭住了时间，创造出"时间统计法"的人，就是当代杰出的昆虫学家亚历山大·亚历山德罗维奇·柳比歇夫。

女孩们是否已经掌握了自己挤时间的方法？清晨漫步在校园时，边走边听外语广播，既锻炼了身体又训练了听力；休闲时，选择看外语原声电影，在放松娱乐的同时学习外语，是不是很不错的方式呢？

学会时间统筹

想一想，人的一生除掉幼年顽童期与老弱暮年期，能够用来学习和工作的时间只有短短的不足 50 年。而其中除却休息、吃饭、休闲娱乐、无聊发呆、交际的时间，所剩的可以有效利用的时间少之又少。而且，时间是一辆不会掉头的列车，错过了，就不会再追赶上。那么，要充分、合理地利用这有限的时间，学会时间统筹是必需的。

那么我们如何统筹安排自己的时间呢？

首先，我们头脑里面要对自己所做的事情有一个大致的轮廓。比如，今天都有哪些工作需要自己去完成？完成这些工作大概又需要多长的时间？我们还会有多少由自己个人支配的时间？

接下来，我们就可以放手做需要做的事情了。但是在做某件事情的时候，就要把其他额外的想法都放下，把自己的精力全部集中在这件事上面，专心致志地做你现在的这份事情，这个时候，心里只有工作，这样我们就能够提高效率了。

当完成某件事情之后，我们就可以把自己从紧张的状态中解脱出来，彻底地放松一下自己了，比如，到了星期天，我们就可以睡个懒觉，或者去郊外呼吸一下新鲜的空气，或者听听音乐，听听自己喜爱的流行歌曲，或者也可以上上网，和朋友们聊聊天，以各种方式放松自己。只有休息好了，我们才可以让自己在学习、工作中保持充沛的精力。

关于时间统筹，下面有几条准则，你不妨试试看。

1. 明确目标，制订计划

时间统筹的第一项法则是设定目标、制订计划。目标能最大限度地聚集你的时间。因此，只有目标明确，才能最大限度地节省和控制时间。

人生的道路，时间和价值是存在对应关系的。有目标，一分一秒都是成功的记录；没有目标，一分一秒都是生命的流逝。爱默生说："用于事业上的时间，绝不是损失。"

每天都应把目标记录下来，并且把行动与目标相对照。相信笔记，不要太看重记忆，养成凡事预先计划的习惯；不要定"进度表"，要列"工作表"；事务要明确具体，比较大或长期的工作要拆散开来，分成几个小事项。

玛丽凯说："每晚写下次日必须办理的6件要务，挑出了当务之急，便能照表行事，不至于浪费时间在无谓的事情上。"

确定每天的目标，养成把每天要做的事情排列出来的习惯，把明天要做的事，按其重要性大小编成号码，第二天上午头一件事是考虑第一项，马上去做，直至完毕；接着做第二项，如此下去。

可以将事情按计划有序地完成，并且可以提高办事效率。

合理运用时间，可以让你生命中的每个日子都值得"计算"，而不要只是"计算"着过日子。女孩要学会制定可行性目标的尺度，并将每天的目标作出详细的实现计划。天天有目标，时时有计划，这样就能珍惜自己的时间，永不浪费。

2. 轻重缓急，主次分明

学习生活中你也许会对那些成绩优异的学生的精力感到惊奇，他们每天有那么多的活动安排，却还能将自己的时间分配得有条不紊，不仅能轻松完成作业、阅读自己喜欢的书籍，并且还有时间休闲娱乐，难道他们一天不是24个小时吗？其实，答案是他们比别人更懂得"要干最重要的事情"。

列出你今天、这一周和这个月要处理的事情，在一张纸上画出4栏，并在左上角贴上"重要而且紧急"的标签，你应在这一栏内填入必须立即处理的事情，并依次写下每项事情的处理日期和时间。

在右上角贴上"重要但不紧急"的标签，并填入必须做但不必立即处理的事情，同样依次写下每项工作的处理日期和时间。你应每天审查一下这一栏的事情，看会不会有事情变成"重要而且紧急"的项目。

左下角贴上"不重要但却紧急"的标签，在这一栏中所填写的，都是一些必须立即处理的琐事，诸如某人需要你的建议，有人要你马上去买一些小东西，等等。

最后，在右下角贴上"不重要也不紧急"的标签，你当然可以让这一栏一直空着，反正写在这一栏的工作，都是你可以不必在意的，但本栏的目的在于告诉你事实上有许多事情是属于"不重要也不紧急"的项目。

3. 分配时间，提高效率

如果你把最重要的任务安排在一天里你干事最有效率的时间去做，你就能花较少的力气，做完较多的工作。何时做事最有效率、最对自己的胃口，因各人的生物钟不同而有差异，我们要根据自己最佳的学习状况，最充分地利用最有效率的时间。当你面前摆着一堆事情的时候，应先问问自己的学习习惯，哪一些时间做什么事最有效？大凡成功者都是码放时间的高手。据说，1902年，著名科学家科尔在纽约的一次学术报告会上，曾轻松地走到黑板前，很快列出了两条算式，两次计算结果相同，证明2的67次方减去1是合数，解决了200多年来一直被当作质数的谜，使与会者不禁叹为观止。有人问他为此花了多少时间，科尔回答说："3年内的全部星期天！"

每个人的生物时钟不同，但大体上是有相通性的。一般来说，人体在早晨9点到11点，下午2点到5点的注意力是比较集中的，这时也是工作效率最高的。当然，也有人在晚

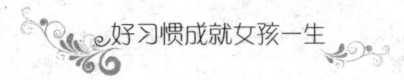

上甚至深夜时头脑最清晰，思路最敏捷，往往一些很有创意的设想就是在这个时间段迸发出来的。那么，仔细考察一下自己的状况，拿出最有效率的时间做最重要的事吧！

大家都知道华罗庚的时间统筹实验。浇水、择菜、学唐诗，很简单的事情，采用时间统筹的方法便可以节省很多时间，并且将事情做得有条不紊。他的实验告诉了女孩们一个道理，时间统筹可以让你在最短的时间做最多的事，而且每件事都可以做得很出色。

女孩不妨亲自试试看！

❦⟡⟡ 为实现计划挤时间 ⟡⟡❧

随着我们年龄的增大，要面对的事情也会越来越多，那么如何分配好自己的时间，在有限的 24 小时内做好自己需要做的事情呢？在此可以送给你一个字：挤。

没错，就是要挤时间。时间是挤出来的。

不相信吗？你不仅要完成老师布置的作业啊。即便希望自己有 48 个小时，这当然不可能，爱因斯坦虽然提出了相对论，不过他也做不到。那么怎么挤时间？

很简单，为时间做一份详细的计划表。而且计划表最好能够分等级，比如说大的等级可能是这一年内我要实现什么目标：比如语文成绩提高 20 分。接下来就是一些更细的计划：为了年末的语文成绩能提高 20 分，我要全面提高基础知识部分的得分，估计为 5 分；作文部分的得分，力求提高 10 分；阅读理解部分的得分，也是提高 5 分。

然后，怎样才能提高基础知识的得分呢？每月学习 30 个新字新词，平均下来每天一个字或词。每月看一本世界名著或者中国名著。这个可以计划为每天放学后阅读半个小时或者一个小时，具体时间看书的厚度和页码来定。每月自己给自己加 10 个阅读理解的练习，每隔两天做一次，每次时间大约为半小时，定在吃中饭后午休前的休闲时间。

现在我们再来看看上面的计划，算是很详细而且有层次。从年到月再到天，甚至小时。计划这么细而全的好处是，既能保证做到切实可行，又能有目标。人们在做一件事情的时候一旦有了目标，就不会觉得盲目而不知所从了。

大目标，比如这里的年计划，需要很强的意志力和耐心去坚持，而这些坚持只要每天认认真真地完成一个一个的小目标就可以了，这样算下来，大目标变得不再遥远而不可为了。你要做的，就是脚踏实地地做好每一步。

当然，在计划执行的时候，常常会碰到意外情况，这可能会打乱你已经做好的计划。那怎么办呢？

首先，要冷静，不要浮躁。如果可以，最好每个月调整一下计划，并且在计划里预留一些可能会发生的意外情况，别把时间排得太满，比如，某个中午该做阅读的时间，临时去做数学老师发的试题去了，那么就改为第二天中午，或者当先下午。总之，尽量不要破坏整个计划的进度。如果你订的那个计划，执行了一周，发现很多地方都完成不了，那么可以在周末，利用放假时间，好好调整原有计划，重新制定一个可以落实的。

要能落到实处，是制订计划的首要原则。不然，订了等于没订，就可能给自己带来沮丧感。

另外，制订计划的又一个原则是：充分利用白天的时间。科学研究表明，白天学习一个小时几乎等于晚上学习一个半小时。白天学习的效率还是很高的。所以，白天能做的事，别拖到晚上再去做。

当然，"身体是革命的本钱"，这句话什么时候都不过时，所以，女孩再怎么挤时间，也不能挤了应该休息的时间，能吃能睡，才能好好学习。

睡觉前后，我能做点什么

据心理学家试验研究表明，在睡前和刚刚醒来后学到的东西，保持记忆的时间最长。我们完全可以利用这些片段的时间来学些东西。科学上叫作"睡前醒后学习法"。

那么，为什么睡前醒后的记忆相对能保持得最长呢？

研究发现，人的大脑在睡眠期间，大脑皮层的神经细胞会受到抑制，转入抑制状态，也就是大脑皮层的活动比起人醒着的时候要缓慢得多。所以，入睡前，如果学习一些东西，这些信息会因为神经细胞的抑制而不受到干扰，清晰地记在大脑皮层上。如果睡醒后，我们试着去回忆入睡前看到的知识，会发现能很清楚地分辨出自己记住了哪些，遗忘了哪些。

这个原理其实也可以根据记忆的干扰理论来解释。记忆的干扰理论认为：先学习的材料会对人们回忆后学习的材料产生一定的干扰作用。当然了，后学习的材料也有可能对先学习的材料起一定的干扰作用。在这里，干扰作用不利于我们记忆东西。

而我们睡觉休息的时候，由于大脑皮层的活动规律，早晨醒来后，大脑还没有接受外界刺激的时候，我们便去回忆前天晚上临睡前学到的东西，这时记忆的干扰作用降低，从而使记忆量保持最大。

有的认知神经科学家说，人在半睡半醒的时候的记忆是隐性记忆，耗能少，效率高。这可能也是某些学生在临睡前对一个数学题冥思苦想都得不到解决的方法，等睡了一觉，第二天醒来，竟奇迹般地想通了，会做了！可能睡眠中记忆也在帮忙呢。

所以，女孩们完全可以用这段时间来学习一些较难的记忆内容，比如背外语单词，背语文课文，记数理化公式。

如果是记忆外语单词的话，量不要过多，20到30个就行。并且最好能做到把常用的搭配及用法——做动词还是形容词或者名词使用——记住，同时建议临睡前看着英文中文含义。而到第二天早上起来，还是复习这些单词。最好先仍然从英文想中文含义，并且尽力回忆它们相关的常用搭配和用法，然后再多做一步，从中文想到英文。到了第二天晚上，重复一遍中文到英文的过程，这样，这20到30个单词的记忆就会非常牢固。

如果是语文课文呢，就没这么复杂，重复背诵就好了。

数学公式等等也是这样。当然，可以想想白天老师是怎么推导这些公式的，以及通常在解答什么类型的题目时需要用到这些公式，这样，就不会出现单纯地为了背公式而

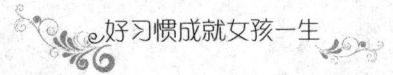
背公式，到最后，背出了公式仍不会用的情况。

至于用它来听英语广播，有的专家甚至认为，如果是播放效果好的工具，可以让它整夜开着，这样会不知不觉提升英语的语感。不过，最好别戴耳机，因为久了可能会造成听力下降。所以，最好是外放。声音也不能太大，不然不仅吵到别人，你自己也可能半夜被惊醒。

其实，女孩每天满足 8 个小时的睡眠就可以保证学习时所需要的精力了。如果能把每天躺在床上发呆的时间或者数绵羊的时间用来学习，长期坚持下去，你会发现有意想不到的收获。

不过，不能走极端，把睡觉的时间"挤"出来学习哦，不然就得不偿失了。

到了睡觉的点，有困意的时候可以随时放下书本安心睡觉。

合理规划你的时间

卡耐基建议奋斗者不妨列出一张时间管理的 "master list"（总清单），也就是你必须要把当前所要做的每一件事情都列出来。

卡耐基提醒人们，在干工作中，我们不需要一天到晚像个陀螺一样转个不停，而应着手对身边的事情有个较分明的安排，分清先后缓急，一件一件地去落实，不要同时被几件事情纠缠得焦头烂额，慢慢地你会得心应手越干越好，你就会更轻松，也就更有效率了。

看看卡耐基先生一天的 "master list" 吧！

上午 6:00~7:00，起床并去散散步或长跑。

上午 7:00~7:30，洗漱并吃早点。

上午 7:30~8:30，走进办公室并整理办公桌。

上午 8:30~11:30，办公并接待来访人员。

11:30~12:30，下班回家或进快餐店吃午饭。

午休、下午上班，处理事务。

晚上，看新闻电视节目，读书和写作。

23：00，准时休息。

卡耐基先生把自己的一天安排得井井有条，非常充实，这样时间的运用效率肯定特别高。

管理学大师彼得·杜拉克曾说过："不能管理时间，便什么也不能管理。时间是世界上最短缺的资源，除非严加管理，否则就会一事无成。"

一个人的生命是有限的，能力、精神也是有限的，不可能将面对的每件事不分轻重、大小、缓急都统统做完，特别是一些无关紧要的、既耗精力又费时间的事情，如庸俗的应酬、没日没夜地打麻将，等等。孟子说："人有不为也，而后可以有为。"因此，一个人置身于纷繁芜杂的世间万象中，就要排除其他干扰，专心致志地"有所为"。

利用时间是非常重要的，一天的时间如果不好好规划，就会白白浪费掉，就会消失得无影无踪，我们就会一无所成。

成功与失败的界线在于怎样分配时间，怎样安排时间。人们往往认为，这儿几分钟，那儿几小时没什么用，其实它们的作用很大。

对于每个成功的人来说，时间管理是重要的一环。时间是最重要的资产，每一分每一秒逝去之后再也不会回头。因此，有必要高效地利用你的时间。

那么如何才能让你的时间走上正轨呢？

1. 善于利用"生物钟"

根据许多学者的研究发现，按照人的心理、智力和体力活动的生物节律，来安排一天、一周、一月、一年的作息制度，能减轻疲劳，提高学习成绩和工作效率。

以记忆力为例，一天 24 小时中有 4 个高潮期：

第一个高潮期是清晨 6~7 点，大脑已在睡眠中做完了对前一天所输入信息的"整理、编码"工作，暂时没有新信息干扰，此时记忆的印象最清晰。

第二个高潮期是上午 8~10 点，人体经过苏醒后几小时的轻微活动，精力进入旺盛期，大脑处理记忆材料的效率最高，是短期记忆的最佳时间。

第三个高潮期是傍晚 6~8 点，为长期记忆的最佳时间。

最后一个高潮期是晚上 10~11 点（或入睡前 1~2 小时），记忆以后随即入睡，不受新信息干扰，有利于大脑对所记忆的材料进行深加工。

至于大脑潜力发挥的时间段，则因人而异。通常可分为 3 类：

一类是早睡早起型，此类人清晨精力充沛、思维活跃、灵感频生。

二类是"夜猫子"型，他们一到夜深人静时，大脑皮质就进入条件反射下的最佳兴奋状态。

三类是混合型人，占大多数，大脑潜力发挥的最佳时间段不很明显，一般在上午 10 点和下午 5 点左右较佳。

了解了大脑的生物钟运行规律，女孩们不妨来个"对号入座"，看看自己属于哪一类型，并根据人体"生物时钟"刻度上的最佳时间，相应调整学习和工作时间，将收到事半功倍的效果。

2. 计划时间

所有的足球教练都在赛前向队员细致周密地讲解比赛的安排和战术。而且事先的某些计划也并非一成不变，随着比赛的进行，教练一定会根据赛情做某些调整。但不可忽视的是，比赛开始前一定要做好计划。

你最好给你的每一天和每一周定个计划，否则，你就只能被迫按照不时放在你桌上的东西去分配你的时间，也就是说，你完全由别人的行动决定你办事的优先与轻重次序。这样你将会发觉你犯了一个严重的错误——每天只是在应付问题。

为你的每一天定出一个大概的工作计划与时间表，尤其要特别重视你当天应该完成的两三项主要工作。其中一项应该是使你更接近你最重要目标之一的行动。在每个周日按照这个办法定出下一周的计划。

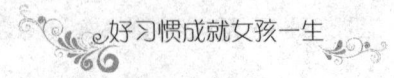

3. 分配时间

英国教育家赫伯特·斯宾塞说："必须记住我们学习的时间是有限的。时间有限，不只由于人生短促，更由于人事纷繁。我们应该力求把我们所有的时间用去做最有益的事情。"

"好钢用在刀刃上"，在有限的时间里优先办理重要的事情，时间的利用率就越高，反之，如果把大部分时间用在琐碎的事情上，时间的利用率就越低。

聪明人往往会抓住重点、远离琐碎。我们青少年最好也能把本年度的目标写出来，找出一个核心目标，并依次排列重要性，然后开始用自己 80% 的时间来做 20% 最重要的事情，这样才能一步一步地把事情做得有节奏、有条理，达到良好结果。

4. 附加条件

为了掌握恰到好处地处理时间的艺术，请试着遵守以下几点建议：

（1）不断提醒自己，掌握好时间在做事时具有重要意义。

（2）和自己订一项条约，这就是当你被愤怒、恐惧、嫉妒或者怨恨的漩涡所驱使时，千万不要做什么或者说什么。

（3）加强自己的预见能力。未来并不是一本关闭上了的书，大多数将要发生的事都是由正在发生的事所决定的。

（4）学会忍耐。一个人必须明白，过早地行动往往是欲速则不达。

（5）学会做一个局外人。以一个局外人的角色去了解其他人是怎样看问题的。

女孩要成为时间的主人，就要合理规划你的时间，这样才能拉长时间的弹性，才能有更多的时间去干自己想干的事。

科学计算时间，用好 20/80 法则

雷巴柯夫曾经说过："时间是个常数，但对勤奋者来说，则是个变数。"

要科学地支配时间，时间管理者就必须彻底清除含糊不清、陈旧的计时单位和计时方法。诸如"一会儿给你打电话"、"走了一会儿啦"，"吸支烟的工夫"，等等。这些表示时间的单位和方法，写小说可以，作为生活习惯就不适合了。一顿饭可以吃 10 分钟，也可以吃 2 小时，甚至更长，用"吃顿饭的时间"来描述时间长短是极不准确的。这些含糊不清的时间概念，在高科技时代必须彻底丢弃。

200 多年前俄罗斯军事家苏沃洛夫说："一分钟决定战斗结局，一小时决定战局胜负"，"我不是用小时来行动，而是用分钟来行动的"。战争如此，任何事亦需如此。

现代社会对时间的计算要求越来越精确。现在所用的雷达测距、测速，核潜艇的导航，多弹头导弹的制导，允许误差不得超过 100 万分之一秒。飞往火星的飞船在时间计算上假如有千分之一秒的误差，则飞船偏离轨道 15 千米。因此在高科技领域里，计时出现了毫秒、微秒、毫微秒、微微秒。

法国哲学家爱尔维修说得好："实际上，大多数人的幸福或不幸，主要区别于这 10

个或 12 个小时使用是否巧妙。"精确地计算时间，可以杜绝时间使用上的无计划状态，可以堵住浪费时间的漏洞，可以把全天每个环节富余下来的分分秒秒的零碎时间，拼接成大的"时间板块"，去干更有价值的事。节约了时间就等于创造了时间，赢得了时间就等于赢得了主动。成功者与失败者的区别也就在这里。

爱迪生从小就对很多事物感到好奇，而且喜欢亲自去试验一下，直到明白了其中的道理为止。

长大以后，他就根据自己这方面的兴趣，一心一意做研究和发明的工作。他在新泽西州建立了一个实验室，一生共发明了电灯、电报机、留声机、电影机、磁力析矿机、压碎机等总计 2000 余种东西。爱迪生的强烈研究精神，使他对改进人类的生活方式，做出了重大的贡献。"浪费，最大的浪费莫过于浪费时间了。"爱迪生常对助手说，"人生太短暂了，要多想办法，用极少的时间办更多的事情。"

一天，爱迪生在实验室里工作，他递给助手一个没上灯口的空玻璃灯泡，说："你量量灯泡的容量。"他又低头工作了。

过了好半天，他问："容量多少？"他没听见回答，转头看见助手拿着软尺在测量灯泡的周长、斜度，并拿了测得的数字伏在桌上计算。他说："时间，时间，怎么费那么多的时间呢？"爱迪生走过来，拿起那个空灯泡，向里面斟满了水，交给助手，说："里面的水倒在量杯里，马上告诉我它的容量。"助手立刻读出了数字。

爱迪生说："这是多么容易的测量方法啊，它又准确，又节省时间，你怎么想不到呢？还去算，那岂不是白白地浪费时间吗？"助手的脸红了。

爱迪生喃喃地说："人生太短暂了，太短暂了，要节省时间，多做事情啊！"

这个故事告诉我们一个道理，人生的意义就是抓紧时间做事。

有一个"剪时间尺"的游戏可以阐明人生就是时间的意义，很通俗，也非常形象。

首先，你要准备一把 80 厘米长的软尺。假如你有 80 岁寿命，那么每 1 厘米就代表 1 年，1~20 岁可能是你不能自主的，截下不谈。现在你的软尺有 60 厘米，表示你 20~80 岁的时间。你 60~80 岁这 20 年是老年时期，处于半退休或退休状态，所以你可以用剪刀把软尺上表示你 60~80 岁 20 年时间的 20 厘米剪去。现在你的软尺只剩下 40 厘米——你一生的黄金时间。

一般人平均每天睡眠 8 小时，一年 365 天，一年平均的睡眠时间约是 1/3，40 年中睡眠时间是 13 年，软尺便剩下 27 厘米。

一般人每天早中晚三餐，平均需要 2.5 小时，一年大约用去 912 小时，40 年便是 36480 小时，相当于 4 年时间，所以请你把软尺剪去 4 厘米，现在的软尺还剩下 23 厘米。

在交通上，如今一般人每天用于交通的时间平均为 1.5 小时，现在你问一问自己每天用在交通方面的时间有多少？如果答案是 1.5 小时，40 年便是 2.19 万小时，等于 2.5 年。请你在软尺上剪下 2.5 厘米，现在软尺剩下 20.5 厘米了。

如果你每天用于与朋友聊天闲谈、打电话的时间，或平时闲聊的时间是 1 小时，40

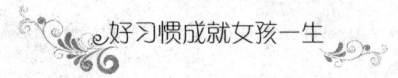

年就用去了 1.46 万小时，等于 1.5 年，那么现在你的软尺应该剩下 19 厘米。

此外，据统计，一般人平均每天花在看电视上的时间接近 3 小时，而一些事业有成的社会精英则每星期少于 1 小时。假设你每天平均看电视 3 小时，40 年所用去的时间就是 4.38 万小时，亦即等于 5 年时间。请你在软尺上剪去 5 厘米，现在它剩下来的应该是 14 厘米。也就是仅有 14 年时光……

上述计算方法很精准，对一般人而言并没有夸大其词。试问：以这短短 14 年时光去养活自己 80 年的人生，可能吗？

答案是不可能的。这个游戏告诉女孩们：人生就是时间，能够精确地计算时间，合理地利用时间，才能把握人生存在的价值。

试问时间哪里来，水在海绵挤出来

时间到底是什么呢？时间对于不同的人有不同的意义。对于活着的人来说，时间是生命；对于从事经济工作的人来说，时间是金钱；对于做学问的人来说，时间是知识；对于无聊的人来说，时间是债务；对于青少年来说，时间是财富，是资本，是命运，是千金难买的无价之宝。

可是，许多女孩总抱怨时间不够用，但是那些伟人怎么可以有那么多的时间，那么大的成就呢？

美国近代诗人、小说家和出色的钢琴家爱尔斯金曾讲过钢琴教师卡尔·华尔德对她的启示：

"一天，卡尔·华尔德给我授课的时候，忽然问我每天要练习多少时间钢琴，我说大约每天三四个小时。

"'你每次练习，时间都很长吗？是不是有个把钟头的时间？'

"'我想这样才好。'

"'不，不要这样！'他说，'你长大以后，每天不会有长时间的空闲的。你可以养成习惯，一有空闲就几分钟几分钟地练习。比如在你上学以前，或在午饭以后，或在工作的休息时间，5 分钟、5 分钟地去练习。把小的练习时间分散在一天里面，如此弹钢琴就成了你日常生活中的一部分了。'

"当我在哥伦比亚大学教书的时候，我想从事兼职创作。可是上课、看卷子、开会等事情把我白天晚上的时间占满了。差不多有两个年头我一直不曾动笔，因为我总是找不到时间。后来才想起了卡尔·华尔德先生告诉我的话。

"到了下一个星期，我就按他的话去实践。只要有 5 分钟左右的空闲时间，我就坐下来写 100 字或短短的几行。出人意料的是，在那个周末，我竟积累了许多的稿子准备修改。

"后来我用同样积少成多的方法，创作长篇小说。我同时练习钢琴，发现每天小小的间歇时间，足够我从事创作与弹琴两项工作。我的教授工作虽日益繁重，但是每天仍有许多可资利用的时间。

"利用短时间，其中有一个诀窍：就是要把工作进行得迅速，如果只有5分钟的时间供你写作，你切不可把4分钟消磨在咬你的铅笔上面。只要思想上有所准备，到工作时间来临的时候，就能立刻把心神集中在工作上。卡尔·华尔德对于我的一生有极大的影响。由于他，我发现了极短的时间，如果能毫不拖延地充分加以利用，就能积少成多地供给你所需要的长时间。迅速集中脑力，并不像一般人所想象的那样困难。"

莎士比亚曾说过："时间是世人的君王，是他们的父母，也是他们的坟墓，它所给予世人的，只凭着自己的意志，而不是按照他们的要求。"我们要学会做时间的主人，有效地支配它。

历数古今中外一切有大建树者，无一不惜时如金。古书《淮南子》有云："圣人不贵尺之璧，而重寸之阴。"汉乐府《长歌行》中有这样的诗句："百川东到海，何时复西归？少壮不努力，老大徒伤悲。"晋朝陶渊明也有惜时诗："盛年不重来，一日难再晨。及时当勉励，岁月不待人。"唐末王贞白《白鹿洞》诗中更有"一寸光阴一寸金"的妙喻。法国作家巴尔扎克把时间比作资本。德国诗人歌德把时间看成是自己的财产。鲁迅先生对时间的认识更深刻，他说："时间就是生命。无端地空耗别人的时间，其实无异于谋财害命。"

那么如何才能使自己拥有更多的时间呢？

1. 善于利用零碎的时间

成功的时间管理者想把任何一个空闲时刻都利用起来。

将利用零碎时间养成一个习惯，就是在衣袋里或手提包里，经常不忘携带一些东西，如图书、笔和小记事本，这样你就可以在排队时，在候机时，在乘公交车上下班时，不会无所事事地空耗时间了。"集腋成裘"、"聚沙成塔"一样适用于时间。

零碎时间的利用也包括用一些"非正规"的时间去做一些事。例如上洗手间，据说国外有一位首相就是利用如厕时间学习英语的。他每次从英语词典上撕下一页，然后进卫生间。上完卫生间，这一页也读完、记住了，于是把这一页送入下水道。他就是这样学完了一大本英语词典。

2. 少说废话

名人之所以能成为名人，伟人之所以能成为伟人，有一个共同点，那就是：他们都能很好地运用自己的时间，他们都懂得一切从现在做起的道理。

在时间的运用上，成功人士非常认真地对待每一分每一秒，尤其是当前的时间利用，而不是将时间用在说许多的大话、空话或者是无期望达到的计划上。

一位青年人向爱因斯坦询问道："先生，您认为成功人士是如何成功的，有无秘诀？"爱因斯坦非常认真地告诉他："成功等于少说废话，加上多干实事。"

3. 挤出点滴时间

时间对于每个人来说都是公平无私的，只要你愿意，就能挖掘出更多的潜在时间，扩大时间的容量，用挤出来的时间去实现更高的梦想。

我们每天只要挤出微不足道的1分钟，一年就可以挤出大约6小时的时间。如果每

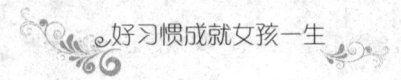

天能挤出 10 分钟，那就是相当可观的一个数字了。一周工作 5 天，每天工作时间为 8 小时，而一天中再挤出 10 分钟，那么一年就可以增加 5 天多的工作时间。再者，即使再忙，每天可支配的零星时间至少有 2 个小时。如果你从 20 岁工作到 60 岁退休，每天能挤出 2 个小时，有计划地从事某一项有意义的工作，那么，加起来就可达到 29200 小时，即 3650 个工作日，整整 10 个年头！这是一个多么诱人的数字，足可以干一番事业。难怪发明家爱迪生在他 79 岁时，就宣称自己是 135 岁的人了。由此可见，时间的弹性是很大的，只要我们善于挤时间，便能大大增加时间的容量。

4. 灵活应用松散时间

这里所讲的松散时间，是指人们的大量工作时间处于很松弛的时候。比如学习的压力不大，那么这种情况下就应当考虑如何有效利用这些时间。

刘小姐在行政机关单位上班，她每天的工作就是接一接电话，分发报纸信件，以及通知别人各有关事项。工作虽然轻松，但时间却不能少花，每天早晨 8 点半钟就要上班，12 点按时下班。下午 2 点上班，一直到 6 点才下班。

对于刘小姐来说，这些工作量不大，做起来不很费力气。真正把工作量压缩起来，一两个小时就能做完。但是，行政机关的工作性质决定了她必须按点坐班，另外，随时都可能有电话来通知事情。这样刘小姐只能寸步不离地待在办公室。

为了有效地利用好这些空闲的时间，刘小姐在工作不受影响的情况下，学习了自学考试的课程，在两年的时间内就拿下了大学本科考试的结业证。

在人们一天的工作或生活中，不可能每时每刻都处于紧张的状态。根据人们从事的工作，有的需要集中精力，注意力高度紧张，才能完成。而有的工作不需过于集中精力，只要稍微注意即可。而且在一天的工作中，每个时候的工作要求也是不一样的，你可以适当放松一下，那么，这些松散时间就要合理安排。

小心时间陷阱，警惕时间"窃贼"

时间是宝贵的，浪费一分一秒都是犯罪。但是人们往往在不知不觉中与时间擦身而过，浪费了时间却还蒙在鼓里。

那么时间是如何在不知不觉间被浪费掉的呢？

1. 做事情漫不经心

有些人对时间漫不经心，抱着随便打发的无所谓态度，这是缺乏人生价值观念的表现。其口里经常念叨的是：做点什么呢？打发打发无聊的时间。而且在时间管理上，就是有事业心的人，有时也会因漫不经心而丧失时间。因此，要追求高速，就要特别注意漫不经心给我们设下的陷阱。

2.不会自我约束

每个人都有兴趣爱好，喜欢做那些自己感兴趣的事，并乐此不疲，越是年轻人，这种爱好表现得越强烈。我们都可能有这方面的感受，当看到一本精彩的散文而入迷的时候会手不释卷，不顾其他；当球迷球兴正浓时会放弃本来打算要做的事。在工作中，如果有几件事摆在面前由我们选择，我们往往会选择自己感兴趣的，有时候就忽略了它是否紧迫和重要。这些首先满足自身欲望的行为方式，常常使我们掉进时间陷阱，把该办的事拖延下来，造成了整个计划的被动。

因此，要跨越时间陷阱，就必须努力培养自我约束能力，改掉不良嗜好。要能抵抗兴趣偏好的诱惑，哪怕正在进行的活动是如此令人愉快，应该结束时就要适可而止；哪怕有的事情是自己乐意做的，只要它比起其他事情来还不那么紧迫和重要，就应该毫不犹豫地放下它。

3.遇事墨守成规

有些人工作起来，从不知变通。对于这种情况，只要采取果断的办法，轻、重、缓、急分类处置，对可办可不办的事交由别人去办；对可阅可不阅的，不去阅览；抓住重要的事情认真处理，对次要的则快刀斩乱麻，才能卸掉重压，以更多的时间去做更重要的事。

4.凡事喜欢亲历亲为

产生事事亲为的原因很多，主要在于：首先是不知道时间运筹术，即不知道自己有多少时间，过多地把工作包揽到自己身上，不管能否胜任，有些不重要的琐事由自己来做是否值得，不知道自己的任务是统领全局而不是亲历亲为。其次是按自己的行为模式要求旁人，错误地注重表现而忽略结果。再次是只看到节省时间于一时一事，只看到自己动手可以免掉督促、检查和交代的时间，没有看到一旦让别人去做之后，再碰到类似的工作，就可以不再亲自动手，最终会为自己赢得更多的时间。

要是你希望把时间纳入掌握之中，就不能有亲历亲为的念头。否则你将会失去生活乐趣，繁重的工作会使你压得喘不过气来。

5.等待

生活中有许多时间都消磨在等待中了。等待的确是白白浪费时间，但我们也可以把它看作是一种超脱了日常的繁忙而得到的一份额外的时间馈赠。养成随身携带钢笔、明信片和邮票的习惯。当你在医院候诊室等着看病时，就可以利用这一小时的时间给朋友们写信，或带一本书看。你也可以带着一个笔记本，这样，当别人无聊地一遍遍翻着旧杂志的时候，你的一部著作说不定就在这里诞生了呢。

6.做些无望的空想

我们的生命时常消耗在对明天的期待上，这样，我们就忘记了要好好利用眼前的时光。而时间是一去不复返的。为什么因焦急地盼望下周或明天就不珍惜现有的时间？如果我们能深刻理解现在是连结过去和将来的重要环节，我们就能更有效地利用眼前的光阴了。我们真应该说："谢谢你，今天。"

7.犹豫不决

悬而未决的问题缠身往往会影响你的工作，使你在能自由支配的宝贵时间里变得心

不在焉。关键不在于你是否有问题要解决，而在于它们是不是你一个月或一年前就已经有的老问题。如果是长期以来一直没解决的问题，那么它们消耗了你多少时间和精力啊？你至少应该解决一些这类老大难的问题，使自己舒舒服服地生活下去。

当你拿不定主意时，其实完全可以缩小你的选择面，迅速作出决定。干脆、果断至少可以在生活的某一方面使你受益匪浅。

8. 不停地看电视

最近一项调查表明：在美国，普通家庭平均每天看电视的时间在 7 小时以上。虽然看电视是一种人们开心解闷的消遣，但是这却太耗费我们的时间了。为了避免那些毫无意义的节目，最好的办法是事先看看节目报，挑选那些你感兴趣的节目，而把省下来的时间更有效地加以利用。

9. 做事无的放矢

攻读一个学位要多长时间？完成一项工作要多少时间？你能照料多大面积的菜园？你有多少个晚上能用来参加社会活动？你还想做更多的事吗？精心地制订你的计划是减轻负担，节省时间的关键。

科学支配时间

女孩们，你们了解时间的真正价值吗？

哲人伏尔泰问：

"世界上，什么东西是最长而又是最短的；最快的而又是最慢的；最能分割的又是最广大的；最不受重视的又是最受惋惜的；没有它，什么事情都做不成；它使一切渺小的东西归于消灭，使一切伟大的东西生命不绝？"

智者查帝格回答：

"世界上最长的东西莫过于时间，因为它永无穷尽；最短的东西也莫过于时间，因为人们所有的计划都来不及完成；在等待着的人看来，时间是最慢的；在作乐的人看来，时间是最快的；时间可以扩展到无穷大，也可以分割到无穷小；当时谁都不重视，过后谁都表示惋惜；没有时间，什么事都做不成；不值得后世纪念的，时间会把它冲走，而凡属伟大的，时间则把它凝固起来，永垂不朽。"

时间无限，生命有限。在有限的生命里把时间拉长的人就拥有了更多做事情的本钱。

生活中，时间的敌人有很多：

找东西。因为自己没有条理地随意堆放东西，所以找东西变得很困难。

时断时续。分配的学习、工作总是不能一气呵成。

偶发延误。对事情没有预先的准备和预料，措手不及。

贪沉，懒惰。

活在记忆里。对过去犯过的错误和失去的机会耿耿于怀，或者空想未来。

患得患失，瞻前顾后，拖拖拉拉。

缺乏理解就匆忙行动。

消极情绪。消极情绪使人失去干劲，学习、工作效率下降。

事无轻重缓急。

另外，以下原因也会造成时间浪费：承诺太多，贪多嚼不烂，夸夸其谈，应酬过多，个人组织能力不佳，缺乏目标，缺乏优先等级，缺乏完成期限，缺乏所需资源等。

有一些小建议，女孩不妨尝试一下：

每天要早起，这样坚持下去就可以节约许多时间。

午餐要适量。午餐不可吃得太多、太饱。否则到下午容易打瞌睡，学习、工作效率会降低。而学习、工作效率的降低，本身就是浪费时间。

要学会浏览报纸，不能事无巨细全部看完，这样会浪费时间。

要掌握快速读书的方法，从而获得书中最主要观点和内容。

不要花过多的时间在电视机上，只要看一看有关新闻和关于学习、业务方面的节目即可。

对自己的习惯要经常进行反省，好的保留，不好的坚决改掉。

别空等时间。假如必须花费时间进行等待，如等车、等电话等，应当把等待当作是构想下一步学习、工作计划的良机，或者用它来看书看报。

把表拨快5分钟，每天提早开始学习、工作。

经常装着一些空白卡片，以便随时记下各种有价值的资料，以备使用。这样可以节约大量的翻阅报刊的时间。

在每月制订计划时要有弹性，最好在计划中留出空余时间，以便应付紧急情况。

在完成重要事情、项目以后，要进行适当的休息，以求得学习、工作和休息的平衡。

对难度较大的问题要智取，不要蛮干。

一次最好只专心致力于一件事。

对自己的每一项事情都要确定完成的期限，要尽可能在期限内把它完成，绝不可超过期限。

珍惜每一分钟

在美国近代企业界里，与人接洽生意能以最少时间产生最大效率的人，非金融大王摩根莫属。为了珍惜时间他招致了许多怨恨。

摩根每天上午9点30分准时进入办公室，下午5点回家。有人对摩根的资本进行了计算后说，他每分钟的收入是20美元，但摩根说好像不止这些。所以，除了与生意上有特别关系的人商谈外，他与人谈话绝不在5分钟以上。

通常，摩根总是在一间很大的办公室里，与许多员工一起工作，他不是一个人待在房间里工作。摩根会随时指挥他手下的员工，按照他的计划去行事。如果你走进他那间大办公室，是很容易见到他的，但如果你没有重要的事情，他是绝对不会欢迎你的。

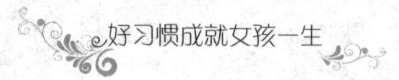

摩根能够轻易地判断出一个人来接洽的到底是什么事。当你对他说话时，一切转弯抹角的方法都会失去效力，他能够立刻判断出你的真实意图。这种卓越的判断力使摩根节省了许多宝贵的时间。有些人本来就没有什么重要事情需要接洽，只是想找个人来聊天，而耗费了工作繁忙的人许多重要的时间。摩根对这种人简直是恨之入骨。

每一个成功者都非常珍惜自己的时间。无论是老板还是打工族，一个做事有计划的人总是能判断自己面对的顾客在生意上的价值，如果有很多不必要的废话，他们都会想出一个收场的办法。同时，他们也绝对不会在别人的上班时间，去海阔天空地谈些与工作无关的话，因为这样做实际上是在妨碍别人的工作，浪费别人的生命。

浪费时间就是挥霍生命

一位作家在谈到"浪费生命"时说："如果一个人不争分夺秒、惜时如金，那么他就没有奉行节俭的生活原则，也不会获得巨大的成功。而任何伟大的人都争分夺秒、惜时如金。"

"浪费时间是生命中最大的错误，也最具毁灭性的力量。大量的机遇就蕴含在点点滴滴的时间之中。浪费时间是多么能毁灭一个人的希望和雄心啊！它往往是绝望的开始，也是幸福生活的扼杀者。年轻生命最伟大的发现就在于时间的价值……明天的财富就寄寓在今天的时间之中。"

人人都须懂得时间的宝贵，"光阴一去不复返"。当你踏入社会开始工作的时候，一定是浑身充满干劲的。你应该把这干劲全部用在事业上，无论你做什么职业，你都要努力工作、刻苦经营。如果能一直坚持这样做，那么这种习惯一定会给你带来丰硕的成果。

歌德这样说："你最适合站在哪里，你就应该站在哪里。"这句话可以是对那些三心二意者的最好忠告。

明智而节俭的人不会浪费时间，他们把点点滴滴的时间都看成是浪费不起的珍贵财富，把人的精力和体力看成是上苍赐予的珍贵礼物，它们如此神圣，绝不能胡乱地浪费掉。

无论是谁，如果不趁年富力强的黄金时代去培养自己善于集中精力的好性格，那么他以后一定不会有什么大成就。世界上最大的浪费，就是把一个人宝贵的精力无谓地分散到许多不同的事情上。一个人的时间有限、能力有限、资源有限，想要样样都精、门门都通，绝不可能办到，如果你想在某些方面取得一定成就，就一定要牢记这条法则。

学做时间的主人

一个人真正拥有，而且极度需要的只有时间。其他的事物多多少少都部分或曾经为他人拥有。像你呼吸的空气、在地球上占有的空间、走过的土地、拥有的财产等，都只是短时间拥有。时间如此重要，但仍有很多人随意浪费掉他们宝贵的时间。

太多人浪费 80% 的时间在那些只能创造出 20% 成功机会的人身上；雇主花费太多时间在那些最容易出问题的 20% 的人身上；经纪人花费太多时间在不按时参加演出工作的演员或模特儿身上；政治家花费多数时间为 20% 的有问题或就是问题本身的人运作议事，而那些人甚至不是当初投票给他们的选民。玛丽·露丝在《节约时间与创意人生》一文中写道："我的工作有一部分是市场咨询，常常要和人们讨论如何建立事业。我通常会建议他们，可以自由运用自己的时间，但最重要的时间应该优先留给那些帮助自己建立事业、认真想成功和愿意协助自己达到成功的人身上。"

提高时间效率的方法

把所有的时间都看作是有用的。尽量从每一分钟里得到满足，这种满足是多方面的，它不仅包括取得一定的成就，也包括从消遣中得到的快乐，等等。

要善于在枯燥无味的学习、工作中发现能够引起自己极大兴趣的因素，这样可以大幅度地提高效率，从而大大节约时间。

作为一个终生乐观者，尽量把烦恼和忧愁从自己的心中排除出去，这样就可以做到每一分钟都过得有意义、有价值。

一定要寻求取得成功的有效途径，把所做的一切工作都建立在期望成功的基础上。

不要在惋惜失败上浪费时间。如果经常因为某些事情的失败而惋惜，这本身就是浪费时间，而且还会造成心理上的压力。

遵守时间

就是在最近，一位朋友向周总推荐了一位印刷公司老板。这位老板知道周总的公司在印刷方面花了不少钱，想争取到周总的生意。他带来了精美的样本、仔细计算好的价钱建议和热情的许诺。周总有礼貌地坐着，尽管他未到会前就决定不把生意交给他，因为他迟了20分钟才来。准时取得周总公司的印刷品是十分关键的。周总公司的产品的印刷部件星期三送到，星期四装订，星期五发送到下星期出席的座谈会地点，迟一天就跟迟一年那么糟糕。周总的公司可能要十多位工人在既定的一天才将销售信、订货单叠好塞进信封，如果印刷品没运到，啥事都干不成。所以，由于那位印刷公司老板第一次会议就不能准时出席，周总就推断出不能指望他能把工作干好。

许多你想打交道的精明、成功和有影响力的人士，并没什么"系统"去判断别人和决定买谁的东西，与谁做生意，帮助或信任谁。如果你不是守时者，别人会对你作负面评价。可以说遵守时间是一个有助于打动别人的简单方法。

守时就是遵守承诺，按时到达要去的地方，没有例外，没有借口，任何时候都做到。如果你对别人的时间不表示尊重，你别指望别人会尊重你的时间。如果你对自己的时间不尊重，你就没有影响力、没有道德的力量。但守时的人会取得职员、助手、货商、顾客……每一个人的好感。

诚实守信是一种美好的品德，更是做人的基本原则。近年来，诚实守信在社会上的被重视程度逐渐提高。

很多人能够认识到诚实信用的重要性，也希望自己能够成为一个有诚信的人。但不少人认为诚信的原则只是在大事中才能体现，而事实上要做到诚实守信，必须从小事做起。

约会准时问题是我们最常遇到的诚信问题之一。每逢节假日，朋友约好了出去是常事。

事先我们都会定好时间和地点，可是到了时间后，总会有人迟到甚至不去。"起床晚了""路上堵车""自行车坏了"……迟到者总是有千万条理由——搪塞焦急等待着他们的人。更有甚者，参加活动的多数人都已到达，他却迟迟不露面，一个多小时过去了，该君来电话宣称自己"不想去了"，苦等半天的众人此刻的兴致已经扫去了不少。若是有多几人也"不想去了"，精心准备的活动也许就此泡汤。参加约会的应该都是交情不错的朋友，对待自己的朋友尚且这样，可见诚信的观念并未深入他们的内心。以如此草率的态度对待朋友间的约定，久而久之，这些人离背信弃义就不远了。其实，若是你真的有事情会影响你赴约，早一些告诉同行的人就会避免类似的局面出现，而你也算是坚持了诚信的原则。

生活中类似的问题还有许多，对于小事不加以重视的我们就这样一次次抛弃了诚信。我们在今后要做的，就是在小事上提高自己的注意力，将诚信的原则渗透到我们生活中的每一个细节。特别需要注意的是，在生活中，我们也许都会有过失信于人的经历，有些人会因此"破罐破摔"地反复践踏诚信，但实际上，我们人应当以亡羊补牢的态度在今后的生活中努力改变自己失信的习惯。

时间是最公正的消耗品，它不会因权贵、贫贱、俊丑而"短斤少两"。一样的品质，一样的尺度，在它面前人人平等。

时间最珍爱爱惜它的人们。声色犬马、碌碌无为，时间就会从你的身边悄悄溜走；不断学习，充实自己，你就会觉得时间在有意为你放慢步伐。

守时能使人生活不懒散，进而奋发积极；守时是对他人守信，必能获得人和；守时是守法的基本，自能受人尊敬。有时，守时也关系到国家的安危。战国时期，各诸侯国征战不休，连吃败仗的齐景公派田穰苴将军，与宠臣庄贾领兵回击。受景公宠爱的庄贾因骄横狂妄，未按约定时间到达军营，田穰苴因此将庄贾就地斩首。由此可知，守时是自古以来，攸关成败安危的重要关键。

守时是社交的礼貌：跟别人约好时间，就不能迟到。常有人约会迟到了，就振振有辞地说：因为堵车、因为临时有电话、因为出门前有访客……这些都不是理由，不浪费别人的时间，才是最好的理由。你已经与别人约好了时间，就不能迟到，因为这是失礼的行为，而且在商场上，如果迟到了，必然因此会丧失合作的机会，所以守时是社交的一种礼貌。

守时是生活的义务：在职场上，上下班要守时，交货、付款要守时，这是职业的基本道德；在生活中，上下飞机、搭乘火车、参加社会活动都要守时，这是国民基本的礼仪；学生上下学要守时，吃饭、睡觉、交作业、交试卷，也要守时，这是女孩应有的学习态度。

守时是领导的需要：守时，就是惜时，就是对他人及对自己的尊重。一个领导者，要能让部属对他服从，守时是最基本的要件之一。如果领导者上班迟到，开会也迟到，便会让部下对他的言行不信任，甚至于也会对他的能力产生怀疑。

守时是人类的文明：守时是文明进化的产物，愈是先进的国家，对守时的观念愈是注重。俗语说，时间就是金钱，凡事讲求高效率的现代社会，守时已是做人处事、交际往来的重要课题；在分秒必争、讲究服务的今日，守时已是代表信用、重视顾客，以及对他人尊重的行为表现。

成功的秘诀在于守时，有时间观念，这是一种信用。

未来从现在开始

以前有一首特别有名的诗，不知道女孩们是否记得：

明日复明日，明日何其多！

我生待明日，万事成蹉跎。

世人皆被明日累，明日无穷老将至。

晨昏滚滚水东流，今古悠悠日西坠。

百年明日能几何？请君听我《明日歌》。

这是明代钱福写的一则《明日歌》，这首歌旨在告诫人们珍惜今日。珍惜当下，不要将事情拖到明日去做，明日复明日，长此以往，万事皆成蹉跎。

与之相对应，明代文嘉又写了一则《今日歌》，内容为：

今日复今日，今日何其少！

今日又不为，此事何时了？

人生百年几今日，今日不为真可惜。

若言姑待明朝至，明朝又有明朝事。

为君聊赋《今日诗》，努力请从今日始。

特蕾莎修女和他们的思想一样，她说，世界上最美好的一天就是"今天"。为了把握好生命中的每个今天，特蕾莎修女为"今天"做了详尽的安排：

早上4点半，起床，做默想和晨祷。6点钟参加清晨弥撒，然后做杂务——有时是打扫院子，有时是清理厕所。7点半吃早点。8点钟开始服务工作——有时去麻风病院照顾病人；有时去安息之家服侍和安慰垂死者；或者去弃婴之家照料孩子；或者去贫民区帮助穷人；或者到医院、学校去查看，每一天她都会去不同的处所服务。对她而言，只要是对人有帮助的事，就没有一件是卑下的。

中午，午饭后休息半小时。

下午，参加一小时的集体祈祷，然后读《圣经》，或其他神修著作，接下来处理修会里的杂务。有时候修会里来了很多客人，人们急切地等着见她。她没有会客室，就站在教堂外的走廊里和客人说话。

晚上，晚饭后半小时做杂务，然后参加集体敬拜圣体的仪式，最后以集体晚祷结束一天。夜里10点钟，修女们就寝之后，她还必须在那间只有一桌一椅的斗室里继续工作——有许多来自世界各地的信件等着她处理，她必须持续工作到深夜。

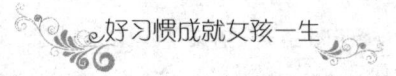

时间对特蕾莎修女来说是极其宝贵的，以至于吃饭都被她认为是对时间的一种浪费。她甚至付诸行动把一日三餐减为一日一餐，致使教皇亲自出面干涉，她才不得不放弃。

我们知道，时间对每个人都是公平的。历史上凡是有成就的人都是善于抓住"今天"的人。

人们问富兰克林："你怎么能做那么多的事呢？""您看看我的时间表就知道了。"他的作息时间表是什么样子的呢？5点起床，规划一天事务，并自问："我这一天要做些什么事？"上午8点至11点，下午2点至5点，工作。中午12点至1点，阅读、吃午饭。晚6点至9点，用晚饭、谈话、娱乐、检查一天的工作，并自问："我今天做了什么事？"

朋友劝富兰克林说："天天如此，是不是过于……""你想爱生命吗？"富兰克林摆摆手，打断朋友的话："那么别浪费时间，因为时间是组成生命的材料。"

富兰克林说："把握今日等于拥有两倍的明日。"今天该做的事拖延到明天，然而明天也无法做好的人，占了大约一半以上。不能做好今天的事，就可能无法做大事，也可能永远无法成功。所以，应该经常抱着"必须把握今日去做完它，一点也不可懒惰"的想法去努力才行。歌德说："把握住现在的瞬间，你想要完成的事务或理想，从现在开始做起。只有勇敢的人身上才会有天才的能力和魅力。因此，只要做下去就好，在做的过程当中，你的心态就会越来越成熟。那么，不久之后你的工作就可以顺利完成了。"

正像李大钊所说，我以为世间最可宝贵的就是"今"，最容易丧失的也是"今"，因为它最容易丧失，所以更觉得它宝贵。时间并不能像金钱一样让我们随意储存起来，以备不时之需。我们所能使用的只有被给予的那一瞬间，也就是今日和现在。如果我们不能充分利用今日而让时间白白虚度，那么它将一去不返。

比照他们，我们又在做什么呢？"就还有这么点，明天再说吧！""这么多，反正今天也做不完，明天再继续吧！""这个不着急，明天再开始也不晚。"诸如此类的话几乎成了我们的口头禅。这样日复一日，最后我们发现堆积在我们手上的工作越来越多，不知道该从哪儿下手。其实，所谓"今日"，正是"昨日"计划中的"明日"；而这个宝贵的"今日"，不久将成为遥远的过去。对于我们每个人来讲，得以生存的只有现在——过去早已消失，而未来尚未来临。昨天，是张作废的支票；明天，是尚未兑现的期票；只有今天，才是现金，是有流通性的有价值之物。

不要肆意挥霍你手中最珍贵的今天，在女孩们还可以自由地支配它的时候，让它发挥最大的作用，成就自己青春的梦想。

第十三章

自律自制

——让女孩的人生远离放纵

烟酒不是你的朋友

预言家说："未来人类毁灭的危机只有两个：一个是资源枯竭而引起的战争，另一个是滥用成瘾物而导致的逆向进化。"这并非危言耸听，在和平的环境下，疾病确实是一个最恐怖的杀手，而致命的疾病又多半是由不良的生活习惯引发的，吸烟酗酒就是普遍存在的一个坏习惯。

一项针对青少年烟草使用情况的最新调查显示，中国 20% 以上的初中生尝试过吸烟，其中有相当比例的人已表现出今后吸烟的倾向。青少年吸烟在中国已成为一个不容忽视的问题。在被调查的近 12000 名 13~15 岁初中学生中，有 32.5％的男生和 13％的女生尝试过吸烟。开始吸烟的平均年龄仅为 10.7 岁。超过一半的学生说他们在一周内至少有一天会生活在烟雾缭绕的环境中。

苏联有一名青年在吸一支大雪茄烟后死去；英国一位长期吸烟的 40 岁健康男子，因从事一项十分重要的工作，一夜吸了 14 支雪茄和 40 支香烟，感到难受，经医生抢救无效死去；法国的一个俱乐部举行一次吸烟比赛，优胜者成功地吸了 60 支纸烟，但未来得及领奖即死去，其他参加比赛的人都因生命垂危，不得不被紧急送到医院抢救。

1 支香烟所含的尼古丁可以毒死 1 只小白鼠，20 支香烟中的尼古丁可以毒死 1 头牛。人的致死量是 500 毫克，相当于 20~25 支香烟的尼古丁含量。如果将 1 支雪茄烟或 3 支香烟的尼古丁注入人的静脉，3~5 分钟内即可致死。

为什么会这样呢？原来尼古丁是烟草植物为防虫害而生成的一种天然物质，致命性为砒霜的 3 倍。吸入第一口烟后 8 秒钟，尼古丁就开始影响大脑，人开始上瘾。调查还发现，吸烟与致癌有一定的关系，不同的吸烟方式能决定肺的表面接触致癌物程度的高低，从而诱发某些种类的肺癌。

再来说说酗酒对青少年的危害，先来看一个例子。

上海儿童医院陈付国博士曾遇到过一位9岁的小"酒仙"，只要有人让他喝酒，不论什么酒端起来就下肚，颇有点"千杯不醉"的味道。原来只是亲友聚会时，家长为了逗乐，让他敬酒或陪大人喝，但后来孩子渐渐对酒成瘾，并最终因为经常头痛被送入医院。

据介绍，酒精进入人体内主要由肝脏进行分解，最终代谢产物为二氧化碳及水，对机体不能提供任何营养成分。一次过量饮酒可对肝、肾造成损害，并影响脑细胞代谢。青少年正处于生长发育阶段，各脏器功能还不是很完善，此时饮酒对机体的损害尤为严重。有人做过试验，青少年即使少量饮酒，其注意力、记忆力也会有所下降，思维速度将变得迟缓，严重影响青少年的智力发育。此外，青少年对酒精的代谢解毒能力低，饮酒过量轻则会头痛，重则会造成昏迷甚至死亡。

不少人认为少量酒精刺激能使人注意力集中，但是实际结果并非如此。少量酒精仅有一些镇静作用，摄入较多则对记忆力、注意力等有严重伤害。饮酒太多会造成口齿不清，视线模糊，失去平衡力。对于肝脏来说，长期大量饮酒，不可避免地会导致肝硬化或急性胰腺炎的发作。从皮肤方面说，酒精是血管扩张剂，可使身体表面血管扩张，身体组织过分散热，造成天冷时全身冰冷，体温过低。大量饮酒的人还会发生心肌病，更会导致严重胃炎及胃出血，给人体造成极大伤害，也给公共安全增添隐患。

由此可见，抽烟酗酒对青少年的成长绝对是个毒害，女孩们千万不要自以为青春年少，朝气蓬勃，认为疾病离我们还很远，就随心所欲，放纵自己。对自己负责，对社会负责，赶紧远离烟酒的毒害吧！

不上毒品的圈套

电影院里正在播放一个关于禁毒的影片：

一些贩毒分子通过各种运输通道，把摇头丸、海洛因、冰毒等各种毒品进行买卖，获取大量不义财富；吸毒的人则为了买毒品而倾家荡产，一无所有，为的是那一时的快活，换来的则是终生的痛苦和懊悔。吸毒者家破人亡，为了钱而抢劫绑架，最终被送进了牢房，或在痛苦孤独中死去。

至此你可能会对贩毒者、毒品深恶痛绝，对受害者充满同情和怜悯，但是你不会将情节与自己的生活联系，因为毒品离我们很遥远。事实真是如此吗？

长沙市一所中学的13名学生在为朋友庆祝生日的时候，居然带上毒品在一家娱乐场所内集体吸食。这13人中有11人还不到18岁，最小的年龄只有14岁。他们相约到×体育场旁的酒吧里给一个女同学过生日。为寻求刺激，他们一起凑钱购买了K粉和摇头丸。

毒品离我们很近，它无声无息地进入了我们的幸福生活。好奇无知、涉世不深，是接触"白色幽灵"的主要原因。我们的生理、心理都未完全成熟，又乐于探索一切新鲜

事物，再加上不了解吸食毒品的危害性，毒品便顺势打开了缺口。有的人把吸毒看成时尚、有个性，殊不知吸毒是违法行为，是在往绝路上走。

一名16岁的男孩小华虽然从小爱玩好动，但学习成绩还算不错。一次，在游戏机房里，小华认识了一群"哥们儿"。他们吸毒的样子，引起了小华的好奇。当"哥们儿"怂恿他一起试试的时候，小华毫不犹豫地伸出了手。有了第一次，就有了第二次、第三次。后来，为了弄钱吸毒，小华开始说谎，学校也没心思去了，甚至骗低年级同学的钱。后来实在无钱，便去向多年的好朋友借，朋友不能容忍他一而再、再而三的作为，断然拒绝了。有一次小华的毒瘾发作，便一狠心，把他的好朋友杀害了。最后他也为此付出了生命的代价。

原本自由自在、快快乐乐的生活就这样被毁灭了。一旦毒品进入体内，就会产生毒副反应及戒断症状，对健康构成直接的严重损害，甚至导致死亡。此外，由于滥用毒品会导致体内重要系统及器官受损，一些疾病也会乘虚而入，如急慢性肝炎、肺炎、败血症、心脏及肾脏功能衰竭、各种皮肤病、脑损害、中毒性精神病、性病及艾滋病等。毒品不仅对身体有极大的损害，而且还使你在精神上越来越堕落，成为毒品的奴隶。

生命对每个人只有一次，谁吸了第一口毒品，谁就会毁掉一生。所以，女孩们要时刻注意保护自己，珍爱自己的生命。

舞好网络这把"双刃剑"

对现代的青少年而言，互联网和铅笔、橡皮、书包、课桌一样，已经成了我们日常学习和生活中再熟悉不过的必需品，查找信息、游戏娱乐、买卖物品、抒发己见，都可以在这个平台上实现。人们常常把网络比作信息的高速路，它的高速发展为我们的生活带来了便捷，然而这条网络信息高速路正在受到"塞车"的威胁，这就是网上垃圾。网络在增强青少年与外界沟通和交流的同时，也把一些不良内容带到了我们的面前。有一部分青少年上网浏览色情、暴力网站，沉迷于格调低俗的网上聊天或者深陷于网络游戏之中，无法自拔。

初二学生小D自从半年前进入网吧之后，就迷上了网络游戏，从此一发而不可收拾，学习成绩一落千丈，脾气也变得很暴躁。小D的父母在好言相劝、极力阻止无效的情况下，采取武力征服方法，却也无果。最后，父母不给小D零用钱，断了他进网吧的经济来源。岂料，小D仍旧对网络游戏痴迷不悟。2004年11月的一天，小D把父母刚给他买的电瓶车低价出售给同学，痛痛快快地在网吧玩了一周。钱花光后，他想回家把母亲的一辆自行车拿出来卖掉换钱，结果，小D在家中被母亲逮住。看着儿子消瘦的面孔、邋遢的衣服，母亲的眼泪夺眶而出。

小D沉迷上网而不能自拔，他断送了自己的前途，浪费了美好的青春时光，同时也给父母带来心灵的伤害。

网络作为人类智慧的产物，虽不是洪水猛兽，但却是一把"双刃剑"。对于富有好奇心和冒险精神的青少年而言，是一个挡不住诱惑的新奇世界。当女孩们面对网络上的一些诱惑的时候，需要擦亮双眼，辨别是非，审慎对待，学会自己选择和自我克制。那么，女孩们如何才能保证自己不受网络中不良信息的侵害，舞好网络这把"双刃剑"呢？

首先，控制上网时间。每天为自己规定上网时间，在有限的时间内最有效地利用网络。

其次，提高自己的选择能力和免疫力。平时多阅读一些名著或人物传记，加强自己世界观、人生观、价值观和道德观的培养，培养健全的人格和高尚的道德情操。当你不由自主地被网络诱惑，不知不觉已经陷入其中的时候，要立刻警觉，清理头脑，然后果断地将它抛弃。

再次，对于网络上的黄色污染要加强防范意识。善于识别电脑黄毒，及时回避，不受迷惑。不要下载网上的黄色游戏、照片、小说等；不与网友讨论相关话题。可以安装保护软件，以便过滤掉黄色、暴力网站。

最后，培养自己的兴趣爱好，参与积极健康的活动。

总之，我们应从事物的两面性来认识网络，充分利用有利的一面，尽量避免有害的一面对我们的侵害。正确认识网络，正确利用网络，使网络为我们的学习和生活服务。

保持自我本色，不跟随"潮流"

青少年已经逐渐意识到了自我的存在，开始以各自不同的方式表达发展自己的个性，或许追逐潮流，已经成为展示个性的主要方式。奇装异服、花色头发、连串式耳洞，甚至是文身，在校园里已经随时可见。然而这样的潮流真的适合你吗？

如果仔细思考一下，你就会发现奇装异服式的潮流只是在模仿电影明星或其他看来另类的人而已，并不适合在现实生活中存在。

《我的野蛮女友》播出以后，对人无拘无束，对男生施以拳脚，以野蛮显可爱，成为一种潮流，并为许多女孩所追求、模仿。追求这种野蛮个性的女孩真的很可爱吗？让我们看看下面这个故事。

一位中年妇女在电话局门前取车时不小心碰倒了旁边的一辆车。"你别走！"这时，一个高个子的时髦女孩高声喝住了她。这女孩看起来只有20岁模样，但表情和语气不带半点儿稚嫩，粗野地命令中年女人："你把车给我扶起来！"几番"警告"，但中年女人没有照做。突然，女孩举起手里握着的弹簧锁朝中年女人的脸抢去。"哎哟，见血了！"路人都惊了。但女孩仍不肯罢手，和中年女人扭打在一起……

打人的女孩的确野蛮，但没有人会说她可爱，可以想象路人观望时对她的指责，因

为她失去了最基本的社会公德。

潮流是诱人的，但是盲目地追求潮流，不顾地点、场合、身份，随心所欲的张扬就成了令人厌恶的行为。处于青少年时期的女孩要懂得规范，过分追求潮流，往往会让亲朋好友为你担忧。

让我们看看一位母亲对成长中的儿子的忧虑。

看到你的学籍卡上那张八九岁时的照片，心中涌起一种怜爱，那是一张怎样的脸：目光低敛，羞羞的，怯怯的，稚嫩的目光里写满了纯真。

可是，有一天，我在你的脖子里发现取代红领巾的是一条粗粗的铜链子。我知道，这个孩子开始追求个性的装扮了，我内心同时涌上的还有一层淡淡的担忧。孩子，你要认识个性是种内在的品质，并不是在群体里打扮得怪异，以外在的东西来显示与众不同。

这位母亲的担忧不无道理，盲目追求潮流，装束打扮、行为举止独特，不仅失去了积极健康的形象，还使自己成了"异类"。久而久之，别人学习知识充实头脑，他学会的却是吸烟装酷；别人在以礼貌关爱的品质融入集体时，他却以冷酷、特立独行脱离于群体。这样的潮流，不应该是青少年健康成长需求的潮流。

潮流是很流行，但是不一定适合你。当今时代的真正的弄潮儿是有理想、有创造力的人，而并不是别人经过你的身旁时，看上几眼，抛出一句"酷"。

周国平在《守望的距离》中说："与时代潮流保持适当的距离，守护人生的那些永恒的价值，了望和关心人类精神生活的基本走向。"这是每一个有追求、有理想的青少年应该做的。

别让无谓的欲望成为路上的泥沼

一位诗人说过："我们知道薰衣草的一生是何其的短暂，转眼即逝。它被人们燃烧后所产生的渗入衣物中的馨香之气同样也是十分短暂的，但是当我们闻到一股迎面扑来的强劲的香水味道时，我们的心总是万分欣喜地跳跃起来。"

欲望就如薰衣草的馨香之气，诱惑着人们，让人"万分欣喜地跳跃起来"。人生的一切欲望，其实可以归结为两种：一种是能让自己不断增长才干，提高自身品性的追求；另一种是单纯的享受，让身体或精神麻醉的需要。第二种即是无谓的欲望，但是它的诱惑力远远比第一种大得多，而且无处不在，构成人生的陷阱。陷阱的深处，就是平庸。第一种欲望的追求是应该提倡的，它是一个人前进的动力，更是一个社会向前迈进的燃料，但它要求人们树立目标，加上坚持的毅力，并要付出许多才能达到。第二种欲望则是无助于达到成功和高尚的境界，沾上它们，会使你在路上不能前进，陷于平凡庸俗。

东南亚一带有一种捕捉猴子的方法非常有趣。当地人将一些美味的水果放在箱子里面，再在箱子上开一个小洞，大小刚好让猴子的前肢伸进去。猴子经不住箱子中水果的诱惑，抓住水果，但爪子就抽不出来了，除非它把爪中的水果丢下。但大多数猴子恰恰不愿丢掉已抓住的东西，以致当猎人来到的时候，不需费什么气力，就可以轻易地捉住它们。

诱惑是个美丽的陷阱，落入其中者必将害人害己，无法自救；诱惑又是枚糖衣炮弹，无分辨能力者必定被击中；诱惑还是一种致命的病毒，会侵蚀每一个缺乏免疫力的大脑。其实我们每个人的生活中都会有许多无谓的诱惑。面对同样的诱惑，不同的人有可能作出不同的抉择。智者会正确地处理诱惑，在诱惑中主宰自己；愚者面对诱惑会一陷再陷，即便迷途也不知返，可悲的结局也由此注定。诱惑面前不同的命运由人的自制力决定，世界上成功的人总是那些在诱惑面前岿然不动的人。

有这样一个故事，医生对病人说："您如果不戒烟，后果严重。"病人决定戒烟。可他出了医院门口，刚走出1千米路烟瘾上来了，他说："点烟不过三，过三不吸烟。"他划了3根火柴，不巧都被风吹灭了。他继续走路。一会儿烟瘾又上来了，他又自我安慰说："点烟不过七，过七我不吸。"结果点了7根火柴又被风吹灭了。最后，他实在挡不住烟的诱惑，愤然道："管它三七二十一，啥时点着啥时吸。"

一个不能忍受诱惑的人总能为自己找到借口。而同样是戒烟，马克思却取得了截然不同的结果。

马克思因为长年伏案写作、研究，吸烟又快又猛，而且有一半是放在嘴里嚼的。凡看到马克思的人总是见他嘴里叼着烟斗或雪茄烟。由于长期的极度劳累，加上大量抽吸劣质烟草，他的健康状况严重恶化。在他50多岁时，医生禁止他抽烟。这对于酷嗜烟草的马克思来说，毫无疑问意味着悲壮的牺牲。但是大量的工作在等待着他去做，没有一个健康的身体是无力完成的。马克思毅然戒除了数十年的吸烟习惯。当他的朋友列斯纳看望他时，他的孩子既高兴又自豪地说，他已经多少天没有吸烟了。而且只要医生不许可，他就绝不再抽。

面对诱惑保持理智，分辨是有助于成长和远大目标实现的，还是纯粹干扰身心的，做好选择不要太过沉迷，否则后果不堪设想。

这个世界太浮躁，充满着欲望，有太多的诱惑，一不小心就会掉入美丽的陷阱。所以，女孩们一定要为了自己心目中追求的目标和理想，克制自己，拒诱惑于门外，不被无谓的诱惑羁绊住前行的身影。

用自制力给诱惑上一把锁

诱惑，就像一个表面铺满草、插满鲜花的陷阱，美好外表的里面深藏着可怕的危机。

喜欢钓鱼的人都知道，钓鱼必不可少的环节之一是在渔钩上放上鱼饵，鱼儿经不住诱惑，咬了上去，那样，就会用生命作为代价。看起来，这些动物都很笨，总是钻进了人设的圈套。然而人也会遇到很多的诱惑。生活中的诱惑，就像渔钩上的饵，看起来美味馋人，可是，我们往往像鱼一样忘了在饵的里面还藏着一个钩。

我们有思维、理智，应该不会犯和猴子、鱼同样的错。设想一下，一个人小时候抵挡不住蜜糖、玩具的诱惑，长大了抵挡不住新潮、时尚之类的诱惑，久而久之，抵抗力减弱了，或者说根本不具有抵抗力的话，成人成才之后，有了事业成就，有了一官半职，又怎么能抵挡得了金钱、贿赂之类的诱惑呢？

面对诱惑，我们之所以常常抵制不了，是欲望的诱惑战胜了我们的理智，打败了我们自己的自制力。

自制力是一个人内在的强大力量，是一种掌控情绪的能力。不论是谁，只有能有效支配自己、控制自己的情绪和欲望，才能保证人生的安全并成就大事。女孩们，你想在人生道路上一帆风顺吗？你想获得成功吗？那么，你就应该有强大的自制力去抵制人生道路上的诸如"糖"的诱惑。千万不要纵容自己，给自己找借口。一个人想要征服全世界，首先要战胜自己，一个面对诱惑能自制的人，才是有成熟思想的人。

西方心理学家常把青少年期称为"危险期"，也就是说，这个时期是人的一生中最容易失足犯罪的时期。因为各种欲望的增强和精力的充沛，以及社会上各种不良行为的影响，很容易使你受到诱惑、唆使而走向违法犯罪的道路。青少年时期个体的自我控制能力已经有了明显的提高，人与人之间已经表现出了在自制力方面的差异。为什么别人能做到，为什么我们不能做到呢？为了获得真正的安全和成功，我们必须尽力约束自己，"放长线，钓大鱼"。一个能自制的人，才是真正自由的人，成功者与失败者唯一的区别是成功者往往能坚定地拒绝诱惑。

面对诱惑时，最有力的支持来自于你自己。坚定的自制力是抵制诱惑的有力武器，它使人从无能为力的受迷惑状态中解脱出来，恢复自我控制能力，重新做自己的主宰。所以，增强自制力是抵制诱惑的根本。那么，我们该如何培养自己较强的自制能力呢？

（1）提高辨析能力。平时我们要主动了解诱惑的本源，撕破诱惑迷人的面纱，窥探丑恶的灵魂。

（2）找准生活方向。平时我们的生活要有目的性和计划性，始终把理想和目标放在"思想的第一线"。

（3）增强抵制能力。从小事做起，排除干扰，善待自我，奖惩分明。例如：连续一周按时完成计划，奖励自己打一场球，不能完成，罚自己抄几篇文章等。

（4）净化周围环境。亲同道之人，交良师益友；远异道之徒，疏损亲逆友。现实生活中，你如果能果断拒绝与诱惑交往，洁身自好，确实是抗拒诱惑的好方法，但若能出污泥而不染，更令人敬佩。我们一般受同龄人的影响较大，各种社会诱惑也大多是从同学朋友中学来的，所以平时就要多注重选择一个好的朋友。如果你与一个胸怀大志、勤奋好学的人为伴，你也会受其感染，点燃起奋斗的火焰。如果你天天接触贪玩的人，你就很难静下心来看书学习，因为他的顽劣会一点一滴地传染给你，潜移默化地吞噬掉你的意志，熄灭你前行奋斗的火把。

（5）强化斗争意识。不仅在思想上，更要在行动上积极与不良行为作斗争。通过与外界不良诱惑的疏远而达到抵制的目的，这样我们自己就不可能苟且参与了。

女孩们，能诱惑你上钩的东西，多是利用你某一方面的虚荣或欲望。如果你是一个没有道德底线、没有做事原则的人，就很容易上钩，而有了高尚的道德和严格的自律才不会被形形色色扑朔迷离的诱惑蒙蔽眼睛。大千世界，诱惑无处不在。有的人拜倒在诱惑脚下，成为诱惑的阶下囚；有的人不为诱惑所动，坚持自己的原则与信仰，创造出自己的一番天地。

专注于目标，诱惑也会退避三舍

人生道路上，诱惑无处不在，这就要求你不断地进行选择，作出决断。抵制诱惑的关键是一定要有专注的目标。

富兰克林的侄子波特是一个聪明的年轻人，很想在一切方面都比他身边的人强，他尤其想成为一名大学问家。可是，许多年过去了，波特在各方面都不错，学业却没有长进。他很苦恼，就去向富兰克林求教。富兰克林想了想说："咱们去登山吧，到山顶你就知道该怎样做了。"

山上有许多晶莹的小石头，很是迷人。每见到波特喜欢的石头，富兰克林就让他装进袋子里背着，很快，波特就吃不消了。

"叔叔，再背，别说到山顶了，恐怕我连动也不能动了。"他疑惑地望着叔叔。"是呀，那该怎么办呢？"富兰克林微微一笑。"该放下。""那为什么不放下呢？背着石头怎么能登山呢？"富兰克林笑了。

波特一愣，顿时明白了，他向叔叔道完谢就走了。

从此，波特一心做学问，进步飞快，并终于成就了自己的事业。

人生就是一个不断面对诱惑、不断进行选择的过程。什么样的人最容易受到诱惑而偏离人生正轨呢？没有目标的人。有着明确目标的人，不容易受到旁物的诱惑而始终能够使自己一直向前，最终成功。

生活中常常会遇到这样的事：你在一条路上正朝自己要去的地方走着。冷不丁旁边伸出一个岔道，曲径通幽，暗香弥漫。在你一扭头的工夫，就不知不觉地被它吸引了。结果你越走，离目的地越远；等你转过身，重新走回原来的路时，你会沮丧地发现，天

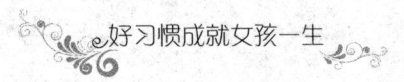

已黑了，时光被你耗费在弯道上。

状如细瓶的猪笼草饥饿时会自动打开顶端的"瓶盖"，散发出香味，吸引小昆虫飞进瓶中，成为猪笼草的美味。时时啜饮诱惑的毒汁，却总是无法在它侵袭时做有效的抵挡。或许从未有哪一个时代像今天这个时代一样，形形色色的诱惑渗透在每一个角落。即使拒绝了一种诱惑，又被另一种诱惑吸引着。它悄无声息地匍匐在你周围，盯视着你，追逐着你，在你转身之际，在你一念之差……它就像一只无形的手把你拽了过去。

但凡那些伟人、名人和成功者在面对诱惑、进行选择的时候，都能专注如一、心无旁骛，对身边的各种诱惑视而不见，从而少走很多弯路，直接向着成功的目标迈进。而那些经受不住诱惑、三心二意、没有明确目标的人，在进行选择的时候就会因为受诱惑的干扰而误入迷途，主动选择随之变成被动选择。"上帝只关爱那些执着的人。"只有那些有很强抑制力、有明确目标、专注成功的人才能抵制住各种诱惑，冲破重重陷阱，最终到达成功的彼岸。

生活失去了一个方向，诱惑也就随之而来。但是，如果女孩的精神有所寄托、生活有所追求，诱惑也就会退避三舍。

自制力是日常行为的一把保险锁

自制是基于对社会规范有明确认识并自觉地调节和控制自己行为的品质。

自制力强的人，能够理智地对待周围发生的事件，有意识地控制自己的思想感情，约束自己的行为，成为驾驭现实的主人。

自制是日常行为的一把保险锁，它要求女孩们以理性来平衡自己的情绪，接受理性的指引，先"谋定而后动"，管住自己的言行和举止，而后引导所有积蓄的力量流入成功的海洋。

相反，如果一个人缺乏自制力，总是让自己的情绪主导着一切，口无遮拦、行无规矩、随心所欲、没有规划，也不会有目标，那样的话，要么他所有的努力如同脱缰野马，根本控制不了，也达不到既定的目标；要么他的行为与环境格格不入，最终也达不到成功的彼岸。

东汉末年，杨修以才思敏捷、颖悟过人而闻名于世，他在曹操的丞相府担任主簿，为曹操掌管文书事务。曹操为人诡谲，自视甚高，因而常常爱卖弄些小聪明，以刁难部下为乐。不过，杨修的机灵、颖悟又高过曹操，致使曹操常常生出许多自愧不如的感慨和酸溜溜的妒意。

建安十九年春，曹操亲率大军进驻陕西阳平，与刘备争夺汉中之地。刘军防守严密，无懈可击，又逢连绵春雨，曹军出战不利。曹操见军事上毫无进展，颇有退兵的意思。

这天，曹操独自一人吃着饭，同时也在思考下一步的行动。一个军令官前来请示曹操，当晚军中用什么口令。军中规定每晚都要变换口令，以备哨兵盘查来人。此时，曹操正用筷子夹着一块鸡肋骨，于是脱口而出："鸡肋。"军令官听了也没觉有什么奇怪。

消息传到杨修耳里，他便整理笔札、行装，做离开的准备。一个年轻的文书见状后问道："杨主簿，这天天要用的东西，有什么好收拾的？明天还不是要打开？"

"不用了，小兄弟，我们马上就可以回家了。"杨修诡秘地一笑说。

"什么？要回家了？丞相要撤退，连点蛛丝马迹也没有啊。"小文书不解地看着杨修。

杨修淡然一笑说："有啊，只是你没有察觉到罢了。你看，丞相用'鸡肋'做军中口令，'鸡肋'的含义不就是'食之无肉，弃之可惜'吗？丞相正是用它来比喻我军现在的处境。凭我的直觉，丞相已考虑好撤军的事了。"

消息又传到夏侯惇那里，夏侯惇听了也觉得有理，便下令三军整理行装。当晚，曹操出来巡营时一见，大吃一惊，急令夏侯惇来查问，夏侯惇哪敢隐瞒，照实把杨修的猜度告诉了曹操。对杨修的过分机灵早已不快的曹操，这下子抓到了把柄，立即以惑乱军心的罪名把杨修杀了。

后来的事实证明，曹操虽杀了杨修，终于还是下令退兵。然而，就杨修而言，他早晚必死无疑。

因为他几次三番地恃才傲物，逞口舌之快，不能在曹操面前收敛自己，而把小聪明用在一些无用的小事上面，又不顾忌上下尊卑，随心所欲地言行。

正是因为他不能够控制自己的言行，才招来了杀身之祸。

自制力薄弱的人遇事不冷静，不能控制激情和冲动；处理问题不顾后果，任性、冒失。这种人易被诱因干扰而动摇，或惊慌失措。而这些人在青少年群体中比较集中。

当全国上下的"减负"运动开展之后，女孩有了充裕的课外活动时间。但同时面临这样一个问题：放学回家以后，家长不在身边，也没有老师和同学监督，如何才能合理安排这一段时间呢？女孩的自制力在外界强大的诱惑面前往往变得不堪一击。

自制力是一种克制或节制，自我约束是一种美德，是文明战胜野蛮、理智战胜情感、智慧战胜愚昧的表现。

自制力能使生活之路变得平坦，还能开辟出许多新道路，如果没有这种自制力，就不能有所创新。在政治上，春风得意的人并非因为天赋非凡，而是因为性情的非凡才使他获得成功。如果我们没有自我控制的能力，就会缺乏忍耐精神，既不能管理自己，也不能驾驭别人。

自我控制的能力是高贵品格的主要特征之一。能镇定且平静地注视一个人的眼睛，甚至在被别人极端刺激的情况下也不会有一丁点的脾气，这会让人产生一种其他东西所无法给予的力量。

人们会感觉到，你总是自己的主人，你随时随地都能控制自己的思想和行动，这会给你品格的全面塑造带来一种尊严感和力量感，这种东西有助于品格的全面完善，而这是其他任何事物所做不到的。

在某国的特种部队，流传着这样一个故事。

　　一个间谍被敌军捉住以后，他立刻装聋作哑。任凭对方用怎样的方法诱问他，他都绝不为威胁、诱骗的话语所动。最后，审问的人也许故意和气地对他说："好吧，看起来我从你这里问不出任何东西，你可以走了。"这个间谍会怎样做呢？他会立刻带着微笑，转身走开吗？不会的！没有经验的间谍才会那样做。要是他真的这样做，他的自制力是不够的，因为只要他一跨步，意味着已经暴露他的身份，死亡的危险马上就会降临。有经验的间谍会依旧像毫无知觉似的呆立着不动，仿佛他对于那个审问者的命令完全不曾听懂似的，这样他就胜利了。审问者原是想以释放他，给他自由的方式，来观察他的聋哑是否是真实的。一个人在获得自由的时候，常常会制止不住心灵上的动静。但那个间谍听了依然毫无动静，仿佛审问还在进行，审问者的确相信他确是个残疾人，说："这个人如果不是聋哑的残疾者，那一定是个疯子了！放他出去吧！"就这样，这名有经验的间谍，以他特有的自制力，使自己免遭一劫。

　　由此可见，自制力是多么的重要。如果女孩们想为人生的画卷描绘美丽的图案，则有必要学会在大小事上进行自我控制。你必须学会容忍和控制，感情必须服从于理性判断。你必须尽量避免坏的心情、坏的毛病、骄傲狂妄的心态等。这样，成功的钥匙才有可能掌握在你自己手中。

学会忍耐，不骄不躁

　　随着时间的推移，女孩们会经历越来越多的事情，有许多事会让你感到兴奋、喜悦，也会有许多事令你感到沮丧，甚至愤怒。这时你需要表达自己的情绪。但是千万要记住表达情绪一定要分清场合。"乐而不淫，哀而不伤"历来被看作是自我情绪控制的至高境界，而控制情绪的能力有几种不同的层次。通过一位禅师启发妇人的故事，女孩就可以了解这些不同的能力层次。

　　古时候有一个妇人，特别喜欢为一些琐碎的小事生气。她也知道自己这样不好，便去求一位高僧为自己谈禅说道，开阔心胸。高僧听了她的讲述，一言不发地把她领到一座禅房中，落锁而去。

　　妇人气得跳脚大骂。骂了许久，高僧也不理会。妇人又开始哀求，高僧仍置若罔闻。妇人终于沉默了。高僧来到门外，问她："你还生气吗？"

　　妇人说："我只为我自己生气，我怎么会到这地方来受这份罪。"

　　"连自己都不原谅的人怎么能心如止水？"高僧拂袖而去。

　　过了一会儿，高僧又问她："还生气吗？"

　　"不生气了。"妇人说。

　　"为什么？"

　　"气也没有办法呀！"

"你的气并未消逝，还压在心里，爆发后将会更加剧烈。"高僧又离开了。

高僧第三次来到门前，妇人告诉他："我不生气了，因为不值得气。"

"还知道值不值得，可见心中还有衡量，还是有气根。"高僧笑道。

当高僧的身影迎着夕阳立在门外时，妇人问高僧："大师，什么是气？"

高僧将手中的茶水倾洒于地。妇人视之良久，顿悟，叩谢而去。

高僧用禅理告诉人们什么是"气"，为何要"怒"。"气"便是不加控制的情绪，是那种别人吐出而自己却接到口里的东西。吞下便会反胃，不看它时，它便会消散了。"气"是用别人的过错来惩罚自己的蠢行。愤怒也是如此。

愤怒是一种很难控制的情绪，正因为难以控制，所以很容易酿成大祸，甚至丢掉性命。正如培根所说："愤怒，就像地雷，碰到任何东西都会一同毁灭。"莎士比亚说："不要因为你的敌人燃起一把火，你就把自己烧死。"还是让我们以平和的心境来对待生活中繁杂的事情吧！小心别伤害了自己，只有平静才是生活的真谛。当你的感情掌握了理智时，你将成为感情的奴隶；当你战胜自己的感情时，才证明你是主宰命运的人。唯此，你才能真正获得自由。

如果你不注意培养自己忍耐、心平气和的性情，培养交往中必需的情商，遇到一丝火星就暴跳如雷、情绪失控，就会把你最好的人缘全都炸掉。

在所有不愉快的情绪中，愤怒是最难摆脱、最不容易控制的，也是最具诱惑性的负面情绪。因为人在发怒时，易于失去理智，让人觉得不可理喻，从而容易破坏良好的人际关系。对于领导者而言，盛怒之下容易造成决策的失误。三国时期，蜀国大将关羽被东吴杀害，刘备悲愤交加，不听诸葛亮的劝阻，怒而兴兵伐吴，为关羽报仇，结果被吴将陆逊以火攻之，火烧连营四十里，惨遭失败。

《圣经》中的箴言告诉人们：不轻易发怒的人，大有聪明；性情暴躁的，大显愚妄。

研究表明，最后失去控制、大发雷霆的人，通常都经历了连续的累积情绪过程。每一个拒绝、侮辱或无礼的举止，都会给人遗留下激发愤怒的残留物。这些残留物不断地积淀，急躁状态会不断上升，直到个人对情绪的控制完全丧失，出现勃然大怒为止。在这个过程中，除非内心控制的大门快速地被关上，否则，这种狂怒极易造成暴力和伤害。

人的愤怒情绪，从轻微的烦躁不安，到严重的咆哮发怒，乱摔东西，甚至丧失理智。久而久之，成为一种习惯反应，变成侵袭人际关系的"癌症"。

心理学认为，生气是一种不良情绪，是消极的心境，它会使人闷闷不乐，低沉阴郁，进而阻碍情感交流，导致内疚与沮丧。

有关医学资料认为，愤怒会导致高血压、胃溃疡、失眠等，据统计，情绪低落、容易生气的人，患癌症和神经衰弱的可能性要比正常人大。同病毒一样，愤怒是人体中的一种心理病毒，会使人重病缠身，一蹶不振。可见愤怒对人的身心有百害而无一利。

愤怒时对人的身心发展都没有好处；愤怒行为会伤害他人，也会伤害自己。女孩们必须学会用理智来思考问题，用理性来控制愤怒的情绪，这要求你学会忍耐。

没有人会为你的坏脾气埋单

有一个爱发脾气的男孩，他父亲给了他一袋钉子，并且告诉他，每当他发怒的时候，就钉一颗钉子在后院的围栏上。男孩钉下了37根钉子。慢慢地，男孩每天钉的钉子减少了，他发现控制自己的脾气要比钉钉子容易。

终于有一天，这个男孩觉得自己再也不会失去耐性，乱发脾气了。

父亲又告诉他说，从现在开始，每当他能控制自己的脾气的时候，就拔出一根钉子。一天天过去，最后男孩告诉他的父亲，他终于把所有钉子给拔出来了。

父亲握着他的手，来到后院说："你做得很好，我的好孩子！但是看看那些围栏上的洞，这些围栏将永远不能恢复到从前的样子。你生气的时候说的话，就像这些钉子一样留下疤痕。如果你捅了别人一刀，不管你说了多少次对不起，那个伤口将永远存在。那种伤痛就像真实的伤痛一样令人无法承受。"

这个故事告诉女孩，你的坏脾气会伤害到你身边的人，尽管也许有一天你不再发脾气了，那你可怕的记忆仍然存在于人们的脑海中，留下了抹不去的伤痛。而你，可能因为自己的坏脾气而失去亲人和朋友，他们将离你而去，因为，没有人愿意为你的坏脾气埋单。

据报载，某天上班的高峰期，某男子开车去上班，由于车流量较大，眼看就要迟到。车龙好不容易向前移动了一点，可前面的司机偏偏像睡着了一样，丝毫不动弹。男子开始冒火了，拼命地按喇叭，可前面的司机依然不为所动。男子看起来气极了，他握住方向盘的手开始发白，仿佛紧紧地卡住前面司机的脖子，额头开始冒汗，心跳加快，满脸怒容。他真想冲上去把那个司机从车里扔出来！

他简直无法控制自己了，车还是停滞不前，他冲上前去，猛敲车门，结果前车司机也不甘示弱，打开车门，冲了出来。就这样，一场恶斗在大街上开始了，结果男子打碎了那个人的鼻梁骨，犯了故意伤人罪。等待他的将是法律的严惩，这不仅没赶上上班的时间，反而连工作也彻底丢了。这都是坏脾气惹的祸。

发脾气并不能使现有的问题得到解决，反而会使事情变得更糟。

事实上，愤怒的情绪是可以进行输导的。

研究表明，对刺激物的控制能力在很大程度上影响一个人。愤怒对于人的情绪具有巨大的刺激性，但是，愤怒可以被有效地控制。

一般来说，愤怒基于责备。一旦陷入责备的对抗中，愤怒就会立刻接踵而至，就像黑夜紧随白天那样自然。为了避免陷入这一困境中，唯一可能的是为它找到一条建设性的出路，而唯一的出路，只有运用情绪智力才能实现。

发怒是由内心的愤怒所产生，一个心智健全的人，绝不会无缘无故地发怒，发怒总有原因和针对性。这个原因在别人眼里是无关痛痒的小事情，但是在易怒者眼中却是不可忍受的导火索。富兰克林曾说过："任何人生气都是有理由的，但很少有令人信服的理由。"所以要控制愤怒，必须提高自己对外界刺激的耐受力。

第一步，对自己以往的行为进行一番回忆评价，看看自己过去发怒是否有道理。

在发怒之前，你最好分析一下，发怒的对象和理由是否合适，方法是否适当，你发怒的次数就会减少90%。

第二步，低估外因的伤害性。生活中你可以观察到，易上火的人对鸡毛蒜皮的小事都很在意，别人不经意的一句话，他会耿耿于怀。过后，他又会把事情尽量往坏处想，结果，越想越气，终至怒发冲冠。

制怒的技巧是，当怒火中烧时，立即放松自己，命令自己把激怒的情境看淡看轻，避免正面冲突。当怒气稍降时，对刚才的激怒情境进行客观评价，看看自己到底有没有责任，恼怒有没有必要。

莎士比亚笔下的奥赛罗听信小人谗言，怒发冲冠，回到家中不问青红皂白，把爱妻一剑送入黄泉。及至觉悟，已为时晚矣。痛不欲生的奥赛罗也自尽身亡。如果当时奥赛罗冷静下来，做一个理智的评估，就不会做出这样的傻事了。

怒气似乎是一种能量，如果不加控制，它会泛滥成灾；如果稍加控制，它的破坏性就会大减；如果合理控制，甚至可能有所创益。

每个人的情绪都是在时刻变化的，今天的心情与昨日的不同，明天的又与今日相异。如果将自己的情绪按照高低绘成曲线图，会发现情绪也有波峰波谷，如果时间长了，就会看到每隔一段时间情绪波的变化会重复一次，这也就是总的情绪状态。情绪出现波动是正常的，但频繁的、极强烈的波动却相对较少，女孩们要尽量把自己的情绪控制在一个相对稳定的状态。

人们时刻都要管理好自己的情绪，尤其是人生的一些关键时刻。在每次要发脾气前，先冷静静问问自己：别人不会为我的坏脾气埋单，我自己可以吗？如果你自己也不想这么做，还是收起你的怒气吧。

冲动误大事

有一句话叫作"冲动是魔鬼"，实际上"冲动甚于魔鬼"。书中、电影中、生活中，有多少人都是因为一时冲动而犯下了大错，耽误了大事。

有一对年轻人结婚，婚后生了一个小孩，太太因难产而死，只留下丈夫和孩子两个人。

父亲既要挣钱养家维持生活，又要照顾家，因为没有人帮忙照看孩子，他就训练了一只狗。那狗聪明听话，能照顾小孩，它会咬着奶瓶喂奶给孩子喝，还会陪他玩，逗他开心。主人对狗非常放心。

有一天，主人出门去了，叫它照顾孩子。

他到了另外一个乡村，遇到了大雪，当日不能回来。第二天才赶回家，狗立即闻声出来迎接主人。他把房门打开一看，惊呆了。屋里到处是血，抬头一望，床上也是血，孩子不见了，狗在身边，满口也是血。主人发现这种情形，以为狗的野性发作，把孩子吃掉了，大怒之下，拿起刀来向着狗头一劈，把狗杀死了。

之后，主人忽然听到孩子的声音，又见孩子从床下爬了出来，他赶忙抱起孩子，看了看孩子，虽然身上有血，但并未受伤。

他很奇怪，不知究竟是怎么一回事，再看看狗的尸体：腿上的肉没有了，旁边有一只狼，口里还咬着狗的肉。狗与狼搏斗，救了小主人，却被主人误杀了。

狗主人一定后悔自己的冲动，错杀了自己最忠实的伙伴。而我们是不是也时常有这种情况：遇事总是按照自己的主观想法去判断，而不是去了解、去分析事情的真实情况，作出了很多无法挽回的错误决定。

白雪因为一时的冲动，走出了令她终身悔恨的一步。白雪的家在一个村子里，她没去过大城市，父母都是农民，她总想着出去看看外面的世界。

15岁的时候，有一次她因为一件小事和父亲吵了起来，便赌气离家出走，来到了她向往已久的大城市。

她人生地不熟，不知道自己接下来该去哪，做些什么。但无论如何不能回家去，她想。

一个陌生男子过来主动和她搭话，问她家在哪里，都有什么人啊，为什么到这儿来，等等。他说自己可以给她介绍工作，等赚了钱就不用依靠家里了……白雪被他的话所蒙蔽，跟他上了车。

车越走越远，还没有到那个男子说的什么"有工作的地方"，她已经感觉到自己可能受骗了。下车后，那名男子拉着她就向一个小村子里走，她问："我们要去哪？""这里是离你家很远的外省，你做我媳妇吧。"

她拼命反抗，但已经成了人家的笼中之鸟，被迫和那个男人成了家。

此后她一直过着很艰辛的生活，整日操劳不说，还要忍受那男子父母的虐待，自打她生了个女儿，就更没过过一天好日子。她后悔自己当初离开家，要不是自己意气用事，也不至于被骗到这里。

几年之后，她趁男子家里人不备，带着孩子跑了出来，但她不知道该怎么回家。她又流落到另一个地方，靠拣垃圾、做一些短工维持生计。不知道经历了多少委屈和辛苦，她原本年轻的脸也变得比同龄人苍老许多，她想回家，可连回家的路费都凑不够，一看到街上的老人互相搀扶的情景，她就想起自己的父母，禁不住暗自流泪。

后来她又嫁给了另外一个本地人，生活好了不少。她可以回家了，但当她回去以后，才知道父母因为找她而病倒了，几年前就已经去世。听到这个消息，白雪几乎要崩溃了，自己的一时冲动，不但给自己，也给家人酿成了这样悲惨的后果。她为自己当时的错误决定付出了十多年的青春，也连累了自己的亲人。

有多少人因年轻气盛，一时冲动，与自己的亲人闹翻，造成了家庭的破裂，失去了最为珍贵的亲情；又有多少人因头脑发热而断送了自己的一生。所以，无论遇到什么事，无论当时的情形多么让人愤怒，女孩们也要尽量保持冷静、清醒的头脑，告诉自己等一等再作决定。

希腊神话中有个人叫布鲁斯，他要离开家乡到远方去闯荡。临走时，他的妻子叮嘱他说："不论什么时候，都要等一等再作决定。"布鲁斯走了几天，一天晚上，他到一家旅店住宿。店主人告诉他："不管夜里发生些什么，你都不要下楼去看。"

布鲁斯正在睡梦中，他被一种奇怪的声音所吵醒。好像楼下有人在喊叫，他非常想去看个究竟。但他想起了店主和妻子的话，便控制住自己的好奇，接着睡觉。

第二天早上，他要动身离开。店主人对他说："你是第一个活着离开这里的客人。"

布鲁斯大惊："为什么？"

"你听到的那个声音是我得癫狂症的儿子，他每天晚上都在院子里喊叫，把人吸引到楼下后杀死。过去所有的人都是听了叫喊声以后非常好奇，忍不住下楼，丢了性命，只有你能控制住自己。"

多年以后，他成了富翁，回到了家乡，这么多年没回来了，不知道家里现在是什么样子。他远远地就看到了自己的房子，院子里自己的妻子正和一个青年男子在一起，她轻轻地抚摩着那个男子的头，看上去十分亲密。

他不由得感到愤怒，认为妻子背叛了自己。他拿出了自己防身用的匕首，准备上去先干掉这个男的。可他又想起了那句话，还是克制住了自己，先不要冲动，弄清楚事情再说。

他慢慢地走到门口，妻子看到了她，非常高兴，跑过来一把抱住了他："你终于回来了！"又转过头去对那个男子说："快过来啊，这就是你的爸爸。"

布鲁斯庆幸自己当初没有因为一时的冲动而做出傻事，否则一家团圆就成了父子相残了。他此时终于明白了妻子曾经对他说过的那句话："不论什么时候，都要等一等再作决定。"

女孩们在做事情时，也应该等一等再作决定。等什么呢？等自己的情绪稳定下来，等自己的头脑清醒过来，等自己不会因为一时热血沸腾而做出不理智的事，等自己确定作了决定后事态不会失控。

控制自己的情绪

研究表明情绪的低落和混乱有两方面的原因，一方面是自身的失控，另一方面是来自外界的刺激和影响。许多人因缺少自我控制，不冷静沉着，情绪因为毫无节制而骚动不安，因不加控制而浮沉波动，因为焦虑和怀疑而饱受摧残。只有冷静的人，才能够控制自己的情绪。

女孩们对于自身的失控，可以用下列方法来进行缓解。

可以与别人聊聊。在日常生活或工作中，经常会产生一些矛盾或意见，这很容易使人发怒。如果你把心中的不满或意见坦率地讲出来，既可泄怒，又可以通过批评与自我批评增强同学或同事间的团结。或者向自己信得过的朋友诉说，你大都会得到安慰。这种倾诉宣泄法也是很可取的。

科学的生理方法也能够处理怒火。坐下来，身子往后靠。如果站着跟人吵，会使人更加紧张。

用冷水洗脸，可让人冷静下来，降低皮肤的温度，消除一部分怒气，有利于平静下来。话尽量讲得平缓一些，自己就会变得轻松起来，气随之也会减少。

怒气会使你的颈部和肩部的肌肉紧张引起头痛，自我按摩头部或太阳穴10秒钟左右，有助于减少怒气，缓解肌肉紧张。

闭目深呼吸。把眼睛闭上几秒钟，再用力伸展身体，使心神慢慢安定下来。

喝一杯热茶或热咖啡也可以稳定紧张的情绪。

大声呼喊。必须是从腹部深处发出声音或高声唱歌，或大声朗诵。

对于外界的刺激，可以用下面的方法来应对。

1. 躲避刺激

在日常生活中有很多事可使人产生愤怒，如遇到这种情况要尽量躲开，或暂时回避一下，以免使矛盾激化，这是一种消极的制怒方法。

2. 转移刺激

人在愤怒时，往往大脑皮质中出现强烈的兴奋点，并且它还会向四周蔓延。为此，要在"怒发"尚未"冲冠"之际，善于运用理智有意识地去转移兴奋中心。比如，有意躲开一触即发的"地雷"，即争吵的对象、发怒的现场，去到其他的地方干点别的事情。这时我们转移了一下目标，在大脑皮质建立另一个兴奋中心，便减弱和抵消了原来的兴奋中心。这种办法相对积极一点。赶快转变一下思路，听听音乐、唱唱歌、看看报纸，想象一些轻松、愉快的情景，例如，风和日丽的天气、青山秀水的风景、鸟语花香中的感受，或闭眼几秒钟，从矛盾中逐渐解脱，使你激动的情绪慢慢平静下来，怒气自然就会烟消云散了。

寻找适当的宣泄方式。把怒气发泄出来比让它积郁在心里要好。摔打一些无关紧要的物品能够有效地宣泄愤怒，或是对空大喊缓解一下自己的冲动。如果你愿意，可以跑到楼下，再爬上楼，每步登两个台阶，跑步上楼更好。强烈的体育运动会消耗掉你多余的能量，使你没有"力气"再发怒。

此外，女孩们的不良情绪还有紧张、沮丧、抑郁等，你可以通过以下努力来调控自己的情绪。

1. 预先了解可能会引起紧张或沮丧的情况

有些会使女孩感到紧张，甚至可能导致沮丧的事件，是相当容易预测的。这些事件包括住院、开学或者上学的最后一年、预先已经安排好的某位亲戚的来访、有计划的家庭搬迁、主要的节日等。为了做好准备，你应事先和家长进行良好的沟通，这样你在经历这一切的时候，就会相当了解可能会发生什么。

2. 对可能已经不再过分紧张或者沮丧的症状要多加注意

紧张和沮丧的普遍症状基本上是相似的。但是某一特殊的紧张或沮丧可能会表现出不同的症状，女孩之间差异都非常大。

在情感上，这些症状包括恐惧、情绪低落、厌烦、闷闷不乐、愤怒或者过分激动。在行为上，它们包括举止的剧烈变化，从不同寻常的畏缩变成不同寻常的好斗，或者从不寻常的平静变成不寻常的抽搐和牙关紧咬。在生理上，它们包括无法解释的胃疼、头疼或者睡眠方式和口味的改变。

3. 走出抑郁的心境

女孩们要学会解决碰到的难题，能度过困惑时期，从中恢复过来并汲取教训或自己把它忘掉。这些问题在自己心中淤积越久，越有可能导致问题以暴力或意外的方式解决。女孩遭受精神创伤的原因是多种多样的，很难固定在某一个具体原因上。有时你会因为某一件事受到伤害，如目睹暴力、飓风、洪水、火灾、地震等自然因素夺走家园；家庭成员去世，或仅仅是在医院里待几天等。

在这种情况下，你应和父母经常沟通，向父母倾诉他们所不知道的事情，在父母面前表露时，不要惊恐，局促不安，要完整地诉说，相信父母会和你一起应付处理，你根本不用害怕。

如果你经历过某件可能对你造成伤害的事，那么就应该估计出可能的伤害程度，只要某一个症状持续一个月以上，就应该接受专业治疗。

4. 换个环境

环境对人的情绪、情感同样起着重要的影响和制约作用。素雅整洁的房间，光线明亮、颜色柔和的环境，使你产生恬静、舒畅的心情。相反，昏暗、狭窄、肮脏的环境，则会给你带来憋闷和不快的情绪。安谧、宁静的环境，使你心情松弛、平静；而杂乱、尖利的噪音，使你烦躁焦急。因此，改变环境，也能起到调节情绪的作用。女孩在受到不良情绪的压抑时，可以到外面走走，看看美景，散散心。大自然的美景，能够豁达胸怀，欢娱身心，对于调节人的心理活动有着很好的效果。长期生活在优美环境中的人，往往能够精神振奋，心情舒畅。

女孩们在受到不良情绪压抑和折磨时，更应该改变独居一室的习惯，常到风景秀丽、景色宜人的公园去游玩游玩，或到绿树成荫的大道上散散步。绿色的世界，勃勃的生机，会使人心旷神怡、精神振奋、忘却烦恼，消除精神上的紧张和压抑之感。

选择适合自己的方式，调节好自己的情绪，排除紧张与抑郁，控制愤怒和不满，做自己情绪的主人，这样才能使你的人生越来越美好。

摒弃各种诱惑，专注于正在做的事

曾看过一个动画片，讲的是一个男孩放暑假在家中。早晨起来准备写作业，可作业没写几笔，目光就被一长排"搬家"的小蚂蚁吸引到墙根下了。他想可以观察一下蚂蚁的分工和工作也不错啊，可没看多会儿，又拿着网子去捉知了。知了没有捉到，他又决定去捉鱼……就这样，当夕阳西下时，他把自己弄得像个小泥猴一样，却没有捉到一只知了，也没有捕到一条鱼，作业本还安安静静地躺在写字桌上，仍停留在早晨的那个位置。

不要认为这个动画是在讲别人，这正是很多青少年普遍存在的通病——不能够专注于一件事情，把它做好。这也是不能够自制的一种表现。

歌德说："无论从事什么样的工作，只要你具备了一颗专注的心，一定会有所成就。"专注于某个目标，并全身心投入的人，往往会在工作中创造出奇迹。

当麦肯利还是一名从俄亥俄州来的国会议员时，胡佛总统便对他说："为了取得成功，获得名誉，你必须专注于某一个特定方向的发展。你千万不可以一有某种情绪或者方案，就立即发表演说把它表达出来。你固然可以选择立法的某一个分支作为你学习的对象，但是，你为什么不选择关税作为你的学习对象呢？这个题目在接下来的几年中都不会被解决，所以，它将为你提供一个广阔的学习天地。"

这些话语一直萦绕在麦肯利耳边。从此，他开始研究关税，不久后，他就成为这个课题上最顶尖的权威人士之一。当他的关税方案被参议院通过时，他达到了自己事业上的顶峰。

一个人，想实现自己的人生价值，却把精力分散到许多事情上，这样的人是不会成功的。要知道，没有任何一个获得成功的人不是把所有的精力都集中于一个特定的事情上的。

有人问爱迪生："你成功的第一要素是什么？"

这位发明家答道："能够将身体与心智的能量锲而不舍地运用在同一个问题上而不觉厌倦……"对大多数人而言，他们肯定是一直在做一些事。唯一的问题是，他们做很多很多事，而易成功的人只做一件。假如他们将这些时间运用在同一个方向、一个目的上，他们就会成功。

拿破仑·希尔认为：一个人若对某一项事业执着地追求，聚精会神地去做，就能产生超乎寻常人的能力，排除难以想象的困难。你一旦专注于某一方面，埋头耕耘、专心致志，就能做出令自己都吃惊的成绩来。"成于专而毁于杂"，这是经过无数人的实践证实的真理。

爱因斯坦在发现短程线理论前，就经过长期着了迷的观察、测量和计算，他简直成了"一个中了魔的人"。一次，他从梯子上摔到地上，家人将他抬到床上，大家都惊呆了，不知所措。可是，爱因斯坦却仍沉醉在他的理论思考之中，还向众人提出问题："为什么下坠者要笔直地掉下来呢？"弄得家里人"丈二和尚摸不着头脑"。就是这样长时间专注地思考之后，短程线理论诞生了。

　　世界歌王卢西亚诺·帕瓦罗蒂回顾自己走过的成功之路时，说：

　　"当我还是个孩子时，我的父亲——一个面包师，就开始教我学习歌唱。他鼓励我刻苦练习，培养嗓子的功底。后来，在我的家乡意大利的蒙得纳市，一位名叫阿利戈·波拉的专业歌手收我做他的学生，那时，我还在一所师范学院上学。在毕业时，我问父亲：'我应该怎么办？'

　　"我父亲这样回答我：'卢西亚诺，如果你想同时坐两把椅子，你只会掉到两个椅子之间的地上。在生活中，你应该选定一把椅子。'

　　"我选择了。我忍住失败的痛苦，经过7年的学习，终于第一次正式登台演出。此后我又用了7年的时间，才得以进入大都会歌剧院，现在我的看法是：不论是砌砖工人，还是作家，不管我们选择何种职业，都应有一种献身精神。坚持不懈是关键。选定一把椅子吧。"

　　很多女孩常常犯这样的毛病，如想专心致力于一件事，但又觉得尚有其他要做的事，或者其他事情突然吸引了自己的注意力。于是产生了挂念这个、惦记那个的烦恼，这是人类的通病。大家可能都有这样的经验：一方面必须要忙着准备考试的功课，同时又舍不得放弃各种团体活动。

　　此时，大家都会为了选择对象而迟疑不决，以致落得两头皆空。一位作家经常在工作与喝酒之间犹豫不决，但最后还是选择了喝个痛快。当一连大醉了两天两夜，也许后悔的情绪在作祟时才恍然觉得："这怎么行呢？"于是，工作的热忱和意志猛然上升。其实，这种现象并非只限于这个人，其他人也有类似的行为，例如，在团体活动与用功读书两者不可兼得的情形之下，如果专门致力于团体活动，也会意外地获得很好的成绩。

　　当你决定做一件事情之后，就坚持做下去，不要轻易受外界环境的干扰。即使是遇到了困难，也不可以轻言放弃，随意退缩，往往这种困难的时候才能考验出一个人真正的自制能力。

　　女孩们可以从上课专心听讲做起，思路随着课程的推进而跳跃，做到心无旁骛，将所有的注意力都集中到老师所讲授的内容上，摒弃各种诱惑，一心一意地听课学习，相信你的成绩会有更高的提升。

为自己种下诚实的种子

　　诚实是衡量人品行是否高尚的一把尺子，这把尺子适用于所有人。诚实不仅是一个人品行的证明，同时，它还能使人树立起对家庭、对工作、对朋友、对社会的强烈责任感。因此不管时代怎样发展，不管社会怎样变迁，女孩们都不要忘记：诚实是做人的根本。

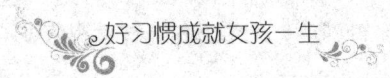

诚实是一切美德的根本，要获得别人的信任与尊重，你首先应该做到诚实。因为，欺骗别人的人，他最终会为人所识破、疏远，甚至遭到鄙弃。

19世纪英国浪漫主义运动的哲理诗人塞缪尔·科尔里奇曾教导自己的儿子：

"你不要去做那些眼睛所不能看见的任何事情，也就是我和你同在的时候你不愿意去做的那些事情。当你做错什么事情的时候，就应该像个男子汉似的立刻去承认错误。你的抱歉也许体现出你的愚拙，但是，别人却能够猜测得到你是一个非常诚实的人。一粒诚实，要远比一磅聪明强得多。我们可能因某人的聪明和智慧而羡慕他，但我们更因他所具有的美好品质而尊敬他、爱戴他。坚持真理，襟怀坦荡，以诚待人，朴实无华，是造就美好的基石。"

在北宋时，丞相张知白曾向朝廷推荐年轻的晏殊。朝廷召晏殊来到宫殿，正逢真宗皇帝御试进士，就命令晏殊参加考试。晏殊见到试题后说："这道赋我在十天前已做过，请皇上另出别的试题。"他的诚实博得了真宗的喜爱。之后，晏殊担任了官职。有一天，太子东宫缺官，内廷批示授晏殊担任。真宗说："近来听说馆阁里的官僚，没有一个不宴乐玩赏的，只有晏殊埋头读书，如此谨慎持重，正可以担任东宫官。"晏殊接受了任命，皇上又当面向他说明任命他的原因。晏殊听了后，说："臣下不是不喜欢宴乐和游玩，只不过是因为贫穷玩不起啊。臣下如有钱，也想去玩的。"皇上对他的诚实倍加赞赏。宋仁宗时，他终于做了宰相。

晏殊的诚实令人钦佩，很值得我们借鉴。

在美国南北战争期间，有位姑娘找到林肯，要求总统开一张去南方的通行证。

林肯说："战争正在进行，你去南方干什么呢？"

姑娘说："去探亲。"

"那你一定是个北方派，你去劝说一下你的亲友们，让他们放下武器。"林肯高兴地说。

那姑娘说："不！我是南方派，我要去鼓励他们，要他们坚持到底，绝不失望。"

林肯很不高兴："你以为我能给你通行证吗？"

姑娘沉着地说："总统先生，我在学校读书时，老师就给我们讲诚实的林肯的故事，从此，我便下定决心要学习林肯，一辈子不说谎。我不能为了一张通行证而改变自己说话、做事都要诚实的习惯。"

林肯被姑娘诚挚的话语打动了，他在一张卡片上写道："请让这位姑娘通行，因为她是一位信得过的姑娘。"

可见，诚实是人生中一张无往而不利的通行证。

不为利动，没有私心，在任何情形下都有诚实的美誉，这样的人，在学校里会得到师生们的喜爱，在单位里会得到领导的重视，在朋友圈里会获得好人缘，在社会上会成为一个受人尊重的成功人士。

那些不坚持诚实、没有绝对正直品德的人是很危险的。他们在平时也许是愿意站在正直的一方面的，但是一旦关系到自己的利益，比如在金钱面前、在名誉面前、在升职面前……他们就要离开正直，就要不说正直话，不做正直事了。

一个人腐化了他内在的最高贵的东西，失去了做人的基本的资格，就算不上是一个真正的人。

从小就做一个诚实的人，你所收获的将比别人更多。

生活中，女孩们应注意以下几点：

（1）当向父母、老师、朋友撒谎后，应及时道歉、说明缘由，以求原谅。

（2）准备一个"谎言本"，时常记录、翻阅，来警醒自己。

守护你的尊严

自尊，也称自尊心，是一种自己尊重自己、爱护自己，并期望受到他人和社会的尊重与爱护的心理。自尊心是人们前进的动力，是一种积极的心理品质。

古人曾说："欲人尊我，必先自尊；欲人重我，必先自重。"古往今来，守护尊严的事例不胜枚举。孟老夫子不满齐宣王的无礼，故意装病不见他；饥民耻于吃嗟来之食；陶渊明不为五斗米折腰……

20世纪初，徐悲鸿在欧洲留学时，曾碰到一个洋人的寻衅。那个洋人说："中国人愚昧无知，生来就是当亡国奴的材料，即使送到天堂深造，也成不了才！"徐悲鸿义愤填膺地回答："那好，我代表我的祖国，你代表你的国家，等学习结业时，看到底谁是人才，谁是蠢材！"一年之后，徐悲鸿的油画就受到法国艺术家的好评，此后数次竞赛，他都得了第一，他的个人画展，竟轰动了整个巴黎美术界。这样令人惊叹的成就，是那个洋人远远不能及的。

"人不可有傲气，但不可无傲骨"的警句至今仍如黄钟大吕，回响在我们身边。

一个人，即使是一个弱者，如果能唤醒自己心底的尊严，他将会获得重新积聚力量的机会和重新审视自己的能力。

生活中，许多女孩希望父母不要在客人面前说自己的缺点，反感大人（包括父母、老师）居高临下地训斥自己，希望大人有事与自己商量解决，重视他人对自己的评价，重视自身的穿戴、言行，这都是自尊的表现形式。它有利于优化自己，提升自己。

自尊，是无价的，是人最珍贵的、最高尚的东西，因此，我们可以贫穷，但我们不能失去做人的尊严。

一个人如果没有自尊，他就会自卑、自馁，就不会爱惜自己，就会自暴自弃，什么也不干，什么也干不成。

一个人如果没有自尊，就不会自重自敬，就会盲目服从，人云亦云，没有自己独立

的思想和主见，因此，其骨子里散发的就只有"奴气"。如此的人，怎么让人正视、尊重？"自敬，则人敬之；自慢，则人慢之。"这是一条千古颠扑不破的真理。

当然，自尊不等于唯我独尊，不等于刚愎自用，更不等于自负、自夸、自命清高。一个人若总是过于自爱自贵，最后总会遭受失败。

女孩们，无论今后是春风得意，还是贫困潦倒，你都要保持做人的尊严，唯有你自己自爱、自尊、自敬，才会得到他人的尊敬。因为，你把自己看成什么样的人，你在别人的眼里就是什么样的人。

担起一个责任

女孩们，你能真正理解"责任"二字的含义和分量吗？

小时候，我们不小心打坏了东西，就把手背到身后说："不是我！"犯了错误却想逃避惩罚，这是人天生的毛病。长大了，我们甚至将这种毛病"发扬光大"，对自己的行为完全不负责任，经常主动犯错，然后设法逃避惩罚。那些沦为少年犯的人不都是这样的吗？

如果一个人乐意对自己的行为完全负责任，即使蒙受损失也不改变做人风格，那么，为了避免损失，他会尽量预防失误，他的失误也因而越来越少，久之必然成为一个出类拔萃的人。所谓名人、权威、专家，不就是失误更少的人吗？无论在任何领域都是如此。

作家米兰·昆德拉说："一个人身上的担子越重，就越能感受到生活的充实和快乐。"每个人生存在这个世界上，都有着自己无法逃避的责任。作为儿女，要孝敬父母；作为职员，要努力工作；作为公民，要履行职责和义务；作为母亲，要养育儿女；作为父亲，要支撑家庭……

有些责任心淡薄的女孩以为一点疏忽、一个失误、一种毛病无关紧要，那么，想一想这些小事的后果：

急着下班回家的护士为病人输错了液；一个大大咧咧的工人在易燃品堆放仓库中随手丢下烟头；疲倦的财务人员在汇款时写错了一个账号；水泥厂一批不达标的产品被不负责的建筑公司用作一所学校的建筑材料……

习惯于逃避责任的人认为责任压得自己失去力气，其实使我们失去力气的不是责任，而是我们对责任的误解。在这种情况下，责任变成负担、生活变成苦役，于是，生命的全部意义就是放弃和逃避。而最终，我们没有得到本来可以得到的快乐和幸福，我们的人生失去了应有的价值和意义。

责任使我们能够时刻谨记生活目标，责任使我们的事业更富于成就、家庭更加美满，责任体现了生命的全部意义！我们将来的生活是否幸福，未来的事业是否有成，完全取决于对自己负责的程度。

所以，女孩要做一个负责任的人，要担起自己应该承担的责任，这样才能赢得别人的信任，更快地走向成功。

保持谦逊

古人云："满招损，谦受益。"一个懂得谦逊的人，懂得人生无止境，事业无止境，知识无止境。

为了启发人们谦虚处世，俄国作家列夫·托尔斯泰也做了一个很有意义的比方："一个人就好像是一个分数，他的实际才能好比分子，而他对自己的估价好比分母，分母越大，则分数的值越小。"

一个人不管自己有多丰富的知识，取得多大的成绩，推而广之，或是有了何等显赫的地位，都要谦虚谨慎，不能自视过高。应心胸宽广，博采众长，不断地丰富自己的知识，增强自己的本领，进而创出更大的业绩。如能这样，则于己、于人、于社会都有益处。

古希腊的著名哲学家苏格拉底，不但才华横溢，而且喜爱奖励后进，运用著名的启发谈话启迪青年智慧。每当人们赞叹他学识渊博、智慧超群的时候，他总谦逊地说："我唯一知道的就是我自己的无知。"

音乐大师贝多芬曾谦逊地说自己："只学会了几个音符。"

一次，有人去问爱因斯坦，说："您在物理学界可谓是空前绝后了，何必还要孜孜不倦地学习呢？"爱因斯坦并没有立即回答他这个问题，而是找来一支笔、一张纸，在纸上画上一个大圆和一个小圆，对那位年轻人说："目前情况下，在物理学这个领域里可能是我比你懂得略多一些。正如你所知的是这个小圆，我所知的是这个大圆，然而整个物理学知识是无边无际的。对于小圆，它的周长小，即与未知领域的接触面小，你感受到自己的未知少；而大圆与外界接触的这一周长大，所以更感到自己的未知东西多，会更加努力地去探索。"

像爱因斯坦所指出的那样，不懂得谦虚的人，最喜欢的就是用自己的长处和别人的短处相比，喜欢挑别人的毛病，总觉得自己很优秀。这样的人，很难主动去学习别人身上的优点，只要自己稍微取得一点成绩就会兴高采烈，而一碰到挫折就会灰心丧气。这样的人，常常遭遇失败。

由于骄傲，"力拔山兮气盖世"的项羽，最终败在了他所轻视的刘邦手下；由于自大，"过五关斩六将"的关羽败走麦城。

法国资产阶级革命时期的风云人物拿破仑，也是吃了骄傲自大的亏。早年他曾以"神速和勇猛"的战争手段，常常以少击多，出奇制胜，大军所向，望风披靡，被人称为战争之神。然而，胜利冲昏了他的头脑，丰功伟绩使他骄傲如狂，他居然认为"'不可能'，只是庸人字典中的字眼"，与他无关。于是武断专横，为所欲为，在他大获全胜的奥斯特里茨战役后的第七年，他又亲率60万大军进攻俄国，被打得一败涂地，后来被流放到圣赫勒拿岛，从巅峰跌到了谷底。

以上的故事告诉我们：人，贵有自知之明。谦虚谨慎才不致将自己置于不利的处境。

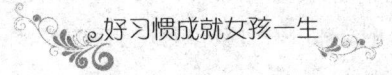

孔子年轻的时候曾经拜老子为师请教学问。在谈到怎样为人处世时,老子说了一句话:"良贾深藏若虚,君子盛德,容貌若愚。"这句话的意思就是:善于做生意的人,总是把珍贵的宝贝隐藏起来,不让人轻易看到;有修养、品德高尚的人,往往在表面上显得很愚笨。

老子的这句话中其实隐含着做人的深刻道理,他是在告诫人们:不要傲慢无礼,务必谦虚谨慎;过分自高自大或对人炫耀自己的能力,是非常有害的。

"月盈则亏,水满则溢。"

谦逊不是要我们觉得自己渺小,而是为了更好地了解自己,给自己一个准确的定位,并能发挥自己的特长,规避自己的弱点,成就自己的人生。

所以,人立身处世,必须谦虚谨慎,温良恭让,善于隐匿,虚怀若谷,不矜功自伐,不肆意张扬,这样才能很好地保护自己,并受到别人的欢迎和拥戴。

生活中,女孩们如何保持谦逊呢?

(1)诚恳地对待每一个人。

(2)了解别人的优点,同时学会理解别人的不足。

(3)建立内在的自我价值,任谁的打击也不要动摇。

(4)即使自己的确才学过人,也要顾及他人的自尊。记住,尺有所短,寸有所长,别人未必没有比你强的地方。

第十四章

注重形象

——打造女孩优秀的个人品牌

干干净净迎接每一天

卫小丽的妈妈是一位医生，因为职业的关系，她特别注意培养女儿的卫生习惯。妈妈总是对小丽说："要做个讲卫生、爱清洁的孩子，这样别人才会喜欢你。比如说饭前便后一定要洗手。"

小丽就问："为什么饭前便后要洗手？"妈妈就告诉她："因为手每天要碰各种各样的东西，会沾染很多细菌，要是在吃饭前不洗干净，吃饭的时候吃进肚子里就会长出虫子来，有虫子，就要去医院打针吃药了。"等小丽稍大一点的时候，妈妈还进一步告诉她，饭前便后洗手可以预防各种肠道传染病、寄生虫病等。

每次，当小丽洗手的时候，妈妈总是为她准备好肥皂、擦手毛巾，并且放在小丽容易拿到的地方。而且在每次洗手时，妈妈总是要求小丽先把袖子挽起来，以免不小心把衣服弄湿了，同时还会教导她要手心手背一起洗，这样才能洗干净，还会亲自做示范。

于是，小丽每天早晨起床后，就自己去洗漱。尤其是吃饭前，从来都不用别人提醒，自己就主动去洗手——打肥皂——把手擦干。现在，她已经完全养成了良好的卫生习惯。

在学校举行的"讲卫生"活动评选中，小丽毫不费力地就夺得了第一名，因为她每天都是那么整洁，而且每次上完厕所都洗手。但这对那些没有养成习惯的孩子来说，却还十分困难。他们总是一不小心就忘记了。老师夸奖了小丽，让小丽给同学们讲讲经验，小丽自豪地说："因为我有一个好妈妈，她从小就开始教导我要讲卫生了。现在，你们也开始养成讲卫生的好习惯吧！"

好习惯的养成不是一朝一夕的。女孩是美丽的象征，保持一个干净整洁的外表是必须要做到的，而这就要求从生活中的点点滴滴入手，坚持不懈地执行卫生习惯。没有人愿意跟脏兮兮的孩子一起玩耍，要做有出息的女孩，要结交更多的朋友，就从保持自身整洁开始吧！

干干净净迎接每一天，不是说出来的，而是做出来的。一个人是否干净体现在无数个细节中。看一看下面的内容，并坚持按照里面的方法去做，相信你就会养成良好的卫生习惯。

（1）勤洗手。公车、作业、篮球、拔河……平日里我们的手部运动是最频繁的，坚持饭前便后洗手对保障我们的身体健康很重要。洗手可不是用水冲冲就完事了，香皂或洗手液也要到位，认真地清洗指甲也很重要。

（2）不与他人同杯饮、共碗食。很多同学有与人共食的习惯，其实细菌往往就在这个时候不经意地转移到你这里来了，尤其是不了解对方的疾病史时，应该自己吃自己的，不要因为贪食或义气而损害了健康。

（3）常洗澡、洗头，做好个人卫生。紧张的学习之外，我们也要时常注意清洁自己，夏天坚持每天洗澡，冬天最好隔两天就洗一次头，否则容易滋生头发的油腻感，但也不要洗得过于频繁，这样有损头皮。此外，要勤更衣，也要注意生理卫生。

（4）不随地吐痰，不乱扔废弃物，保证公共卫生。随身带着一些纸巾，以便随时取用；要丢弃的废物应该归类置入垃圾箱。虽然是些小事，但如果不注意，不仅影响他人健康，也破坏了公共卫生。

淘气女孩需要公主裙

我的小表妹是个特别淘气的小女孩，总是喜欢在地上打滚，刚刚换上的新衣服，她不到三分钟就弄得又脏又破的。她妈妈拿她一点儿办法也没有，有时候也打她两下，但打过之后，她还和以前一样淘气。因此，她妈妈只好专门给她准备了几件在地上打滚用的旧衣服，让她一回到家里就赶快换上，然后任由她撒野打滚去。

但是，不久前的一件事情彻底改变了这一现状。

前不久的一天，小表妹的叔叔从外地回来，给小姑娘带回了一个漂亮的礼物——一件纯白色的公主样式的连身裙，蕾丝的裙边，收腰的蝴蝶结，两指宽的吊带，厚实的布料……一切看起来都是那么的完美无瑕，小女孩一下子喜欢得不行。

就在她妈妈担心这么漂亮的衣服不知又要被她弄成什么脏样子的时候，小女孩的表现让大家都吃了一惊。

第二天一早，当全家人都在吃饭的时候，小女孩出来了。她穿上了那件美丽的公主裙，而且全身上下都发生了惊奇的变化。她变得安静、规矩、懂事，仿佛一开始就是个文静的姑娘。

从那以后，小女孩彻底改变了，她再也不是那个在地上滚来滚去的野丫头了，她变得很有规矩、又安静，还很爱干净，房间里总是收拾得整整齐齐，自己的衣服也穿得干干净净。而那条洁白的公主裙，她一直穿了一整个暑假，竟然连一滴墨水也没有沾上！

大家都惊讶极了，她妈妈更是逢人就说："没想到，一件公主裙竟然把一个野丫头变成公主了，还真是神奇。"

可不是吗，当小女孩穿上公主裙的时候，她就真的是个公主呢，那个看似不起眼的

公主裙，却给了她女孩的洁净和优雅，让她找回了女孩本该有的那份美丽，真是神气极了。

卡耐基在一篇文章中曾说："掌声可以使一只脚的鸭子变成两只脚。"这句话表明了赞美的巨大作用。最好的让一个人改掉坏习惯的方法就是：用赞美的话语和行为来让他知道，自己的行为是不好的。这样，他就会自然而然地改掉坏习惯。

仪表是一个人身份、文化素养、生活水平等的直接体现。初次见面，一个人的仪表如何，是评判其整体素质的关键点。除此以外，良好的仪表还可以从外到内地约束一个人的坏行为，帮助一个人改掉坏习惯，养成好习惯。

影视作品中常常会有这样的一些描绘：一个小偷或品行不良的人，偷了一个有钱人的名牌西装，之后他就会不自觉地模仿那些品行优良人的行为，见面给人微笑致意。甚至当他再次把手伸向一个人的皮包时，也会不自觉地缩回来，因为看到了身上帅气的西服。他自己会觉得，这么好的西服穿在身上，再去干那些偷鸡摸狗的事是很不应该、很丢面子的。这就是仪表对人行为的影响。当人以一副干净整洁的形象出现在他人面前时，就会因为这身衣服自然而然地约束自己的行为，让自己变得讲规矩懂礼貌，更有修养。

因此，保持自己的良好仪表不仅可以给人留下良好的第一印象，更可以在不知不觉中改掉自己的一些坏习惯。习惯的养成都是日积月累的，而每天都以整洁的服装和干净的外表去工作和处理事务的人，更容易在潜移默化中养成良好的习惯，提高自身的修养和气质。

自身整洁是对上帝的虔诚

犹太人拉比在给学生授完课后，就和他们一起走出了课堂。一起走了一段路之后，他们要分手了。学生们问他："老师，您要去哪儿？"

"去履行一项宗教责任。"拉比回答。

学生们好奇极了："哪一项宗教责任？"

"到浴室洗澡。"拉比说。

学生迷惑地追问："这是宗教责任吗？"

拉比回答说："如果有人被指派去擦洗剧院和马戏场的国王雕像，在做这件事的时候，他不仅赚到了钱，而且还结识了贵族。那么，照着上帝的形象被创造出来的我们，不更应该保养我们的身体吗？"

"不要留心你的食物，要留心你的衣服。"在犹太人看来，不讲卫生、不修边幅是很没有教养的表现。他们参加宴会或者去朋友家做客的时候，都会穿着非常干净的服装，剪短指甲，仔细洗净自己的手指。他们认为如果带着一双脏手上桌面，不仅不卫生，而且是对主人的不敬。

犹太人的卫生观念源于他们从小养成的卫生习惯。犹太父母非常重视孩子的卫生习惯，在孩子很小的时候，就已经养成了早晚刷牙洗脸、饭前便后洗手、晨起排便洗肛、定期洗澡洗头的习惯。

在我们看来，讲卫生只是一种生活习惯，根本没有必要提上桌面讨论。但对于犹太人来说，讲卫生、保持身体的洁净却是一件非常神圣的事情。在犹太人中，上至学者、贵族，下至平民百姓，无不例外都有着良好的卫生习惯。他们的这一表现，让许多人觉得新鲜，但细想之下，却颇有道理。

待人接物时，做到外表干净整洁、仪表得体，是一种良好态度的表现，同时，也是让自己充满自信的方式。

犹太父母把孩子的卫生教育当作重要的事情来看待，它与知识、金钱同等重要。尽管犹太人有过很长一段漂泊的岁月，在那些日子里，他们的生存都很困难，但无论处于怎样艰难的环境中，他们祖祖辈辈始终坚持良好的卫生习惯。

直到今天，犹太人的父母仍然在教育孩子保持这种传统习惯，并把它当作一种虔诚的信念。

事实上，犹太父母本身就是孩子的一个榜样，他们总是保持干净整齐的仪容，在梳洗打扮时，允许孩子在一旁观看。犹太父母还给孩子制定具体的卫生规则，有时候，为了便于孩子遵守，他们还把这些规则贴到墙上。例如不撒饭粒，饭前洗手，饭后擦嘴等等，以此来提醒孩子注意卫生。犹太父母在卫生方面，从来都不向孩子让步，他们意在让孩子明白，有些要求是没有商量余地的。例如，规定孩子每天都要洗澡，不管他怎么要求、怎么吵闹，都不可以让步；或者可以和他谈条件："好，我知道你不想洗澡，可是你知道我们的约定，如果你不洗澡，明天可不带你去玩了！"当然，犹太父母并不是完全信任孩子，在孩子清洁自己之后，他们还会检查一遍，比如，看看他的头发有没有洗干净，耳朵背后有没有洗，手是否洗干净了等等。

因此，女孩们不妨都来向犹太人学习，把讲卫生当作一种信念来执行，在这样的信念下，孩子们会成为"爱干净，讲卫生"的好孩子，社会也会成为整洁干净的乐园。

用洁净营造美丽心情

有个朋友说起她奶奶的故事，满脸赞叹的表情。她说："奶奶80多岁了，却永远是那么雍容淡雅，一点儿也不像80岁的老太太。简单盘上去的发髻、素净的旗袍，是她习惯的装束。爷爷50多岁时就过世了，奶奶守了30年寡，却从未让我们觉得她像是一个没有丈夫的女人。

"奶奶有一次患了重感冒，我带了些水果去看望她。她即使卧病在床，脸色苍白得很，但看起来依然很整洁。我陪她聊了一阵子后，就被墙上的一些照片所吸引，那些照片其实我以前也看过，是一些爷爷和奶奶当年的生活照。

"我忍不住打心底对她说：'奶奶，您现在和以前没什么差别，还是穿得那么雍容淡雅，那么年轻好看。'

"奶奶脸上漾开慈爱却虚弱的笑容说：'怎么会，我老了！你爷爷转眼也过世三十几

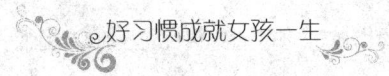

年了，我还觉得他就在我身边，每天穿戴整齐也还是为着他。我20岁依媒妁之言嫁给他时，我母亲对我说，女人嫁夫随夫，要记住每天做的第一件事，就是要把自己打扮好，穿戴整齐，永远不能让你邋遢不整的样子被丈夫看到，然后才可侍奉公婆，相夫教子。'

"原来如此，难怪我的几个叔叔、姑姑以及我们这些孙子孙女们都是穿戴整洁，永远以奶奶为榜样，无论生活中有怎样的烦恼与不顺，也要活出一份美丽的心情。"

是啊，无论生活中有怎样的烦恼和不顺利，我们都应该用美丽来为自己营造一份美好的心情，这样的人生该是多么美好啊。

孟德斯鸠曾说："美必须干干净净，清清白白，在形象上如此，在内心中更是如此。"一个心灵健全的人，总是懂得用外在的美丽来表现内心美，同时也用内心的美丽来映衬外在美。无论何时何地，保持外表干净整洁，是内心干净的表现，也是心灵洁净的表现。

无论生活怎样不顺，都要活出一份美丽的心情。当听到这句话，你心里是什么样的感触呢？

对一个守了30年寡的老奶奶来说，孤独是最让人难以忍受的魔障，而她竟在孤独之中，仍保持着自己那整洁美丽的外表，实在是一件不简单的事情。对她来说，生活已经没有什么美丽的事情会发生了，因此，她更要活出自己的美丽来。

那么，我们每个人不都应该活出自己的美丽吗？不管外界环境如何变化，周围的人事如何更迭，我们都要宠辱不惊、坦然面对，并开心如意、生活幸福。总是在繁华的都市里，羡慕别人的幸福和美满，期盼从天而降的好运和奇迹，并不断祈求有人能给自己带来美丽心情，这样把自己的心灵交给别人来把握的人，又怎么能够真正找到自己的快乐呢？

所以给自己一份美丽心情吧！把自己打扮得漂漂亮亮，不是给别人看，甚至不是给心上人看，只是给自己看，让自己在这美丽的仪表之中满足，并得到愉悦的享受，获得美好的心情。你会在心里说："原来，我如此美丽。"

为了形象，也要在乎"小节"

仪态美是指人的仪表、姿态所显示出来的外在美。仪表，主要是指装饰装束；姿态，主要是指行为举止的姿势形态，表现在日常生活的小节当中。

大哲学家培根说："形体之美胜于颜色之美，而优雅的行为之美又胜于形体之美。"

如果一个女孩拥有优雅端正的体态，敏捷协调的动作，优美的言语，行之有效而又大方的修饰、甜蜜的微笑和具有本人特色的仪态，即使是容貌平平，也会给人留下美好的印象。

所以说，一个受人尊重的女性，并不是最美丽的女性，而是仪态最佳的女性。

1. 吃的仪态美

吃的仪态可以看出一个女性的家教修养。

（1）在公共场合吃饭时切忌高谈阔论，影响邻桌的客人，更不可因小孩不听话而动怒打骂。

（2）在饭桌上切忌谈论一些不雅的事情。

（3）切忌吃饭时发出吧嗒嘴声。

（4）要注意拿筷子的样子、喝汤的姿态、嚼饭菜的口形、拿碗的动作等，均应以自然为主，千万不可为了美而做作。

2. 立的仪态美

（1）正式站姿。

这种站姿一般适合于在正式场合，肩线、腰线、臀线与水平线平行，全身对称，目光直视，所表达的是一种坦诚的、谦和的、不卑不亢的形象。

（2）随意站姿。

这种站姿要求头、颈、躯干和腿保持在一条垂直线上，或两脚平行分开，或左脚向前靠于右脚内侧，或两手互搭，或将一只手垂于体侧。表达了淑女的含蓄、羞涩、收敛。微微含胸、双手交叉于腹前，手微曲放松，则表达了一种性感女性的曲线之美。倾斜的肩、分开的脚、突出的胯无论从哪个方向来看都具有一种动感。有时又表达了一种健壮的肢体美。

（3）装扮站姿。

这是一种具有艺术性和表现欲望的站姿，在表达情感上最为生动，有时甚至会感到夸张。在 T 型舞台上、艺术摄影中常可以见到这种站姿。头斜放，颈部被拉得修长而优美，一手又在腰上，脚左右分开，重心在直立腿上，向人们在展示一种自信的美，一种艺术的美。

3. 坐的仪态美

优美的坐姿，要求上身挺直，两眼平视，下巴微收，脖子要直，挺胸收腹，脖子、脊椎骨和臀部成一条直线。另外，一切优美的姿态让腿和脚来完成。

上身随时要保持端正，如为了尊重对方谈话，可以侧身谛听，但头不能偏得太多，双手可以轻搭在沙发扶手上，但不可手心向上。双手可以相交，搁在大腿上，但不可交得太高，最高不超过手腕两寸。左手掌搭在大腿上，右手掌搭在左手背上，也很雅致。

不论坐何种椅子，何种坐法，切忌两膝盖分开，两脚尖朝内，脚跟向外。翘大腿坐时，尤其是一脚着地，一脚悬空时，悬空的一只脚尽量让脚背伸直，不可脚尖朝天。女孩子最忌两脚成"八"字伸开而坐。

4. 行的仪态美

走路时要想保持良好姿态，可遵循以下原则：

（1）上半身挺直，下巴微收，两眼平视、挺胸收腹、两腿挺直、双脚平行。

（2）迈步时，应先提起脚跟，再提起脚掌，最后脚尖离地；落地时，应脚尖先落地，然后脚掌落地，最后脚跟落地。

（3）一脚落地时，臀部同时做轻微扭动，但幅度不可太大，当一脚跨出时，肩膀跟着摆动，但要自然轻松。让步伐和呼吸配合成有韵律的节奏。

（4）穿礼服、长裙或旗袍时，切勿跨大步，显得很匆忙。穿长裤时，步幅放大，会

显出活泼与生动。但最大的步幅不超过脚长的两倍。

（5）走路时膝盖和脚踝都要富于弹性，否则会失去节奏，显得浑身僵硬，失去美感。

5. 衣的仪态美

爱美是女孩的天性，但并不是每个女孩都懂得如何打扮自己，有些人花了不少钱买贵重的衣服，但穿在身上却总是缺那么一点完美感；而有的人却能花很少的钱把自己打扮得漂亮又大方，这就是个人审美观的问题了。

一个有穿着品位的女孩，绝不会一味地追求昂贵和时髦的衣服。比如一个身材矮胖、腿部粗短的女性，穿流行的窄腿裤或超短裙是肯定不合适的，她应当选择色泽较深、花纹简单或直条纹的稍宽裤管的长裤或长及小腿以下的长裙，裙摆遮住粗壮的小腿肚为宜，脚下可穿高跟鞋，使裤管遮住鞋跟，这样可使身材看起来修长一些。

此外，衣料的质地也很重要，身材丰满或个性活泼的女性，宜穿软料的衣服，而硬料则比较适宜瘦小的女性穿。

服装的式样对女性的仪态美也有很大影响。短的衣服，适于身材高挑的女性，而身材矮小的女性衣服最好长一些；丰满的女性式样应力求简单，有时不妨戴一条长项链，也可起到拉长身材的作用。身体瘦小的女性，式样还可以有些变化，如可在小圆领上加些飘逸的荷叶边，但切忌衣服不合身。

6. 笑的仪态美

对女性来说，笑也很有讲究。在日常生活中，常看到有些女性不注意修饰自己的笑容，而影响了自己的仪态美。笑有很多种，如拉起嘴角一端微笑，使人感到虚伪；吸着鼻子冷笑，使人感到阴沉；捂着嘴笑，给人以不大方的印象。

要想笑，嘴角翘。这是公认的美的笑容，达·芬奇的名画《蒙娜丽莎》中的微笑被誉为永恒的经典微笑。美丽的笑容，犹如三月桃花，给人以温馨甜美的感觉，发自内心的笑是快乐的，但切忌皮笑肉不笑，或无节制的大笑、狂笑。

女孩要学会运用美的微笑、美的肢体语言、美的表情、美的仪态来展现你的风采，让你美在容颜上，美在言行举止上，进而美在思想上，美在心灵上，从而让你成为有气质、有修养、有风度、有魅力的新女性，以赢得他人的尊重，获得事业和人生的成功！

时时不忘展示自己

在日常的生活中，有些女孩并不愿展示最棒的自己，认为展示才华是一种炫耀，是虚荣的表现。实际上，这种想法是大可不必有的。人生是一个大舞台，每个人都是舞者，将最精彩最优美的舞姿奉献给观众，一定会博得热烈的掌声和美丽的鲜花。

在有一年的春节联欢晚会上，全国亿万观众同时被一个节目深深地感动了。这是个群舞，叫作"千手观音"。表演者动作分配有序，节奏感很强。全场演出，观众只看到了一张生动美丽的面孔，而其他演员只扮作"千手"的角色，只让观众看到了他们的手臂。这场演出是精美的，是成功的。而更加令人感到震惊和感动的是：这个舞蹈的所有演员全部是聋哑人。他们听不到一点声音，也无法利用有声语言进行交流，他们在表演时对音乐节奏的把握完全取决于舞台旁几位聋哑老师手语的指导和平时的训练。

舞台上，这些舞者是光彩照人的，他们的每一个动作都精确到位，优美异常，让观众切切实实地感受到了"千手观音"般的神圣。舞者们在舞台上将自己最美的一面展示给了观众，他们赢得的不只是鲜花和掌声，还有观众们的喜爱和尊敬。

展示并不等同于炫耀，同样，炫耀也不是完美的展示。每个人都有表现自己才华的权利，而且应该鼓励这种展示。但是，如果拿自己的才华作为炫耀的资本，这种行为是大大不可取的。

某位影视明星上大学时的一段经历，会对女孩有所启示：

他在北京电影学院学习表演专业，学习认真，成绩优异。刚刚大三就已经上演了几部电影，并在其中一部担当主演。导演很看好他，老师很欣赏他，同学也很羡慕他。他渐渐地感觉飘飘然了。逢人便谈自己演的电影，自己塑造的角色，连课堂发言也如此。老师让分析角色，他说着说着便又扯到了自己的电影上，一来二去，同学觉得没有新意，颇有不满之词。

"是老师的一番话让我开了窍，"他说，"那天我又不自觉地谈到了我原来参与的电影，这时，我们的教授抬手示意我先停一下，老师在讲台上踱着步子，向左走五步回来，再向右走五步，再回来，反复几次之后，停在了他原来站的那个位置上，对大家（可我感觉到目光是直视我的）说：'你们都是优秀的。也许今天你们为能在北影读书感到骄傲，可北影总有一天会为你们感到自豪。这，需要你们经历过无数次的锻炼与打磨。如果你们只满足于自己目前的状态，为现有的一点点小成绩而沾沾自喜，那么只能像我刚才在讲台上踱步一样，最终回到原点，没有突破。'老师的话只有几句，只讲了不足一分钟，却在我耳边回荡了近30年，直到现在。"

他说老师的这段话造就了他今天的成绩。他从此明白了，作为演员，就要大胆地去展示，尝试塑造各种不同的人物造型，但这只能是在银屏上，退下银屏，就要有所收敛，昨日再辉煌的成就也不足以成为今日炫耀的资本。在生活中，要谦和，才能搞好家庭内部和邻里之间的关系；在学习中，要谦虚，才能学到真才实学并能够博采众长。

女孩们，在需要展示你的才华时，就充分地去展示，做到热情洋溢、落落大方；在不适宜展示自己时，就要做到韬光养晦，含而不露。如此收放自如，既展示了自己的风采，又有效地保护了自己，这是你应该学会的。

擦亮你的气质招牌

女孩的美丽，已经被人们无数次地讴歌和赞美，文人骚客为此差不多穷尽了天下的华章。其实，在美丽面前，诗歌、辞章、音乐都是无力的。无论多么优秀的诗人和歌者，

最后都会发出奈美若何的叹息！

美丽的女孩人见人爱，但真正令人心仪的永恒美丽，往往是具有磁石般魅力的女孩。那么，什么样的女孩才具有魅力呢？三个字：气质美。

气质是女孩征服世界的利器，就如同一座山上有了水就立刻显现出灵气一样。一个女孩只要插上了气质的翅膀，就会立刻神采飞扬、明眸顾盼、楚楚动人起来。

著名化妆品牌羽西的创始人靳羽西说过："气质与修养不是名人的专利，它是属于每一个人的。气质与修养也不是和金钱权势联系在一起，无论你是何种职业、任何年龄，哪怕你是这个社会中最普通的一员，你也可以有你独特的气质与修养。"

那么，现代的女性应具备哪些气质呢？

1. 人格之美

女性气质的魅力是从人格深层散发出来的美，自尊、自爱、端庄、贤淑、善解人意、富于同情心等都是美好的人格特征。相反，轻浮、自私、唧唧喳喳和鼠肚鸡肠的女人，即使容貌长得再漂亮、惹人喜爱也只是过眼云烟。

2. 温柔的力量

说到温柔，人们自然会想到圣母的画像，想起在极其柔和的背景中圣母玛丽亚温柔而圣洁的微笑。这微笑向人们展示了她的善良、无邪、温柔和博爱，她巨大的艺术魅力亘古不衰。

3. 腹有诗书气自华

读书和思考可以增加一个人的魅力。知识和修养可以令人耳聪目明，也会给一个女孩增添不凡的气质。学识和智慧是气质美的一根支柱，有了这根支柱，完全可以弥补容貌上的欠缺。

4. 可贵的坚韧

柔的温情并不是主张女孩子一味地顺从、依赖、撒娇，女性也要有个性、有主见、有行为的自由。这种独立性是一种情感中的柔韧和追求中的坚定，是一种意志上的自持和克制力，是一种既不流于世俗又深深地蕴含着理性的行为。那些见异思迁、毫无主张、遇到挫折便哭哭啼啼的女孩，即使长得再漂亮也不会有人喜欢的。相反，对美的事物毫不动摇，坚持不懈追求的精神，完全可以使丑姑娘变得美丽。

气质是一种灵性，一个女孩如果只靠化妆品来维持，生命必定是苍白的。只有有气质的女孩才能表现出美丽的内涵。

气质是一种智慧，一点点地雕琢着一个人，塑造着一个人，一个不经意的动作，就能吸引所有人的目光。

气质是一种个性，蕴藏在差异之中，只有不断创新，才能拥有与众不同的韵味，成为一个让人一见难忘的人。

气质是一种修养，在城市流动的喧嚣中，洗练一种超凡脱俗的"宁"与"静"，面对人间沧桑，才会嫣然一笑。

对女孩而言，气质是一种永恒的诱惑，因为气质不仅仅靠外貌就能获得，还要拥有丰富的智慧与常识，拥有傲人的气度与素质。

在生活水平日益提高的今天，用来美化包装女孩的手段可谓层出不穷。皮肤不白可以增白，五官不正可以再造，脂肪过剩可以吸除，形体不美可以训练，但至今还没听到有"女孩气质速成"之类的技术面世。

事实上，女孩的气质首先是先天的或者说是与生俱来的，其次，后天长期的潜心修养也很重要。而刻意模仿、临时突击则是难以从根本上改变气质的，弄不好"画虎不成反类犬"，成为效颦的东施，反为不美。

真正高贵脱俗、优雅绝伦的气质，需要的是全方位的修养和岁月的沉淀。像一抹梦中的花影，像一缕生命的暗香，渗透进女孩的骨髓与生命之中，让她们能够在面对岁月的无情流逝时，仍然能够拥有一份灵秀和聪慧，一份从容和淡泊……

完美女孩一定要遵守的准则

一个完美的女孩一定具备哪些准则呢？以下的若干要点是每个好女孩都不可以缺少的。

1. 健康

在当今的时代，林妹妹的模样已经不再招人喜爱。整天病恹恹的是一种病态。只有健康阳光的女孩才能更适应这个社会，有更大的发展。

2. 善良

以前曾经看到过一则新闻，有一位民工晕倒在了大街上，起初所有的人都是不闻不问，直到一个长相并不很出众的女生走上前去扶起了这位素不相识的人。这一女生的义举带动了路上的很多人围过来。在此时此刻，这位女孩微带忧虑的眼睛里闪烁着天使般的慈爱光芒。关爱身边的每一个人，关爱身边的每一个弱者，哪怕是素不相识，我们都应该伸出友爱之手。

3. 自爱

一个不懂得自爱的女孩，如何叫别人来喜欢你呢？一个女孩需要的是人格独立、经济独立，对自己的身体和灵魂自爱，只有自爱的人才会美丽，也才会被人所爱。

4. 理智

一个涉世未深的女孩，身边一定是充满了各种诱惑，而抗拒这种诱惑的唯一有效武器就是理智。一个完美的女生会懂得在适当的时候说"不"，一个柔弱的外表下应该有一颗爱自己的坚强的心，理智打造了一副不受伤害的防御盔甲，不在眩晕的时候阴错阳差。

5. 聪慧

一个满分的女孩不应该只有漂亮的外表就够了，如果连嘲讽都会听成赞美的女孩，再风姿绰约也显得奇丑无比。并不是说会写字的就是才女，也并不是说不愚蠢就叫聪慧。我们不可以用秀外慧中来形容抄袭高手，也不可以用聪慧练达来形容花言巧语。

6. 纯净

所谓的纯净并不是说一个女孩要像纯净水一样，需要经过多层过滤。但是如果世俗

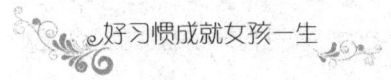

的颜色太多，纯净往往就像背道而驰，纯净看似是天生的通透，实则是一种品质。一个女孩保持着青春的原始性是美好的。

7. 信用

俗话说人无信不立，而女孩更应该如此。千万不要以为迟到是女孩的特权，说话不算数是女孩的专利。女孩调皮固然可爱，但是也要注意限度，要在大是大非上面讲信用。

8. 独立

现在是一个男女平等的时代，学习独立、生活独立、经济独立，独立的女孩才有自信的骄傲。还记得有句古诗吗？套用在这里正好——北方有佳人，绝世而独立。

9. 有追求

追求，就是理想。我们的一生都在求索中度过，不断打掉性格和思想上的渣滓，才能越来越优秀，变得出类拔萃起来。一个没有追求的女孩是可耻的，她们只是日显平庸。

10. 才艺

无论是什么才艺，多少会一点：说说流利的英语，演段小品，唱唱歌，背背古诗，弹吉他……完美的女孩懂得藏拙，自己留一手，在最关键的时刻展示最拿手的才艺，能做到"一舞剑器动八方"。

11. 勤劳

俗话说，没有丑女孩，只有懒女孩。难以想象一个女生：懒睡日高匆匆起，洗脸刷牙梳妆迟，蓬头垢面就跑去听课。懒惰的女孩再漂亮也会让人感觉这漂亮打了折扣。

12. 温柔

任何一个女孩，缺了柔顺的性格、温情的话语都变成了小男生。火候刚好的温柔惹人喜爱。那种大大咧咧、凶声恶气、动不动就要踢人的女同学，并不能将一块钢铁化为绕指柔。

13. 善解人意

善解人意并不是一种不可或缺的睿智，出现在女孩的身上尤为光华夺目，能理解人的女孩，可以称之为完美。难道你不喜欢这样的女孩吗？那就试着做这样的女孩吧。

14. 孝心

孝心是一切美德的根源，一个有孝心的女孩能给人一种稳定的安全感，持重、从容、包容、信任这样的品质都是建立在孝心的基础之上。

15. 美丽

美丽包括生理上的和心理上的，外貌的美丽与生俱来，不能选择，青春就是最美。但是我们也不可以肆无忌惮地盯着满脸的痘，说这是青春的探照灯，适当的修饰非常必要。修饰最讲究一个度，千万不要过分浓妆艳抹，拿面霜粉刷自己，而是恰如其分地张扬自己的青春。

我有我的气质

女性散发着独特的魅力，而成功的女性更具有迷人的光彩。成功女性往往都具有独特的个性，无论是她们的着装打扮、言谈举止，还是思维方式、处世风格，都有些与众不同。正是因为有了这许许多多的不同，才孕育出了她们不同凡响的成功。

因此，每个想要成功的女孩，都应该坚守自己的个性，保持自己的本色。

在个人成功的经验之中，保持自我的本色及以自身的创造性去赢得一个新天地，是有意义的。你有这样的能力，所以不应再浪费任何一秒钟，去忧虑你不是其他人这一点。

在人类历史上，你是独一无二的，应该为这一点而庆幸，应该尽量利用大自然所赋予你的一切。归根结底说起来，所有的艺术都带着一些自传体，你只能唱你自己的歌，你只能画你自己的画，你只能做一个由你的经验、你的环境和你的家庭所造成的你。不论情况怎样，你都是在创造一个自己的小花园；不论情况怎样，你都得在生命的交响乐中，演奏你自己的小乐器；无论是情况怎样，你都要在生命的沙漠上数清自己已走过的脚印。

玛丽·玛格丽特·麦克布蕾刚刚进入广播界的时候，想做一个爱尔兰喜剧演员。结果失败了。后来她发挥了她的长处，做一个从密苏里州来的、很平凡的乡下女孩子，结果成为纽约最受欢迎的广播明星。

著名世界影星索菲亚·罗兰第一次踏入电影圈试镜头时，摄影师抱怨她那异乎寻常的容貌，认为她的颧骨、鼻子太突出，嘴也太大，应当先去整容一下再试镜头。她却说："我不打算削平颧骨、换个鼻子和嘴巴，尽管你们摄影师不喜欢灯光照在我脸上的样子。要解决这个问题，不是我想整容。而是你们要好好琢磨琢磨应当怎样给我拍照。我认为，如果我看上去与众不同，这是件好事。我的脸长得不漂亮，但长得很有特色。"这就是自信自爱、特立独行。

在每一个女孩的教育过程中，她会在某个时候发现，羡慕是无知的，模仿也就意味着自杀。不论好坏，你都必须保持本色。个性是一笔财富，一个可爱的个性，甚至会使你一辈子受用无穷。

你完全可以把巩俐、张惠妹当作心中的偶像，完全可以惊叹杨澜、张璨创造的惊人财富，但你千万不可对自己妄自菲薄，在心中小视了自己，尽管自己存在着这样那样的缺陷。

或许你的形象比不上巩俐的娇美，或许你的财富和杨澜比起来显得微不足道，但你大可不必东施效颦、自惭形秽，你的勤奋刻苦，你的自强不息，谁又能不承认是人生的一大亮点呢？

自古至今的一句老话叫"尺有所短，寸有所长"，想想真的很有道理。

她有她的优势，你有你的长处，没有太多的理由拿自己和她去对照，更没有通过自己的有意的对比而给自己心理造成某种压力的必要。

唐代大诗人李白曾说"天生我材必有用"。既然如此，人家是块金子能闪闪发光灿烂夺目，你是块煤炭就熊熊燃烧温暖世界。

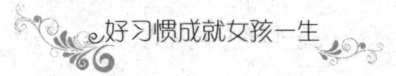

个性就是特点，特点就是优势，优势就是力量，力量就是美。

世界上所有珍贵的东西，都是不可仿制的，是绝无仅有的。作为女性大家族中的你，也是这个世界上独一无二的。

尊重你自己的个性，坚守发挥你自己的个性，在女性这座百花园中，你同样是朵奇葩！

不要当时尚的奴隶

女孩应适当追求时尚，让自己的魅力与时俱进。对时尚的追逐、对自然的崇尚，是女性的永恒话题，而漂亮、随意、充满青春活力也应是最喜好自由生活、重视自我感受的年轻女孩的专利。

为了在纷繁芜杂的时尚潮流中升华而出，女孩必须把握几条重要的原则。

第一，注重时尚的和谐。

首先，时尚应当与自己的年龄和谐。不同年龄追求不同的时尚，女孩要根据自己的年龄特征选择适当的时尚服装。其次，时尚也应与自己的性格和谐。只有当内在性格与时尚追求和谐一致时，女孩的美才能得到最充分的体现。如旗袍给人以文静的感觉，"假小子"式的姑娘就不宜穿着。再次，要注意使时尚与所处的环境相和谐。即在选择时尚服饰时，应与一定场合的气氛相和谐。

第二，抓住时尚的精髓。

时尚有其特定的内涵，非经提纯不能窥见其全貌，为此你首先需要做的就是对时尚提纯。要从它的核心部位入手，将它的实质构成寻找出来、挖掘出来，为己所用。

时尚的女孩应当善于抓住流行色。流行的引领是服装，服装的引领是色彩。选用一两种流行色与基本色一起搭配，就能够做到既保持了自我又跟上了时尚。

时尚的女孩应当善于自己创造流行。寻找流行目标，关爱自己，展现魅力，把自己当作是流行的晴雨表，时不时怪怪的却是蛮可爱的装束，不小心就制造了新一轮时尚。

第三，不做时尚的奴隶。

俗话说："有人创造流行，有人跟从流行。"因为有众多的人迷信流行，因而有了大众时尚。

时尚，把一颗颗不安分的心倾泻成引人注目的新潮，把一次次压抑的情绪化为光怪陆离的冲动。时尚本无对错之分，但是盲目跟从时尚就难免陷入误区。

有的女孩为了追求时尚，往往不考虑自己的年龄、体形、肤色，甚至盲从一些标新立异的行为，如吸烟、染发和穿另类时装。

为了追赶时尚，她们甚至不惜重金，弄得自己看起来一派风度，口袋里的钱越来越少，感觉却越来越糟。究竟要把自己放逐到什么地步，自己也不知道。

做时尚的奴隶是可悲的。女孩要学会的是用自己的眼睛观察自己，相信自己具有与众不同之处。如果仅仅生活在他人的时尚观念中，你所拥有的当然只能是茫然和盲从。

避开时髦的陷阱吧！为什么不张扬自己的个性，创造出自己的风格呢？只有当你的内涵和外表协调统一时，你才是最美的！

时尚与女孩并不是对立的，它完全可以令女孩更加富有魅力。聪明的女孩不会成为时尚风潮的奴隶，而是根据自己的内在精神需求与性格气质，从纷繁芜杂的时尚风潮中升华而出。时尚女孩，魅力永恒！

优雅谈吐印象好

谈吐能直接反映出一个人是博学多识还是孤陋寡闻，是接受过良好教育还是浅薄无知。而杰出人士往往能够在社交中侃侃而谈，用词高雅恰当，言之有物，对问题见解深刻，反应敏捷，应答自如，能够简洁、准确、鲜明、生动地表达自己的思想与情感，表现出其不同凡响的气质和风度。

作家于伶回忆与鲁迅先生谈话时说："鲁迅先生谈吐深刻、严密、有力而又生动活泼，句句吸住我们。渐渐谈下去，愈来愈强烈地发射出真挚的热情，又有一种严峻的强大的威力，从瘦削的脸上透射出来。"使人听得入迷，产生"听君一席话，胜读十年书"之感。

有人不善言谈是因为怕说错话。说话不当固然会伤人，但是否永远保持"沉默是金"的信条，永远信奉"闭口深藏舌，安身处处牢"，你就可以高枕无忧了呢？答案是否定的。要做一个成功者，要获得他人和上级的重视和赏识，沉默寡言绝非是成功之道。

成功者要想脱颖而出超越他人，就必须具备高超的说话技巧。苏秦游六国，说服各国国君联合；诸葛亮先是在隆中茅屋里侃侃而谈天下三分之势，说得刘备大为心折，后又舌战群儒，说服吴国国君孙权主战；至于当今的推销员，更是凭着说话的技巧，说动千万个顾客。国外有研究者调查了数千名获得事业成功的人，试图找出他们的共同之处，结果发现，这些人都懂得巧妙地使用言语的方法。

在语言方面，交谈的总要求是：文明、礼貌、准确。语言是组织交谈的载体，交谈者对它应当高度重视，精心斟酌，这是不言而喻的。

女孩在交谈中，一定要使用文明优雅的语言。下述语言，绝对不宜在交谈之中采用。

1. 粗话

有人为了显示自己为人粗犷，出言必粗。把爹妈叫"老头儿"、"老太太"，讲这种粗话，是很失身份的。

2. 脏话

讲脏话，即口带脏字，讲起话来骂骂咧咧，出口成"脏"。讲脏话的人，非但不文明，而且自我贬低，十分低级无聊。

3. 黑话

黑话，即流行于黑社会的行话。讲黑话的人，往往自以为见过世面，可以吓唬人，实际上却显得匪气十足，令人反感厌恶，难以与他人进行真正的沟通和交流。

4. 怪话

有些人说起话来，怪里怪气，或讥讽嘲弄，或怨天尤人，或黑白颠倒，或耸人听闻，

成心要以自己的谈吐之"怪"而令人刮目相看，一鸣惊人。爱讲怪话的人，难以令人产生好感。

5. 气话

气话，即说话时闹意气，泄私愤，图报复，大发牢骚，指桑骂槐。在交谈中说气话，不仅无助于沟通，而且还容易伤害人、得罪人。

女孩们在交谈中多使用礼貌用语，是博得他人好感与体谅的最为简单易行的做法。所谓礼貌用语，简称礼貌语，是指约定俗成的表示谦虚恭敬的专门用语。

在社交中，尤其有必要对下述礼貌语经常加以运用，并且多多益善。

1. 您好

"您好"，是一句表示问候的礼貌语。遇到相识者或不相识者，不论是深入交谈，还是打个招呼，都应主动向对方先问一声"您好"。若对方先问候了自己，也要以此来回应。在有些地方，人们惯以"你吃饭了没有"、"最近在忙什么"、"身体怎么样"、"一向可好"，来打招呼、问候他人，但都没有"您好"简洁通行。

2. 请

"请"，是一句请托礼貌语。在要求他人做某件事情时，居高临下、颐使气指不合适，低声下气、百般乞求也没有必要。在此情况下，多用上一个"请"字，就可以逢山开路、遇水架桥，赢得主动，得到对方的照应。

3. 谢谢

"谢谢"，是一句致谢的礼貌语。每逢获得理解、得到帮助、承蒙关照、接受服务、受到礼遇之时，都应当立即向对方道一声"谢谢"。这样做，既是真诚地感激对方，又是对于对方的一种积极肯定。

4. 对不起

"对不起"，是一句道歉的礼貌语。当打扰、妨碍、影响了别人，或是在人际交往中给他人造成不便，甚至给对方造成某种程度的损失、伤害时，务必要及时向对方说一声"对不起"。这将有助于大事化小、小事化了，并且有助于修复双方关系。

5. 再见

"再见"，是一句道别的礼貌语。在交谈结束、与人作别之际，道上一句"再见"，可以表达惜别之意与恭敬之情。

优雅的谈吐可以在生活中培养，而且有以下几点技巧。

1. 有效的说话态度

说话时应该态度从容，双目注视对方，表示出诚挚的神情。随时注意对方的反应，这是说话有效的关键所在。发现对方很感兴趣的样子，你就继续深入；发现对方怀疑的样子，你就要对你刚才说的话稍加解释，不要只顾往下说；发现对方神情不悦的样子，你就该设法结束或者换一个话题；发现对方要插话或问话的样子，就要停顿让对方发表意见，这才称得上交流。谈话时不管对方反应，只是自己一味滔滔不绝，这样你就是在说给自己听了，这亦是谈话之大忌。

2. 说对方关心的话

人最关心的是与自己有关的事，所以不能只谈自己的主张。一再说"我"，会让对方觉得自己的存在和主张被忽略了，因而在心中形成一道鸿沟，即使你说得再天花乱坠，他也只是漫不经心。对方既然是和你同样的人，当然也有谈论自己的欲望。如果希望表示你的出色，就不要只专注于谈论自己，而要把会话的方向转向对方和对方关心的问题，对方将给予你更高的评价。

3. 不要故作高深

说话不需要矫揉造作，卖弄辞藻。动辄引经据典做高深状，其实言之无物，结果对方早已听得心烦，还是等于白说。说话应以打动对方为最高目标。用质朴自然的话把自己最熟悉的事讲出来，最能打动人心。自己一知半解的问题，最好不要信口开河，"以其昏昏，使人昭昭"是不可能的事。

其实，即使是最生动活泼的会话，其内容也有不少是无意义的赘言。至少在开始的一长段时间内，大家都不会情绪热烈地敞开心扉。如果这时你就抛出一些抽象的理论或高深的哲理，无疑会使对方难以产生共鸣，对方只好关闭刚欲开启的心扉，让你独自在高雅的天空翱翔。

人生并不是在做戏，"无聊的谈话"正是为了在双方心灵之间先拉好吊桥的钢缆。有一句话说得很正确："不要执意于深奥或好听的话，相反地，要用普通的句子和身边的事物作话题，来建立你的人际关系！"

4. 使人赞同的说话方法

在谈话中提出自己的观点，又使这种事情与对方有连带关系，对方将会欣然赞同你的观点。比如说，"我也是这么想的"、"我也有这样的感觉"、"看来我在这点上与你相同"、"你可能也知道这件事"等。如果你叙述的感觉和经验，使对方觉得与他的感觉经验有相似之处，他当然会赞同你。正如对好恶感的心理分析所得出的类似性原理：有类似的态度、观点的人容易亲近。

如果必须讲出与对方观点相反的话，也应找出一些共同的地方，有了这些双方一致的共同点，你的相反观点也较容易被对方接受。

无论你拥有再高的天赋，受过再高深的教育，穿上再漂亮的衣服，拥有规模再大的财产，如果你不能用优雅的谈吐来表达自己的思想，你的品位并称不上高，你的人生也并不完美。为了在交往中成为受欢迎的人，优雅的谈吐是必不可少的。那么，女孩们从现在就开始培养吧。

树立外表形象

在日常生活中，女孩们可能常常听到这样的劝告：不要以貌取人。但是经验告诉我们，人是很难做到不以貌取人的。从人的审美眼光出发，爱美之心人皆有之，人们对美的认识，很多时候是从第一印象中产生的，而人的仪表恰好承载了这一"特殊"的任务。

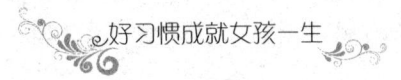

美国的心理学者雷诺·毕克曼做过以下有趣的实验：

在纽约机场和中央火车站的电话亭里，在任何人都可以看到的地方放了10美分，等到一有人进入电话亭，约两分钟后敲门说："对不起，我在这里放了10美分，不知道你有没有看到？"结果退还硬币的比率，询问者服装整齐时占77%，而询问者衣服较寒酸时则占38%。

电话亭里的人在被服装整齐的人询问时，会察觉此人可能跟自己说了很重要的话；而面对衣着寒酸的人，因为在不想接触的念头下，不想去理会对方的问题，所以根本没有听清楚他说的话，就开口回答"不"，企图赶走对方。

可见，良好的仪表犹如一支美丽的乐曲，它不仅能够给自身提供自信，也能给别人带来审美的愉悦，既符合自己的心意，又能左右他人的感觉，使你办起事来信心十足，一路绿灯。

小孙口才绝佳，对公司产品的介绍也得体，人既朴实又勤快，在业务人员中学历又最高，经理对他抱有很大期望。可做销售代表半年多了，他的业绩总上不去。

问题出在哪儿呢？

原来，他是个不爱修边幅的人，衣服老是松垮、不协调，双手拇指和食指喜欢留着长指甲，里面经常藏着很多"东西"。脖子上的白衣领经常是酱黑色，有时候手上还记着电话号码。他喜欢吃大饼卷大葱，吃完后，不知道去除异味的必要性。在大多情况下，根本没有机会见到想见的客户。

在竞争日益激烈的今天，仪容对一个人的作用是万万不能忽视的。形象创造价值、形象决定命运的说法绝不是夸大其词。

一个人的外貌对于他本身有影响，穿着得体就会给人以良好的印象，它等于在告诉大家："这是一个重要的人物，聪明、成功、可靠。大家可以尊敬、仰慕、信赖他。他自重，我们也尊重他。"

如果能找对自己的长处，切合自己的特点，改造自身的形象，那每个女孩都会散发出与众不同的迷人光彩，使自己成为一块名牌！

每一天，都有一些人在对别人品头论足，那么他们是凭什么说人家的呢？是凭借别人的言行举止留给他的印象。这就证明，一般来说，个人的黄金形象是可以细化成为一些具体的方面。一般来说，个人形象是由以下几个因素构成的：个人的外在表现；个人的实质性内涵；人格的可信度。

如果人以100分作为个人形象满分的话，那上述3个方面将各占1/3。但是如果这3项中有一项特别薄弱的话，那其他方面的分数也会受影响。

眼光敏锐的人能够从路过身边的人中指出哪些是成功者。因为成功者走路的姿势、一举一动都会流露出十分自信的样子。从他的气度上，就可以看出他是一个自立自主、有自信和决心完成任何工作的人。一个人的自主、自信和决心是他万无一失的成功资本。同样，眼光敏锐的人也能随时随地看出谁是失败者。从走路的姿势和气质上，可以看出他缺乏自信力和决断力；从他的衣着和气势上可以看出他不学无术；而且他的一举一动也显露出他怯懦怕事、拖拖拉拉的性格。

历史上，杰出人士大都是那种具有人格魅力的人，而他们的人格魅力之所以能够得到众人的认可，一个很重要的原因就是，他们能够尽量地自我展现，能够给别人了解自己的道德品格、思想情感、性格气质、学识教养、处世态度等的机会。

杰出人士大都有着一套属于自己的展现个人形象的方法：

（1）仪表整洁，衣着得体。

现代社会中，杰出人士们坚持这样一个人际吸引的原则：一个人风度翩翩，俊逸潇洒，能产生使人乐于与之交往的魅力。

（2）精神饱满，神情自然。

他们在社会交往中始终保持旺盛的精力、饱满的热情、大方自然的神情。与人交往，神采奕奕，精力充沛，显得富有自信，这样就能激发对方的交往热情，活跃交往气氛。

（3）谈吐幽默，言语高雅。

谈吐能直接反映出一个人是博学多识还是孤陋寡闻，是接受过良好教育还是浅薄无知。

（4）举止大方。

杰出人士大都具备朴素大方、温文尔雅的行为习惯，举止稳重，文明得体，坐、立、行的姿态正确雅观，能表现出自己良好的教养，给人留下成熟、值得信赖之感。

女孩是否也想跻身杰出者的行列？那么从现在开始，打造你迷人的外在形象吧！

❧ 时尚要与健康同行 ❧

"哇，真是太帅了，帅死了。"听到了罗罗的一声尖叫，周围的人都把目光投向她。

姗姗也跑了过去，想看个究竟。尽管罗罗喜欢大惊小怪，在她看来习以为常，不过姗姗总是好奇究竟是什么原因导致她如此。

原来，罗罗手里拿着一本时尚杂志，上面有一篇介绍无痛穿耳的广告，还在旁边印上一个女孩模特，她的耳朵上打了一排的耳洞，上面分别镶上了各种饰品。怪不得罗罗会兴奋成这样。

"姗姗，你说，我也去打耳洞好不好，反正不会疼。"罗罗兴致勃勃地对姗姗说，"而且你看，我也可以在耳朵上扎一排的耳洞，然后镶上我所有的钻饰。"

"不过看上去有点让人眼睛发麻。不是，纠正一下说法，是让人感到眼花缭乱。"姗姗赶快用了一个比较美观的词汇向罗罗阐述自己的意见，不知道她听明白没有。

"是啊！我要的就是这样的效果啊，不然的话怎样吸引别人的注意呢？"罗罗洋洋得意地说道。

这个罗罗，怎么想一出是一出啊！姗姗干脆闭嘴不言。

晚上回家吃饭，姗姗把这件事告诉了妈妈。

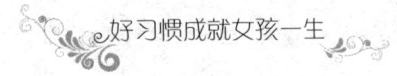

"妈妈，罗罗近期有个比较个性的想法，她准备在耳朵旁边打一排的耳洞……"

没等姗姗说完，妈妈很着急地拦住她说道："姗姗，你一定要劝她不要这样做，实在是非常危险的。"

"危险？很危险吗？罗罗说是无痛穿耳。"看到妈妈夸张的表情，姗姗解释道。

"不是的，你不懂。"妈妈说，"以前我在媒体上面看过报道，曾经有个小女孩因为打了一排的耳洞，最后导致面瘫了。因为耳朵上面也有很多细微的神经组织，如果打了耳洞造成这些组织的沟通不通畅，就容易造成炎症，或者使耳朵萎缩，甚至出现面瘫。"

啊！原来打耳洞是这样危险的事情啊。

"不仅是这些，你想想，耳朵被打穿之后，会不会为细菌的侵入打开了便利的通道？还有，平时佩戴的那些廉价的饰品都是摆在柜台上任人挑选，肯定也不卫生啊。甚至还有些不正规的打耳洞的地方，在手术时连酒精消毒都没有，安全很没有保障啊。"

看来打耳洞确实很危险，姗姗心想一定要把这些告诉给罗罗。

女孩趁着年轻，追求时尚本没有错，但越来越多的女孩在追逐潮流的同时，漠视了健康的重要性。一些所谓的"时尚"虽然只是很不起眼的生活方式，但这些有损健康的生活方式一旦成为习惯，对健康的负面影响就不可小觑了。

时下流行的有损健康的观念主要有：

1. 塑身内衣

塑身内衣有的束腰，有的收腹，有的修饰腿部线条，还有一种连体内衣，厚厚的强力纤维把上腹、腰、下腹、臀、腿从上到下紧紧地箍起来，穿着它连呼吸都有些困难。如果为了某个场合，短时间内用内衣修饰体形没有问题，但如果天天如此，恐怕就要影响健康了。

女性由于体内激素的作用，脂肪沉积，特别在臀、胸、腹等部位，是自然的生理现象，没有必要去刻意改变。追求不健康的所谓"骨感美"，长期用紧身衣、腹带等束紧胸部、腰腹部，将严重影响健康。特别是处在青春期的女孩，身体尚未发育完善，如果一味求"瘦"，束腰、收腹，会影响腹部器官的正常生长发育。

腹部有许多重要脏器，如肠、胃、子宫、卵巢等，束身衣长时间紧缚肌肉，影响身体的自由活动，从而使腹部的血液供应受到限制，腹腔器官供氧不足，会影响众多器官的生理功能。另外，束腰还导致影响下肢血液循环，可能出现下肢水肿。

2. 打耳洞

打耳洞已不是什么新鲜事了，而且随着"韩风"日劲，耳洞的数目也有逐渐上扬的趋势。

但是打耳洞越多，细菌病毒越容易入侵。耳钉、耳坠等饰物放在柜台上，长期暴露在空气中，本身未必干净。有的摊主在打耳洞前，都不用酒精消毒，街边的所谓"无痛穿耳"就更没有安全可言了。病毒和细菌侵入身体，极有可能造成感染，特别是气温渐高的春季和夏季。更严重的是，在耳朵上过多穿孔，有可能造成软骨炎，使耳朵萎缩。至于在鼻、舌、眉、脐环等部位打洞，就更危险了。

3. 滥吃减肥药

当减肥成为时尚，就是一件很可怕的事情了。不少女性在医院减肥遭拒之后，开始自寻门路买减肥药吃，殊不知这是一件更加危险的事情。不少减肥药是处方药，如果在医生的指导下服用，是安全有效的药品，但若不顾禁忌、不遵医嘱随便吃，就会出现不良后果。其实减肥的根本在于改变不良的生活习性，滥吃减肥药是没有效果的。

对于单纯性肥胖者而言，少进食、多运动比任何减肥药都要安全有效。女孩随着年龄的增长，自然会在臀、胸、腹等部位沉淀脂肪，如果为了减肥而强制性节食，势必导致营养不良，甚至器官功能衰竭。所以，减肥切忌盲目，一定要在专业医师的指导下进行。

掌握文明礼仪

古人说："无礼不能立。"中国是一个历史悠久的礼仪之邦，讲究文明是人们的处世之本。礼貌待人，反映着一个人的精神面貌和文化素质，是心灵美、语言美和行为美的和谐统一。

而今天，我们经常见到或听到一些女孩缺少文明礼貌的行为：脏话连篇、随地吐痰、在一些公共场合旁若无人地大声喧哗、随手乱扔废弃物、买东西交款不排队、上公共汽车乱挤等。人们瞧见了会说："这孩子缺家教。"

有时，一个小小的不文明的举止，会让人陷入不利境地。

有个年轻人骑车赶路，到了黄昏还没有找到住处，心里很着急。忽然，他看见远处一位老农，便高声喊："老头子，这儿离旅店还有多远？"老人回答："五里！"年轻人赶了十多里路，仍不见人烟。他自言自语道：老头子骗人，五里！什么五里？他猛然醒悟过来，这"五里"不是"无礼"的谐音吗？问路不讲礼貌，怎么能得到正确答复呢？于是，他掉转车头往回赶，见那位老农还在那里，他急忙下车，恭敬地叫了一声："老大爷！"老农说："你已经错过了路头，如不嫌弃，可到我家一住。"年轻人问路称呼老人不用敬语，说话、待人粗鲁，其结果是"不施一礼，多跑十里"。

女孩说话运用敬语和谦语，可以与人增进友谊，使人乐于合作、乐于提供帮助和方便，让人觉得你有修养。

当然在平时，即使你是率直、不拘小节的人，对别人说话时也应尽量注意礼貌及谦和的态度，如此经常不忘以诚恳的口吻说"请"、"谢谢"、"对不起"、"您好"、"麻烦您"、"抱歉"、"请原谅"等谦让语，必定使你待人处世更加顺利成功。

在公共场合，女孩需留心自己的言行举止，不可等闲视之。

一天，妈妈带小丽去参加老同学聚会。用餐时，大人们推杯换盏尽情地聊着，小丽伸着筷子，看哪盘菜好吃就一个劲儿地挑着吃，一副不管不顾的样子。有人开了个玩笑说："这小丫头真精啊！"妈妈听了简直无地自容。是呀，在家里吃饭这不算什么事，奶奶每次做了好菜都紧着小丽吃，像三鲜虾仁这道菜，小丽就专挑虾仁吃，奶奶还帮着她挑，直到把盘子里的虾仁挑得一个不剩，留下一堆黄瓜片，她才住手。现在虽说到了外边，可习惯已经成自然了，这丢脸的吃相一时哪里改得过来。

女孩除了要吃有吃相、坐有坐相，还应注意以下几种妨碍他人的令人生厌的行为举止：

（1）公开露面前，需把衣裤整理好。尤其是出洗手间时，你的样子最好与进去时保持一样，或更好才行，边走边扣扣子、边拉拉链、擦手甩水都是失礼的。

（2）参加正式活动前，不宜吃带有强烈刺激性气味的食物（如蒜、韭菜、洋葱等），以免因口腔异味而引起交往对象的不悦甚至反感。

（3）在公共场所里，高声谈笑、大呼小叫是一种极不文明的行为，应避免。在人群集中的地方特别要求交谈者加倍地低声细语，声音的大小以不引起他人注意为宜。

（4）在众人之中，应力求避免从身体内发出的各种异常的声音。咳嗽、打喷嚏、打哈欠等均应侧身掩面再为之。

（5）公共场合不得用手抓挠身体的任何部位。文雅起见，最好不当众抓耳搔腮、挖耳鼻、揉眼搓泥垢，也不可随意剔牙、修剪指甲、梳理头发。若身体不适非做不可，则应去洗手间完成。

（6）对陌生人不要盯视或评头论足。当他人做私人谈话时，不可接近之。他人需要自己帮助时，要尽力而为。见别人有不幸之事，不可有嘲笑、起哄之举动。自己的行动妨碍了他人应致歉，得到别人的帮助应立即道谢。

（7）在人来人往的公共场所最好不要吃东西，更不要出于友好而逼着在场的人非尝一尝你吃的东西不可。爱吃零食者，在公共场所为了维护自己的美好形象，一定要有所克制。

（8）在大庭广众之下，不要趴在或坐在桌上，也不要在他人面前躺在沙发里。走路脚步要放轻，不要走得"咚咚"作响，遇到急事时，不要急不择路，慌张奔跑。

（9）感冒或其他传染病患者应避免参加各种公共场所的活动，以免将病毒传染给他人，影响他人的身体健康。

（10）对一切公共活动场所的规则都应无条件地遵守与服从，这是最起码的公德观念。不随地吐痰，不随手乱扔烟头及其他废物。非吐非扔不可，必须等找到污物桶后再行动。

另外，女孩与人谈话时，需做到以下几点：

（1）和别人谈话的时候一定要看着对方的脸。当别人对你说话的时候，一定要专心致志，漫不经心会让人觉得你是有意怠慢。这是一种不可原谅的粗蛮行为，甚至是对他人的一种羞辱，因为别人与你说话，你置之不理，就等于说你对他的话不屑一顾。别人说话的时候，不要总是用"是"、"不"或是清咳来干扰对方，这一点往往会造成不好的影响。

（2）用言语或是动作偶尔表达你的赞同就足够了，有时频繁地点头表示赞同也会令人不快。

（3）谈话不可长篇大论，次数不可过于频繁，这样才不会让你周围的人离你而去。

（4）未经别人允许，不要贸然介入别人的活动或是上去帮忙，这也是十分粗鲁的举动，一定要尽量避免。别人的事情他自己必定有自己的解决办法，事后如果你认为他那样做有所不妥，那么你有足够的时间去帮他纠正或是补充。

（5）在别人谈话的时候打断别人也是一种不礼貌的行为。不经过慎重考虑，不要胡乱指责任何人。

总之，对女孩来说，保持良好的文明礼仪，将受益终生，它不仅增添你的形象魅力，更能令你在事业成功的道路上如鱼得水。

打造翩翩风度

人们常说"他真是风度翩翩"、"她秀外而慧中"等类似的话，这指的都是一个人的风度。

风度是一个人性格、气质、文化水平、道德修养的外在写真，是人自身所具有的较为稳定的行为习惯的外在表现方式，即一个人在言谈举止中自然表现出的各种独特的语气、语调、手势、动作等。

由于人的性格、气质不同，内在修养不等，行为习惯各异，每个人的风度也就不尽相同。良好的风度是众人所追求的，而它则是以个人良好的文化素养、渊博的学识、精深的思辨能力为内核的。那些胸无点墨、不学无术的人，任凭其仪表怎么美丽，也不可能具有美好的风度。

良好的风度需要较长时间的培养与修养，要加强自身内在的涵养，使自己心灵美，然后这种内在美才可能转化为良好的风度。

没有人愿意和毫无风度、畏畏缩缩、不自信的人交往。如果不懂怎样和人交往，必将是孤立的。可以说，人际关系的好坏是决定人生成败的重要因素。所以，我们必须注重自身风度，随时随地给别人留下良好印象：说话有尺度，交往讲分寸，办事重策略，行为有节制，别人就很容易接纳你、帮助你、尊重你，满足你的愿望。

生活中，一些人能像磁石吸引铁屑一般，自然而然地吸引他周围的人，做事则得心应手、顺心如意，这是因为他们拥有磁铁般富有吸引力的风度、个性。尽管看起来他们似乎没有那些不怎么成功的人努力，但机遇围绕着他们打转，朋友们称他们为"幸运儿"。如果我们进一步分析他们，会发现他们有着迷人的风度、个性，这就是他们赢得人心的原因所在。

培养受人欢迎的风度是很必要的，它能使成功的机遇倍增，能够发展人际关系，塑造良好形象。

那么，女孩如何打造自己的翩翩风度呢？

（1）懂得幽默。以轻松的心态处世，人生将充满光明，也会使与你接触的人受到感染。

（2）时常微笑。笑容会使你显得和蔼可亲、平易近人。

（3）注意你的声音。讲话的语调开朗、镇定、平稳的人最受人喜爱。

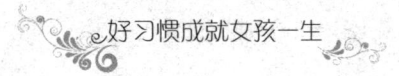

（4）不要忽略礼貌，常说"请"和"谢谢"。

（5）善用自嘲，可增强你的魅力。

（6）不要小气，例如朋友很喜欢你的玫瑰花，不妨送一朵给他。

（7）不过于在意自己的相貌。很少有人能拥有完美的外表，何况美丽的外表不见得比优雅的谈吐、亲切的微笑更让人喜爱。

（8）注意自己的身姿，抬头挺胸，让大家知道你充满自信。

（9）不要吝啬赞美的话，如果你对谁有好感，就该向他说出来。要对别人有兴趣，谁都觉得只关心自己的人很乏味。

（10）与对方的目光相接，表示你沉稳、自信，同时表示你对对方感兴趣。

（11）多读报纸杂志，及时掌握当前的热门话题，能够变得健谈起来。

（12）不要急于求成。懂得保持一定的距离，懂得怎样适可而止，才更有吸引力。例如，参加聚会不做第一个到和第一个走的人，给朋友打电话不要不知道结束。

（13）把自己当主人。因为你觉得害怕，所以才会害羞。但如果你把自己当作主人而非客人，主动招呼、照顾别人，就会使人觉得愉快。

（14）兴趣广泛、关心时事，这样才有丰富的谈话资料。难以想象有谁对每天只知道上班、下班、吃饭、睡觉的人有兴趣。

（15）勇于参加讨论，发表意见。通常人们都很佩服那些勇于站出来发表自己看法的人。另外，被认为很有魅力的人一般都很主动、很活跃，不会当旁观者。

（16）不要动不动就发脾气。常发脾气只能让人对你多加提防。

（17）能相信别人。爱猜疑的人不会给人以温暖和关怀，而温暖和关怀是魅力不可或缺的要素。

（18）不刻意隐瞒自己的情感。对什么事都不动声色，别人会觉得你很冷漠。

（19）学会处理生活上大大小小的事。只会处理、学习办公桌上的事，不会成为很有魅力的人。

（20）要有自己的原则。让人知道你也会生气，也会对某些事看不惯，不是一个"好好先生"。

（21）穿自己喜欢的衣服。选择衣服时要看自己满不满意，不要过于考虑别人喜欢。只有自己满意，你才会觉得愉快、自信，这才是吸引人的地方。

第十五章

乐于助人

——有爱心的女孩更幸福

保护女孩的善良天性

女孩3岁了，每一次看见一只蚂蚁，也许别的母亲会鼓励她的女儿一脚踩死那只蚂蚁来锻炼胆量，可是这个女孩的母亲却柔声地对她说："女儿，你看它好乖哦！蚂蚁妈妈一定很疼爱它的宝宝呢！"于是小女孩就趴在一旁惊喜地看那只蚂蚁宝宝。蚂蚁遇见障碍物过不去了，小女孩就用小手搭桥让它爬过去。母亲一脸欣喜。

后来，女孩上幼儿园了。有一次，她吃完了香蕉随手乱扔香蕉皮。母亲看到了，就让她捡起来，带着她丢进果皮箱里。然后给她讲了一个故事：一个小女孩，在妈妈的熏陶下，总要把垃圾扔进果皮箱里。有一次马路对面才有果皮箱，她就过马路去丢雪糕纸。妈妈看着她走过去。然而一辆车飞奔过来，小女孩像一只蝴蝶一样飞走了。她妈妈就疯了，每天都在那个地方捡别人丢下的垃圾。当地人被感动了，从此不再乱丢垃圾。他们把那些绿色的果皮箱擦得一尘不染，在每一个果皮箱上都贴上小女孩的名字和美丽的相片。从此，那个城市成了一座永远美丽的城市。故事讲完了，女孩的眼睛湿润了。她说："妈妈，我再也不乱扔东西了。"

转眼间，女孩上小学了。一个秋晨，有人打电话通知母亲，说她女儿在值日时没有把窗户关严，风把两块玻璃刮破了。母亲马上意识到这事在这个管理甚严的学校里意味着什么。

中午，母亲找来昨天值日的女儿。女儿怯怯地说："昨晚放学时，教室里有两只蝴蝶，赶来赶去，总有一只飞不出教室。我只好开着一扇窗户，好让外面的飞进来，或者里面的飞出去，让它们结伴去玩，想不到会被大风刮破了玻璃……"

女儿几乎落泪地嗫嚅着说，自己愿意赔偿这两块玻璃。妈妈一直无语，待她说完后，摸了摸她的头发说："没事了，去玩吧。"

后来母亲去了财务室："这两块玻璃的钱，我现在就掏……"

罗素曾说："在一切道德品质之中，善良的本性在世界上是最需要的。"唯有善良，可以让任何丑陋和邪恶自惭形秽，消失于无形；也唯有善良，可以让整个世界充满爱，每个人都可以为他人着想。保持善良的本性，恪守着心中的善良不变，是每个女孩都应该懂得的道理。

很多女孩天生就充满爱心和善良。在日常生活中，学会保护女孩表现出来的一点点善行，激发她们的爱心，终有一天等女孩长大成人的时候，就会具有令人欣赏的爱心和善意，彻底与冷漠无缘，成为一个受人尊敬的人。

把快乐带给别人

这是守墓人亲身经历的故事：

每周，守墓人都会收到一位素不相识的妇人的来信，信中附着钞票，让他每周帮她在她儿子的墓地上放一束鲜花，这样的状况持续了很多年。

后来有一天，他们照面了。那天，一辆小车停在公墓大门口，司机匆匆来到守墓人的小屋，说："夫人在门口车上，她病得走不动了，请你去一下。"

一位上了年纪的妇人坐在车上，表情有几分高贵，但眼神哀伤，毫无光彩。她怀抱着一大束鲜花。

"我就是鲁比夫人。"她说，"这几年我每个礼拜给你寄钱……"

"买花。"守墓人答道。

"对，给我儿子。"

"我一次也没忘了放花，夫人。"

"今天我亲自来，"鲁比夫人温存地说，"因为医生说我活不了几个礼拜。死了倒好，活着也没意思了。我只是想再看一眼我儿子，亲手来放一些花。"

守墓人眨着眼睛，苦笑了一下，决定再讲几句："我说，夫人，这几年您常寄钱来买花，我总觉得可惜。"

"可惜？"

"鲜花搁在那儿，几天就干了。没人闻，没人看，太可惜了！"

"你真是这么想的？""是的，夫人，你别见怪。我是想起来自己常去的敬老院，那儿的人可爱花了。他们爱看花，爱闻花。那儿都是活人，可这儿的墓里哪个是活着的？"

老夫人没有作声。她只是小坐了一会儿，默默地祷告了一阵，没留话便走了。守墓人后悔自己的一番话太直率、太欠考虑，这会使她受不了的。

可是几个月后，这位老妇人又忽然来访，把守墓人惊得目瞪口呆：她这回是自己开车来的。老妇人微笑着，显得很开心："我把花送给敬老院里的人们了。他们看到花是那么高兴，这真让我感到快乐！我的病也好转了，医生都不明白是怎么回事，可是我自己明白。"

给予比接受更能给人带来快乐。一个人尝试着把自己的爱心带给别人，他就能够在

施予的过程中和他带给别人的快乐中发现自己的快乐。老妇人正是因为把快乐带给了别人，同时也就把快乐带给了自己，这样她的病当然会好了。给别人快乐，就是给自己快乐，每个人都该明白这样的道理。

能把快乐带给别人的人，一定是快乐的。因为他奉献出了快乐，是产生快乐的根源，所以本身也会很快乐。

老妇人失去了儿子，本来是不快乐的，但她通过帮助别人，把鲜花送给那些真正需要鲜花的人，她得到了快乐，自己的病也得到了缓解。这就是付出与得到的范例。

生活中，每个人都会遇到或大或小不顺心的事情或者是烦恼，在烦恼的时候我们总是更多地关注自己，而忽略身边的人。在自己的烦恼里挣扎得越久，越容易深陷其中难以自拔，最终导致抑郁。此时，你可以放开眼睛去看看周围，为那些需要帮助的人做一些力所能及的事情，你也许就会发现，烦恼不见了，生活变得快乐起来了。

任何人都不是单独的个体，我们的社会是一个团体，每个人都要与别人有所联系。烦恼或者不幸时，帮助别人，就是把自己从个体的纠结中挣脱出来，与大众产生联系。这样，个人的不幸和烦恼就会随着与众人的亲密关系而消失于无形。因此，把快乐带给别人吧，这样，女孩们自身的烦恼才会解除。

拥有同情心

许多年前，在弗吉尼亚北部，一个很冷的晚上，一位老人等待骑手带他过河，他的胡须上挂上的霜已在冬天结成冰。等待似乎是永无止境的，在冰冷的北风中，他的躯体变得麻木和僵硬。

他听见马沿着冰冻的路面奔跑着逐渐远去的均匀的蹄声，当几个骑手路过时，他忧虑地看着他们。他让第一个骑手走过而没有让自己引起他的注意；第二个、第三个都这样过去了；当最后一个骑手来到老人坐的地方时，老人已像一个雪人。老人看着骑手的眼睛，说："先生，您不介意带一个老人过河吧？我已经找不到路了。"

骑手停住了马，亲切地回答道："当然，上马来吧。"看到老人被冻僵的身体不可能起身，他便下马帮助老人。骑手不仅带着老人过了河，还把他带到了目的地。当他们来到温暖的小屋前时，骑手好奇地问："老先生，我注意到您让几个骑手走过而没有请他们带你。然而我来，您即刻请求我，我觉得奇怪，这是为什么？在这样寒冷的冬夜，您情愿等待和请求最后一个骑手，如果我拒绝，您怎么办？"

老人慢慢地从马上下来，看着骑手的眼睛说："我在这里已经有些日子了，我想我更了解当地人。"老人继续说，"我看见了他们的眼睛，立即知道他们并不关心我的状况，请求他们帮助是没有用的。但在您的眼神里，我看到了友善和同情。"

这名骑手就是美国历史上著名的总统托马斯·杰斐逊。

善良是可以通过眼神来表现的，一个人可以穿得像个乞丐，但那透过眼睛表现出的善良却是没有办法消除的。这也从侧面说明，无论一个人的外表怎样，他的本质是不会变的，透过眼睛，透过真正的事件的考验，我们会分出真正的善良之人和不善之人。同样，真正的善良从来都不是外表做做样子就可以养成的，善良的心需要从关爱每一个人、帮助每一个需要帮助的人开始的。

一个没有同情心的人，是冷酷残忍的；一个没有同情心的世界，是冷漠可怕的。但同情心不会自发产生，同情心也要靠精心培植和维护，在心灵里播下爱的种子，才能长成同情之花；只有全社会都为同情心叫好呐喊，才能形成一个充满同情心的环境。

19 世纪末叶的西伯利亚，富于同情心的小镇居民，常常在深夜房外的窗台上放着酸奶、面包和旧衣服，以供那些从流亡地逃跑的十二月党人食用，一些著名的十二月党人，就是靠着这些食物和衣服才逃出了冰天雪地的西伯利亚。小镇居民的名字至今谁也不知道，更不见经传史册，可他们的善举，不仅温暖了冻饿至极的十二月党人，也至今还温暖着世界人们的心田。

培根说："同情在一切内在的道德和尊严中是最高的美德。"孟德斯鸠也说过："同情是善良心所启发的一种情感之反映。"一个善良的人一定是充满了爱心和同情心的人，一个没有同情心的人也不可能是一个有爱心的人。拥有同情心，女孩就拥有了去帮助别人的善心和爱心，你就会懂得在困难和需要帮助时，给别人以帮助是一件多么美好和值得骄傲的事情，你的生活和生命都将因此而充满光彩。

以善结友

战国时期，楚国梁国交界，两国边境上各设界亭，亭卒们各自在空地上种了西瓜。梁国的亭卒非常勤劳，锄草浇水，瓜秧长得非常好；而楚国的亭卒非常懒惰，不务农事，西瓜的长势很不好，与梁国的瓜田就有了天壤之别。楚国的亭卒们心里妒忌，于是他们在一个无月的夜晚，跑过境把梁国地里的瓜秧给扯断了。

第二天，梁国的亭卒发现此事非常气愤，就将这件事上报给了县令宋就，要求也去扯烂楚国的瓜秧，哪知宋就说："这样做当然很解气，可我们明明不愿意他们扯断我们的瓜秧，为什么还要去扯断别人的瓜秧呢？明明是他人做得不对，我们再跟着学，这实在是太狭隘了。"人们觉得很有道理，就问他该怎么办，宋就说："你们可以每晚给他们的瓜秧浇水，让他们的瓜秧好起来。"梁亭的人听了宋就的话，都觉得很有道理，于是就照做了。

过了一段时间，楚国人发现自己的瓜秧长得一天好似一天，他们很奇怪，经过仔细观察，才发现原来是梁国人为他们浇的水，顿时觉得非常惭愧，无地自容，马上就上报了楚王。楚王听了之后，特备厚礼送到梁国，表示酬谢，并以示自责。结果，这一对原来敌对的国家后来成了友好的邻邦。

常言道："勿以恶小而为之，勿以善小而不为。"凡事无论大小，只要是行善的就应

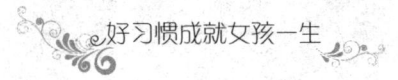

该去做。面对别人所做的恶事，不应该以恶制恶，而应该坚持我们的行善原则。现实生活中，千万不能因为别人先做了对自己不好的事就以牙还牙、以暴还暴，而要以善为本，恪守自己的道德准则，恶虽小也不为，善虽小也要为之。

在我们身边，经常会有人做一些违背道德的事，我们通常把这些事称作坏事。一些人做了一些坏事，这本是自然的，也是必然的事情。如果我们纠结于别人的错误，整天在关注别人说错了什么、做错了什么，恐怕我们不但阻止不了别人作恶，反而会阻碍自己在正直的道路上前进，从而为自己平添无数烦恼。

古希腊神话中有一位大英雄叫海格力斯。一天，他走在坎坷不平的山路上，发现脚边有袋子似的东西很碍脚，他就用力踩了那东西一脚，谁知那东西不但没被踩破，反而膨胀起来，加倍地扩大着。海格力斯恼羞成怒，操起一条碗口粗的木棒砸它，那东西竟然胀大到把路堵死了。

正在这时，山中走出一位圣人，对海格力斯说："朋友，快别动它，忘了它吧，离开它，远去吧！它叫仇恨袋，你不犯它，他便小如当初，你侵犯它，它就会膨胀起来，挡住你的路，与你敌对到底！"

生活中，我们难免会与道德堕落的人产生摩擦误会，甚至仇恨，所有道德堕落的人不过是路边的一处风景，它或许不美，但它却是宇宙中自然的存在。忽略它，不要让它对自己产生任何不利的影响，不论是行为上的，还是观念上的，然后沿着正直的道路前进。否则，我们将使心灵受害，使自己痛苦不堪，直到被打倒在去往正直的道路上。

善良给人的收获

一个周末的晚上，松树堡的寡妇正和她5个年幼的儿女围坐在火堆旁。虽然和孩子们说笑着，但她心里却愁云密布。在这个广阔却寒冷的世界里，她没有一个朋友，没有任何人可以依靠。这一年来，她一个人用那双瘦弱的双手支撑着整个家庭。

如今正属寒冬，森林早已披上了洁白的银装，北风吹得松枝哗哗作响，连她的小屋也颤动起来。屋内的火堆上正烤着一条青鱼，这是她们全家唯一的食物。当她看到孩子们欢笑的脸庞时，心里便充满了无限的凄楚和焦虑。是的，她相信上帝一直保佑着她，并了解她的疾苦和贫困，她也知道上帝曾经答应帮助那些孤儿寡母，而上帝绝不会食言，可她现在仍然感到万分的凄苦和无助。

几年前，上帝带走了她最大的儿子。他离开家庭，到遥远的地方去寻找宝藏，从此便杳无音讯，再没回来过。不久，上帝又派死神带走她的伴侣和依靠——丈夫。但她从来都没有沮丧过。她艰辛地劳动，不仅供养着自己的孩子，还不时地帮助其他的穷人。

懒惰的人只要还能够生存，就能忍受贫穷。而自私的人即使在寒冬中也不会受到考验，因为他的情感不会因此而痛苦，心灵也不会因别人而悲伤。只要在闹市之中，即便是最无助的人也还怀有希望，因为面对痛苦，仁爱还没有完全收回她同情的双手。

可是松树堡的这位寡妇，却丝毫感受不到人类的仁爱，上面所说的一切都不能安慰她。她如今只能无奈地弯下身，将最后的食物分给孩子们。这时，一股神奇的激情忽然鼓舞了她，她的脑海中浮现出诗人考伯优美的诗句：

"上帝不会通过简单的感觉便下判断，

"我们应该坚信他是仁慈的；

"在他眉头紧锁的严肃后面，

"是一张仁爱和微笑的脸庞。"

她刚把这最后的食物放在桌上，就听到一阵敲门声和狗叫声。全家人的注意力都被吸引了过来，孩子们争先恐后地跑去开门。门口站着一位十分疲倦的旅人，他衣衫褴褛，但十分健康。

旅人走进屋，请求留宿一夜，并想要一些吃的。他说："我一整天滴水未进了。"寡妇听了十分难过，现在她心里关心的不只是自己的事。她毫不犹豫地把最后一点食物分了一份给旅人，并微笑着告诉孩子们："我们绝不会因为这小小的善举而被遗弃，也绝不会因此陷入更深的困苦之中。"

旅人于是来到盘子旁，当他发现盘中的食物少得可怜时，抬头惊奇地望着这一家人："天啊，你们只有这一点食物吗？"他叫道，"但却仍然把它分给一个陌生人，你们真是太善良了。可是，"他继续问，"你慷慨地分给我最后一点食物，这些可怜的孩子不就要挨饿吗？"

"是啊！"寡妇忽然泪流满面，"可我还有一个儿子，如果他还没有被上帝带走的话，现在不知在世界的哪个角落。我如此待你，也祈祷别人能如此待他。上帝的仁爱遍施大地，像他保佑以色列人那样，他同样会保佑我们。就是此刻，我的儿子可能也在四处流浪，和你一般疲惫饥饿，我只希望他能被一户人家所收留，即使那户人家和我们一样的贫困。因此我又怎能背叛上帝，不真诚地收留你呢？"

寡妇刚说完话，旅人便激动地跑过去抱住了她。"上帝果真使你儿子被一个善良的家庭所收留，并且赐予了他财富，使他能感谢真诚收留他的人：我的妈妈！哦，亲爱的妈妈！"原来旅人正是寡妇多年未见的大儿子，他刚从印度归来。为了给家人一个惊喜，他掩藏了自己的身份。当然，这是一份最令人感动，也最令人快乐的惊喜！

柏拉图说："你如果是一个真正善良而正直的人，那么，当你行仁守义的时候，永远不会遇到伤害。"善行必有善报，无论何时，当你以一种为别人考虑、帮助他人的善念做事的时候，不知不觉中，那善良的反馈也会回到你身上。更重要的是，当你以善良的心来对待别人时，别人必将也以善良相赠，长此以往，社会就会广施善事，和谐稳定。

一位哲学家有一次问他的学生们："世界上最可爱的东西是什么？"学生听了，便争先恐后地站起来回答。最后一个学生回答道："世界上最可爱的东西，是善。"那哲学家说："的确，你所说的'善'这个字中包含了他们所有的答案。因为善良的人，对于自己，他能够自安自足；对于别人，他则是一个良好的伴侣，可亲的朋友。"

善良、诚恳、坦率、慷慨，都是宝贵的财富，这种财富要比千万的家产有价值得多。而且有这种财富的人，没有一分钱的资本，也能做出伟大的事业。

如果一个人能够大彻大悟、尽力去为他人服务，他的生命将来也必定有惊人的发展。人生的美德没有再比和气、善良来得更宝贵的了。

给别人以帮助和鼓励，自己不但不会有损失，反而会有所收获。通常，一个人给别人的帮助和鼓励越多，从别人那儿得到的收获也越多。而那种吝啬的人，对他人不表同情、不予赞助的人，无异于使自己陷于孤独无助的境地。有时说几句鼓励的话，就可以造就许多成功者，也就大大地有利于社会和谐稳定。

世界上到处都有给那些爱人者、助人者建立的纪念碑，如果这纪念碑不是用大理石或古铜建成的，那么就是建立在他人的心中，尤其是被受助者和被感动者的心中。如此说来，善良能给予人们莫大的收获。

播种善心

那年，她刚当高三班主任不久，班里发生了一件不愉快的事情，一个学生价值近千元的快译通在教室里丢了。一切迹象表明，偷东西的人就是本班学生。她当时非常自责，觉得这是自己对学生品行教育的失败。

那天放学前，她像往常一样站在学生们面前。学生们似乎都很紧张，一双双眼睛复杂地看着她，他们在等待她"破案"。

于是，她说："大家都知道了，我们班里发生了一件不该发生的事情，有个同学错拿了别人的东西，我知道他不是故意的，他很后悔。我很了解他，我知道他一定会把这件东西还给同学的。我相信他，我敢用自己的生命打赌，他一定会这样做的！是的，我打赌，从现在开始我不吃饭，等拿错的东西还回去后我再吃饭。好了，现在放学吧。"

学生们都背着书包回家了，没有一个人留下来。

第二天，没有人把东西送回来，她也没有吃饭，可是她依旧打起精神去上课。

第三天，还是没有人把东西送回来。她喝了一杯水，忍着饥饿冒着虚汗坚持上完了一堂课。学生们都在静静地看着她，目光中充满关心。她知道，这些眼光中一定有一道是愧疚的，她要给他时间。

晚上放学之前，她在自己的办公桌上，看到了那个失踪的快译通、一块三明治和一封信。信上写道："老师，谢谢您的信任，我一定会改正错误的。"下面没有署名，她没有再追查这个学生是谁。但她坚信，他再不会这样做了。

后来有人问她："为什么要用这种自虐的方法来处理，如果那个学生真的不交出快译通，你岂不是要饿死？"

她说："如果进行搜查，胆大的不承认又没证据；胆小的承认了，成了小偷，从此他会永远抬不起头来，而且眼看就要高考了，他的这辈子不就毁了？"所以，她就用"绝食"、用信任来呼唤、催促那个学生"悄悄"改正错误。事实证明，她获得了成功。

伟大的教育家苏霍姆林斯基说："对人的热情，对人的信任，形象点说，是爱抚、温存、是翅膀赖以飞翔的空气。"信任是爱的基础，是构建人们之间关系的桥梁，也是温暖心灵的阳光。无论何时，都要对身边的人给以信任，这是我们获取友谊、拯救迷途心灵的最佳选择。

善良的力量有多大？看吧，不用审问，不用说谎，甚至不用猜疑，学生自动地拿出了偷走的东西。这就是善良的力量。

几乎所有的孩子都犯过错，而家长或者老师对待犯错误的孩子通常都以严厉惩罚为主。有些较为严格的家长甚至会以罚跪等方式来惩罚孩子，这样的方式或多或少都会给孩子造成影响，在他以后的学习生活中留下阴影。

小时候经历的事情总是会在我们日渐长大之后产生莫大的影响力，心理阴影，胆小懦弱……正如故事中的老师所说"胆小的承认了，成了小偷，从此他会永远抬不起头来"，就为了这个"会抬不起头的小偷"，老师拿自己的生命去做赌注，因为她知道，对一个孩子来说，她这样的举动是帮他回归正途的最佳方式。

这是善良的方式，是不伤害孩子自尊心又能让他明白自己错了的方式，这样解决问题之后，孩子不会留下心理阴影，在他今后的生活中，他都会记得这个为他"饿肚子"的老师，并由此做一个好孩子。

善恶只在一念间

这是一个真实的故事：

一个人陷入了生活的困境，他找不到出路，整天浑浑噩噩。后来有一天，陷入死结的他决定去抢银行。

结果，他被警察发现了。在银行门前，他被警察包围了。周围都是警察，他已经无路可逃。这时候，逃生的本性使得他顾不得什么道德良心，顺手就拉了一个人过来做人质。他用枪挟持着人质向外突围，面目狰狞可怕。此时的他，已经暂时失去了理智，只想赶快逃跑。可就在这时，突然，他手里的人质大声地呻吟起来，最后竟然变成了痛苦的呐喊。原来，人质是一个孕妇，在极度的恐慌之下，她马上就要分娩了。眼看鲜血已经染红了孕妇的衣服，她的情况十分危急。

这时候，劫犯内心矛盾了，看着流血不止的孕妇，他的疯狂暂时冷却，变得有些冷静，他陷入了矛盾中。一边是漫长无期的牢狱之灾，一边是一个即将出世的生命，劫犯此时心中展开了一场良心、道德与金钱、罪恶的较量。终于，他将枪扔在地上，举起了双手。警察一拥而上，围观者竟然情不自禁地鼓起了掌。

众人要送孕妇去医院，已戴上手铐的劫犯忽然说："请等一等好吗？我是医生！孕妇已无法坚持到医院，随时会有生命危险，请相信我！"警察经过考虑打开了劫犯的手铐。一声洪亮的啼哭声不但象征着一个新生命的诞生，同时也象征着一个罪恶灵魂的苏醒。

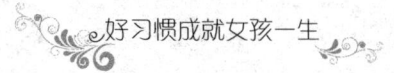

劫犯的脸上挂着职业的满足和微笑。警察将手铐戴在他手上，他说："谢谢你们让我尽了一个医生的职责。这个小生命是我从医以来第一个在我枪口下出生的婴儿，他的勇敢征服了我。我现在希望自己不是劫犯，而是一名救死扶伤的医生。"

一念成魔，一念成佛，善恶只在一念间，而唯有善可以挽救迷途的灵魂。每个人的心底都会有一份善念，哪怕这份善良已经尘封多年。生活中，我们要学会恪守心中的善念，时刻站在道德的正面，不管现状多么糟糕，处境多么窘迫，都应该牢记心中的善，行善事而不堕落，不投入恶的怀抱。

善良是世界上最可爱的东西。如果一个人没有善良的美德，那么他的聪明、勇敢、坚强等品质对社会来说将构成一种危险。只因你善良的回眸，可能就会使一颗在寒冬中挣扎的心享受到春的明媚。善良就如天使的翅膀，可以带来绚烂和美丽。所以不要吝啬你的善良，心中常怀善念，你的人生就会因此而变得更有价值。

我们说"人性本善"，是说在人性深处，众人皆是善良的，只不过有时候没有表现出来。在如今物欲横流的社会中，很多人由于繁忙和生活的压力，内心深处的善良有时候会体现不出来，或者暂时被隐藏了起来。但在最关键的时刻，在生死攸关或者最感动、最温情的时刻，每个人内心的那种柔软的善良就会显露出来，重又变成善良纯洁的人。就如佛家有言"一念成魔，一念成佛"，善恶常在一念之间。一切恶念、恶言、恶行，对于自己和他人都是地狱；一切善念、善言、善举对于自己和他人都是天堂。如果人人都能弃恶从善，即使是地狱也能成为天堂。因此，每个人都要静坐常思己过，经常检点审视自己的内心，摒除心中的恶念，放弃伤人的恶言、恶行，让自己的心灵纯净，才会得到真正的内心平静和安宁。

帮助别人即是帮助自己

杰瑞特别喜欢帮助别人，甚至对陌生人也是如此，即使吃过几次亏仍不悔改。有一次，他的朋友追问其缘由，他说缘于自己一生中最重要的一个决定。

那是一个晚上，他忙完工作独自驾车回乡下看望母亲，接近家门时忽然发现路旁有一辆摔倒的摩托车，一个人躺在路边，看上去好像是出了车祸。

犹豫着停车与不停车之间，车已开出了好远。"算了吧，这年头管闲事说不定会添大麻烦。"类似的事件给救人者无尽烦恼的报道他读过很多，一旦沾上又没证人，那真的是说不清楚了。"也许他只是喝醉了酒！也许别人会帮忙吧……"这样宽慰着自己，他继续朝家里开去。

已经看到家了，他的手机骤然响起，是母亲打来的，其实没有什么事，只是叮嘱他开车时一定要慢点，注意安全。他的父亲死得早，是母亲含辛茹苦把他和哥哥抚养大的，所以兄弟俩极其孝顺。

往常听到母亲的声音，他脑海里会立刻浮现瘦弱的母亲无数次站在村口盼望他的情景。可今天，他脑海里突然出现那个躺在路边的人，心想：那人是否也有老母亲正在担心，正在盼儿子回家呢？

这个念头一出现，顿时像一片阴云紧紧地罩住了杰瑞的心。虽然望见了村子，眼看就要见到母亲，他却掉转车头向回驶去。"帮那个人一下吧，就算是为了自己更坦然地面对母亲！"他想。

把那个人送到医院时，医生说：如果再晚来一会儿，性命就保不住了。讲到这里，他突然泪流满面。他一字一句地说："你猜我救的是谁？是我的哥哥，是为我上学、跳出'龙门'作出很大牺牲的哥哥。当天知道我要回家，他没有和母亲说，便借了辆摩托车从镇里往回赶，想与我这个弟弟见见面。"

他停顿了片刻又说："我一直为当时的决定而庆幸，并且不止一次地想，如果那晚我没掉头回去，结果会怎么样。我的这个决定不仅救了哥哥，也救了自己，还有我母亲今天的幸福。我有什么理由不感谢所有的人，不去帮助所有需要我帮助的人呢？"

帮助他人的同时，你就是在帮助你自己！每个人都会遇到困境，需要别人的帮助。你帮助了别人，别人就会因你的帮助而去帮助其他人，这样不断地传播下去，终有一天，当你需要帮助的时候，就会有人来帮助你。把陌生人当成亲人一样去帮助、关爱，那么周围的所有人就都是自己的亲人，世界就成了一个大家庭，每个人都是大家庭中的一员。这才是真正的大善的境界。

善良是一种传染病，它会随着一个人的坚持而变成大家的坚持，进而成为整个社会的行事准则。随时准备着去帮助别人，久而久之，善良在不同人之间传递，势必会成燎原之势，造就一个更美好的世界。

帮助他人也是在帮助自己，如果人人都付出一点爱，这个世界将变成美好的春天。或许，你不经意间帮助的人恰恰是你的亲人；或许，你今天帮助了别人，明天就得到了他人的帮助。

不要以为你的帮助对于你来说只是付出，而无回报。要知道，回报或许不会在此刻就出现，但当我们遇到困难、需要帮助时，这个回报就会出现，就像报答我们上次的付出一样。

每个人在遇到困难时都希望遇到善良的人伸出援救的双手，那么，我们就应该从自我做起，时时准备着自己这双援救的手，在别人需要帮助时果断地出手，施以帮助。请记住：只要你肯播撒一颗善心，收获的必将是一整片爱的森林。

善良带来快乐

一天，某个村庄来了一位智者，人们纷纷向他请教自己最困惑的问题。一位少年，总感觉自己有很多问题无法释怀，于是也去拜访年长的智者，少年问："我怎样才能变成一个自己愉快，也能带给别人快乐的人呢？"

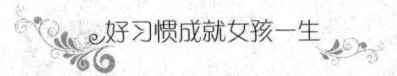

智者笑着说："孩子，在你这个年龄有这样的愿望，已经很难得了。很多比你年长的人，从他们问的问题本身就可以看出，不管怎样跟他们解释，都不可能让他们明白真正重要的道理。我送给你四句话，第一句是，把自己当成别人。"

少年想了一下问："是不是说，感到痛苦忧伤的时候，就把自己当成别人，这样痛苦自然就减轻了；欣喜若狂的时候，把自己当成别人，那些心情也会变得平和一些？"

智者微微点头，接着说："第二句话是，把别人当成自己。"

少年沉思了一会儿，说："这样就可以真正同情别人的不幸，理解别人的需要，而且在别人需要帮助的时候给予适当的帮助，是吗？"

智者表示认同，继续说道："第三句话是，把别人当成别人。"

少年思索着："要充分尊重每个人的独立性，在任何情形下都不能侵犯他人的秘密，对吗？"

智者哈哈大笑："很好！第四句话是，把自己当成自己。"

少年说："这句话的含义，我一时体会不出，而且这四句话之间有许多微妙之处，我怎样才能把它们体会明白呢？"

智者说："很简单，用一生的时间和经历。"

少年沉默了很久，然后道谢告别。

后来少年变成了中年人，又变成了老年人，在他离开这个世界很久以后，人们还时时提到他的名字，人人都说他是一位智者，因为他是一个愉快的人，他的热情也给每一个遇到他的人带来了快乐。

如果女孩也能够像上面故事中的少年一样，将别人视为自己来看待，那么帮助别人也就是帮助自己，自己就不会这样不情愿、不开心了。这就是快乐与行善之间的关系，明白了这一点，你就会明白那些甘于奉献的人为什么总是面带微笑，为什么都是快乐地投身到自己的善行中去，因为他从自己的善行中感受到了无尽的快乐与幸福。